정보통신장비구축 운영실무

채 해 수 저

도서 출판 상 학 당

정보통신장비구축과 운영의 사업관리 해설서

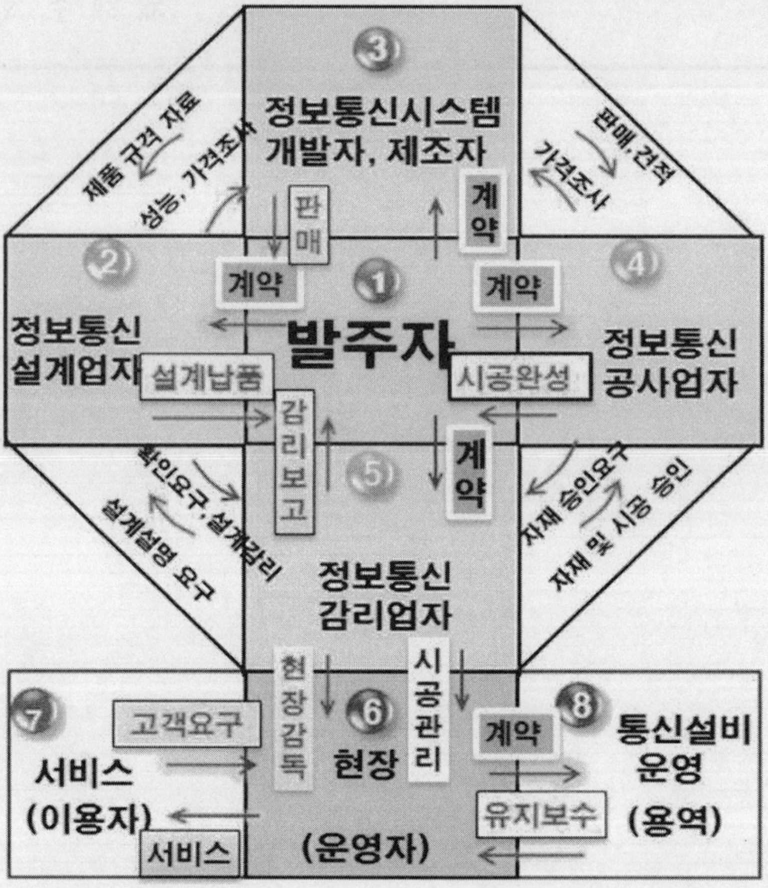

[정보통신장비구축 운영의 사업관리 관계도]

머 리 말

정보통신장비의 구축과 운영을 하는 업무는 사업계획업무 → 예산관리업무 → 설계업무 → 구매업무 → 공사업무 → 감리업무 → 운영업무 순으로 이루어지고 있다.

사업을 발주하는 담당자에게는 직무를 이해하기 쉽도록 사업계획서 작성 실무, 사업발주업무, 제안요청서 작성업무와 제안평가요령과 감독업무를 수행하는 분야에 대하여 이해가 쉽도록 업무처리 순서에 따라 해설을 하였다.

사업을 수주하는 담당자에게는 수주를 위한 입찰업무, 제안요구서 분석업무, 제안서 작성업무, 수주한 사업의 현장을 어떻게 관리하여야 하며 수익성이 높아지고 수주한 사업에 대하여 평가하는 내용을 제시하였다.

정보통신장비의 구축계획과 필요한 예산을 요구하며 사업수행을 위한 직무 분석을 하고 조직을 구성하여 업무를 수행하는 방법은 많은 경험을 사례로 집필하였다.

공사관리업무와 정보통신장비 구매, 품질관리업무 그리고 정보통신장비 구매 사업평가를 실시하고 네트워크장비 구매발주 사례와 운영 유지보수업무, 신사업 기술제안업무 등 정보통신장비 구매시방서 작성실습을 할 수 있도록 집필 하였다.

이 책은 정보통신장비 구매설치 발주기관과 수주기업체에서 직무를 수행하는 실제 사례 위주의 내용으로서 대학교에서 학습 교재로 사용할 수 있도록 집필하였으며 사업을 수주하기 위하여 노력하는 기술영업담당자에게 많은 도움이 될 것으로 믿는다.

끝으로 이 책을 출판하는데 수고를 해주신 도서출판 상학당의 남승우 사장님께 감사드립니다.

저자 씀

차 례

제Ⅳ편 ▌ 정보통신장비 설치공사의 관리업무 365

제Ⅴ편 ▌ 정보통신장비운영과 기술영업실무 431

제 I 편

정보통신장비 구축계획실무

제 1 장

정보통신장비 구축계획

1-1 정보통신장비 구축계획을 위한 검토업무

1. 정보통신장비 구축의 타당성 검토

(1) 필요성

사업의 타당성에 대한 조사를 통해 사업추진 중의 예산낭비를 방지하고 재정운영의 효율성 제고에 기여함을 목적으로 타당성 검토를 한다.

(2) 타당성 검토 근거 규정

정부와 공공기관은 국가재정법 제38조의 규정에 따라 대규모 재정사업에 대한 예산편성 및 기금운용계획을 수립하기 위하여 사전적인 타당성 검증·평가 제도를 시행하고 있다.

1) 예비타당성 조사 대상 규정

국가재정법 제38조(예비타당성조사) ① 정부사업 총사업비가 500억 원 이상이면서 국가의 재정지원 규모가 300억 원 이상인 건설사업, 정보화 사업, 국가연구 개발사업으로 조사대상을 규정한다.

2) 타당성 면제사업

공공청사, 교정시설, 초·중등 교육시설의 신축과 증축사업, 국가안보에 관계되거나 보안을 '요하는 국방 관련 사업은 타당성 면제사업이다.

3) 예비타당성 검토 단계별 분류

(가) 계획단계 타당성 검토

사업에 착수하기 이전에 중기 투자 계획 수립 단계에서 계획에 포함될 예정인 구내통신설비를 대상으로 실시하는 타당성 검토과정이다.

(나) 설계단계 타당성 검토

사업을 착수하기 위하여 기본설계를 추진하는 단계에서 개별 사업을 대상으로 실시하는 타당성 검토과정이다.

4) 경제성 분석

경제성 측면의 타당성 분석은 타당성조사 대상사업의 국민 경제적 파급효과와 투자적합성을 분석하는 핵심적 조사과정으로 비용－편익 분석(Cost－Benefit Analysis)을 기본적인 방법으로 채택 한다.

(가) 방 법

비용-편익 분석을 위해서 사업시행에 따른 수요를 추정하여 편익을 산정하고, 총사업비와 해당 사업의 운영에 필요한 모든 경비를 합하여 비용을 산정한다.

(나) 경제적 타당성 판단

비용-편익(B/C)비율이 1보다 크다는 것은 경제적 타당성이 있음을 의미한다.

(다) 비용－편익 분석

비용－편익 분석이 적합하지 않다고 판단되는 사업의 경우에는 경제사회적 · 과학 기술적 파급효과 등을 산출하고 이를 통해 비용 · 효과분석(Cost－Effectiveness Analysis)을 실시할 수 있다.

5) 기술성 분석

통신망의 폭주발생 시 대책, 장애발생 시 복구 대책, 정비간의 연동여부 분석, 기술개발 가능성 분석, 기술수요 분석, 기술 수요유형과 대상, 기술동향분석, 유사 구내통신설비 수요와 비교 분석, 구내통신설비 사용자의 수요 증가분석을 한다.

6) 법률적 타당성 적합 분석

법률에서 구내에 구내통신선로설비, 방송공동수신설비, 이동통신선로설비를 구축하도록 한 규정을 찾는다.

(2) 정보통신장비 구축에 대한 법률 및 지침서 검토

1) 정보통신 진흥 및 융합 활성화 등에 관한 특별법 제2조(용어의 정의)

“정보통신장비”란 정보통신 관련 장치 · 기계 · 기구(器具) · 부품 · 선로(線路) 및 그 밖의 필요한 설비를 말한다.

2) 정보통신 진흥 및 융합 활성화 등에 관한 특별법 제28조(공공부문의 정보통신장비 구축사업)

① 중앙행정기관, 지방자치단체 및 공공기관의 장은 정보통신장비 구축사업의 계약을 체결하는 경우「국가를 당사자로 하는 계약에 관한 법률」제10조제2항제3호에 따른 입찰자를 낙찰자로 하는 계약 방식을 우선적으로 적용하여야 한다. 다만, 계약을 체결하려는 정보통신장비 구축사업의 특성상 필요한 경우에는 그러하지 아니하다.

② 미래창조과학부장관과 행정자치부장관은 제1항에 따른 계약 및 운영에 관한 사항을 정하여 고시할 수 있으며(「전자정부법」제2조제13호의 정보시스템에 관한 사항은 행정자치부장관이 고시할 수 있다), 중앙행정기관, 지방자치단체 및 공공기관의 장은 이에 따라야 한다.

2. 정보통신장비 구축계획범위 분석

(1) 계획수립 전 업무처리과정 이해

발주자가 중심이 되어 정보통신장비 구축을 위한 계획업무, 설계업무, 구매업무, 시공업무, 감리업무 순으로 구축사업을 완료한 다음 운영부서에 인계하면 운영부서에서는 이용자에게 통신서비스를 하는 방법으로 운영업무를 하게 된다.

발주자가 중심이 되어 계약관계를 유지하면서 업무를 처리하는 과정은 [그림 1-1] 구내통신 구축사업관리의 도표에 표시된 번호순으로 이루어진다.

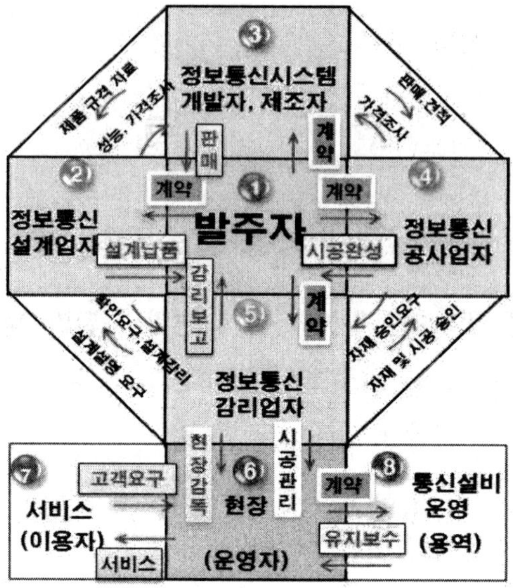

[그림 1-1] 구축사업관리 도표

(2) 발주자를 중심으로 한 구내통신 구축계획 범위

1) 발주자 중심의 업무

(가) 발주자(발주처)의 업무

- 발주자는 사업계획을 세운 다음 소요되는 사업비를 확보하는 등 소요예산 확보의 업무를 한다.
- 설계, 개발, 제조, 시공, 감리, 운영을 하는 사업자에게 사업을 위탁하는 업무가 발생한다.

(나) 설계 사업자를 대상으로 한 업무처리

- 발주자는 설계용역비용 예산을 확보하고 설계용역 과업지시서 작성과 입찰을 실시한 후 설계업자와 계약의 과정을 거치고 감독자를 지정하여 설계업무를 시행한 다음 완료한다.
- 관련 규정 확인 : ①은 ②와 국가를 당사자로 하는 계약에 관한 법률, 지방자치단체를 당사자로 하는 계약에 관한 법률을 준수하여 계약관계를 맺고 사업을 시행한다.

(다) 개발, 제조자를 대상으로 한 업무처리

- 발주자는 개발용역비와 구매예산을 확보하고 개발용역 과업지시서를 작성한

다음 입찰과 계약을 하고 감독자를 지정하여 개발, 제조 업무를 시행, 완료한다.

- 관련 규정 확인 : ①은 ③과 국가를 당사자로 하는 계약에 관한 법률, 지방자치단체를 당사자로 하는 계약에 관한 법률을 준수하여 계약관계를 맺고 사업을 시행한다.

(라) 시공 사업자를 대상으로 한 업무처리

- 발주자는 정보통신공사의 실시설계 도서를 준비하고 공사비용의 예산을 확보하고 입찰을 실시하여 시공업자와 계약을 하고 감독자를 지정하여 시공업무를 시작하고 완료하는 업무가 발생한다.
- 관련 규정 확인 : ①은 ④와 국가를 당사자로 하는 계약에 관한 법률, 지방자치단체를 당사자로 하는 계약에 관한 법률을 준수하여 계약관계를 맺고 사업을 시행한다.

(마) 감리 사업자를 대상으로 업무처리

- 발주자는 감리용역 비용예산을 확보하여 감리용역 과업지시서 작성과 입찰을 실시하고 계약을 거쳐 감독자를 지정하여 감리업무를 시작하고 완료하는 업무가 발생한다.
- 감리원은 시공 중의 감독과 준공을 위한 시운전, 예비준공검사, 준공도면 검토, 감리결과보고서를 작성 등 발주자에게 서류를 제출하는 업무를 수행하게 된다.
- 관련 규정 확인 : ①은 ⑤는 국가를 당사자로 하는 계약에 관한 법률, 지방자치단체를 당사자로 하는 계약에 관한 법률 준수하여 계약관계를 맺고 사업을 시행한다.

(바) 유지보수 사업자를 대상으로 업무처리

- 유지보수 비용예산을 확보하고 유지보수용역 과업지시서를 작성하여 입찰을 실시하고 용역을 감독하는 감독자를 지정하며 일일점검 실행 여부와 점검결과를 확인하고 유지보수 대가를 지불하는 업무가 발생한다.
- ⑥은 ⑧과 국가를 당사자로 하는 계약에 관한 법률, 지방자치단체를 당사자로 하는 계약에 관한 법률을 준수하여 계약관계를 맺고 사업을 시행한다.

(사) 이용자를 대상으로 업무처리

- 운영자는 이용자들이 편리하게 사용할 수 있도록 서비스를 하여야 하고 단말기 사용방법을 설명하고 장애 발생으로 인해 업무에 지장이 없도록 운영업무를 수행해야 한다.
- 관련 규정 확인 : ⑥은 ⑦과 서비스 관계를 맺고 자체의 구내통신 설비 운영규정을 수행한다.

2) 발주자가 지정한 사업자와 타 사업자간 업무

(가) 설계자와 개발 및 제조업자간의 업무

- 설계자는 제조자를 상대로 통신제품(자재) 단가 조사를 위하여 제품의 성능과 특성, 단가, 규격 등을 조사하며 금액 대비 기능, 성능 대비 금액을 기준으로 여러 가지 조사를 하는 ②와 ③의 업무를 한다.
- 제조자와 개발자는 설계자에게 제품이 가격이 저렴하고 우수하다는 근거를 제시하며 설계에 반영 협조하는 영업 업무를 한다.
- 설계자의 조사내용이 공정하고 적절한 금액조사와 성능이 우수한 제품으로 설계에 반영을 하여 발주자에게 손해나 불편을 주는 사례가 없도록 한다.

(나) 제조자와 시공자간의 업무

- 제조자는 시공자에게 현장에 적합한 우수 제품이라는 자료를 제시함으로써 시공자재로 사용되도록 영업활동을 하고, 시공사는 공사비용을 절감하기 위하여 설계에 반영된 제품 중에도 저렴한 가격을 조사하기 시작한다.
- 제조자와 시공자는 계약서에 규정하여 발주자가 원하는 좋은 품질을 현장에 설치하여 ③과 ④의 업무를 수행하여야 한다.

(다) 시공자와 감리원의 업무

- 시공자는 시공현장에 기술기준에 적합 시공확인과 설계도서대로 시공을 하는 확인하는 감리원에게 적극 협조하여 ④와 ⑤의 관계를 유지해야 한다.
- 감리원은 시공 중의 감독업무와 준공을 위한 시운전 확인업무, 예비준공검사, 준공도면 검토, 감리결과 보고서 작성 등 시공사를 감독하면서 시공품질을 높이는 업무를 수행하게 된다.
- 또한 감리원은 안전관리와 자재승인업무, 공정관리 등 감독 업무를 처리한다.

(라) 감리원과 설계자와의 업무

- 감리원은 설계도서가 기술기준에 적합한 설계를 하였는지를 확인하는 감리자로서 발주자를 대행하는 책임성을 가지고 시공현장의 설계도면이 현장에 적합하게 설계가 되어 있는 수시로 확인을 한다.
- 설계도서의 불명확한 부분은 감리원이 설계자에게 설명을 요구하여 시공자에게 설계의 내용을 설명을 하여야 하는 ②와 ⑤와 업무를 수행한다.

3. 정보통신장비 구축의 타당성을 검토

(1) 구내통신 구축의 대상을 파악

다음은 ○○회사 본관 신축을 위하여 구축사업의 규모를 결정한 〈표 1-1〉은 구축규모의 사례이다.

〈표 1-1〉 정보통신장비 구축규모 사례

규 모	비 고
사업비용 : 38억 원 규모, 업무용 10층, 연면적 : 24,000제곱미터, 50개 사무실 900명	
집중구내통신실, 층간 통신실 : 10개소 네트워크장비 설치, 백본은 광케이블 10G속도 장비(2중화), 구내통신선로설비공사(수평케이블은 CAT6 (데이터용, 전화용 별도설치)	
대강당 400석 규모, 회의실 50석 규모, 공연장 500석에 음향과 영상설비, 전관방송공사, CCTV카메라 80대, 영상저장장치3식	
IP전화기 1,000대, 주장치 1식(2중화), 구내통신선로설비공사, 방송공수신설비공사, 이동통신구내선로공사, 2중화(방화벽, IPS, 침입탐지보안장비, DDOS시스템), NMS	

(2) 정보통신장비 구축 투자에 대한 타당성 검토

1) 투자에 대한 위험성 검토

발주자의 재정규모와 투자의 위험성을 검토하고 정부의 재정지원 여부 검토와 투자자들의 투자결정 여부를 검토한다.

2) 정보통신장비 구축 투자시설의 계획 검토

통신설비를 지능형 건물인증제도에 적합한 설비로 채택 여부, 고화질 CCTV 설비 도입 여부, 백본을 10G 속도의 통신망을 구축 여부를 검토한다.

3) 통신설비의 투자범위 검토

건축물 구내에 영상알림 시스템을 고화질 UHD TV 채택 여부, 모든 구내전화기는 인터넷 전화기로 설치 여부, 강당, 회의실, 공연장의 음향, 영상설비의 투자규모를 검토한다.

4) 운영비용의 투자규모 검토

설비의 투자 이후 유지관리 비용지출에 따른 재정적 부담 해결방안, 구내통신설비 운영자를 상시 근무하는 방법과 용역을 실시하는 방안 검토, 구내통신설비의 사용 내구연한의 기간을 검토한다.

5) 안정성을 위한 투자규모의 검토

(가) 규격제품과 연동 검토

비규격 제품이 도입될 가능성은 없는지 검토하고, 기존의 설비와 연동이 될 수 있는지 검토, 통신방식 언어(프로토콜)의 표준화 방식을 검토한다.

(나) 보안성 검토

통산망의 폭주, 바이러스 등 각종 구내통신설비의 보안성을 검토하고, 통신망에 해커의 침입예방 설비도입 규모를 검토한다.

(3) 정보통신장비 구축을 위한 법률과 규정 검토

1) 구내통신선로설비 설치규정 확인

(가) 전기통신사업법 제69조(구내용 전기통신선로설비 등의 설치) ①「건축법」 제2조제1항 제2호에 따른 건축물에는 구내용(構內用) 전기통신선로설비 등을 갖추어야 하며, 전기통신회선설비와의 접속을 위한 일정 면적을 확보하여야 한다.

(나) 방송통신설비기술기준에 관한 규정 제17조(구내통신선로설비의 설치대상 등) ①「전기통신사업법」제69조제2항에 따라 구내통신선로설비 등을 갖추어야 하는 건축물은「건축법」제11조제1항에 따라 허가를 받아 건축하는 건축물로 한다. 다만, 야외음악당・축사・차고・창고 등 통신수요가 예상되지 아니하는 비주거용 건축물의 경우에는 그러하지 아니하다.

(다) 주택건설기준 등에 관한 규정 제32조(통신시설) ① 주택에는 세대마다 전화설치장소(거실 또는 침실을 말한다)까지 구내통신선로설비를 설치하여야 하되, 구내통신선로설비의 설치에 필요한 사항은 따로 대통령령으로 정한다. ② 경비실을 설치하는 공동주택의 각 세대에는 경비실과 통화가 가능한 구내전화를 설치하여야 한다.

2) 초고속 정보통신설비 설치규정 확인

(가) 주택건설기준 등에 관한 규정 제32조(통신시설) ③ 주택에는 세대마다 초

고속 정보통신을 할 수 있는 구내통신선로설비를 설치하여야 한다.

3) 정보통신공사업법의 기술기준 규정 확인

(가) 정보통신공사업법 시행령 제5조(설계에 있어서의 기술기준) 법 제6조제1항에서 "대통령령으로 정하는 기술기준"이란 다음 각 호의 기술기준을 말한다.

1. 「방송통신발전 기본법」 제28조제1항에 따른 기술기준 1의2. 「전기통신사업법」 제61조, 제68조제2항 및 제69조제2항에 따른 기술기준
2. 「전파법」 제37조제1항, 제45조, 제47조의2제1항·제2항 및 제47조의3제1항에 따른 기술기준
3. 「방송법」 제79조제1항에 따른 기술기준
4. 「건축법 시행령」 제87조제4항 및 「주택건설기준 등에 관한 규정」 제42조에 따른 기술기준

4) CCTV설비의 설치 규정 확인

(가) 영유아보육법 제15조의4(폐쇄회로 텔레비전의 설치 등) ① 어린이집을 설치·운영하는 자는 아동학대 방지 등 영유아의 안전과 어린이집의 보안을 위하여 「개인정보 보호법」 및 관련 법령에 따른 폐쇄회로 텔레비전(이하 "폐쇄회로 텔레비전"이라 한다)을 설치·관리하여야 한다.

(나) 주택건설기준 등에 관한 규칙 제9조(폐쇄회로 텔레비전의 설치기준) ① 주택건설기준 등에 관한 규정 제39조에서 "국토교통부령으로 정하는 기준"이란 다음 각 호의 기준을 말한다.

1. 승강기, 어린이놀이터 및 각 동의 출입구마다 폐쇄회로 텔레비전 카메라를 설치할 것
2. 카메라는 전체 또는 주요 부분이 조망되고 잘 식별될 수 있도록 설치하되, 카메라의 해상도는 41만 화소 이상일 것
3. 카메라 수와 녹화장치의 모니터 수가 같도록 설치할 것. 다만, 모니터 화면이 다채널로 분할 가능하고 다음 각 목의 요건을 모두 충족하는 경우에는 그러하지 아니하다.

가. 다채널의 카메라 신호를 1대의 녹화장치에 연결하여 감시할 경우에 연결된 카메라 신호가 전부 모니터 화면에 표시되어야 하며 1채널의 감시화면의 대각선방향 크기는 최소한 4인치 이상일 것

나. 다채널 신호를 표시한 모니터 화면은 채널별로 확대감시기능이 있을 것

다. 녹화된 화면의 재생이 가능하며 재생할 경우 화면의 크기조절기능이 있을 것

(다) 주차장법 시행규칙 제6조(노외주차장의 구조·설비기준) ① 법 제6조제1항 제11호에 따른 노외주차장의 구조·설비기준은 다음 각 호와 같다. 주차

대수 30대를 초과하는 규모의 자주식주차장으로서 지하 또는 건축물 노외주차장에는 관리사무소에서 주차장 내부 전체를 볼 수 있는 폐쇄회로 텔레비전 및 녹화장치를 포함하는 방범설비를 설치·관리하여야 하며, 다음 사항을 준수하여야 한다.

1. 방범설비는 주차장의 바닥면으로부터 170센티미터의 높이에 있는 사물을 알아볼 수 있도록 설치하여야 한다.
2. 폐쇄회로 텔레비전과 녹화장치의 모니터 수가 같아야 한다.
3. 선명한 화질이 유지될 수 있도록 관리하여야 한다.
4. 촬영된 자료는 컴퓨터보안시스템을 설치하여 1개월 이상 보관하여야 한다.

5) 방송공동수신설비의 설치 규정 확인

(가) 주택건설기준 등에 관한 규정 제42조 제42조(방송수신을 위한 공동수신설비의 설치 등) ① 공동주택에는 미래창조과학부장관이 정하여 고시하는 바에 따라 텔레비전방송·에프엠(FM)라디오방송 공동수신안테나 및 그 부속설비와 종합유선방송의 구내전송선로설비를 설치하여야 한다.
② 공동주택의 각 세대에는 제1항의 규정에 의한 텔레비전방송 및 에프엠(FM)라디오방송 공동수신안테나와 연결된 단자를 2개소 이상 설치하여야 한다. 다만, 세대당 전용면적이 60제곱미터 이하인 주택의 경우에는 1개소로 할 수 있다.

(나) 건축법시행령 제87조(건축설비 설치의 원칙) ④ 건축물에는 방송수신에 지장이 없도록 공동시청 안테나, 유선방송수신시설, 위성방송수신설비, 에프엠(FM)라디오방송수신 설비 또는 방송공동수신설비를 설치할 수 있다. 다만 다음 각 호의 건축물에는 방송공동수신설비를 설치하여야 한다.

1. 공동주택
2. 바닥면적의 합계가 5천 제곱미터 이상으로서 업무시설이나 숙박시설의 용도로 쓰는 건축물
3. 제4항에 따른 방송수신설비의 설치기준은 미래창조과학부장관이 정하여 고시하는 바에 따른다.

6) 이동통신구내선로설비설치 규정 확인

(가) 방송통신설비기술기준에 관한 규정 제17조(구내통신선로설비의 설치대상 등) ① 「전기통신사업법」 제69조제2항에 따라 구내통신선로설비 등을 갖추어야 하는 건축물은 「건축법」 제11조제1항에 따라 허가를 받아 건축하는 건축물로 한다. 다만, 야외음악당·축사·차고·창고 등 통신수요가 예상되지 아니하는 비주거용 건축물의 경우에는 그러하지 아니하다.
② 제1항 본문에 따른 건축물 중 다음 각 호의 어느 하나에 해당하는 건축물에는 이동통신구내선로설비를 설치하여야 한다.

1. 공중이 이용하는 지하도·터널·지하상가 및 지하에 설치하는 주차장

등 지하건축물의 각 층 중 바닥 면적이 1천 제곱미터 이상인 층

1의2. 건축물(군사시설 및 제1호에 따른 지하건축물은 제외한다)의 지하층. 다만, 단독주택의 지하주차장 등 통신수요가 거의 없다고 미래창조과학부장관이 인정하는 건축물의 지하층에는 이동통신구내선로설비를 설치하지 아니할 수 있다.

(4) 조사결과 기록

1) 투자비용 조사

투자비용을 조사하고 〈표 1-2〉에 조사결과를 기록한다.

〈표 1-2〉 투자비용 조사표 예시

조사항목 예시	조사내용	비고
정보통신장비 구축 투자예산 총 금액을 기록한다.		
기본설계 및 실시설계 시공감리 비용을 기록한다.		
구축공사비용을 기록한다.		
통신장비 종류별 구입금액을 기록한다.		
운영자의 인건비용, 유지보수 비용을 기록한다.		
단말기 수량과 구입금액을 기록한다.		
프로그램 종류별 구입금액을 기록한다.		

2) 기술기준 적용의 타당성 조사내용 기록

기술기준 적용의 타당성 조사내용을 조사하고 〈표 1-3〉에 조사결과를 기록한다.

〈표 1-3〉 기술기준적용의 타당성 조사표 예시

조사항목 예시	조사내용	비고
추가 실시하는 통신설비 기술을 적용 종류		
운영 중인 구내통신설비의 기술기준 적합 여부		
현재의 통신망 적용 기술		
신기술을 적용한 기술 종류		
통신장비의 표준기술 적합여부		

3) 사업비용의 규모 타당성을 조사기록

사업비용의 규모 타당성을 조사하고 〈표 1-4〉 조사결과를 기록한다.

〈표 1-4〉 사업비용의 규모 타당성 조사표 예시

조사항목 예시	조사내용	비고
총 사업비용		
기본설계 및 실시설계 비용		
설치공사비용		
정보통신장비 구입비용		
시공감리 비용		
운영자 인건비용		
정보통신망의 예비 회선 수		
주장치의 예비 회선 수		

[그림1-1] 통신실 통신망 회선 설치현장

4) 정보통신망 보안대책 타당성 조사내용 기록

정보통신망 보안대책 타당성 조사를 하고 〈표 1-5〉에 조사결과를 기록한다.

〈표 1-5〉 정보통신망 보안대책 타당성 조사표 예시

조사항목 예시	조사내용	비고
정보통신장비 구축의 보안기술 적용 종류		
정보통신망 보안대책 내용		
추가설치 하는 통신장비의 보안대책 방향		

5) 정보통신장비 구축 타당성 보고서 작성

조사내용을 분석하여 타당성 조사 종합보고서 〈표 1-6〉을 작성한다.

〈표 1-6〉 정보통신장비 구축 타당성 보고서 예시

조사항목 예시		조사내용	비고
사 업 명	조사일자 :	조사자 :	
소 속	연 락 처 :		
조사 목적			
조사항목	1. 정보통신장비 구축의 규모 검토 내용, 2. 통신설비의 운영 검토 내용 3. 향후 증설계획 검토 내용 4. 운영자 요구사항의 검토 내용 5. 기술기준 적용의 타당성 검토 내용 6. 사업비용의 타당성 검토 내용 7. 통신망 보안대책 검토 내용을 기록 한다		
문제점			
대 안			
종합의견	사례 : 통신망에 IP관리시스템 추가 구축이 필요함		

4. 정보통신장비 시설현황을 파악

(1) 현장조사를 통한 정보통신장비 시설현황을 파악

현재의 정보통신장비의 현황을 파악하고 각종 자료를 수집하여 문제점을 분석하여 사업추진 과정에 발생할 분야를 예측하고 사업추진을 성공적으로 추진하기 위하여 구내통신 시설현황을 파악한다.

1) 정보통신장비 구축대상의 현장을 방문하여 운영실태파악

① 제조회사, 설치회사, 유지보수회사 등 사후관리의 문제점 조사
② 운영 중인 정보통신장비의 기술적 분야에서 어려움은 무엇인지 기록
③ 현재의 통신망 형태를 조사
④ 반복적인 장애 발생의 종류를 조사
⑤ 신규 설비를 설치하면 운영자의 어려움은 무엇인지 조사
⑥ 어떤 신기술을 요구하는지 기록

2) 운영자 현장의 문제점 조사

운영현장에 방문하여 운영 중의 문제점과 운영방향, 운영자의 요구사항을 조사한다.

① 시설투자 예산의 범위를 조사
② 현재의 문제점을 조사
③ 향후 운영방향을 조사
④ 사용자 요구사항을 조사
⑤ 추가 설치예정 통신설비별 수량집계표 작성

3) 통신망 보안실태를 조사하여 기록

보안의 관리규모를 어느 정도 예산으로 투자할 것이지를 타당성을 검토하기 위하여 다음의 내용을 기록한다.

① 정보통신장비의 보안기능은 어느 정도인지 조사
② 정보통신장비의 보안기술적용은 어떤 기술을 적용하였는지 조사
③ 통신망 보안대책은 어떻게 시행하고 있는지 조사
④ 정보통신장비의 보안대책 시행계획 조사

(2) 정보통신장비 현황을 조사표에 작성

신설할 정보통신장비 범위와 규모와 향후 증설계획, 운영자 요구사항을 반영하여 작성한다.

1) 정보통신장비 구축의 규모 조사내용 기록

운영 중인 정보통신장비 주 장치와 회선, 보안장비에 대한 조사를 하고 〈표 1-7〉 조사표에 조사결과를 기록한다.

〈표 1-7〉 주 장치와 회선 보안장비에 대한 조사표 예시

조사항목 예시	조사내용	비고
각종 주장치의 종류와 수량		
네트워크장비의 수량		
구내통신 회선의 종류별 수량		
구내통신망 보안장비의 수량		

(4) 운영자 요구사항의 조사내용 기록

운영자 요구사항을 조사하고 〈표 1-8〉에 조사결과를 기록한다.

〈표 1-8〉 운영자 요구사항의 조사표 예시

조사항목 예시	조사내용	비고
정보통신장비 증가 내용		
기존 통신장비의 보완할 내용		
증설을 할 경우 보완할 내용		
통신망과 장비의 장애발생 현황		

(2) 현재의 정보통신장비의 운영 중의 문제점 조사내용 기록

운영 중인 각종 장비와 회선에 대한 문제점을 조사하고 〈표 1-9〉 조사표에 조사결과를 기록한다.

〈표 1-9〉 각종 장비와 회선에 대한 문제점 조사표 예시

조사항목 예시	조사내용	비고
주장치의 문제점		
통신망의 문제점		
네트워크장비의 문제점		
통신 단말기의 문제점		
정류기 전원장치의 문제점		

[그림 1-2] 정류기 전원장치 설치 현장

3) 향후 증설계획 조사내용 기록

향후 증설계획을 조사하고 〈표 1-10〉에 조사결과를 기록한다.

〈표 1-10〉 증설계획 조사표 예시

조사항목 예시	조사내용	비고
주장치의 증설		
통신회선의 증설		
네트워크 장비 증설		
통신단말기의 증설		

[그림 1-3] 네트워크 장비 설치현장

1-2 정보통신장비 구축계획서 작성

1. 정보통신장비 구축계획서 작성 이해

(1) 계획서 작성의 필요성

구축계획서를 작성하여 추진을 하면 사업비의 초과를 예방할 수 있으며 사업시행 중에 발생하는 문제점을 사전에 예측하고 보완하며 분야별 해당 부서와 서로 협력을 통하여 계획기간에 성공적으로 사업을 추진할 수 있다.

1) 현재의 문제점 분석

사업추진 시작 전부터 사업시행 중에 발생할 문제점의 예측을 사전에 찾아내어 대안을 제시한다.

2) 사업에 관련한 현장의 실태파악

사업에 관련한 현장의 자료수집을 하여 사업추진에 반영하여 추진한다.

3) 비용산출

사업비의 투자규모를 사전에 조사하여 예측되는 비용산출을 실시하고 사업추진한다.

4) 업무분장 실시

계획서를 통한 관련 부서 간 업무분장을 배정하여 조직 내부의 협력으로 추진한다.

5) 계획기간 내에 완료

사업 착수부터 완료까지의 일정을 미리 예측하여 계획기간 내에 완료하는 목표사업 가능하다.

(2) 계획서 작성에 반영할 내용

1) 지출의 과다예방

사업추진 중에 사업비용 지출의 과다를 예방한다.

2) 일정관리

착수부터 완료까지 사업추진일정관리를 한다.

3) 관련 법령 사전 검토

사업에 적용되는 관련 법령을 사전에 검토하여 문제점을 예방한다.

4) 기술기준 사전 검토

통신 분야의 각종 기술기준을 사전에 검토하여 시행 중 기술기준 위반을 예방한다.

5) 대안 제시

문제점을 분석하고 비교 검토하여 대안을 제시한다.

6) 담당 인력 확보

추진에 필요한 담당 인력을 사전에 확보하여 원활히 추진한다.

2. 정보통신장비 구축계획서 구성의 필요조건

(1) 계획서 작성

1) 표지 작성

기획서의 처음 페이지에 작성한다.

2) 목차 작성

기획서 순서에 따라 설명하고 내용의 흐름을 통한 관심이 증가되는 좋은점이 있다.

3) 요약서 작성

분량이 많을 경우, 핵심 내용을 이해하기 쉽도록 1매 이내로 간결하게 작성한다.

4) 추진배경 및 목적

사업계획을 하게 된 배경과 목적을 기술한다.

5) 목표설정

계획을 실행하기 위한 지향하는 목표를 설정한다.

6) 기본방향(방침)설정

목표를 달성할 수 있도록 추진과정의 기본방향을 기술한다.

7) 계획의 내용

계획서의 중요한 부분, 여러 가지 그림이나 사진, 그래프를 사용한다.

8) 문제점

추진과정에 예상되는 문제점을 기술한다.

9) 검토사항

협조 부서의 합의 내용을 기술한다.

10) 정보통신분야 법과 규정의 적용대상 검토

(가) 방송통신발전기본법에서 규정한 준수사항 확인

방송통신설비의 기술기준에 적합하게 시행하는 규정을 확인한다.

(나) 정보통신공사업법에서 규정한 준수시항 확인

정보통신설비 설치를 위한 설계자의 자격, 시공자의 자격, 감리자의 자격을 확인한다.

11) 행정적인 분야 검토

다른 현장의 사례, 처리기간, 추진일정, 문제점, 보완할 사항 등의 자료를 수집하여 행정상의 협조할 사항을 검토한다.

12) 경제적인 분야 검토

과다한 경비의 투자검토, 예산의 확보와 예산배정 확인, 예산 절약할 수 있는 다른 대안 제시, 계획서 세부내용 작성, 세부적인 계획내용을 구체적으로 작성한다.

13) 사업추진일정표 작성

사업을 추진하는 과정에 계획단계, 착수단계, 시행단계, 완성단계, 운영단계의 순서로 추진일정표를 작성한다.

3. 사업수행 기간의 전체 일정표

(1) 사업수행 전체 일정표

사업의 계획부터 설계기간, 공사기간, 감리기간, 준공의 사업수행기간별로 일정표를 작성하여 사업추진의 문제점을 분석하고 실행실적을 확인하며 평가하기 위하여 〈표 1-11〉과 같이 일정표를 작성한다.

〈표 1-11〉 사업추진일정표(단위 : 개월) 예시

	1	2	3	4	5	6	7	8	9	10	11	12
사업계획	■											
기본설계		■	■									
실시설계			■	■								
장비구매						■	■	■	■	■		
통신공사					■	■	■	■	■	■		
통신감리					■	■	■	■	■	■	■	
시운전											■	
준공												■
사용전검사												■

(2) 사업수행기간 설정의 중요성

1) 사업수행기간 설정의 분석

① 정보통신장비 설치를 위한 정보통신공사의 시공은 안전과 품질이 보장되는 시공방법으로 예정된 공기 내에 계약된 비용으로 수행하는 것이 시공관리의 목표가 되어야 하고 [그림 1-2]는 공사일정과 공사비용의 관계이다.

② 공사기간의 일정은 당초 정상적인 시공기간은 (A에서 C기간)이다.

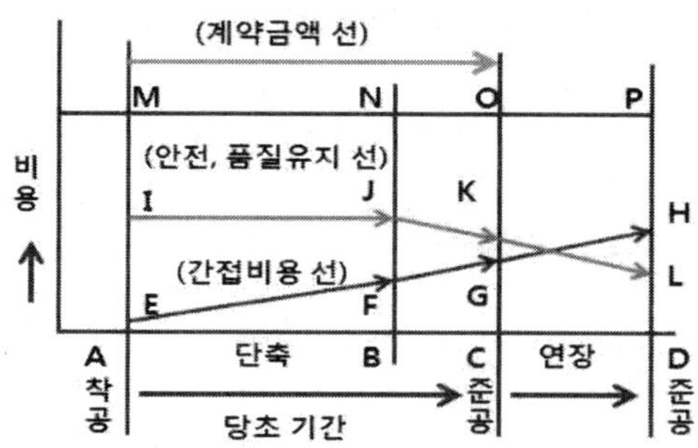

[그림 1-2] 공사일정과 공사비용 관계

2) 시공자가 공사기간 단축이나 연장을 할 경우

① 공사기간의 일정을 (A에서 B기간)으로 과도하게 단축되는 시공은 공사의 안전과 품질이 (A에서 K기간) 유지할 수 없어지고 (J에서 K기간) 품질이

저하된다.

② 주어진 공사기간에 비용을 과도하게 (F에서 G기간) 줄이면 시공 일정을 유지하기 위해서 시공의 안전과 품질이 (J에서 K기간) 크게 저하된다.

③ 당초 공사의 계약금액(M에서 O기간)을 (M에서 N기간)으로 줄여도 당초 계약금액(계약금액선)은 변동 없이(M에서 O기간) 계약된 금액을 지불하기 때문에 기간을 줄이는 것은 발주처의 승인을 얻어야 한다.

④ 간접비의 대부분은 공사의 기간과 비례해서 (E에서 G기간)증가하는 변동비이고 공사의 기간을 정상 공기에서 단축하는(F에서 G기간)은 야간작업시간을 늘리고 (J에서 K) 품질저하를 예방하려고 추가 비용을 시공자가 부담하게 된다.

⑤ 시공자가 공사의 기간을 (C에서 D기간)으로 공사의 기간을 초과했을 때는 계약조건에 따라 지연에 대한 지체보상금이 지출된다.

3) 발주자가 공사의 기간을 연장할 경우

① 발주자가 공사의 기간을 (C에서 D기간)으로 연장하면 시공자는 추가적 간접비 (G에서 H기간) 증가로 시공자는 불만이 일어날 가능성이 크고 당초 배치한 인력을 다른 현장으로 이동하는 문제점과 (K에서 L기간)이 발생한다.

② 공사기간을 연장할 때는 발주자가 연장된 (C에서 D기간)에 (O에서 P 기간의 계약변경 기간을 설정하고 변경계약을 하고) 추가 사업비용을 투입하여 부실시공을 예방한다.

4. 정보통신장비 구축계획서를 작성

(1) 구축계획서를 순서에 따라 작성

1) 문제를 인지

현재의 정보통신장비에 대한 문제점을 어떻게 해결할 것인지 문제인식을 한 내용을 〈표 1-12〉에 작성한다.

〈표 1-12〉 문제인식 작성표 예시

조사항목 예시	조사내용	비고
문제인식 내용을 작성한다.		
현재의 해결 과제를 목표로 설정한다.		

2) 사업의 목적 설정

정보통신장비 구축를 설치해야 하는 목적을 〈표 1-13〉 사업의 목적 설정표를 작성한다.

〈표 1-13〉 사업의 목적 설정표 예시

조사항목 예시	조사내용	비고
정책 근거, 해결방안의 목표내용을 요약한다.		
목표내용을 구체적으로 작성한다.		
문제해결의 목표를 설정한다.		

3) 정보통신장비 구축의 필요성 조사

왜 설치가 필요한지를 각종 근거를 제시하며 〈표 1-14〉를 작성한다.

〈표 1-14〉 설치의 필요성 조사표 예시

조사항목 예시	조사내용	비고
사업비용의 투입 필요성을 작성한다.		
운영상의 문제점을 작성한다.		
현재 설비 보완의 필요성을 작성한다.		
신규설치, 개체의 필요성을 작성한다.		

4) 현황 조사

현황을 조사하고 〈표 1-15〉 현황조사표를 작성한다.

〈표 1-15〉 현황조사표 예시

조사항목 예시	조사내용	비고
현재 구내통신설비의 설치현황을 작성한다.		
현장조사의 내용을 요약하여 작성한다.		

5) 기술기준에 적합 여부 확인

기술기준에 적합 여부를 조사하고 〈표 1-16〉에 기술기준 확인표를 작성한다.

〈표 1-16〉 기술기준에 적합 확인표 예시

조사항목 예시	조사내용	비고
적용할 기술 분야와 신기술 내용 , 기술기준과 표준규격에 적합 확인한다.		
장기적인 활용 가능성 등의 기술 적용분야를 분석하여 작성한다.		

6) 정보통신장비의 운영사례 조사

정보통신장비 운영사례를 조사하고 〈표 1-17〉 운영사례 조사표를 작성한다.

〈표 1-17〉 통신설비의 운영사례 조사표 예시

조사항목	조사내용	비고
설치하고자 하는 통신설비의 운영사례를 작성한다.		
문제점을 분석 조사결과를 작성한다.		
더 좋은 통신설비를 설치할 수 있는 방향을 제시한다.		

7) 정보통신장비 구축의 발주와 설치 공사시행 계획작성

정보통신장비 구축의 발주와 설치공사 시행계획을 하고 〈표 1-18〉공사의 발주와 설치공사 시행계획표를 작성한다.

〈표 1-18〉 공사의 발주와 설치공사 시행계획표 예시

조사항목 예시	조사내용	비고
공사의 발주 방식 결정(입찰. 수의계약)을 작성한다.		
공사의 계약규정을 찾아 작성한다.		
공사의 시공계획 주요 내용을 작성한다.		
공사의 안전관리에 대한 주요 내용을 작성한다.		

8) 추진일정표 작성

추진일정표를 작성하고 〈표 1-19〉 추진일정표를 작성한다.

〈표 1-19〉 추진일정표 예시

조사항목 예시	조사내용	비고
현장조사 일정을 작성한다.		
의견수립 일정을 작성한다.		
사업의 규모 결정 일정을 작성한다.		
관련 부서와 회의 일정을 작성한다.		
사업비용의 예산 성립 일정을 작성한다.		
설계용역 발주 일정을 작성한다.		
설계 착수 회의, 설계 중간보고, 설계자문회의, 설계 완료보고 일정을 작성한다.		

9) 감리용역 발주의 필요성 작성

감리용역의 필요성을 작성하고 〈표 1-20〉 감리용역 조사표를 작성한다.

〈표 1-20〉 감리용역 조사표 예시

조사항목 예시	조사내용	비고
감리용역 발주 시 주요내용을 작성한다.		
감리용역 과업 지시서를 작성한다.		
감리용역 기술자 소요인력을 산출한다.		
감라용역 기간을 산출한다.		

10) 정보통신장비 시운전 대상 설비범위 작성

시운전 대상 설비범위를 설정하고 〈표 1-21〉 시운전 확인표를 작성한다.

〈표 1-21〉 정보통신장비 시운전대상 확인표 예시

조사항목	조사내용	비고
시운전 시 확인 요구사항을 작성한다.		
시운전 확인 체크리스트를 작성한다.		
시운전검사 대상 범위를 작성한다.		

11) 다른 설비와 타 부서 간 업무연관성을 검토하여 작성

다른 설비와 타 부서 간 업무연관성을 검토하고 〈표 1-22〉를 작성한다.

〈표 1-22〉 다른 설비와 타부서 간 업무연관성 검토표 예시

조사항목 예시	조사내용	비고
다른 설비와 호환성		
다른 설비에 미치는 영향 분석		
타 부서의 담당자간 업무 협조를 실시		

12) 통신망도 작성

(가) 통신망 구성도 작성

통신망의 형태는 [그림 1-3]의 통신망도에서 업무를 위한 내부 망과 인터넷을 사용하기 위한 외부 망으로 망을 분리하여 운영하는지 확인한다.

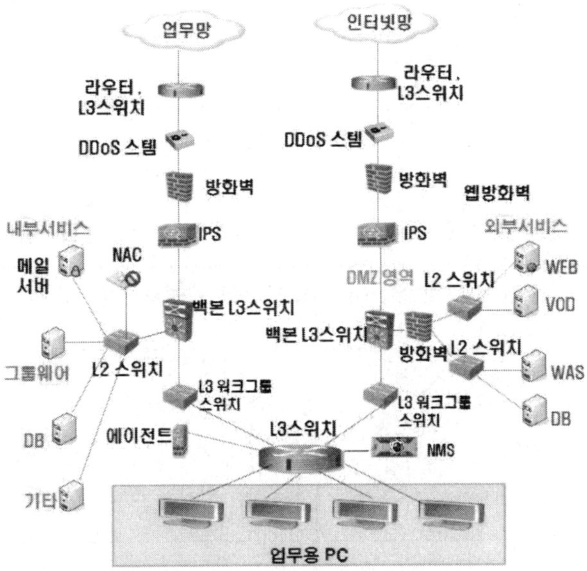

[그림 1-3] 네트워크 통신망도

(나) 통신망의 전체 프로세서 확인

다음의 통신망은 DDos 장비를 앞단에 설치하고 외부로부터 침입해오는 공격을 막아내고 그 다음 단에 방화벽을 설치하고 마지막으로 IPS를 설치하여 운영하는 방식을 채택한다.

(다) 내부 서비스 확인

백본에 연결하여 데이터베이스 서버와 그룹웨어를 설치하여 L3 스위치를 통

하여 각자의 개인별 PC 연결 확인한다.

(라) 외부 서비스 확인한다.

방화벽을 통하고 L2 스위치에 각종 서버를 연결하여 홈페이지 서버, VOD 서버 등 서비스를 확인한다.

13) 각 부서별 업무분장과 담당자 지정

사업총괄 부서, 계약담당 부서, 예산담당 부서, 설계담당 부서, 시공담당 부서, 감리담당 부서, 운영담당 부서 담당자를 지정한다.

14) 통신설비의 설치추진 업무흐름도 작성

① 업무추진 순서를 기준으로 단계적으로 나누어 작성
② 업무처리에 필요한 세부 업무를 표기하여 작성

다음은 〈표 1-23〉과 같이 정보통신장비의 설치 추진의 업무 흐름 도를 참조하여 작성한다.

〈표 1-23〉 정보통신장비의 설치추진 업무흐름도 예시

정보통신장비의 설치추진 업무흐름도						
[기본설계] 설계용역과업지시서작성, 입찰, 계약, 설계착수, 기본설계 완료 보고	➡	[실시설계] 설계용역과업지시서작성, 입찰, 계약, 설계착수, 실시설계, 완료 보고	➡	[공 사] 공사입찰, 계약, 착공, 공사시행, 정보통신장비구매 입찰, 계약, 설치, 완료	➡	[감 리] 감리용역과업지시서 작성, 감리용역 입찰, 계약, 감리착수, 감리 실시
						⬇
[운 영] 운영인력확보, 운영계획서 작성, 운영메뉴얼 작성	⬅	[인수, 인계] 인계 대상설비의 목록표, 사용설명서, 장애처리 설명서	⬅	[감리 완료] 시운전 보고서, 예비준공검사, 감리완료보고서 발주처에 제출	⬅	[공사 준공] 시운전, 예비준공검사, 준공도서 작성 후 발주처에 제출

15) 향후 추진내용 작성

향후 추진내용을 분석과 조사를 하여 〈표 1-24〉를 작성한다.

〈표 1-24〉 향후 추진내용 분석과 조사표 예시

조사항목 예시	조사내용	비고
단계적 확대 설치 필요성을 설명한다.		
설치 후 운영인력 충원의 필요성을 설명한다.		
설비를 설치를 한 이후 각 부서와 기관 간 업무의 확대 설명		
통신설비를 이용한 신규업무 발생내용과 편리한 분야 설명		

16) 기대효과 작성

기대효과를 분석하여 〈표 1-25〉에 기록한다.

〈표 1-25〉 기대효과 작성표 예시

조사항목 예시	조사내용	비고
통신분야 공공요금의 절감		
설비 도입 비용의 대비 업무의 편리성 설명		
개선되는 내용		
설비 운영 유지비 예상 금액		
수익성 창출		
예산절감 금액		
업무개선 내용		

5. 목표달성을 위한 수행기간 설정

(1) 실시설계 기간을 설정

사업의 진행순서에 맞추어 사업별 소요되는 일정을 만들고 종합하여 전체 일정을 작성하고 수행기간을 설정한다.

1) 실시설계 사업 기간 200일 설정한 사례

설계용역 대가를 산정하고 사업추진일정을 〈표 1-26〉과 같이 작성한 사례이다.

〈표 1-26〉 실시설계 사업기간 200일 설정 일정표(착수부터 계약협상까지 업무) 예시

업무처리 내용	일정 (200일)											
	20	5	5	10	30	10	5	90	5	5	10	5
1. 용역대가 산정	■											
2. 과업지시서 작성	■											
3. 내역서 작성	■											
4. 제안요구서 작성	■											
5. 제안안내서 작성	■											
6. 용역발주 결정		■										
7. 일상감사(계약심사)			■									
8. 입찰(설명회)				■								
9. 제안서(수령)접수, 제안확인					■							
10. 기술평가					■							
11. 계약협상(가격평가, 순위)						■						

2) 계약부터 완료까지 일정 작성

다음의 사례는 계약부터 완료까지 일정을 〈표 1-27〉와 같이 설정하였다.

〈표 1-27〉 실시설계 사업기간 200일 설정 일정표(계약부터 계약완료까지 업무) 예시

업무처리 내용	일정 (200일)											
	20	5	5	10	30	10	5	90	5	5	10	5
12. 계약							■					
13. 착수계 접수, 확인							■					
14. 기술인력 배치, 확인							■					
15. 설계 시행								■				
16. 전문가 자문회의									■			
17. 자문회의 보완실시										■		
18. 보완내용 확인											■	
19. 설계 완료계 접수											■	
20. 설계도서 검수											■	
21. 완료계 접수												■
22. 설계 검사												■
23. 설계 준공												■

(2) 정보통신장비 구축 공사기간 설정

1) 정보통신장비 구축 사업일정표를 작성하는 방법

① 구내통신 구축의 일정표 작성은 업무추진 단계별 소요 일정을 먼저 개별

분석을 한다.

② 사업추진 과정에서 공공기관의 결재기간, 일상감사 의뢰와 통보 기간, 계약 심사기간, 그리고 계약규정에 요구하는 최소한의 입찰 소요기간과 계약 협상기간, 착공부터 준공까지는 발주처에서 착공식과 준공식 일정을 기준으로 사업일정표를 작성한다.

2) 공공기관의 정보통신장비 구축사업기간 300일 설정 사례

실시설계를 마친 설계도서를 발주 전 검토를 하고 계약심사를 거친 이후에 착수부터 준공까지 전체 일정은 〈표 1-28〉와 같다.

〈표 1-28〉 구내통신설비설치 공사기간 300일 설정일정표
(착수부터 계약 이행능력 평가까지 업무) 예시

업무처리 내용	일정 (300일)											
	15	5	20	10	180	10	10	20	10	5	10	5
1. 일상감사(설계심사)	■											
2. 계약심사	■											
3. 발주 방침 결정		■										
4. 입찰공고			■									
5. 수행능력 평가			■									
6. 계약				■								
7. 착공계 접수				■								
8. 착공서류 확인				■								
9. 자재 승인(현장반입)					■							
10. 장비설치 시작					■	■	■	■	■	■	■	
11. 기술인력 배치, 확인					■							
12. 설계변경 확인							■					
13. 물가변동 금액 변경 신청							■					
14. 물가변동 금액 변경 승인								■	■			
15. 사업기간 연장 변경 계약									■			
16. 예비준공 검사 실시										■		
17. 검사지적 보완											■	
18. 보완내용 확인												■
19. 최종검사 (종료)												■

제 2 장

정보통신장비 구축범위 설정실무

2-1 정보통신장비 구축범위 검토

1. 구내통신장비 구축범위 검토와 설정

(1) 정보통신장비 구축범위 검토

구축범위가 결정이 되면 사업계획 단계의 사업비 투자범위를 기준으로 조사한 사례를 중심으로 운영과 관리방향과 최종 구축범위를 결정한다.

1) 구축범위를 결정하기 위한 사전 검토

(가) 사업비 투자에 대한 검토

설치하는 정보통신장비의 구매비용과 설치비용을 비롯하여 운영인건비와 유지보수비용에 대한 검토를 하고 통신 서비스 범위와 투자규모를 검토한다.

(나) 운영 분야에 대한 검토

유지비용의 증가, 운영전문 용역회사에 용역실시 여부, 장애가 발생하면 신속한 복구 여부, 정보통신장비 운영을 위한 인력의 배치 여부에 대하여 검토한다.

(다) 건축물 관리 분야에 대한 검토

에너지관리시스템의 통신망 설계와 외부인 불법침입 예방과 범죄 예방을 위한 투자, 건축물의 운영을 위한 제어설비, 감시설비와 연계, 빌딩관리 시스템의 통신망 설계를 검토한다.

2) 정보통신장비 구축장비의 네트워크장비의 기능과 성능 채택

정보통신장비는 통합관리 시스템을 이용하여 관리를 하면 편리하고 운영인건비용을 줄이며 또한 장애발생을 예방하고 입주자들에게 이동통신서비스가 가능하여 통신설비의 통합 관리업무가 필요한 분야를 검토하여 구축범위를 결정한다.

(가) 정보통신장비 장애 처리 관리

자연재해에 의한 장애, 기술적 요인에 의한 장애와 악성코드의 침투와 같은 인위적 요소에 의한 운영 하드웨어, 운영 소프트웨어 등의 장애와 통신망 및 다른 시설의 장애관리 계획을 한다.

(나) 백업 시스템

데이터의 손실 또는 재해로 인한 장비의 훼손 등에 대비하여 일정한 주기로 데이터를 보조기억장치 등에 복사하고 관리하는 계획을 한다.

(다) 재해복구시스템

정보통신장비에 대하여 재해가 발생하는 경우를 대비하여 이의 빠른 복구를 통해 업무에 대한 영향을 최소화하기 위한 재해복구계획을 한다.

(라) 보안관리 계획 검토

정보의 유출과 같은 보안사고를 예방을 위한 운영센터 내 주요 지역, 통신망 및 시설에 대한 접근통제, 통신설비의 보호 및 출입통제, 방화벽을 통한 해커의 침입방지, 악성코드의 차단 계획을 한다.

(마) 통신망관리 검토

통신망 점검을 통하여 운영센터, 통신망 장애발생이 예상되는 상황을 원격으로 관리 점검하는 관리시스템 도입계획을 한다.

(바) 성능관리 검토

통신 서비스들의 효율 및 응답속도 등 낮은 성능을 보이는 요소를 찾아 성능을 개선하는 계획을 한다.

(사) 상황실관리 검토

상황실에서 통신망을 통한 교통, 방범·방재, 기타 정보의 수집상황 및 운영센터 자체의 운영현황을 감시와 통제의 규모에 맞는 구내통신설비 구축계획을 한다.

(아) 변경 업무계획 확인

새로운 통신 서비스 적용과 통신망 및 다른 통신시설에 대한 변경이 효율적으로 처리되는 구내통신설비 도입 계획을 한다.

(2) 정보통신장비 구축범위 결정

발주자가 정보통신장비의 구축범위를 결정하여 설계자에게 설계를 의뢰하는 방법과 발주자가 구축범위를 결정하지 않고 설계자에게 위탁하여 설계자가 구축범위를 결정하는 두 가지 방법이 있다.

1) 발주자가 구축범위 결정과정

발주자가 다른 현장에 설치한 규모를 사례로 정보통신장비의 구축범위를 결정하고 설계자에게 총 사업비 기준으로 설계를 요구하는 방법이다.

2) 설계자 다른 현장 구축 사례 설명

설계자가 다른 현장에 설치한 규모를 사례로 설계자가 구축범위를 결정하여 발주자에게 설명하고 총사업비 규모를 결정 하는 방식으로 구축범위를 결정한다.

(3) 구축범위의 설정

구축범위 설정은 발주자가 요구하는 설치계획을 기준으로 설정범위를 결정하고 결정된 내용을 설계와 시공, 운영을 함에 있어 통신 분야의 각종 법률과 규정에서 의무 설치하도록 하는 내용을 위주로 설정의 범위를 우선적으로 결정한다.

1) 구축범위의 설정 과정에 반영할 사항

(가) 발주자의 요구

발주자가 요구하는 건축물 활용계획에 따라 구축범위를 설정하여 구내통신의 설비를 사업에 반영한다.

(나) 첨단 설비 운영 요구

이동통신 기술을 적용하여 휴대전화 단말기를 이용한 가정과 시무실의 각종 설비를 원격으로 관리 요구 기능을 원하는 통신 서비스를 할 수 있도록 구내통신설비를 설치한다.

(다) 법령에서 요구

통신 분야 법령에서 구내에 기본적인 통신설비를 갖추도록 규정한 구내통신 설비는 구내통신 구축대상에 포함하여 설계한다.

(라) 정부 정책의 요구

설계단계부터 지능형 건축물 인증제도와 초고속 정보통신 건물인증 제도를 구축범위에 적용하여 지능형 건축물의 구내통신을 구축할 것인지를 판단하고 사업비를 투자하고 평가한다.

2. 정보통신장비 구축범위 검토 직무수행

(1) 운영계획 작성을 위한 운영계획 조사

운영계획을 하기 위한 현장조사를 하고 〈표 2-1〉을 작성한다.

〈표 2-1〉 운영계획 조사표 예시

조사항목 예시	결과작성
현재 근무하는 인원 수	
증가하는 인원의 예상 수	
단말기 사용자의 수	
정보통신장비 주장치의 통신방식	
통신선로의 전송방식	
건축물의 운영방향	
건물관리시스템과 연계계획	
초고속건물 채택여부	
지능형건물 도입 여부	
단말기 종류	
단말기 수량	

(2) 건축공간에 따른 설비규모 검토

문화예술 회관이나 대강당의 경우 건축물의 공간의 높이와 넓이, 건축 마감

재료에 따라 음향설비의 규모가 달라지기 때문에 음향의 명료도, 음색, 소리의 세기 등 입력과 출력 음향의 요소들을 감안하여 규모를 결정하여야 한다.

(3) 업무형태에 따른 구축범위 조사표를 작성

업무형태에 따른 구축범위를 조사하고 〈표 2-2〉을 작성한다.

〈표 2-2〉 업무형태에 따른 구축범위 조사표 예시

조사항목 예시	결과작성
통신망 이용하는 업무의 종류	
온라인 민원업무 종류	
통신 서비스 종류	

(4) 참석인원 규모에 따른 설비규모 검토 작성표

참석인원 규모에 따른 설비규모를 검토하고 〈표 2-3〉에 작성한다.

〈표 2-3〉 참석인원 규모에 따른 설비규모 검토표 예시

조사항목 예시	결과작성
공연장 의자의 좌석 수	
회의실 의자의 좌석 수	
대강당 의자의 좌석 수	

(5) 문화행사 내용에 따른 구내통신 구축범위 조사표 작성

행사내용에 따른 구내통신 구축범위 조사를 하고 〈표 2-4〉을 작성한다.

〈표 2-4〉 행사내용에 따른 구내통신 구축범위 조사표 예시

조사항목 예시	결과작성
음향시스템의 믹서의 입, 출력 단자 수	
연극하는 행사	
강연하는 행사	
공연하는 행사	

(6) 정부정책에 따른 정보통신장비 구축범위 조사표 작성

정부정책에 따른 정보통신장비 구축범위 조사를 하고 〈표 2-5〉를 작성한다.

〈표 2-5〉 정부정책에 따른 설비 정보통신장비 구축범위 조사표 예시

조사항목 예시	결과작성
초고속 정보통신 인증 채택 여부	
지능형 홈네트워크 인증 채택 여부	
지능형 건물인증 채택 여부	
에너지 관리 시스템 도입 여부	

(7) 정보통신장비 종류별 구축범위 조사표 작성

정보통신장비 종류별 구축범위 조사를 하고〈표 2-6〉을 작성한다.

〈표 2-6〉 정보통신장비 종류별 구축범위 조사표 예시

조사항목 예시	결과작성
구내통신선로설비	
방송공동수신설비	
CCTV설비	
이동통신구내선로설비	
네트워크설비	
음향설비(전관방송, 소회의실, 대회의실, 교육실, 소강당, 대강당, 공연장에 설치 결정)	
구내전화설비	
지능형 건축물 설비	
기타 정보통신장비	

3. 구내통신설비 종류별 구축범위를 검토

(1) 구내통신설비 종류별 구축범위 검토결과표를 작성

정보통신설비 종류별 구축범위 검토를 하고〈표 2-7〉을 작성한다.

〈표 2-7〉 정보통신설비 종류별 구축범위 검토결과표 예시

검토항목 예시	결과작성
주택에는 세대마다 전화설치장소까지 구내통신선로설비 설치	
주택에는 세대마다 초고속 정보통신을 할 수 있는 구내통신선로설비를 설치	
방송공동수신설비 설치	
CCTV 설비설치	

(2) 이동통신 구내통신선로설비 설치 검토결과표 작성

이동통신 구내통신선로설비 설치 검토를 하고 〈표 2-8〉을 작성한다.

〈표 2-8〉 이동통신 구내통신선로설비 설치 검토결과표 예시

검토항목 예시	결과작성
지하 주차장에 배관설치	
중계기 설치 장소에 전원 콘센트와 접지설비 설치	
옥상에 안테나설치용 인입 배관	
인입통신선과 중계기까지 통신배관 설치	

(3) 방송 공동수신설비 설치 검토결과표 작성

방송 공동수신설비 설치 검토를 하고〈표 2-9〉을 작성한다.

〈표 2-9〉 방송 공동수신설비 설치 검토결과표 예시

검토항목 예시	결과작성
공동주택	
바닥면적의 합계가 5천 제곱미터 이상으로서 업무시설이나 숙박시설의 용도로 쓰는 건축물	

(4) CCTV설비 설치 검토 결과 표 작성

CCTV설비 설치 검토하고 〈표 2-10〉을 작성한다.

〈표 2-10〉 CCTV설비 설치 검토 결과 표 예시

검토항목 예시	결과작성
어린이집의 CCTV설비설치 범위, 유치원, 도시공원	
공동주택에 CCTV설비설치 범위	
주차장에 CCTV설비설치	
제2종 근린생활시설에 해당하는 면적 500㎡ 이하의 다중생활시설(고시원)	

4. 장비 설치를 위한 구내통신설비의 구축범위를 설정

(1) 구내통신선로설비 구축범위를 설정

1) 국선 인입배관 물량의 구축범위 설정표 작성

국선인입배관 물량의 구축범위 설정하고 〈표 2-11〉을 작성한다.

〈표 2-11〉 국선인입배관 물량의 구축범위 설정표 예시

설정항목 예시	결과작성
맨홀설치 위치와 수량	
예비배관 규격과 설치 수량	
20세대 이상의 공동주택 : 최소 54㎜ 이상 설치 수량	
20세대 미만의 공동주택 : 최소 36㎜ 이상 설치 수량	
기타 건축물	

[그림2-1] 통신맨홀설치 현장

2) 국선 인입배관의 공수 구축범위 설징표 작성

국선 인입배관의 공수 구축범위를 설정하고 〈표 2-12〉를 작성한다.

〈표 2-12〉 정부 정책에 따른 설비구축 설정 조사표 예시

설정항목 예시	결과작성
주거용, 기타건축물 1공이상의 예비배관을 포함하여 2공 이상 설치 수량	
업무용건축물, 2공 이상의 예비배관을 포함하여 3공 이상	

3) 구내배관의 설치 규모 설정표 작성

구내 배관의 설치 규모를 설정하고 〈표 2-13〉을 작성한다.

〈표 2-13〉 구내 배관의 설치 규모 설정표 예시

설정항목 예시	결과작성
각 기능 실에 설치되는 통신단말기의 전체 수량	
주 배관과 예비 배관의 수량	
구내간선계 및 건물간선계의 배관 공수는 동등 이상 내경을 가진 예비공 1공 이상을 포함하여 2공 이상을 설치 수량	
주택에 홈 네트워크설비를 설치하는 경우세대단자함과 홈네트워크 주장치 간에는 홈 네트워크용 배관을 1공 이상 설치 수량	
업무용건축물로서 구내선이 7.5m을 넘는 실내에는 바닥 덕트, 배관 설치	
바닥 덕트 또는 배관의 매 구간 교차점 또는 완곡 부에는 각 1개씩의 실내 접속함을 설치 수량	

4) 구내 배선의 규모 설정표 작성

구내 배선의 규모 설정하고 〈표 2-14〉 작성한다.

〈표 2-14〉 구내 배선의 규모 설정표 예시

설정항목 예시	결과작성
각 기능 실에 설치되는 통신단말기의 전체 수량	
예비 회선 설치 수량	
공동주택(세대당 1회선)설치 수량	
업무용건축물(10제곱미터당1회선)설치 수량	
두 개 이상의 공동주택이 하나의 단지를 형성할 때 국선단자함이 설치된 공동주택에서 각 공동주택별로 구내간선케이블을 설치 수량	

5) 통신속도에 따른 설비 설정표 작성

통신속도에 따른 설비를 설정하고 〈표 2-15〉 작성한다.

〈표 2-15〉 통신속도에 따른 설비 설정표 예시

설정항목 예시	결과작성
동 케이블(UTP) 규격과 설치 수량	
광케이블 규격과 설치 수량	
통신방식	
통신속도	

6) 국선단자함의 설치설정표 작성

국선 단자함은 전화회선과 인터넷 회선을 따로 설치하는 국선 단자함과 방송공동수신 설비를 설치하는 통합한 방송 통신 단자함을 설치하기도 한다.

국선 단자함의 설치를 설정하고 〈표 2-16〉을 작성한다.

〈표 2-16〉 국선 단자함의 설치설정표 예시

설정항목 예시	결과작성
통신단말기의 수량기준으로 예비회선 수량	
최소한의 크기(400mm×500mm×80mm)이상	
전원콘센트 내장(의무규정) 설치 수량	
구내로 인입된 국선 수량	
구내교환기를 설치하는 경우에는 주배선반 설치 여부	
광섬유케이블 또는 300회선 미만의 동 케이블을 수용하는 경우 : 주단자함 또는 주배선반 설치 여부	
300회선 이상의 동 케이블을 수용하는 경우 : 주배선반에 설치 여부	

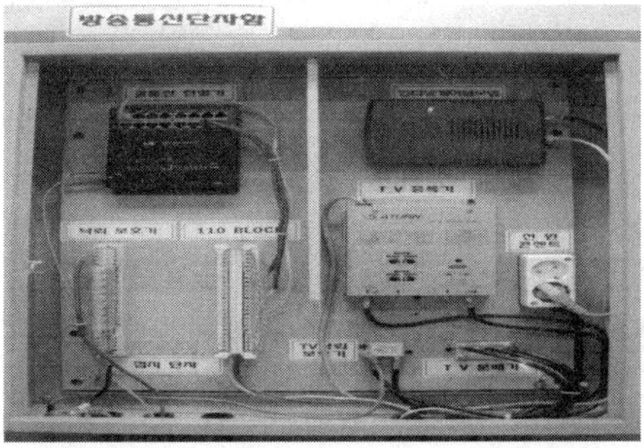

[그림 2-2] 국선단자함 (방송통신단자함 : 방송회선과 통신회선 통합)

7) 중간 단자함의 설치설정표 작성

중간 단자함의 설치를 설정하고 〈표 2-17〉에 작성한다.

〈표 2-17〉 중간 단자함의 설치설정표 예시

설정항목 예시	결과작성
중간단자함 설치 수량	
단자함의 크기(400mm×500mm×80mm)이상	
중간단자함 접지 단자대 설치와 접지 실시	

8) 세대 단자함의 설치설정표 작성

세대에 인입되는 통신선로 등의 배선을 효율적으로 분배·접속하기 위하여 이용자의 전용공간에 설치되는 분배함인 세대 단자함을 〈표 2-18〉에 작성한다.

〈표 2-18〉 세대 단자함의 설치설정표 예시

설정항목 예시	결과작성
통신단말기의 수량기준으로 예비회선 수량	
최소한의 크기(300mm×400mm×80mm)	
전원콘센트 내장(의무규정) 설치 수량	
공동주택의 세대단자함 설치 수량	

9) 케이블 트레이 설비설정표 작성

통신단말기의 수량기준으로 예비회선 수량을 포함한 케이블의 포설 규모 크기를 설정하고 〈표 2-19〉에 작성한다.

〈표 2-19〉 케이블 트레이 설비설정표 예시

설정항목 예시	결과작성
건물간선계의 트레이 설치 개소	
구내간선계의 트레이 설치 개소	
수평배선계의 트레이 설치 개소	

10) 접지저항설정표 작성

접지저항을 설정하고 〈표 2-20〉에 작성한다.

〈표 2-20〉 접지저항설정표 예시

설정항목 예시	결과작성
10Ω 이하를 원칙: 모든 통신관련 시설에 접지 설치 수량	
100Ω 이하 경우: 접지 설치 수량	

5. 정보통신장비 구축범위를 설정

(1) 구내전화교환설비 설치범위설정표를 작성

구내전화 교환설비 설치범위를 설정하고 〈표 2-23〉에 작성한다.

〈표 2-23〉 구내전화 교환설비 설치범위설정표 예시

설정항목 예시	결과작성
전화교환 주장치 설치 수량	
관리 단말기 설치 수량	
전화기 설치 수량	
전화용 POE 백본 네트워크장비 설치 수량	
전화용 POE 가입자용 네트워크장비 설치 수량	

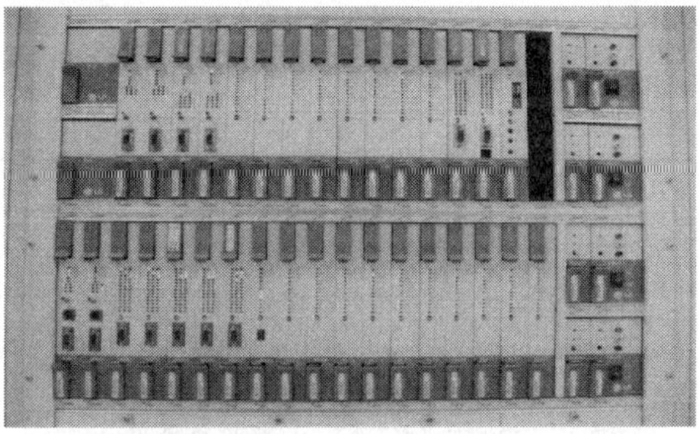

[그림2-4] 구내전화 교환기 주장치 설치현장

(2) 인터넷 사용의 서비스를 위한 네트워크장비 설치범위설정표 작성

네트워크장비 설치범위를 설정하고 〈표 2-24〉에 작성한다.

〈표 2-24〉 네트워크장비 설치범위설정표 예시

설정항목 예시	결과작성
백본 네트워크장비 설치 기능과 성능 규격	
네트워크장비(L4, L3, L2 장비) 설치 수량	

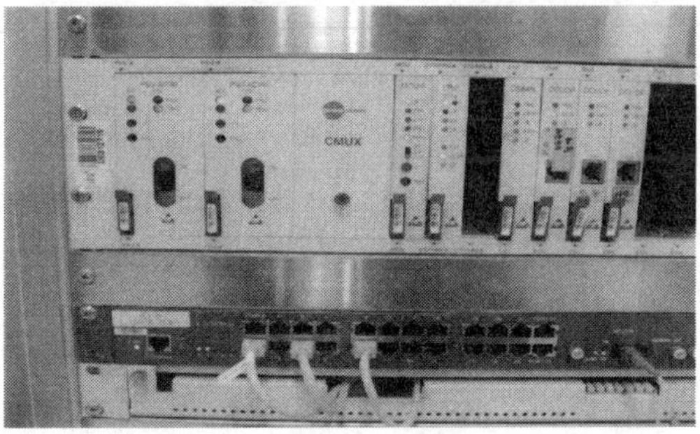

[그림2-5] 인터넷용 네트워크장비

(3) 화재예방을 위한 비상방송설비 설치범위설정표 작성

비상방송설비 설치범위를 설정하고 〈표 2-25〉에 작성한다.

〈표 2-25〉 비상방송설비 설치범위설정표 예시

설정항목 예시	결과작성
연면적 3천5백㎡ 이상해당 여부	
지하층을 제외한 층수가 11층 이상해당 여부	
지하층의 층수가 3층 이상해당 여부	
스피커 음성입력은 3W(실내에 설치 1W) 이상 설치 여부	
스피커기는 각층마다 설치 여부	
스피커간격 수평거리가 25m 이하 설치 여부	

[그림2-5] 비상방송설비

(4) 범죄 예방을 위한 CCTV 설비를 설치규모설정표 작성

CCTV설비 설치규모를 설정하고 〈표 2-26〉에 작성한다.

〈표 2-26〉 CCTV설비를 설치규모설정표 예시

설정항목 예시	결과작성
주차장과 연결된 지하층과 1층 승강장, 옥상 출입구, 승강기 내부에 범죄자 침입을 감시하도록 설치한 카메라 수량	
고시원, 아파트, 학교, 오피스텔 등의 주차장에도 1.7m 높이에 있는 사물을 알아볼 수 있도록 설치한 CCTV카메라 수량	
촬영한 자료를 1개월 이상 보관할 수 있는 영상저장장치 규모	

(5) 구내통신선로설비 회선 설치규모설정표 작성

구내통신선로설비 회선 설치규모를 설정하고 〈표 2-27〉에 작성한다.

〈표 2-27〉 구내통신선로설비 회선 설치규모설정표 예시

설정항목 예시	결과작성
주거용 건축물과 업무용건축물의 국선단자함에서 세대단자함 또는 인출구 구간까지 단위 세대당 꼬임케이블과 광섬유케이블 코아 수량 설정 여부	

(6) 전원설비 설치규모설정표 작성

전원설비 설치규모를 설정하고 〈표 2-28〉을 작성한다.

〈표 2-28〉 전원설비 설치규모설정표 예시

설정항목 예시	결과작성
통신설비가 최대로 사용되는 때의 전력을 안정적으로 공급할 수 있는 용량으로서 동작전압과 전류의 변동률을 정격전압 및 정격전류의 ±10퍼센트 이내로 유지할 수 있는 설비 여부	
상용전원이 정전된 경우 최대 부하전류를 공급할 수 있는 축전지 또는 발전기의 예비전원설비가 설치 여부	
국선 수용 용량이 10회선 이상인 구내교환설비 상용전원이 정지된 경우 최대부하전류를 공급할 수 있는 축전지 또는 발전기 등의 예비전원설비를 설치 여부	
전원의 전기분전반 설치 여부	

(7) 업무용건축물 통신실 설치규모설정표 작성

업무용 건축물 통신실 설치규모를 설정하고 〈표 2-29〉를 작성한다.

〈표 2-29〉 업무용 건축물 통신실 설치규모설정표 예시

설정항목 예시	결과작성
6층 이상이고 연면적 5천 제곱미터 이상인 업무용 건축물에 집중구내통신실 설치설정표를 작성한다.	
6층 이상이고 연면적 5천 제곱미터 이상인 업무용 건축물에 층 구내통신실 설치설정표를 작성한다.	
1번과 2번 이외의 업무용 집중구내통신실 500제곱미터 이상인 경우 10.2 제곱미터이상 1개소, 500제곱미터 이하인 경우 5.4 제곱미터 이상 설정 확인	

(8) 공동주택 집중 구내 통신실의 면적설정표 작성

공동주택 집중 구내 통신실의 면적을 설정하고 〈표 2-30〉을 작성한다.

〈표 2-30 정부정책에 따른 설비구축범위 조사표 예시

설정항목 예시	결과작성
50세대 이상 500세대 이하 단지 : 10제곱미터 이상으로 1개소	
500세대 초과 1,000세대 이하 단지 : 15제곱미터 이상으로 1개소	
1,000세대 초과 1,500세대 이하 단지 : 25제곱미터 이상으로 1개소	

2-2 정보통신장비 구축범위와 시설현황 작성

1. 정보통신장비 구축범위 계획서 작성 요령

(1) 구축범위 계획서 작성

1) 구축계획서 작성 기본 원칙

현장조사내용을 중심으로 작성하고 다른 공사와 연계성 검토 후 작성하며 사업추진계획의 범위 안에서 작성과 발주자의 요구사항을 기본으로 작성한다.

2) 계획서 작성시 검토할 사항

하드웨어 요구사항, 소프트웨어 요구사항, 일정 계획 작성, 관련 조직의 업무분장과 책임한계, 시스템 위험 관리 방법, 추진 배경 작성, 지적 재산권의 귀속 및 관리 방법의 순으로 검토한다.

3) 관련 법령 검토하기

(가) 관련 법률, 시행령, 시행규칙 검토

① 국가 및 지방자치단체를 당사자로 하는 계약에 관한 법률, 시행령 : 계

약의 방법, 경쟁 입찰에 있어서의 낙찰자의 결정 규정

② 중소기업 진흥 및 제품 구매 촉진에 관한 법률, 시행령 : 중소기업자 간 경쟁 제품의 지정, 기술 개발제품 등에 대한 우선 구매, 우선구매 대상 기술 개발제품의 지정

③ 관련 고시와 지침의 확인 : 소프트웨어 개발 사업 대가의 기준, 우수 소프트웨어 구매 규정

④ 통신 분야 기술기준 검토 : 구내통신설비 분야 기술기준 검토

4) 구축에 필요한 요구사항 작성

(가) 시스템의 구조와 운영 개념을 명확하게 작성

(나) 기본 시스템 요구사항의 방향을 계획서에 반영

① 업무, 조직 및 사용자에 대한 기능 요구사항 기술

② 설계, 시험, 준수 표준 및 절차, 안전, 정보보호, 기타 주요 요구사항

③ 공급자가 납품할 시스템의 설계, 수정 및 확장의 융통성 보장 기술

④ 기본 시스템 요구사항 정의 시 발주 대상에 대한 목표를 설정

⑤ 특정 제품의 기능과 성능의 요구사항을 피하여 계획과 요구

(다) 소프트웨어 요구사항 계획서에 반영

① 발주 사업 유형별로 선택할 수 있는 대안을 고려해서 작성

② 각 대안에 대해 위험, 비용, 장점 등을 포함하는 분석을 실시

③ 요구사항을 만족시키는 상용 소프트웨어를 계획서에 반영

④ 개발 소프트웨어 서비스 범위 계획서에 반영

⑤ 기존의 소프트웨어 및 소프트웨어 서비스 개선 계획

⑥ 소유권, 사용권, 보증 및 저작권의 사용 권한의 범위

(라) 정보통신장비의 상용 소프트웨어 발주 계획 작성

① 소프트웨어의 요구사항

② 관련 문서의 확보와 활용

③ 소유권, 사용권, 보증 및 허가 권한의 보유

④ 소프트웨어에 대한 사후지원

⑤ 필요한 소프트웨어 및 소프트웨어 지원 내용

(2) 계획서의 작성

계획서를 작성하는 5가지 기본조건은 다음과 같다.

1) 미래기술을 예측하는 계획서 작성

정보통신장비 도입계획을 수립할 때 미래기술의 예측은 어렵지만 도입하는

시스템의 기술이 미래 기술이며 표준화된 시스템을 도입한다.

2) 자료 및 정보수집을 다양화하여 계획서 작성

통계자료, 연구결과, 정보통신장비과 연관된 각종 정보가 체계적으로 수집·정리된 자료가 있으면 신뢰성이 높은 계획서를 작성할 수 있고 실행이 가능하게 된다.

3) 계획서 작성자의 기술지식

정보통신 분야의 기술적인 지식이 있는 계획자들에 의해서 계획이 수립되면 구내 통신 기술을 적용하여 사업이 성공할 가능성이 높은 구축계획이 된다.

4) 예산범위 내에서 계획서 작성

예산을 초과하는 계획서는 실현이 불가능하고 재정적 어려움을 초래하여 사업을 완료 하지 못하는 결과를 초래할 수 있어 예산 범위 내에서 추진하여야한다.

5) 충분하게 검토한 계획서 작성

충분한 시간을 두고 다양한 자료수집과 분석과 실행 가능한 대안을 제시할 수 있는 계획이 수립되어야 하고 서둘러 작성하면서 짧은 기간에 성과를 내려고 하면 시행과정에 어려움이 발생하게 된다.

(3) 정보통신장비 구축계획의 모든 과정을 이해

① 도입하려는 정보통신장비의 문제점과 구내통신시스템 도입 목표를 설정하고 구내통신시스템 도입 목표와 연관된 정보와 자료, 통계 등을 수집한다.
② 정보통신장비 도입에 따른 신기술의 예측 또는 전망 등을 제시하고 구내통신시스템 도입 목표 달성을 위하여 필요한 모든 대안을 모색한다.
③ 정보통신장비 도입에 따른 대안들의 장·단점 및 문제점을 분석하고 분석한 내용을 비교·검토한 후 가장 좋은 대안과 최선의 방안을 선택·결정한다.
④ 정보통신장비 도입에 따른 선택된 최선의 대안을 중심으로 집행을 하기 위한 세부 계획을 수립하고 집행에 필요한 준비한다.
④ 정보통신장비 도입 사업의 세부계획에 예산이 반영되고 지시와 조정 및 통제과정을 거치면서 집행을 한다.
⑥ 정보통신장비 도입사의 집행이 완료되면 심사분석을 실시하는 등 계획을 평가 하고 평가에서 나타난 결과는 보완과 시정조치를 실시한 후 목표로 환류를 추진 한다.

2. 정보통신장비 구축범위 현황 작성범위

(1) 구축범위 현황 작성

정보통신장비의 경제성, 편의성, 운영성, 보안성, 관리성 등의 목표로 현황을 작성한다.

① 지능형 건축물의 인증 대상의 건축물 대상은 공동주택, 문화 및 집회 시설, 판매시설, 교육연구시설, 업무용, 숙박시설, 방송 통신시설을 작성한다.
② 작성방법은 층 수, 연면적, 구내통신 구축 내용, 기타의 범위 현황을 구분하여 작성한다.

2-3 정보통신장비 구축범위 계획서작성 직무수행

1. 구내통신 구축범위 계획서를 작성

(1) 구내통신 구축사업의 제목을 작성

1) 사업의 제목과 사업내용을 명시

계획과 예산의 연계를 위해 구축기본 계획서상의 사업과 구축범위 계획서 상의 사업을 일치되는 사업의 제목과 사업내용을 명시한다.

2) 신규사업 또는 계속사업의 여부를 작성

사업을 처음으로 시작하면 신규사업이고 과거부터 현재와 미래의 기간으로 사업을 시작하며 앞으로 계속 사업을 하면 계속사업으로 구분한다.

3) 소요 재원을 구분하여 기재

각 사업에 소요되는 재원을 구분하여 기재한다.

(2) 추진목표 및 방향 작성

1) 추진목표를 설정

① 전체 사업목표(기본목표)와 단계별 추진목표를 기술하고, 당해 연도(대상년도)의 구축사업의 추진목표를 기술한다.
② 장기계속사업의 경우 당해 연도 사업이 몇 차년도 사업의 어느 단계인지를 표시하고, 작년의 목표 달성 결과와 사업완료 연도까지의 연차별 목표를 명시한다.
③ 사업의 진행정도를 파악하고, 사업완료 시 추진성과에 대한 분석 자료로 활용할 수 있도록 목표를 계량화하여 기술한다.

(3) 추진방향을 결정하여 작성

사업목표를 효과적으로 달성하기 위한 추진방향을 기술하고 개념적인방향 설정은 지양하고 실현 가능한 추진방향을 설정한다.

(4) 사업추진실적을 계획대비 실적중심으로 작성

1) 추진실적을 작성

전년도의 사업추진 실적이나 과거의 사업추진 실적을 작성한다.

2) 개선할 분야를 작성

① 대민서비스 개선 및 업무 생산성 향상과 업무처리 절차 개선, 사업 관리, 법·제도 개선 및 표준화에 대하여 작성을 한다.
② 기술적 문제점 개선 등 사업의 효과성과 기술성 향상이나 사업추진체계, 사업추진 과정의 개선사항을 기술한다.

(5) 문제점 작성

① 제기된 문제점들을 세부 항목별로 기술한다.
- 현행 업무처리 절차 및 법·제도적, 조직상 문제점
- 표준화와 관련된 문제점

② 실질적으로 사업추진에 반영할 수 있도록 개선 방향을 작성한다.

(6) 사업추진 시 협력할 사항 작성

① 사업추진 시 다른 부서로부터 협력을 받을 분야를 기술한다.
② 추진 부서가 다른 부서에 협력해야 할 사항을 기술한다.

(7) 대상 업무분석 및 추진체계 작성

① 개요 작성
- 대상 업무 : 사업 업무설명
- 내용 : 제공될 서비스의 대상·내용·방법 등을 구체적으로 제시
- 수행기관 : 업무를 직접 수행하는 기관
- 관련 기관 : 업무의 수행과 관련된 기관
- 관련법 제도 : 업무 수행과 관련된 법령, 고시, 지침, 예규 등 제반 규정
- 구매 방법 : 입찰, 조달구매

(8) 통신망 연계 방안 작성

① 다른 기관과 연계를 함으로서 업무의 생산성과 효율성을 증대를 위해 관련 기관 간 통신망 연계를 실시하는 방법을 도출한다.
② 공동 활용이 필요한 대상 업무에 대하여 업무 관련 기관과의 상호 연결을 할 수 있는 방법을 도출한다.
③ 도출된 상호 연결 대상 업무별로 공동 활용이 가능한 자료 이름 등 통신망 연결에 필요한 내용을 상세히 기술한다.
④ 통신망 연결과 관련된 기관 간의 업무 역할 분담과 공동 활용 방안에 대하여 기술한다.
⑤ 통신망도를 작성한다.

다음 [그림 1-2]는 네트워크 통신망도를 작성한 사례이다.

(9) 개선방향 작성

① 현재의 정보통신장비의 운영상의 개선방향과 사업을 추진하면 실현 가능성에 대하여 작성을 한다.
② 효과성 등을 객관적으로 분석하여 자체 검토결과를 시행계획에 반영한다.

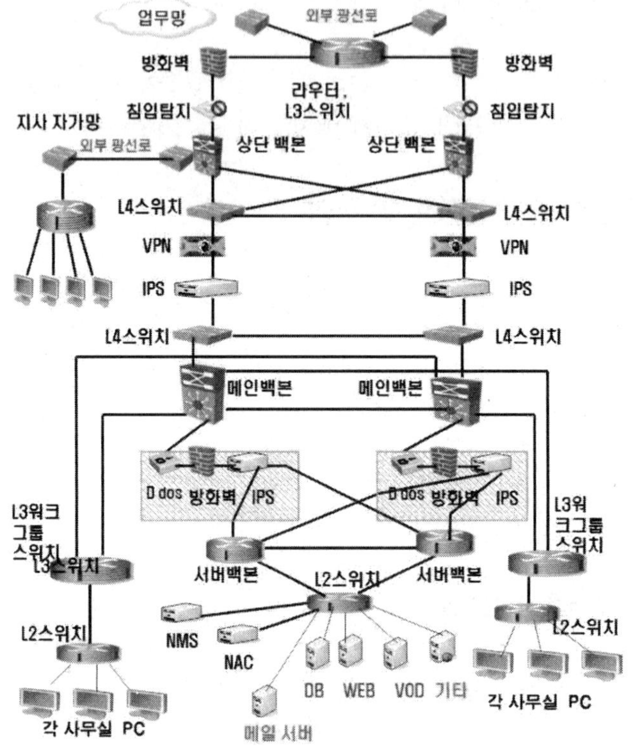

[그림 1-2] 구내통신망도

(10) 정보통신장비 구축업무처리 절차 작성

현행 업무처리 절차의 문제점을 기초로 하여 도입하고자 하는 통신시스템의 효율성이 극대화할 수 있도록 사업의 착수부터 종료까지 업무처리 절차를 작성한다.

(11) 정보통신장비 표준화방안 작성

① 타 정보통신장비의 연계활용 및 시스템연계의 효율을 높이기 위해 필요한 업무이다.
② 정보통신장비의 표준화대상과 내용을 기술한다.

(12) 법 · 제도 해당 분야 작성

정보통신장비 구축사업에 해당이 되는 법 · 제도의 해당 분야별로 구체적으로 기술한다.

(13) 정보통신장비 구축 및 운영방안 작성

① 사용자, 수행기관, 관련 기관, 통신망, 하드웨어 등을 포함하여 구축하고자 하는 통신시스템의 당해 연도의 시스템 구성도를 작성한다.
② 통신망, 표준화, DB 구축, 보안 측면을 고려하여 시스템 구축방안을 작성한다.
③ 정보통신장비 구축 후 운영 및 관리를 위한 통신실, 인력, 운영형태 등을 기술한다.

(14) 추진일정 작성

당해 연도에 수행할 세부 추진내용을 종합하여 업무처리절차 개선, 정보통신장비 구축, 통신망의 연계 시운전 기간 등으로 나누어 구체적인 추진업무 및 일정을 〈표 2-31〉와 같이 작성한다.

〈표 2-31〉 추진일정표 예시

추진업무 종류 예시	추진일정(기간)
1. 업무 개선사항 조사기간	
2. 통신시스템 주장치 구축 기간	
3 기존통신망과 연계 시험 기간	
4. 시운전기간	

(15) 소요예산 작성

1) H/W, S/W, 통신망 부문 등의 소요예산을 산정

소요예산 내역서를 〈표 2-32〉에 작성한다.

〈표 2-32〉 소요예산 내역서 서식 예시

	품명	규격	수량	단위	금액	비고
1.	NMS 장치					
2.	네트워크장비					
3	스토리지서버					
4.	보안장비(방화벽)					

2) 재원 조달 방법

사업을 추진하기 위하여 소요되는 예산을 확보하려며 어떤 방법으로 예산을 확보하여 사업을 할 수 있는지를 그 방안을 조사하고 기록하여야 한다.

(16) 기대 효과 작성

기대효과를 단말기 사용자에 대한 서비스 개선, 업무처리 효율화 및 예산절감, 업무혁신 등 조직혁신 측면에서 가능한 한 계량화하여 기술한다.

예상되는 파급효과와 직·간접 기대효과를 모두 기술, 계량화가 어려운 경우에는 기대효과를 설득력 있게 기술한다.

2. 구내통신 구축범위 설정 현황을 작성

(1) 정보통신장비 구축범위 현황 작성

정보통신장비의 경제성, 편의성, 운영성, 보안성, 관리성 등 기술 변화에 앞서가는 설비구축목표로 현황을 작성한다.

(2) 지능형 건축물의 구내통신 구축 설정 현황 작성

1) 홈 네트워크망 구축

홈 네트워크 설비의 통신망의 구축범위와 현황을 〈표 2-33〉에 작성한다.

〈표 2-33〉 홈 네트워크 설비의 구축 예시

현황내용 예시	결과작성
홈 네트워크 설비는 단지 망과 세대 망을 연결한다. 가. 단지 망 : 집중구내통신실에서 세대까지를 연결하는 망 나. 세대 망 : 전유부분(각 세대내)을 연결하는 망	

2) 홈 게이트웨이 구축

홈 게이트웨이(홈 서버 포함)는 세대 망과 단지 망을 상호 접속하는 장치로서, 세대 내에서 사용되는 홈 네트워크 기기들을 유무선 네트워크 기반으로 연결하고 홈 네트워크 서비스를 제공하는 기기의 구축범위와 현황을 〈표 2-34〉에 작성한다.

〈표 2-34〉홈 게이트웨이 구축 예시

현황내용 예시	결과작성
홈 게이트웨이는 세대단자함 또는 세대통합 관리반에 설치	
세대단자함 또는 세대통합 관리반에 설치되는 홈 게이트웨이는 벽에 부착할 수 있어야 하며 동작에 필요한 전원을 공급	
홈 게이트웨이는 이상전원 발생 시 제품을 보호할 수 있는 기능을 내장확인 하고 동작 상태와 케이블의 연결 상태를 쉽게 확인할 수 있는 구조로 설치	

3) 월 패드의 구축

세대 내의 홈 네트워크 시스템을 제어할 수 있는 월페드 기기의 구축범위와 현황을 〈표 2-35〉에 작성한다.

〈표 2-35〉 월 패드의 구축 예시

현황내용 예시	결과작성
월 패드에는 조작을 위한 전원이 공급되어야 하며, 이상전원 발생 시 제품을 보호할 수 있는 기능을 내장	
월 패드는 사용자의 조작을 고려한 위치 및 높이에 설치	
월 패드에서 원격제어 되는 조명제어기, 난방제어기 등 모든 원격제어기기에는 수동으로 조작하는 스위치를 설치	

4) LAN 망 구축

(가) 단지네트워크장비

세대 내 홈 게이트웨이와 단지 서버 간의 통신 및 보안을 수행하는 장비로서, 백본(back-bone), 방화벽(Fire Wall), 워크그룹 스위치의 구축범위와 현황을 〈표 2-36〉에 작성한다.

〈표 2-36〉네트워크장비 예시

현황내용 예시	결과작성
단지네트워크장비는 집중구내통신실 또는 통신배관실에 설치	
단지네트워크장비에는 전원 공급을 위한 배관 및 배선 설치	
단지네트워크장비는 별도의 함체나 랙(rack)으로 설치하며, 함체나 랙에는 외부인의 조작을 막기 위한 잠금장치를 한다.	

5) 무선 LAN 구축

건물 내 무선 LAN 구축범위와 현황을 〈표 2-37〉에 작성한다.

〈표 2-37〉 무선 LAN 구축 예시

현황내용 예시	결과작성
전체 업무 공간 면적 대비 AP가 적용되는 면적이 4%이상 무선 LAN을 적용과 보안(인증)기능이 있는 AP(Access Point)를 사용	
AP장비(Access Point) 구축 : 무선 LAN을 구성하는 장치 중 하나로서, 유선 랜과 무선 랜을 연결시켜주는 LAN의 허브와 중계기와 같은 유사역할을 하며, 무선 LAN 카드들로부터 신호를 수신할 수 있어 무선 데이터 통신이 가능한 중간 장비설치	

6) 단지서버 구축

단지 내의 홈 네트워크 설비를 관리하며, 각종 데이터 저장, 단지공용시스템 및 세대 내 홈 게이트웨이와 연동하여 단지정보 및 서비스를 제공해 주는 단지서버의 구축범위와 현황을 〈표 2-38〉에 작성한다.

〈표 2-38〉 단지서버 구축 예시

현황내용 예시	결과작성
단지서버는 단지서버실, 집중구내통신실, 방재실에 설치하는 때에는 보안을 고려하여 폐쇄회로텔레비전 등을 설치	
단지서버는 외부인의 조작을 막기 위한 잠금장치를 한다.	

7) 종합안내 시스템(kiosk) 구축

입주자 및 방문객이 편리하고 빠르게 빌딩 내부의 다양한 정보를(건물 안내나 직원안내, 예약 서비스) 정보를 제공하는 멀티미디어 응용 시스템의 구축범위와 현황을 〈표 2-39〉에 작성한다.

〈표 2-39〉 종합안내 시스템 예시

현황내용 예시	결과작성
무인안내단말(kiosk) 빌딩 홍보용을 위해 로비에 멀티미디어 디스플레이(welcome board)를 설치한다.	
엘리베이터 내에 안내 디스플레이(엘리베이터 단말)를 설치	
단말 설치에 따른 멀티미디어 기능, 원격관리기능)을 파악한다.	

8) 예비전원장치

전원 공급이 중단될 경우 무정전 전원장치 또는 발전기 등에 의한 비상 전원을 공급하는 홈 네트워크 설비 등을 보호하기 위한 장치의 구축범위와 현황 〈표 2-40〉을 작성한다.

〈표 2-40〉 예비전원장치 예시

현황내용 예시	결과작성
집중구내통신실, 통신 배관실, 단지서버실 및 방재실, 주동출입시스템, 전자경비시스템 등에 설치하는 공용부분 홈 네트워크설비에는 정전 시 예비전원이 공급될 수 있도록 한다.	

9) 폐쇄회로 텔레비전 장비

단지 내의 물체를 영상으로 감시하고 저장하기 영상 설비의 구축범위와 현황 〈표 2-41〉을 작성한다.

〈표 2-41〉 CCTV설비 예시

현황내용 예시	결과작성
폐쇄회로 텔레비전장비의 카메라는 주차장, 주동출입구, 어린이놀이터, 엘리베이터 등에 설치한다.	
NVR(Network Video Recorder) 네트워크상에 설치된 카메라나 비디오 서버의 영상녹화, 모니터링, 이벤트관리, 재생 등을 위한 전용 PC서버, IP카메라를 통해 디지털영상을 전송받아 압축 저장하는 시스템을 설치하여 저장매체로 백업방식을 채용, 3개월 이상 저장 용량 확보한다.	

10) 원격제어기기

구내의 내부 및 외부에서 원격으로 제어하는 가스밸브제어기, 조명제어기, 난방제어기의 구축범위와 현황을 〈표 2-42〉에 작성한다.

〈표 2-42〉 원격제어기기 예시

현황내용 예시	결과작성
취사용 가스밸브제어기가 여러 개인 경우에는 이를 통합·제어할 수 있어야 한다.	
원격제어가 가능한 조명제어기를 세대 안에 1구 이상 설치한다.	
디지털 도어락은 월 패드와 유선 또는 무선으로 연동시켜 설치하여야 하고 대상은 가스밸브제어기, 조명제어기, 난방제어기 조사	

11) 감지기

〈표 2-43〉 감지기 예시

현황내용 예시	결과작성
감지기에는 동작에 필요한 전원이 공급되어야 한다.	
가스감지기는 사용하는 가스가 LNG인 경우에는 천장 쪽에, LPG인 경우에는 바닥 쪽에 설치한다.	
개폐 감지기는 현관출입문 상단에 설치하며 단독배선 한다.	
동체감지기는 유효감지반경을 고려하여 설치한다. 대상 : 가스감지기, 개폐감지기	

가스누설이나 주거침입 상황, 세대 내의 상황을 감지하는 화재감지기(화재 수신반 연동), 가스감지기, 개폐감지기, 동체감지기, 환경감지기(VOC, 온·습도, Co2감지) 구축범위와 현황을 〈표 2-43〉에 작성한다.

12) 음향, 영상시스템 설치 설정 현황을 작성

구내의 강당, 공연장, 교육실, 회의실 등에 음향과 영상 설비를 설치하기 위하여 〈표 2-44〉를 작성한다.

〈표 2-44〉 음향, 영상시스템 예시

현황내용 예시	결과작성
음향설비+영상설비+제어설비+무대조명설비+동시통역설비	
디지털 망 감시 및 제어, 위성방송	

13) 집중 구내통신실(MDF실)

국선 단자함 또는 국선 배선반과 초고속통신망 장비 등 각종 구내통신용 설비를 설치하기 위한 공간의 구축범위와 현황을 〈표 2-45〉에 작성한다.

14) 차량출입시스템

단지에 출입하는 차량의 등록 여부를 확인하고 출입을 관리하는 시스템의 구축범위와 현황을 〈표 2-46〉에 작성한다.

〈표 2-45〉 집중구내통신실 예시

현황내용 예시	결과작성
간선 현황 : MDF에서 IDF(Intermediate Distribution Frame, 중간배선반)까지 연결되는 케이블과 케이블에 연결되어 있는 장비포트를 모두 포함하는 것의 설정 현황	
집중구내통신실에는 적정온도의 유지를 위한 냉방시설 및 냉방기 고장 시 실내온도 상승을 억제되는 흡배기용 환풍기 설치	
백본 이중화 현황 : 백본 스위치가 2개 이상으로 설치되어 있는 것으로 서로 연결되어 1대 고장 시 1대가 백업이 가능한 구성	
NMS(Network Management System) 전체 네트워크와 네트워크 구성요소를 관리, 제어하기 위한 H/W와 S/W 설치로 성능(performance)관리, 장애(fault)관리, 형상(configuration)관리, 계정(Accounting)관리, 보안(Security)관리의 5가지 기능	
IDS(Intrusion Detection System)시스템 : 침입감시로서 외부로부터 공격해오는 네트워크 침입을 검색 및 감시 하는 시스템설치	
IPS(Intrusion Prevention System)시스템 : 침입회피로서 외부공격으로부터 침입해오는 것들을 자동으로 차단해주는 시스템설치	
UTM(Unified Threat Management) : 하나의 장비에서 여러 보안기능을 통합적으로 제공, 보안 위협에 대응하는 시스템설치	
건물 관리를 위한 시스템들과 빌딩자동제어를 위한 시스템을 구성하는 네트워크로서 건물 전체 네트워크에 서브 또는 업무용 네트워크와 별도로 구성된 네트워크 설치	

〈표 2-46〉 차량출입시스템 예시

현황내용 예시	결과작성
차량출입시스템은 단지 주출입구에 설치하되 차량의 진·출입에 지장이 없도록 설치	
등록차량 확인과 문제발생시 관리자와 통화할 수 있는 설비(폐쇄회로텔레비전장비와 인터폰 등)를 설치	
차량출입시스템 서버와 단지서버 간 통신배선을 연결	

15) 원격검침시스템

세대 내의 전력, 가스, 난방, 온수, 수도 등의 사용량 정보를 네트워크 등을 통하여 사용자에게 알려 주는 시스템의 구축범위와 현황을 〈표 2-47〉에 작성한다.

〈표 2-47〉 원격검침시스템 예시

현황내용 예시	결과작성
각 세대별 원격검침장치는 운용시스템의 동작 불능 시 에도 계속 동작이 가능하도록 설치	
세대별 원격검침장치의 전원은 정전 시에도 동작이 가능하게 구성하고, 정전 시 각 세대별 원격검침장치는 데이터 값을 저장 및 기억이 되도록 설치	

16) 주동출입시스템

비밀번호나 출입카드로 출입문을 개폐하고 관리실 또는 세대와 통신하여 방문자의 출입 인가 여부를 결정할 수 있도록 주동출입구 및 지하주차장 출입구에 설치하는 주동 출입시스템의 구축범위와 현황을 〈표 2-48〉에 작성한다.

〈표 2-48〉 주동출입시스템 예시

현황내용 예시	결과작성
주동출입시스템은 지상의 주동현관과 지하주차장과 주동을 연결하는 출입구에 설치	
주동출입시스템은 화재발생 등 비상시 소방시스템과 연동되어 주동현관이나 지하주차장의 자동문의 잠김 상태가 자동으로 작동	
주동출입시스템은 매립형으로 설치하고 주동설계 시 강우를 고려하여 설계하고 강우에 대비한 차단설비(날개벽, 차양 등) 설치	
자동문의 경우 프레임 내부에 접지단자를 설치	
주동출입시스템과 세대의 월 패드 사이에 통신되도록 설치하며 출입통제카드시스템에서 제공되는 서비스의 기준은 출입통제(기본사항), 주차관제, 근태관리, 식당관리, 기타 서비스(회원관리, POS, 도서관관리)기능	

제 3 장

정보통신장비 구축을 위한 조직구성실무

3-1 정보통신장비 구축조직 구성의 이해

1. 정보통신장비 구축을 위한 조직 구성

(1) 정보통신장비 구축을 위한 조직 구성의 개요

정보통신장비 구축목표달성을 위하여 조직을 구성하는 것은 발주자의 조직 구성과 수행하는 사업자의 조직 두 가지로 나누어서 목표를 달성한다.

1) 사업수행 조직의 형태

일정한 기간 동안 정보통신장비를 설치하기 위하여 발주처의 분야별 담당자들이 분야별로 서로 모여 하나의 사업을 성공하고자 분업된 구조의 일시적으로 구성된 조직의 형태이다.

2) 발주자 조직의 특징

① 사업기간에만 구성된 프로젝터 조직이다.
② 최고 책임자의 관심도에 따라 적극적으로 업무를 처리하려고 한다.
③ 서로 협조적으로 활동을 하게 된다.
④ 타 공정에서 설계 변경이 발생하면 그것을 핑계로 자기가 맡은 일정을 지연시키려고 한다.
⑤ 준공이 되면 모두 해산하는 일시적 조직이다.

3) 사업자 조직의 특징

① 수주한 사업기간에만 구성된 프로젝터 조직이다.
② 기술적 분야에 문제가 발생하면 서로 미루게 된다.
③ 추가 업무 발생 시 수익성 여부를 확인 하여야 하기 때문에 결정 기간이 길어진다.
④ 발주처의 감독을 상대할 때 구성원들의 개별 의견 전달이 어렵다.
⑤ 경영자가 현장에 참여하면 조직이 원활하게 업무를 처리하는 특성이 있다.

4) 조직 개인의 특성

① 조직을 위해 개인이 희생하고 구성원 사이에 갈등도 법률과 규범, 조정 등에 의존하여 해결하기도 한다.
② 업적 지향적인 심리적 특성을 요구하며 보다 높은 물질적 상징적 보수를 획득하려 노력을 요구하여 일을 통하여 인정받고자 하며 승진, 보수를 약속받는다.
③ 사업을 추진하기 위한 사업조직에서 구내통신의 구축을 위한 현장의 생산조직, 업무 분담 조직, 관리 조직, 감독 조직 등 상, 하의 조직보다는 수평형 조직구조에서 업무처리를 분담하는 조직에서 구축목표를 달성하는 지식이 필요하다.

2. 구성된 조직의 업무를 부여하기 위한 직무분석

(1) 직무분류표

사업수행 단계별업무에 따라 〈표 3-1〉에 사업 수행 단계별 직무분류표를 작성하여 직무분석을 한다.

(2) 직무 분석

1) 설계업무의 분석

A7의 업무가 소홀한 것이 D7에서 나타났으나 보완 조치를 하지 않고 준공처리를 하지만 E7에서 확인을 못하면 F7에서 장애로 나타며 장애 처리에 많은 비용이 소요된다.

〈표 3-1〉 사업수행 단계별 직무분류표 예시

사업수행 단계별 직무분류표									
직무별 업무		계획	예산	계약	제안	시행	검사	준공	평가
		1	2	3	4	5	6	7	8
설계업무	A	A1	A2	A3	A4	A5	A6	A7	A8
개발업무	B	B1	B2	B3	B4	B5	B6	B7	B8
구매업무	C	C1	C2	C3	C4	C5	C6	C7	C8
공사업무	D	D1	D2	D3	D4	D5	D6	D7	D8
감리업무	E	E1	E2	E3	E4	E5	E6	E7	E8
운영업무	F	F1	F2	F3	F4	F5	F6	F7	F8

2) 개발업무의 분석

B4를 실시하여 F8의 운영단계에서 장애가 자주 일어나는 많은 문제점으로 운영자가 어려움을 겪지 않도록 B5, B6, B7, B8의 업무를 수행 중에 상세 체크리스트를 작성하여 검사한다.

3) 구매업무의 분석

C2에서 예산의 부족으로 성능이 낮은 제품을 C3에서 발주하여 계약을 하고 C5에서 설치 후 C6에서 검사를 하고 C7에서 준공처리를 하면 결과는 F7에서 장애 발생이 자주 나타나고 수리비용을 증가시킨다.

4) 공사업무의 문제점

D2의 공사 업무에 필요한 예산의 지원에 소홀하여 공정이 늦어지고 E2의 예산도 지원이 어려워 감리를 중지하는 사례를 예방하기 위하여 예산 지원 부서에 협조 요청을 하여 사업을 추진한다.

5) 감리업무의 분석

F5 업무를 수행 중 감리원의 업무 소홀이 발생하는 사례를 예방하기 위하여 감리업무 과업지시서의 내용을 현장에 맞게 작성하고 보완 한다.

6) 운영업무의 분석

구내통신설비를 운영 중 F6에서 발생한 문제점이 F8에서 잦은 장애로 나타나는 사례를 예방하기 위하여 통신설비의 기능과 특성을 이해하고 검사를 실시하며 운영자 교육 실시와 운영자 매뉴얼을 비치하여 운영한다.

3. 조직구성 업무량과 능률관계 분석

(1) 조직 구성을 통하여 업무량과 능률 분석

1) 정보통신장비 구축 신규업무가 발생할 때

신규업무가 발생하여 업무량을 늘리면 (A)지점에서 능률이 떨어지게 되고 담당자가 처리할 수 있는 능력의 범위에서 (D)지점에서 (B)지점 구간까지 더 이상의 능률이 떨어지지 않도록 조직을 관리하여야 한다. (D), (B), (A)의 삼각형의 구간에는 [그림 3-1]과 같이 업무에 소홀할 가능성이 매우 크다.

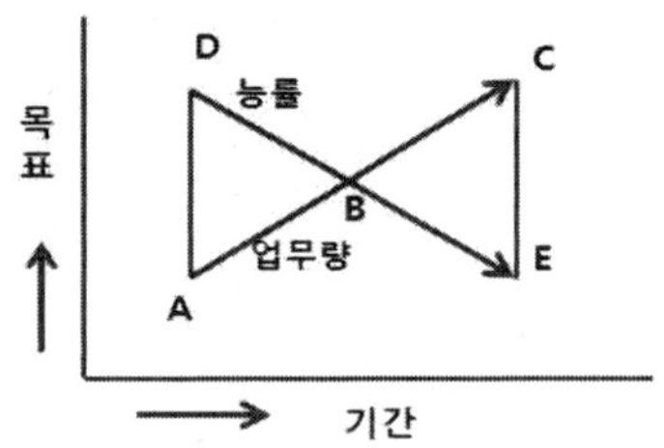

[그림 3-1] 업무량의 증가와 능률관계표

2) 조직관리를 하지 않고 업무량을 조정 하지 않을 때

조직관리를 하지 않고 (A), (B), (C)로 계속 업무량을 너무 늘리면 (B)지점에서 능률이 급격하게 떨어지게 되는데 이런 상황에서 조직 관리를 하지 않고 지속이 될 때 (B), (C), (E) 삼각형의 구간에는 부실시공, 등의 사례가 일어날 위험성이 매우 높다.

(2) 조직관리를 통하여 능률을 높이기 위한 방안

1) 업무량 증가

(A)지점에서 (B)지점 구간까지 업무량을 늘릴 수 있으나 (C)지점의 완료 일정까지 업무량이 더이상 늘어나지 않도록 [그림 3-2]와 같이 조직관리를 한다.

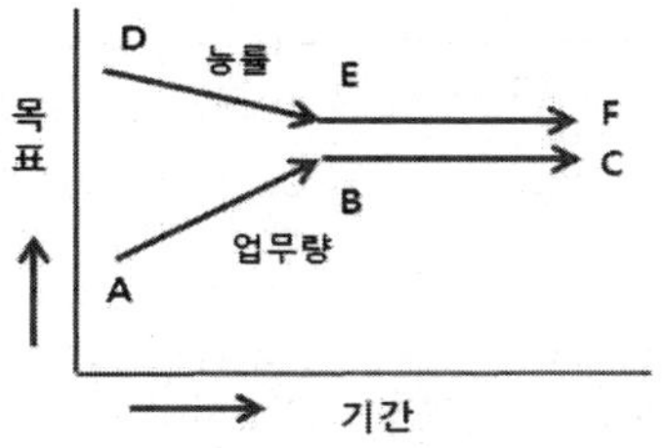

[그림 3-2] 업무량을 조정한 표

2) 능률의 향상

(D)지점에서 (E)지점 구간까지 능률저하가 일어날 수 있으나 (E)에서 (F)완료일정까지 최저 레벨에서 능률이 상승 되도록 조직관리를 한다.

3-2 정보통신장비 구축조직 구성

1. 정보통신장비 구축사업의 대상을 선정

(1) 정보통신장비 구축대상의 선정사례 파악

다음은 ○○시청 청사 신축을 위하여 정보통신장비 구축을 위하여 사업의 규모를 결정하고 조직을 구성하기 위한 〈표 3-2〉의 정보통신장비 구축 규모의 사례이다.

(2) 사업대상의 정보통신장비 구축을 위한 조직구성 회의

조직 구성을 위한 회의 안건을 준비하여 회의를 실시한다.

1) 예산지원과 조직구성에 따른 인력재배치 지원을 요구

정보통신장비 구축사업 예산지원 사항과 정보통신장비 구축사업을 위한 부서별 협조사항을 요구한다.

〈표 3-2〉 정보통신장비 구축 설비규모 사례

규모 예시	비 고
사업비용 : 60억 원 규모, 업무용 10층, 연면적 : 24,000제곱미터, 50개 사무실 근무자 : 900명	
집중구내통신실, 층간 통신실-10개소 네트워크장비 설치 ,백본은 광케이블 10G속도 장비(2중화), 구내통신선로설비공사 (수평케이블은 CAT6(데이터용, 전화용 별도설치)	
대강당400석 규모, 회의실 50석 규모, 공연장500석에 음향과 영상설비, 전관방송공사, CCTV카메라 80대, 영상저장장치3식	
IP전화기1,000대, 주장치1식(2중화), 구내통신선로설비공사, 방송공수신설비공사, 이동통신구내선로공사, 2중화(방화벽, IPS, 침입탐지보안장비, DDOS시스템), NMS	

2) 사업의 규모에 따른 팀별 업무량을 확인

사업이 종료 시까지 조직을 구성하여 운영하기 위한 인력배치표 작성과 부서별 담당자 업무분장표를 작성한다.

(3) 사업계획서 시행을 위한 사업설명회를 실시

1) 전체 사업규모에 대한 설명

정보통신장비를 구축하여 어떤 용도로 사용하고 어떤 업무를 할 것인지와 개발 착수 시기, 내용, 개발제안업무의 범위를 설명한다.

2) 정보통신장비의 구매시기와 종류, 범위에 대하여 설명

공사의 발주시기와 공사금액과 규모에 대한 설명과 감리발주시기와 감리용역 발주업무에 대한 설명을 한다.

3) 각 분야별 업무수행을 위한 인력구성을 협의

① 설계부터 구매까지의 과정에 필요한 소요예산 확보 업무 담당자, 계약업무 담당자, 제안평가업무 담당자, 설계시행 담당자, 개발시행 담당자, 구매시행 담당자조직의 구성에 대한 설명을 하고 인력구성을 협의한다.

② 공사부터 평가까지 과정에 필요한 공사시행 담당자, 감리시행 담당자, 검사업무 담당자, 준공업무 담당자, 평가업무 담당자의 순으로 신규업무 발생에 따른 조직의 구성에 대한 설명을 하고 인력구성을 협의한다.

2. 정보통신장비 구축목표를 달성하기 위한 조직 구성

(1) 설계업무를 추진하기 위한 조직 구성

설계업무를 추진하기 위하여 발주처에서 조직을 구성하고, 수주하는 사업자도 조직을 구성하여 착공한다.

1) 설계 계획팀

사업계획서 작성업무, 설계 발주계획서 작성업무, 총사업비 예산확보업무, 설계 발주준비업무를 한다.

2) 설계 예산팀

설계용역사업에 필요한 예산의 요구를 받아 사업비를 확보하여 사업시행 부서에 예산을 지원하고 재정지원업무와 예산관리업무를 한다.

3) 설계 계약팀

① 설계용역 입찰공고 업무, 입찰참가자격 확인업무, 입찰규정 확인업무를 한다.
② 설계용역계약서 작성업무, 설계용역계약 규정 확인업무를 한다.

4) 설계 제안팀

기본설계와 실시설계 제안요청서 작성업무, 제안평가업무, 협상업무를 한다.

5) 설계 시행팀

설계착수계 검토업무, 설계용역과업지시서 수행 확인업무, 설계시행에 따른 감독업무, 설계일정 관리업무, 참여기술자 관리업무를 한다.

6) 설계 검사팀

설계용역 과업지시서 시행 확인업무, 설계완료 검사업무, 설계 기술기준적합여부 검사업무를 한다.

7) 설계 준공팀

설계완료 준공업무, 설계 중의 변경·보완·수정 설계착수부터 검사까지 업무전반에 미흡한 것은 없는지 확인업무, 설계전문가 자문요청업무를 한다.

8) 설계 평가팀

① 설계의 계획업무부터 준공까지 모든 과정에 설계업무의 부족한 부분, 보완할 부분을 찾고 그동안의 각 업무 팀별 수행과정을 평가하여 향후 보완대책을 수립한다.
② 사업을 수주하여 그동안 실시해온 업무가 경영적인 측면과 기업신뢰성 등을 분석하고 기술력, 업무처리능력, 사업수익성을 분석하여 다음 유사사업을 수주하는 방법과 대안을 수립한다.

(2) 정보통신장비 개발업무를 추진하기 위한 조직을 구성

정보통신장비 개발업무를 추진하기 위하여 발주처에서 조직을 구성하고 수주하는 사업자도 조직을 구성하여 착공을 하고, 다음과 같이 조직을 구성한다.

1) 개발 계획팀

개발 발주 업무계획, 개발 사업비 예산확보업무, 개발 발주 준비업무, 개발 용역 대가사업비 확보업무를 한다.

2) 개발 예산팀

개발 용역사업에 필요한 예산의 요구를 받아 사업비를 확보하여 사업시행 부서에 예산을 지원하고 재정지원업무와 예산관리업무를 한다.

3) 개발 계약팀

① 개발 용역 입찰공고업무, 입찰 참가자격 확인업무, 입찰 규정 확인업무
② 개발 용역 계약서 작성업무, 설계용역계약 규정 확인업무

4) 개발 제안팀

개발 제안 요청서 작성 업무, 개발제안 평가 업무, 협상 업무, 개발 초기 제품의 시연회 확인업무

5) 개발 시행팀

개발 시행에 따른 감독업무, 개발 일정관리업무를 한다.

6) 개발 검사팀

개발 완료 검사업무, 기술기준에 적합한 개발 확인검사, 개발재품의 시운전

확인업무를 한다.

7) 개발 준공팀

개발 완료 준공업무, 개발 중의 변경·보완·수정 개발 착수부터 검사까지 업무 전반에 미흡한 것은 없는지 확인업무, 개발 전문가 자문요청업무를 한다.

8) 개발 평가팀

개발의 계획 업무부터 준공까지 모든 과정에 개발 업무의 부족한 부분, 보완할 부분을 찾고 그동안의 각 업무 팀별 수행 과정을 평가하여 향후 보완대책을 수립한다.

(3) 정보통신장비 구매업무를 추진하기 위한 조직을 구성

정보통신장비 구매업무를 추진하기 위하여 발주처에서 조직을 구성하고 수주하는 사업자도 조직을 구성하여 착공하고 조직을 구성한다.

1) 구매 계획팀

구매업무 계획, 구매사업비 예산 확보업무, 구매 발주업무, 구매사업비 확보업무를 한다.

2) 구매 예산팀

구매사업에 필요한 예산의 요구를 받아 사업비를 확보하여 사업시행 부서에 예산을 지원하고 재정지원업무와 예산관리업무를 한다.

3) 구매 계약팀

입찰공고 입무, 입찰 참가 자격 확인업무, 입찰 규정 확인업무, 계약서 작성업무, 계약 규정 확인업무를 한다.

4) 구매 제안팀

제안요청서 작성업무, 제안평가업무, 협상업무, 개발초기 제품의 시연회 확인업무를 한다.

5) 구매 시행팀

시행에 따른 감독업무, 개발 일정관리업무를 한다.

6) 구매 검사팀

완료 검사업무, 기술기준에 적합 개발검사, 개발재품의 시운전 확인업무를 한다.

7) 구매 준공팀

완료 준공업무, 개발 중의 변경·보완·수정 개발 착수부터 검사까지 업무 전반에 미흡한 것은 없는지 확인업무, 개발 전문가 자문요청업무를 한다.

8) 구매 평가팀

구매의 계획업무부터 납품완료까지 모든 과정에 업무의 부족한 부분, 보완할 부분을 찾고 그동안의 각 업무 팀별 수행 과정을 평가하여 향후 보완대책을 수립한다.

(4) 정보통신장비 설치공사 업무를 추진하기 위한 조직을 구성

공사업무를 추진하기 위하여 발주처에서 조직을 구성하고 수주하는 사업자도 조직을 구성하여 착공하고 조직을 구성한다.

1) 공사 계획팀

발주계획, 사업비 예산확보업무, 발주 준비업무, 사업비 확보업무를 한다.

2) 공사 예산팀

정보통신공사 시행에 필요한 예산의 요구를 받아 사업비를 확보하여 사업시행 부서에 예산을 지원하고 재정지원업무와 예산관리업무를 한다.

3) 공사 계약팀

입찰공고업무, 입찰참가자격 확인업무, 입찰규정 확인업무, 계약서 작성업무, 계약규정 확인업무를 한다.

4) 공사 제안팀

공사의 제안요청서 작성업무, 제안평가업무, 협상업무, 개발초기제품의 시연회 확인업무를 한다.

5) 공사 시행팀

시행에 따른 감독업무, 일정관리업무를 한다.

6) 공사 검사팀

검사업무, 기술기준에 적합 개발검사, 제품의 시운전 확인업무를 한다.

7) 공사 준공팀

준공업무, 설계변경 확인업무, 보완·착수부터 준공검사까지 업무 전반에 미흡한 것은 없는지 확인업무, 시공 전문가 자문요청업무를 한다.

8) 공사 평가팀

계획업무부터 준공까지 모든 과정에 업무의 부족한 부분, 보완할 부분을 찾고 그동안의 각 업무팀별 수행과정을 평가하여 향후 보완대책을 수립한다.

(5) 정보통신장비설치 감리업무를 추진하기 위한 조직을 구성

정보통신장비 설치 감리업무를 추진하기 위하여 발주처에서 조직을 구성하고 수주하는 사업자도 조직을 구성하여 착공하고 조직을 구성한다.

1) 감리 계획팀

감리발주 업무계획, 감리용역사업비 확보업무, 감리용역 발주업무를 한다.

2) 감리 예산팀

감리용역사업에 필요한 예산의 요구를 받아 사업비를 확보하여 사업시행 부서에 예산을 지원하고 재정지원업무와 예산관리업무를 한다.

3) 감리 계약팀

입찰공고업무, 입찰참가자격 확인업무, 입찰규정 확인업무, 계약서 작성업무, 계약규정 확인업무를 한다.

4) 감리 제안팀

감리용역제안요청서 작성업무, 제안평가업무, 협상업무, 개발초기제품의 시연회 확인업무를 한다.

5) 감리 시행팀

설계도서대로 시공하는지를 감독하는 업무를 한다.

6) 감리 검사팀

감리용역 감독업무, 감리용역완료 검사업무, 기술기준에 적합 확인업무, 시운전 입회 결과 기록업무, 준공검사업무를 한다.

7) 감리 준공팀

완료 준공업무, 변경·보완·수정 등 착수부터 검사까지 업무 전반에 미흡한 것은 없는지 확인업무, 전문가 자문요청업무를 한다.

8) 감리 평가팀

감리계획업무부터 감리완료까지 모든 과정에 보완할 부분을 찾고 그동안의 각 업무팀별 수행과정을 평가하여 향후 보완대책을 수립하는 업무를 한다.

(6) 정보통신장비 운영업무를 추진하기 위한 조직을 구성

운영업무를 추진하기 위하여 발주처에서 조직을 구성하고 수주하는 사업자도 조직을 구성하여 착공하고 조직을 구성한다.

1) 운영 계획팀

정보통신장비 운영계획업무, 운영비 예산확보업무, 발주준비업무, 용역대가 비용산출업무를 한다.

2) 운영 예산팀

운영 용역사업에 필요한 예산의 요구를 받아 사업비를 확보하여 사업시행 부서에 예산을 지원하고 재정지원업무와 예산관리업무를 한다.

3) 운영 계약팀

입찰공고 업무, 입찰참가자격 확인업무, 입찰규정 확인업무, 계약서 작성업무, 계약규정 확인업무를 한다.

4) 운영 제안팀

운영 용역제안요청서 작성업무, 제안평가업무, 협상업무, 개발초기제품의 시연회 확인업무를 한다.

5) 운영 시행팀

운영 시행에 따른 감독업무, 운영일정관리, 운영일지확인, 장애처리결과 확인업무를 한다.

6) 운영 검사팀

운영의 수시검사업무, 기술기준에 적합 운영 검사, 운영 대가 비용 지출에 관련문서 확인업무, 운영 용역의 종료 시 제출문서 확인업무를 한다.

7) 운영 준공팀

용역 완료 보안 준수 확인업무, 용역기술자 확인과 착수부터 완료까지 업무 전반에 미흡한 것은 없는지 확인업무를 한다.

8) 운영 평가팀

운영의 계획 업무부터 준공까지 모든 과정에 운영업무의 부족한 부분, 보완할 부분을 찾고 그동안의 각 업무 팀별 수행 과정을 평가하여 향후 보완대책을 수립한다.

3. 구성된 조직별 직무를 정의

(1) 직무분류표를 작성

사업수행 단계별 업무종류에 따라 〈표 3-3〉 사업수행 단계별 직무분류표를 작성하여 직무를 분석한다.

〈표 3-3〉 사업수행 단계별 직무분류표 예시

사업수행 단계별 직무분류표									
직무별 업무		계획	예산	계약	제안	시행	검사	준공	평가
		1	2	3	4	5	6	7	8
설계업무	A	A1	A2	A3	A4	A5	A6	A7	A8
개발업무	B	B1	B2	B3	B4	B5	B6	B7	B8
구매업무	C	C1	C2	C3	C4	C5	C6	C7	C8
공사업무	D	D1	D2	D3	D4	D5	D6	D7	D8
감리업무	E	E1	E2	E3	E4	E5	E6	E7	E8
운영업무	F	F1	F2	F3	F4	F5	F6	F7	F8

(2) 직무분류표에 따라 직무내용을 작성

계획팀의 직무(A1-F1)내용을 〈표 3-4〉에 작성한다.

〈표 3-4〉 계획팀의 직무 예시

조직	직무내용 예시	비고
계획팀 (A1-F1)	사업을 시작하기 위하여 사업의 목표를 설정하고 사업예산의 규모를 설정하는 업무와 설계 발주계획, 개발 발주계획, 구매 발주계획, 공사 발주계획, 감리 발주계획, 운영 발주계획을 위한 사업별 계획서를 작성한다. 각 분야별 해당 부서의 담당자와 책임자들에게 사업의 추진 필요성을 설명하고 그 범위를 결정 받아 소요되는 사업비를 요구하고 사업추진 업무를 총괄하며 사업을 시행 결정을 하는 업무를 한다.	

예산팀의 직무(A2-F2)내용을 〈표 3-5〉에 작성한다.

〈표 3-5〉 예산팀의 직무 예시

조직	직무내용 예시	비고
예산팀 (A2-F2)	사업주관부서의 사업계획 담당자가 사업계획서의 결정 내용을 첨부하여 사업에 필요한 예산요구서를 받아 사업비의 확보 범위, 재정능력, 장기사업과 단기사업을 구분하여 투자의 적절성 검토한다. 사업시행 부서에 예산 지원과 수입, 지출의 평형 유지 업무. 사업에 따른 비용분석, 사업 분석의 결과를 요구하여 사업의 타당성검토 결과에 따라 투자 위험도를 검토하고 재정지원업무와 예산관리 업무를 한다.	

계약팀의 직무(A3-F3)내용을 〈표 3-6〉에 작성한다.

〈표 3-6〉 계약팀의 직무 예시

조직	직무내용 예시	비고
계약팀 (A3-F3)	사업주관 부서에서 기본설계용역발주, 실시설계용역발주, 공사발주, 개발발주, 구매발주, 감리발주, 운영발주를 하기 위하여 발주를 의뢰하면 입찰을 하고 계약을 하여 수행능력 있는 사업자를 선정하는 업무를 한다.	

제안팀의 직무(A4-F4)내용을 〈표 3-7〉에 작성한다.

〈표 3-7〉 제안팀의 직무 예시

조직	직무내용 예시	비고
제안팀 (A4-F4)	사업주관 부서에서 기본설계용역, 실시설계용역, 공사, 개발, 구매, 감리, 운영의 용역을 하기 위하여 소요예산을 확보하고 설계, 공사, 개발, 구매 운영업무를 수행할 사업자들에게 제안요청서를 작성하여 공개한다. 사업자들로 부터 제안서를 접수 받아 제안평가를 하고 계약 부서로 통보하면 수행능력 있는 사업자를 선정하여 통보 해 주고 그 계약업자와 사업을 수행하는 업무를 한다.	

시행팀의 직무(A5-F5)내용을 〈표 3-8〉에 작성한다.

〈표 3-8〉 시행팀의 직무 예시

조직	직무내용 예시	비고
시행팀 (A5-F5)	사업주관 부서에서 기본설계용역, 실시설계용역, 공사, 개발용역, 구매, 감리, 운영의 용역을 하기 위하여 계약을 한 사업자를 상대를 하며 본 사업의 착공부터 준공까지 모든 과정의 업무를 관리 · 감독하는 업무를 한다.	

검사팀의 직무(A6-F6)내용을 〈표 3-9〉에 작성한다.

〈표 3-9〉 검사팀의 직무 예시

조직	직무내용 예시	비고
검사팀 (A6-F6)	국가계약법과 지방계약법의 계약 규정에 따라 재직자를 감독자로 선정하여 기본설계용역, 실시설계용역, 공사, 개발용역, 구매, 감리, 운영업무를 감독하고 사업자가 발주처에 완료계를 제출하면 시행부서에서 검사팀에 검사를 의뢰하면 검사 업무를 한다.	

준공팀의 직무(A7-F7)내용을 〈표 3-10〉에 작성한다.

〈표 3-10〉 준공팀의 직무 예시

조직	직무내용 예시	비고
준공팀 (A7-F7)	기본설계용역, 실시설계용역, 공사, 개발, 구매, 감리, 운영의 용역에 대하여 검사팀에서 검사결과가 계약서대로 완료했음을 계약 부서와 준공팀에 통보한다. 준공팀은 현장에서 검사결과 확인, 사용자 매뉴얼확인. 장애복구대책, 하자보수 보증기간의 설정과 연락처, 준공도면, 준공내역서 등 준공 설계 도서를 인수 받아 준공처리 업무를 한다.	

평가팀의 직무(A8-F8)내용을 〈표 3-11〉에 작성한다.

〈표 3-11〉 평가팀의 직무 예시

조직	직무내용 예시	비고
평가팀 (A8-F8)	기본설계용역, 실시설계용역, 공사, 개발, 구매, 감리, 운영의 용역 등 사업 수행 중이나 완료가 되면 해당 부서업무에 대하여 업무처리 절차와 관련 법률을 비롯하여 사업추진 기간에 발생한 문제점과 개선할 과제들을 모두 수집한다. 수집된 내용을 중심으로 사업전반에 대한 실패와 성공의 사례를 평가를 하여 다음 사업에 성공적인 사업을 할 수 있도록 평가업무를 한다.	

3-3 정보통신장비 구축조직의 업무분장 작성

1. 정보통신장비 구축사업 업무량 파악

(1) 정보통신장비 구축사업계획서 확인

정보통신장비 구축의 사업량 파악을 위하여 사업계획서를 제출받아 사업시행 착수시기와 종료시기를 확인하고 사업기간에 맞추어 조직구성에 필요한 업무분장을 한다.

(2) 정보통신장비 구축사업계획서를 기준으로 업무분장

① 사업계획서의 사업추진기간과 정보통신장비 규모에 따른 업무분장, 문제점 해결에 따른 업무분장을 하고, 사업추진의 규모에 따른 업무분장한다.
② 각 부서별 사전지원과 협조 결정한 내용에 따른 업무분장과, 설계도서를 제출받아 소요인력을 산출하여 조직 간의 업무량을 나누어 균등하게 분장한다.

(3) 정보통신장비 구축을 위한 업무분야별 조직 구성

발주처의 조직 구성은 설계업무, 개발업무, 구매업무, 공사업무, 감리업무, 운영업무를 할 수 있도록 조직을 구성하여야 하고 수주한 사업자도 발주처와 같이 서로 조직을 구성하며 발주처와 사업자의 업무관계는 [그림 3-3]과 같다.

[그림 3-3] 발주처와 사업자의 업무관계

2. 정보통신장비 구축을 위한 업무분장

(1) 정보통신장비 구축을 위한 사업단계별업무

설계용역, 개발용역, 감리용역, 시공위탁, 운영용역 등 서로 계약관계이면서 발주처와 사업자 간의 업무가 서로 협력하는 관계로 업무를 수행한다.

1) 발주자와 사업자가 업무분장 발생

정보통신장비 구축사업을 발주하면 발주자 조직 내부에서 업무분장을 하게 되고 사업자도 수주함과 동시에 조직 내부에서 업무분장을 하게 된다.

2) 조직의 업무분장의 어려운 점

① 새로운 업무가 발생하면 기존 업무를 수행 해 오던 담당자들이 추가 업무를 부여받아 업무가 과중한 상태가 되어 다른 업무에도 지장을 초래할 수 있다.
② 업무에 관련한 개인적 인센티브가 있으면 업무 능률이 높을 수 있으나 그렇지 않은 경우에는 능률이 낮아질 수 있다.

3) 조직 구성의 문제점 해결 방안

① 조직 구성 단계에서부터 참여가 어려운 문제점을 가지고 있으며 조직의 업무분장은 각 조직 구성원들의 이해와 협조가 필요하다.
② 운영담당자 지정 제도를 만들어서 추진하는 방법도 좋은 방법이다.

3. 사업규모에 따른 조직 간의 업무를 분류

(1) 발주처와 사업자의 단계별 업무 분류표 작성

조직 간의 업무분장을 하기 위하여 사업단계별 발주처와 사업자가 수행하는 업무분류표를 〈표 3-12〉과 같이 작성하여 서로 협력하여 업무를 처리하도록 업무분장을 실시한다.

(2) 업무간의 연계성

1) 설계업무의 연계성

(가) 계획업무

발주처에서 설계용역을 발주하기 위하여 현장설치 사례의 견학을 할 때 기본계획을 수행하였던 사업자와 함께 운영현장에서 그 당시의 설명을 청취하고 문제점을 찾아서 계획을 수립하는 과정에 참고할 분야를 수집하여 활용하는 많은 도움이 된다.

〈표 3-12〉 사업단계별 조직간 업무분류표 예시

사업단계별 조직간 업무분류표

직무별 업무			계획	예산	계약	제안	시행	검사	준공	평가
			1	2	3	4	5	6	7	8
설계업무	발주처	A	A1	A2	A3	A4	A5	A6	A7	A8
	사업자	B	B1	B2	B3	B4	B5	B6	B7	B8
개발업무	발주처	C	C1	C2	C3	C4	C5	C6	C7	C8
	사업자	D	D1	D2	D3	D4	D5	D6	D7	D8
구매업무	발주처	E	E1	E2	E3	E4	E5	E6	E7	E8
	사업자	F	F1	F2	F3	F4	F5	6F	7F	F8
공사업무	발주처	G	G1	G2	G3	G4	G5	G6	G7	G8
	사업자	H	H1	H2	H3	H4	H5	H6	H7	H8
감리업무	발주처	I	I1	I2	I3	I4	I5	I7	I7	I8
	사업자	J	J1	J2	J3	J4	J5	J6	J7	J8
운영업무	발주처	K	K1	K2	K3	K4	K5	K6	K7	K8
	사업자	L	L1	L2	L3	L4	L5	L6	L7	L8

(나) 문제점 파악

설계예산 수립분야도 설계업체의 유사사업 경험과 설계용역실적 업자가 계약을 하면 설계수행과정에 문제점을 파악하기 쉽다.

2) 개발업무

발주처에서 개발계획과 개발예산, 개발업자와 계약과정도 실적이 있는 사업자와 수행을 하면 사업을 수행 중 개발 경험 기술자가 개발과정에 일어날 문제점을 잘 보완하기도 한다.

3) 구매업무

정보통신장비를 구매발주한 사업의 수행은 계획, 예산, 제안, 계약, 시행, 검사, 준공, 평가 순으로 사업을 수행하는 과정에 계약서대로 적기에 납품을 하고 시운전을 하는 과정에 계약이후에는 사업자와 협력하여 잘 마무리를 하기 때문에 업무의 내용이 유사하게 처리를 하는 과정을 거친다.

4) 공사업무

공사를 시행하기 위하여 공사계획, 공사예산, 공사제안, 공사계약, 공사시행,

공사검사, 공사준공, 공사평가의 순으로 업무를 처리하는 과정은 사업자도 같은 순으로 업무를 수행하게 되기 때문에 발주처의 업무분장과 유사하다.

5) 감리업무

별도의 정보통신 감리를 발주하지만 감리원을 감독하는 발주처 감독은 존재하여야 하고 감리를 감독하는 것은 공공기관의 계약규정(국가를 당사자로 하는 계약에 관한법률, 지방자치단체를 당사자로 하는 계약에 관한 법률)에서 감독을 지정하도록 규정하고 있어 감독이 지정된다.

6) 운영업무

운영부서에서는 정보통신장비의 경우는 운영자가 직접 수리를 하기 어렵고 전문교육의 기회가 적기 때문에 개발기업체와 제조기업체를 대상으로 유지보수 용역계약을 추진하여 운영에 대한 용역을 많이 시행하고 있다.

(3) 발주자와 사업자 간의 협력의 발생

1) 상, 하로 업무가 연계되는 경우 사례별 업무발생 분석

① 발주처(C2)는 사업자(D4)의 제안에 입찰을 하기 위하여 많은 검토와 수익성을 따져보고 입찰에 응하게 된다.

② 발주자(A5)는 사업자(H3)의 계약에 많은 영향을 끼치고 설계의 중요성 비중이 크다.

③ 발주자(E6)의 소홀은 운영 중 (K5)와 (L5)에서 장애 처리에 많은 어려움이 발생한다.

④ 개발사업자(D3)의 성실성이 미흡하면 발주자의 (C6), (C7)에서 처리가 안되어 사업자는 어려움이 발생하고 사업자 계약기간을 넘기게 되면 계약 위반이 발생한다.

⑤ 시공사업자(H5)는 감리사업자(J6)에서 확인이 되어야 하고 (J7)를 처리하면 안된다. 또한 발주자(I6)과 (I7)를 처리하면 감사에서 지적을 받을 것이다.

⑥ 여러 가지의 변수와 문제점을 법과 규정으로 정하여 시행하는 것이 공공기관의 계약규정인 국가를 당사자로 하는 계약에 관한 법률, 지방자치단체를 당사자로 하는 계약에 관한 법률을 숙지하는 것도 중요하다.

⑦ 정부가 제정한 각종 규정의 정부계약, 입찰규정 등 정부가 발주자와 사업자 간의 문제점을 처리하는 업무규정을 이해하여야 하며 사업을 담당하는 조직의 역할은 그만큼 중요하다.

4. 정보통신장비 구축조직의 업무분장 작성 직무수행

(1) 업무분류표에 의한 업무분장

① 업무분장은 팀별로 구성하여 업무를 나누고 발주처와 사업자 간 두개의 조직이 서로 협력하여 업무를 추진하도록 연계하여 업무를 분장한다.

② 발주자의 업무분장은 발주기관 내부에서 작성을 하고 사업자의 업무분장은 회사내부에서 업무분장을 하고 표를 작성하는데 다음 표는 두가지 업무분장을 모아서 업무분장표로 나타내었다.

(2) 계획팀의 업무분장표를 작성

계획팀의 업무분장 표를 작성한 사례는 〈표 3-13〉와 같다.

〈표 3-13〉 계획팀의 업무분장표 예시

구분	업무분장내용 예시	비고
발주자	1. 설계, 개발, 구매, 공사, 감리, 운영사업추진계획서를 작성한다. 2. 소요사업비를 마련하는 사업설명서 작성업무를 한다. 3. 사업추진 타당성 검토한다. 4. 사업을 통한 좋아지는 효과를 분석한다. 5. 설계용역 사업계획서 작성업무, 설계발주계획서 작 업무, 총사업비 예산확보업무, 설계발주 준비업무, 설계용역대가 사업비확보업무 6. 개발발주업무 계획, 개발 사업비 예산확보업무, 개발발주 준비업무, 개발용역 대가 사업비 확보업무 7. 구매업무 계획, 구매사업비 예산확보업무, 구매발주 준비업무, 구매사업비 확보업무 8. 공사발주계획, 사업예산 확보업무, 공사발주업무 9. 감리발주계획, 감리용역사업비 확보업무, 감리용역발주업무 10. 구내통신설비 운영계획업무, 용역대가 비용 산출업무, 운영비 예산 확보 업무, 운영발주업무	
사업자	1. 발주처의 사업을 수주하면 사업수익성이 어느 정도가 예상이 되는지 검토업무를 한다. 2. 수주계획서를 작성한다. 3. 소요사업비용은 수주를 한 이후에 사업비 마련 대안을 수립 계획한다. 4. 수주하고 실적 확보를 하여 다른 현장에 입찰자격 획득 가능성을 검토하여 사업의 장기 투자계획을 검토한다. 5. 사업 발주에 따른 부서 간 업무조정업무	

(3) 예산팀의 업무분장표를 작성

예산팀의 업무분장표를 작성한 사례는 〈표 3-14〉와 같다.

〈표 3-14〉 예산팀의 업무분장표 예시

	업무분장내용 예시	비고
발주자	1. 발주부서의 설계, 개발, 구매, 공사, 감리, 운영사업에 필요한 구내통신 구축사업비 요구를 접수받아 소요예산을 확보하기 위하여 공공기관은 의회에 사업설명과 소요예산 설명회를 실시하는 업무를 한다. 2. 예산 배정을 요구받으며 예산 배정을 지원한다. 3. 과다한 지출사례를 감시하고 투자의 타당성을 검토한다. 4. 장기사업의 예산소요의 확보를 위하여 사업타당성조사내용을 검토하여 사업의 기간과 사업의 효과를 분석하여 조정업무를 한다.	
사업자	1. 기업은 이사회를 열어서 사업의 필요성과 수익성과 사업의 타당성, 사업 참여 시 소요예산을 설명하여 의결을 받는 업무를 한다. 2. 계약과 동시에 착수에 필요한 선급금을 발주처에 청구하여 사업비용을 마련한다. 3. 지급받은 금액을 기준으로 착수단계의 소요 자재와 인건비에 필요한 예산을 확보한다. 4. 단계별 사업을 추진한 중간 결과의 실적을 기준으로 기성금을 청구하여 사업비를 확보하여 현장에 구내통신설비를 설치한다.	

(4) 계약팀의 업무분장표를 작성

계약팀의 업무분장표를 작성한 사례는 〈표 3-15〉와 같다.

〈표 3-15〉 계약팀의 업무분장 표 예시

	업무분장내용 예시	비고
발주자	1. 설계, 개발, 구매, 공사, 감리, 운영사업 입찰공고업무 2. 입찰 참가자격 심사업무 3. 설계금액 사정업무 4. 설계용역, 개발용역, 감리용역, 운영용역에 대한 입찰공고업무, 입찰참가자격 확인업무, 입찰규정 확인업무 5. 입찰집행업무 6. 용역, 구매, 공사의 입찰과 계약업무 7. 계약서 작성업무, 계약규정 확인업무 8. 자금의 지출 관리 업무 9. 자금관리를 하며 불필요한 예산이 지출되는지 확인하는 업무를 한다.	
사업자	1. 입찰공고문 확인하여 입찰 자격 가능성 확인업무 2. 입찰 내용을 분석하여 본사의 기술능력 분석업무 3. 입찰 금액의 적정성 검토 업무 4. 입찰공고를 확인하여 입찰에 응하여 낙찰을 받으면 계약서류를 준비하여 계약을 하는 업무 5. 입찰공고에서 요구하는 입찰자격의 관련 조건을 확인하고 자격에 필요한 조건에 맞도록 공동도급, 기업 간 업무협력관계 등을 유지하는 업무	

(5) 제안팀의 업무분장표를 작성

제안팀의 업무분장표를 작성한 사례는 〈표 3-16〉과 같다.

〈표 3-16〉 제안팀의 업무분장 표 예시

	업무분장내용 예시	비고
발주자	1. 제안요청서작성 업무 2, 제안서 접수 업무 3. 제안평가위원 구성 업무 4. 제안평가 업무	
사업자	1. 입찰공고문의 제안요청서 입수하여 사업가능성 분석업무 2. 사업의 가능성, 수익성, 유지보수가능성, 다른 유사사업의 실적에 적용가능성, 기업내부 기술향상, 개발재품의 적용성, 협력회사들 간 연계사업성을 검토하여 적정사업으로 판단되면 협력사를 소집하여 협력체 구성 업무. 3. 제안서 작성 업무 4. 제안서 제출 업무 5. 제안 설명회 업무	

(6) 시행팀의 업무분장표를 작성

시행팀의 업무분장표를 작성한 사례는 〈표 3-17〉과 같다.

〈표 3-17〉 시행팀의 업무분장표 예시

	업무분장내용 예시	비고
발주자	1. 설계, 개발, 구매, 공사, 감리, 운영사업시행에 따른 감독업무, 공정관리업무 2. 설계, 개발, 구매, 시공, 감리, 운영용역 회사를 상대로 감독업무 3. 설계변경, 계약변경, 공사 중지 등에 따른 공정관리업무와 기성금 지출시 확인업무 4. 현장에 배치되는 기술자의 적정 배치 확인업무 5. 사용자재의 기술기준적합과 설계도서 대로 이행여부 확인업무 6. 현장기술자와 감리기술자의 수행능력 판단 6. 준공검사업무와 준공 후 운영업무	
사업자	1. 설계사업자 개발사업자, 구매사업자, 시공사업자, 감리사업자, 운영(유지보수)사업을 수주하는 업무 2. 사업 진행 중 변경사항 관리업무와 비용청구업무 3. 계약서대로 이행하는 업무 4. 법령에서 규정한 기술자 현장배치업무 5. 안전관리업무 6. 자재구매의 적정단가 결정업무 7. 현장 투입인력의 적절성 판단업무 8. 현장 공정관리업무 9. 현장의 각종 보고업무	

(7) 검사팀의 업무분장 표를 작성

검사팀의 업무분장 표를 작성한 사례는 〈표 3-18〉과 같다.

〈표 3-18〉 검사팀의 업무분장표 예시

	업무분장내용 예시	비고
발주자	1. 설계, 개발, 구매, 공사, 감리, 운영사업 완료검사 업무, 설계가 기술기준적합검사 업무 개발완료검사업무, 기술기준에 적합개발 검사, 개발재품의 시운전 확인업무 2. 감리용역완료 검사업무, 기술기준에 적합확인 업무, 시운전 입회 결과 기록업무, 준공검사업무 3. 운영의 수시검사업무, 기술기준에 적합운영 검사, 운영 대가비용 지출에 관련문서 확인업무, 운영용역의 종료 시 제출문서 확인업무	
사업자	1. 완료검사 현장에 입회업무 2. 감리용역완료 검사업무, 기술기준에 적합확인 업무, 시운전 입회결과 기록업무, 준공검사업무 3. 운영의 수시검사업무, 기술기준에 적합운영 검사, 운영 대가비용 지출에 관련문서 확인업무, 운영용역의 종료 시 제출문서 확인업무	

(8) 준공팀의 업무분장표를 작성

준공팀의 업무분장표를 작성한 사례는 〈표 3-19〉과 같다.

〈표 3-19〉 준공팀의 업무분장표 예시

	업무분장내용 예시	비고
발주자	1. 설계, 개발, 구매, 공사, 감리, 운영사업 수행중의 변경, 보완, 수정 설계 착수부터 검사까지 업무 전반에 미흡한 것은 없는지 확인업무, 설계전문가 자문요청업무 2. 사업 수행 중의 변경, 보완, 수정, 사업의 착수부터 준공검사까지 업무 전반에 미흡한 것은 없는지 확인업무, 전문가 자문요청업무 3. 사업변경 확인업무, 보완조치 확인, 착수부터 준공검사까지 업무 전반 문제점 확인업무 4. 사업의 보안준수 확인업무, 참여기술자확인 업무	
사업자	1. 사업 수행중의 변경, 보완, 수정지시 사항 확인업무, 전문가 자문요청에 참석업무 2. 사업 수행 중의 변경, 보완, 수정 개발 착수부터 준공검사까지 업무 전반에 미흡한 것은 없는지 확인업무, 전문가 자문요청업무 3. 설계변경 시 시행한 여부 확인, 보완조치 확인, 착수부터 준공검사까지 업무 전반 문제점 지적사항 처리업무	

(9) 평가팀의 업무분장표를 작성

평가팀의 업무분장 표를 작성한 사례는 〈표 3-20〉과 같다.

〈표 3-20〉 평가팀의 업무분장표 예시

	업무분장내용 예시	비고
발주사	1. 설계, 개발, 구매, 공사, 감리, 운영사업의 계획업무부터 준공까지 과정에 계획과 시행의 결과가 잘된 사례와 잘못된 사례를 수집하여 평가한다. 2. 계획업무부터 준공까지 모든 과정에 부족한 부분, 보완할 부분을 찾고 그동안의 각 업무팀별 수행과정을 평가하여 향후 보완대책을 수립한다. 3. 사업의 기내효과의 결과가 일찍 나타나는 사업과 늦게 나타나는 사업의 구분을 하여 장기적 효과와, 단기적 효과에 대한 평가를 한다. 4. 사업에 참여한 담당부서와 담당자의 역할에 대한 긍정적 분야와 부정적 분야를 평가한다.	
사업자	1. 사업을 수주하기 전 전략에 대한 실행의 결과를 평가한다. 2. 수익성의 규모를 평가한다. 3. 장기적 사업인지 단기적 사업인지 평가를 한다. 4. 다른 현장의 유사 사업을 수주하여 이행할 때 반복적 문제점을 예방하는 내용을 기록하고 준비한다. 5. 실적평가를 통한 사업수주에서 사전 자격을 갖추어야 하는 분야를 미리 준비한다. 6. 입찰 참가자격에 포함이 되는 조건을 사전에 준비한다. 7. 사업수행에 필요한 기술자와 기술력을 배양하는 교육, 세미나, 관련정보 수집을 많이 하고 기업수행능력을 자체 평가를 하여 보완 시행 한다.	

제 4 장

정보통신장비 구축소요예산 수립실무

4-1 정보통신장비 구축예산 수립과 집행

1. 예산의 수립

(1) 예산의 개요

정보통신장비 구축계획부터 준공까지의 기간 동안 사업의 목표대로 계획을 달성하기 위하여 활동전반에 수입과 지출을 숫자적으로 표시한 금전의 예정표를 예산이라고 말한다.

1) 예산의 수립 과정

공공부문의 예산의 수립과정은 중기재정계획 수립 → 투자심사 → 예산편성 → 예산집행 → 집행결산 → 재정분석 → 재정 환류의 과정으로 이루어진다.

2) 회계연도

매년 1월 1일부터 시작하여 그 해 12월 31일에 종료한다.

(2) 예산편성

1) 예산편성의 원칙

재원을 확보하여 경비지출의 효율성과 건전성을 높여 나갈 수 있는 예산을 편성한다.

예산을 편성할 때는 구내통신설비 구축목표 달성 가능성과 목표설비의 효율적 운영지원, 재정의 자립기반 조성, 합리적인 세입을 고려한 재정지출과 건전재정 운용, 정책 기본방향과의 효율적인 연계성을 검토하고 예산을 편성한다.

(3) 예산의 수립 절차

1) 예산의 편성 방침

예산업무과장은 매 회계연도의 예산편성 방침을 정하여 전년도 8월 20일까지 기관장에게 보고한다.

2) 예신요구서 작성

예산편성 방침을 통보받은 담당과는 다음 연도의 예산요구서를 작성하여 부서장의 결재를 받아 지정된 기일까지 예산업무과장에게 제출한다.

3) 예산 사전의결의 원칙

예산은 회계연도 중 세입·세출의 견적이므로 회계연도 개시 이전에 기업체는 이사회, 자치단체는 의회 의결을 얻어 예산의 효력이 발생하는 1월 1일부터 예산이 사용된다.

(4) 예산의 배정계획

1) 계획 수립 절차

세출예산 월별 집행계획 제출(사업부서) → 세출예산 월별, 분기별 배정계획 작성(예산부서) → 확정(기관장) → 관계 부서에 통지한다.

(가) 계획 요구

사업부서가 확정된 세출예산에 대하여 재원의 조달과 사업 시기 등을 고려하여 통계 목별로 세출예산집행계획을 수립 한 후 예산부서에 제출한다.

(나) 계획 확정

사업부서로부터 제출된 세출예산집행계획에 대하여 예산부서는 사업시기와 자금수급 계획을 고려하여 배정계획을 조정 후 확정한다.

(다) 계획 변경

추가경정예산 등 기타 사정의 변경으로 인하여 세출예산 월별, 분기별 배정 계획을 변경할 필요가 있을 경우에는 사업부서의 변경 요구를 받아 변경 수립 후 확정한다.

(라) 배정 유보

세입예산에 비하여 실수입이 감소하였거나, 예산절감을 위하여 실행예산을 편성하였을 시, 실행예산만 배정계획 수립하고 절감예산은 배정 유보한다.

2. 정보통신장비 구축 설계용역비와 감리용역비의 예산수립 기준

(1) 예산편성 금액

정보통신장비 구축 설계용역비와 감리용역비의 예산요구를 위한 예산편성 금액은 엔지니어링 사업 대가기준 제13조의 요율을 적용한다.

〈표 4-1〉 통신부문의 요율 표

통신부문의 요율 표

요율 / 공사비	업 무 별 요 율(%)			
	기본설계	실시설계	공사감리	계
5천만 원 이하	4.09	12.28	2.70	19.07
1억 원 이하	3.84	11.55	2.53	17.92
2억 원 이하	3.06	9.18	2.02	14.26
3억 원 이하	2.79	8.38	1.84	13.01
5억 원 이하	2.54	7.59	1.68	11.81
10억 원 이하	2.24	6.71	1.48	10.43
20억 원 이하	2.07	6.16	1.36	9.59
30억 원 이하	1.99	5.95	1.31	9.25
50억 원 이하	1.95	5.85	1.29	9.09
100억 원 이하	1.89	5.70	1.25	8.84
200억 원 이하	1.84	5.53	1.22	8.59
300억 원 이하	1.82	5.49	1.21	8.52
500억 원 이하	1.80	5.37	1.18	8.35
1,000억 원 이하	1.76	5.30	1.16	8.22
2,000억 원 이하	1.74	5.20	1.14	8.08
3,000억 원 이하	1.72	5.11	1.13	7.96
5,000억 원 이하	1.70	5.05	1.11	7.86

출처 : 산업통산자원부 고시(엔지니어링사업대가기준 제13조 별표1)

① 공사비 요율에 의한 방식을 적용할 경우 통신부문의 요율은 <표 4-1> 통신부문의 요율 표와 같으며 기본설계·실시설계 및 공사감리 업무단위별로 구분하여 적용한다.

② 업무 단계별로 구분하여 발주하지 않는 기본설계와 실시설계 요율은 다음과 같다.

- 타당성조사를 시행하지 않은 기본설계를 발주하는 경우 통신부문의 경우 해당 기본설계 요율의 1.09배 적용한다.
- 타당성조사와 기본설계를 동시에 발주하는 경우 통신부문의 경우 해당 기본설계 요율의 1.18배 적용한다.
- 기본설계와 실시설계를 동시에 발주하는 경우 통신부문의 경우 해당 실시설계요율의 1.27배 적용한다.
- 기본설계를 시행하지 않은 실시설계를 발주하는 경우 통신부문의 경우 해당 실시설계 요율의 1.18배 적용한다.

3. 정보통신장비의 운영 기간별 성능과 비용분석

(1) 유지비용과 활용도의 분석방법

유지비용과 활용도 분석 그래프는 물고기와 비슷하여 '피시그래프'명칭으로 [그림 4-1]에서 사용을 했으며 각종 장비의 사용기간을 공공기관은 통신장비의 내구연한을 10년으로 많이 채택을 하고 서버나 개인용 컴퓨터는 내구연한을 5년으로 규정하여 사용을 하고 있다.

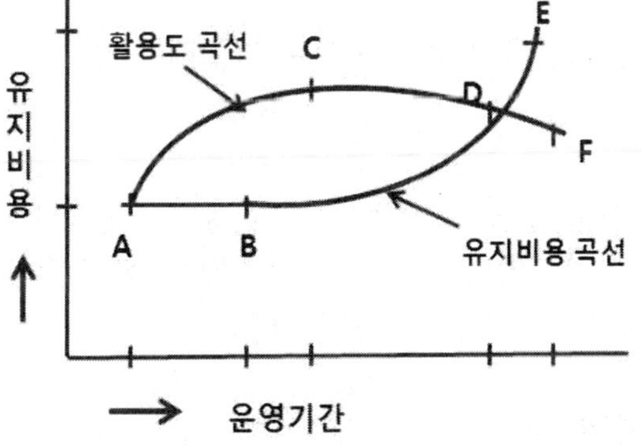

[그림 4-1] 유지비용과 활용도 분석의 피시그래프

① (A-E)는 유지비용 곡선이다.
② (A-F)는 활용도 곡선이다.
③ (A-B)는 무상 유지보수(1년)기간이며 (B-D)는 유상 유지보수 비용 증가 시작 구간이다.
④ (D-E)는 유지보수비용이 급격히 증가하여 (E)의 지점은 철거를 할 시기이다.
⑤ (A-C)는 활용도가 증가하는 기간이고 (C-D)는 활용도가 감소하는 시기이다
⑥ (D-F)는 활용도가 낮아지는 기간이고 (F)의 지점은 철거를 할 시기이다.
⑦ (D) 지점은 유지비용과 활용도가 같아지는 지점으로 활용도의 가치 떨어져 사용자로부터 외면되는 시기이며 (D)의 지점 이후에 운영을 할 때는 유지비용이 증가하지 않도록 비용의 증가를 예방할 수 있으면 계속 운영한다.
⑧ (E)의 지점과 (F)의 지점에서는 통신설비 운영을 종료하고 철거하여야 하는 시기이며 장애가 발생하면 복구 금액과 소요시간이 많이 소용될 것을 예상하고 예산을 편성한다.

4. 예산의 집행관리

(1) 예산집행의 개념

1) 예산집행 개요

수입의 조정, 납입의 통지, 수납, 예산의 배정, 지출원인행위의 실행, 지방채의 발행, 일시차입금의 차입, 세출예산의 배정, 이용·전용, 계약의 체결 등을 예산집행이라고 한다.

2) 예산집행 방법

세출예산을 예산에 편성된 목적과 내용대로 집행해야 한다.

3) 예산과목 이해

목적을 달성하기 위하여 재정의 지출을 하게 되며 재정의 지출을 세출이라 하고 세출업무의 형식과 체계로 분류하여 놓은 것이 예산과목이며 예산집행을 하기 위하여서는 예산의 과목 내에서 집행한다.

(2) 지출원인행위 업무

1) 지출원인행위의 개요

지출의 원인이 되는 계약, 기타의 행위를 지출원인행위라고 말한다.

2) 지출원인행위의 하는 일

지출원인행위는 발주자가 지불의 의무를 지는 예산집행의 첫 단계 행위이며 공사·제조 등의 도급계약 또는 물품의 구입 계약과 같은 사법상의 채무를 지는 행위로 지불의 결정행위 기타 급부의 지출의 결정 등이 포함된다.

4-2 정보통신장비 구축예산 수립과 집행 직무수행

1. 구축범위에 따라 예산을 수립

(1) 설계용역비와 감리용역비의 예산을 수립

통신설계용역비와 감리용역비의 예산요구를 위한 예산편성 금액은 엔지니어링 사업 대가기준 제13조의 요율을 적용하여 기본설계, 실시설계, 감리용역예산을 수립한다.

① 구내통신 구축 총 사업비 1억 원의 경우 기본설계, 실시설계, 감리용역비의 예산 요구할 때는 <표 1-1>통신 부문의 요율 표를 적용하여 계산한다.
- 기본설계비 : 총사업비 1억 원 × (3.84%) = 3,840,000원
- 실시설계비 : 총사업비 1억 원 × (11.55%) = 11,550,000원
- 감리용역비 : 총사업비 1억 원 × (2.53%) = 2,530,000원

(2) 정보통신장비 구축 구입예산을 수립

① 구입비 예산수립절차를 파악한다.
- 통신장비의 물품을 구입하기 위하여 구입비 예산요구서를 작성한다.
- 예산사업 설명서를 작성하여 예산부서에 요구하며 구입단가의 근거는 사업자의 견적서나 물가정보지를 활용하여 장비의 성능과 기능이 같은 조건에서 [그림 4-2]가격과 성능 비교 분석을 하고 소요예산을 요구한다.

- L2 POE 스위치 단가 비교표를 작성하여 단가를 결정하여 적정한 금액을 확인을 하고 예산을 요구한다.

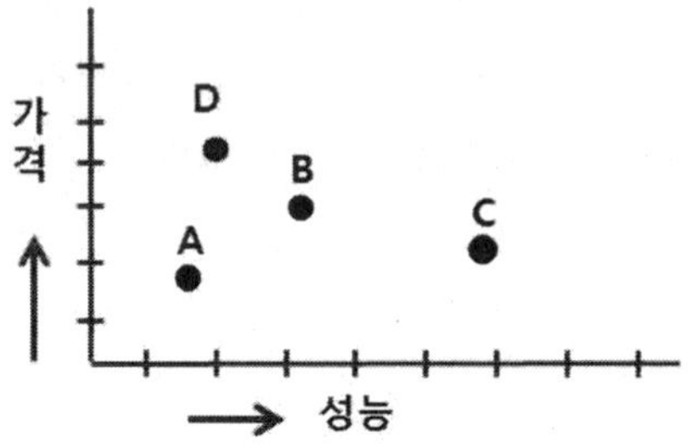

[그림 4-2] 가격과 성능 비교표

(3) 자재의 단가와 성능을 비교하여 설치할 자재를 선택

1) 단가와 성능을 비교하는 방법

가격과 성능을 비교하는 방법은 [그림 4-2]와 같이 분석하고 자재를 선택한다.

① A는 가격이 낮고 성능이 낮은 제품
② B는 가격이 타 제품에 비하여 평균적이며 가격과 성능이 중간 제품
③ C는 가격이 낮고 성능이 높은 제품
④ D는 가격이 높고 성능이 낮은 제품

2) 정보통신장비의 선정

정보통신장비의 선정은 (다)의 C 재품은 가격이 낮고 성능이 높은 재품을 기준으로 하여 다음의 〈표 4-2〉자재의 단가 비교표를 작성한다.

〈표 4-2〉 자재단가비교표 예시

자재단가비교표 예시							
품명	규격	가격 정보지 (A사)	물가 정보지 (C사)	제조사적 (A사)	판매사적 (B사)	판매사적 (C사)	결정 단가
L2POE 스위치	24PORT, (1,000M)						

3) 물가정보지

물가정보지의 내용은 다음의 〈표 4-3〉와 같다.

〈표 4-3〉 물가정보지의 내용 예시

물가정보지의 내용 예시

(가격정보 월호) 네트워크장비 ○○ 페이지

품명	규격	단위	가격	제조사
L2 POE 스위치	24PORT (1,000M)	대	3,420,000원	○○ 회사

(물가정보 월호) 네트워크장비 ○○ 페이지

품명	규격	단위	가격	제조사
L2 POE 스위치	24PORT (1,000M)	대	3,440,000원	○○ 회사

4) 견적서의 사례

견적서의 사례는 다음의 〈표 4-4〉와 같다.

〈표 4-4〉 견적서 사례

견 적 서

○○ 정보통신 주식회사

주 소 : 연락처 :

사업자 등록 번호:

일자 : 년, 월, 일

(○○ 시장) 귀하

아래와 같이 견적 합니다. 대표이사: 000(인)

품명	규격	단위	가격	제조사
L2 POE 스위치	24PORT (1,000M)	대	3,450,000원	○○ 회사
부가세 포함 금액임				

(4) 시설공사의 사업비용 예산을 수립

1) 시설공사의 총사업비

시설공사의 총사업비는 실시설계 내역서의 공사원가 계산서를 적용한다.

〈표 4-5〉은 공사의 원가계산서 작성 사례이다.

〈표 4-5〉 공사의 원가계산서 작성 사례

공사의 원가계산서 작성 사례(정부는 구성비의 비율을 매년 개정하여 변경함)

비		목	금 액	구 성 비
순공사원가	재료비	직접재료비	52,380,304	
		간접재료비		
		〔소 계〕	52,380,304	
	노무비	직접노무비	21,041,943	
		간접노무비	1,767,523	직접노무비 × 8.4% (12개월 이하)
		〔소 계〕	22,809,466	
	경비	운반비		
		기계경비		
		산재보험료	843,950	노무비의 3.7%
		고용보험료	198,442	노무비의 0.87%
		안전관리비	2,151,272	(재료비+직노)×2.93%
		건강보험료	357,713	직접노무비 × 1.7%
		노인장기요양보험료	23,430	건강보험료의 6.55%
		연금보험료	523,944	직접노무비 × 2.49%
		기타 경비	4,285,817	(재료비+노무비)×5.7%(12개월 이하인 경우)
		〔소 계〕	8,384,568	
소 계			83,574,338	
일반관리비			5,014,460	계의 6% (50억 미만)
이 윤			5,431,274	(노무비+경비+일반관리비)×15%
공급가액			94,020,072	
부가가치세			9,402,007	공급가액의 10%
도급액			103,422,079	
관급자재비			제 외	별도 구매
총공사비			103,422,000	천원 이하 절삭

① 재료비는 설계서의 소요자재산출서를 작성하여 단가와 수량을 곱하고 합산 금액을 기록하였다.

② 인건비는 산출한 자재를 기준하여 현장에 설치하는 기술자의 소요인력 산출서 숫자와 그 기술자의 종류별 한사람 1일 시중 노임단가를 곱하여 합산하였다.

③ 경비는 자재비와 인건비를 현장에 설치하는 업무종류에 따라 정부가 보험료를 지불하도록 규정한 비율을 곱하여 집계를 금액을 기록하였다.

④ 일반관리비와 이윤(15%이하)을 설계자와 발주처에서 조달청에서 고시한 범위의 비율을 조정하여 기록한다.
⑤ 부가세는 국세청에 지불하는 세금으로 정부가 법령에서 규정한 (10%)를 적용하여 기록한다.
⑥ 공사의 원가계산서 작성

(5) 총사업비

정보통신장비 설치공사의 총사업비를 산출하기 위하여 실시설계 내역서를 작성하는 과정은 다음과 같다.

① 단가의 비교표를 작성한다.
② 내역서의 난가를 적용하여 수량을 합산한다.
③ 자재구입비를 합산한 총금액을 공사원가계산서의 재료비 칸에 적어 넣는다.
- 조달청에서 고시하는 공사원가계산 규정 항목에 따라 각종 경비 요율을 적용하여 계산하면 총공사비금액이 계산이 되는데 그것이 총공사금액(103.422,000원)이 된다.
- 공사의 사업비 예산요구 금액은 공사의 원가계산서(103,422,000원)으로 구축사업비를 요구한다.

(6) 운영유지보수비의 예산을 수립

1) 유지보수예산을 편성

(가) 유지보수비용의 계산 방법

유지보수예산 요구서 작성은 구입비용의(10%, 8%, 5%)이하, 등 세출예산에 반영하는 규정을 결정하여 결정된 비율로 세출예산을 요구하면 합리적이다.

(나) 유지보수비용의 예산요구 사례

정보통신장비 구입비용이 오천만 원의 경우 유지보수비용 예산요구를 10% 계산하면 오백만 원의 세출예산을 요구한다.

(7) 구내통신 구축 예산요구서를 작성하여 예산관리부서에 제출

예산 주관부서로부터 예산편성방침을 통보받은 사업주관부서는 지정된 기일까지 익년도의 예산 요구에 필요한 세출예산요구서를 작성하여 예산주관부서에 제출하며 다음의 〈표 4-6〉는 작성 사례 이다.

〈표 4-6〉 세출예산요구서 작성사례표

세출예산요구서 작성사례

본예산 요구서 (단위 : 천원)

부서 · 정책 · 단위(회계) · 세부사업 · 편성목	예산액	전년도 당초 예산액	비교증감
소 계	240,174	0	240,174
401 시설 및 부대비	240,174	0	240,174
01 시설비			
○ 정보통신장비 구축공사 217,786,000원×1식 =217,786,000원	240,018	0	240,018
○ 정보통신장비 구축공사 실시설계 용역비 217,786,000원×8.38%식=18,225,000원	217,786	0	증217,786
	18,225	0	18,225
02 감리비 ○ 정보통신장비구축 설치공사의 통신 감리용역비 217,786,000원×1.84%식=4,007,000원	4,007	0	4,007
03 시설부대비 ○ 정보통신장비 설치공사 217,786,000원×0.72%=156,800원	156	0	156
405 자산취득비			
소 계	34,5000	0	34,5000
자산 및 물품 취득비	34,5000	0	증34,5000
○ 네트워크장비(L3 POE 스위치)구입 3,450,000원×10대=34,500,000원	34,5000	0	증34,5000

(8) 예산 요구서를 대상으로 투자심사를 요구

세출예산 과목구분, 사업예산에 분류된 사업비로서 다음 회계연도부터 시행하고자 하는『신규투자 단위 사업』에 대하여 사업시행의 필요성·타당성을 분석하는 투자심사를 실시한다.

또한 예산을 요구한 사업 부서장 다음 연도 예산으로 시행하고자 하는 재정투자 사업에 대하여는 예산부서로 부터 투자심사를 받는다.

(9) 소요예산 분석표를 활용하여 분석

소요예산을 분석을 할 때는 〈표 4-8〉 소요예산 분석확인표를 작성하여 기록하여 문제점이 있을 때는 예산요구 담당자와 확인을 거친다.

〈표 4-8〉 소요예산 분석확인표 예시

예산요구 분석항목	결과작성
예산요구서에 제시된 계수의 산출근거가 정확한가?	
불필요한 경비가 포함되어 있지는 않는가?	
예산 요구의 증빙서류가 누락된 것은 없는가?	
예산에 반영을 금지한 규정, 법령에 위반이 되는 사례는 없는가?	
예산편성 관련 규정(예산편성운영기준 등)에서 정한 규정대로 요구를 하였는가?	
그 사업의 긴급성은 어떠한가?	
예산요구 부서의 예산확보 근거는 있는가?	
경제적 절약성의 예산 요구인가?	
향후의 다른 사업에 어떠한 영향을 끼칠 것인가?	
종합 의견	

(10) 투자심사의 절차에 따라 심사

1) 투자심사의 절차

① 사업부서의 심사자료를 작성한다 → 심사부서의 심사 준비단계로 서면심사 및 현지심사를 한다 → 심사위원 심의단계로 안건작성, 심사위원회 심의 및 심사결과 통보한다 → 심사결과 환류단계로 심사결과 사후평가 과정을 거친다.

② 실·과장 및 관서의 장은 예산안의 세부사업설명서 <표 4-7>을 작성하여 예산부서에 제출한 사례이다.

〈표 4-7〉 사업설명서 작성 사례

사업설명서 작성 사례

본예산 사업설명서

☐ 사 업 명 : 네트워크(L2)스위치 구매

☐ 사업의 필요성 및 추진경위

○ 본청 5, 6층의 00과 외 7개과의 전자결재 및 온라인 업무 연결용의 L2스위치 (20년 5월 설치) 노후로 장애 발생이 많아 신규 장비로 구매코자 함.

☐ 사업 개요 (사업성격에 맞는 항목을 정하여 상세하게 작성)

○ 사업기간 : 20 년. 2월 ~ 7월

○ 사업대상 : 5층 층간통신실내 노후 L2스위치 8대

○ 사용부서 : 00과 외 7개과

○ 사 업 비 : 40,000천 원 정도

- 네트워크(L2)스위치 50,000원 X 8대 = 40,000천원

☐ 투자실적 및 계획

○ 사업내역 (단위: 백만 원)

사업내용	사업개요	금년도		내년도(20 년)계획	비 고
		당초	추경		
네트워크(L2)스위치 구매	스위치 8대 구매			40	

○ 재원내역

재 원 별	금년도		내년도(20 년)	비 고
	당 초	추 경		
계			40	
국가 사업비				
시, 도 사업비				
군, 구, 사업비			40	
기 타				

☐ 전년도 추진실적(사업내용별로 작성)

○ 없음

☐ 2014년 사업계획 및 산출내역

○ 사업계획

- 도입계획 수립 : 20 년. 2월(계약심사 및 일상감사 : 20 년. 3월)
- 발주 : 20 년. 4월
- 설치 및 개통 : 20 년. 7월

○ 산출내역

2. 수립된 예산에 따라 예산집행계획을 수립

(1) 예산집행계획서를 작성

1) 정보통신장비 구축사업비의 년 도별 집행계획을 실시

정보통신장비구축 추진의 예산을 적기에 집행하여 사업을 성공적으로 수행하는 것을 목표로 예산의 낭비를 줄이고 예산의 관리를 효율적으로 하기 위하여 집행계획을 수립하여 내부 결재를 하며 〈표 4-9〉는 예산집행계획서를 작성한 사례이다.

(2) 예산의 배정계획

① 일정기간(월별, 분기별)에 걸쳐 지출원인행위를 할 수 있는 세출 예산의 한도액을 통지한다.
② 배정금액을 한도로 하여 계약체결 등 집행절차에 따라 계약을 한다.

(3) 지출예산 집행업무처리 순서도에 따라 예산을 집행

지출예산의 편성과 지출과정은 〈표 4-10〉예산배정과 집행절차표의 순서에 따라 시행을 한다.

(4) 예산 배정을 파악

① 배정 절차 : 배정계획에 의하여 매 분기별 또는 월별 일괄 배정한다.
② 배정 단위 : 예산부서는 세부사업별·편성 목 단위로 예산을 배정하되, 회계 처리 등을 고려하여 통계 목까지 내부적 관리를 한다.

(5) 예산 수시배정 절차를 파악

① 절차 : 세출예산 집행계획 수정 및 수시배정 요구(사업부서) ⇒ 세출예산 배정계획 조정(예산부서) ⇒ 수시배정 확정(예산부서) ⇒ 관계부서에 통지

(6) 집행 품의서를 작성을 준비

세출예산에 편성된 예산의 목적을 달성하기 위해서 집행 의사를 결정하는 행위를 의미하나, 실질적으로 예산 지출을 확정하는 업무를 시행한다.

〈표 4-9〉 정보통신장비 구축사업비 예산집행계획서

정보통신장비 구축사업비 예산집행계획서 사례

○○시 청소년복지회관 건립 정보통신장비 구축사업비 예산집행계획

❑ 사업개요

○ 위 치 : ○○군 ○○면 ○○리 29번지

청소년들의 건강관리와 여가활용 공간을 제공하여 청소년들의 복지수요를 지원하고자 청소년복지회관신축 구내통신구축사업비 예산집행 계획을 수립코자 함

○ 지역지구 : 자연녹지지역

○ 용도 및 규모

구 분	용 도	규 모
건물	복지회관	· 부지 : 9,500㎡ ·건물 : 지하1층 지상7층 연면적 7,400㎡

○ 사 업 비 : 3,820,000천원

• 월별 사업비 집행계획 (단위: 천원)

구분	사업비	(3)월	(6)월	(9)월	(12)월
합 계	3,820,000	393,000	180,000	750,000	2,497,000
기본설계비 (35억 원 사업대가)	204,750	204,750			
실시설계비 (35억 원 사업대가)	68,250	68,250			
감리비 (35억 원 사업대가)	45,150				45,150
구내통신공사비	1,000,000		50,000	450,000	500,000
전화교환시스템 구입비	500,000		50,000	50,000	400,000
통신망보안장비 구입비	400,000		50,000	50,000	300,000
음향영상장비 구입비	600,000			100,000	500,000
서버구입과 프로그램구입비	200,000	20,000		30,000	150,000
네트워크장비 구입비	500,000	100,000			400,000
CCTV장비 구입비	300,000		30,000	70,000	200,000
부대비 및 공공요금	1,850				1,850

❑ 용역내용

○ 사업범위 : 기본 및 실시설계, 감리비, 구내통신 구축공사비, 구내통신장비구입비

○ 사업기간 : 착수일로부터 300일간

○ 사업비 : 3,820,000천 원 정도

○ 지출예산 과목 : 사회개발비, 사회보장비, 일반사회복지, 청소년복지, 용역비

〈표 4-10〉 정보통신장비구축 예산배정과 집행절차표 예시

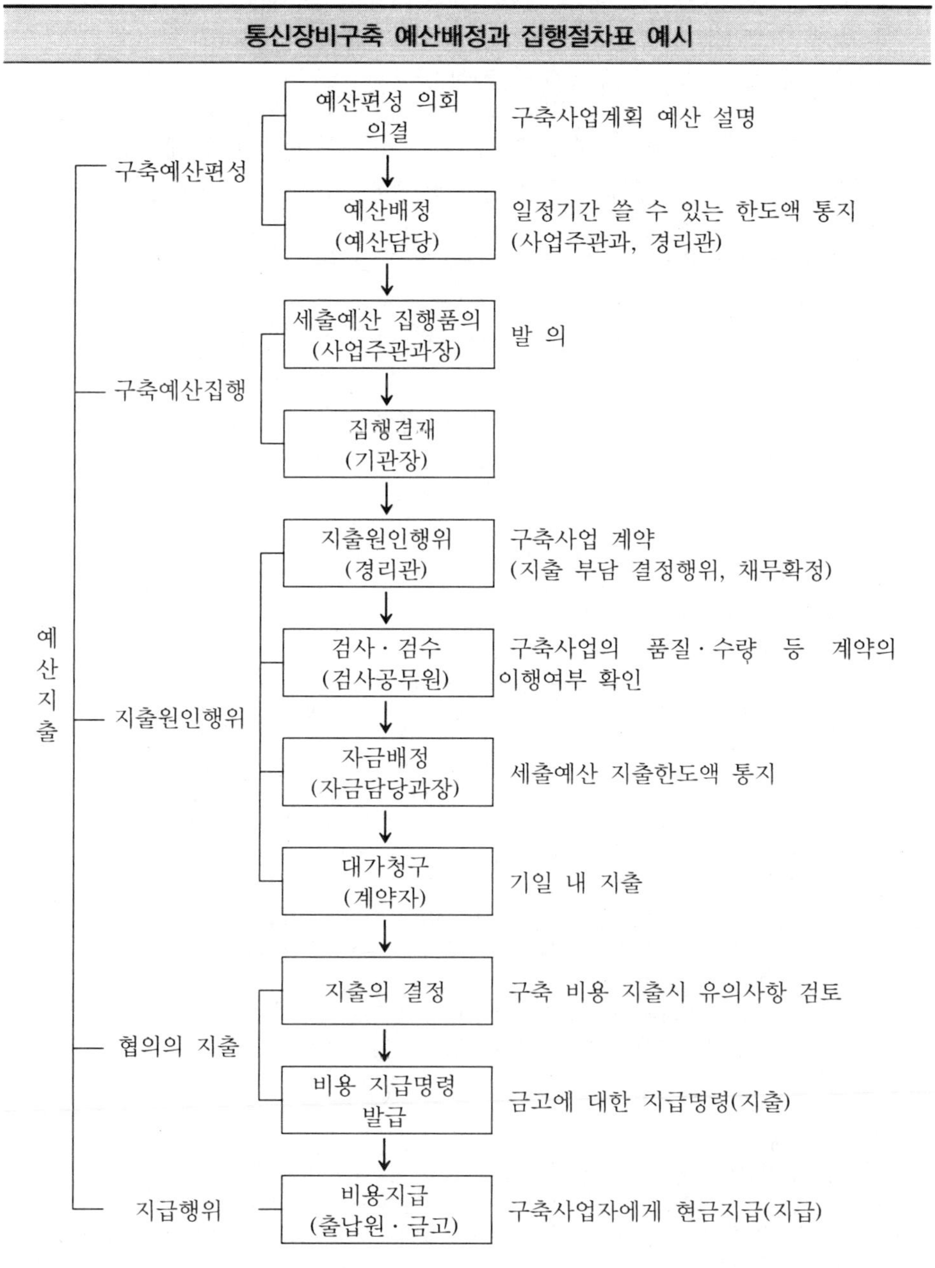

1) 집행품의서 작성

집행품의서 작성할 때 다음의 내용을 반드시 확인을 한다.

① 집행의 내용이 예산편성의 목적과 부합되는지 확인
② 집행 예정금액은 예산액의 범위 이내인지 예산은 배정되었는지 확인
③ 집행 예정금액이 법령·지침 등에서 정한 기준액과 부합되는지 확인
④ 자금의 지급 대상은 정당한지 확인

집행의 목적, 집행금액, 집행내역을 작성하고 집행의 내용에 따라 예산·세입·회계부서의 협조를 하며 다음은 집행품의서 〈표 4-11〉를 작성한 사례이다.

① 집행 품의는 집행내용과 집행 금액의 규모에 따라 지방자치단체 전결규정에 의하여 결재권자의 결재를 받음으로써 완료된다.
② 집행 품의 종류 : 공사 집행(수선), 물품의 매입·수리·제조, 보조금 교부 등

〈표 4-11〉 집행품의서 작성 사례표 예시

집행품의서 작성 사례

물품구입 집행품의서

기 관 명
수신자 : 내부결제(경유 :)

제 목 네트워크장비 구입 지출

청사 내에 설치 되어있는 노후 네트워크장비를 교체하고 신품으로 구입하여 통신망을 운영 하고자 합니다.

1. 소요금액 : 일금육백만원 정도(₩60,000,000)
2. 산출기초 : 2,000,000원 × 30 대 = 60,000,0000원
3. 설치 장소
   ○ 납품기간 : 계약 일로부터 60일
   ○ 철거 및 설치장소 : 통신실 10대, 2층 층간통신실 5대, 5층 층간통신실 5대, 7층 층간 통신실 5대, 9층 층간통신실5대(합계 : 30대)
4. 구입방법 : 입찰구매
5. 지출과목 : 자산 및 물품 취득비(405-01) 끝.
6. 별도첨부 : 규격서 및 내역서 1부

발 신 명 의 ㊞

기안자(직위/직급) 서명 검토자(직위/직급) 서명 결재권자(직위/직급) 서명
협조자(직위/직급) 서명 예산팀장 서명, 계약팀장 서명, 회계과장 서명,
시행 처리과명-일련번호 (시행일자) 접수 처리과명 - 일련번호 (접수일자)
우편 주소 / 홈페이지 주소
전화 ( ) 전송 ( ) / 전자우편주소 / 공개 구분

4-3 정보통신장비 구축 예산관리

1. 정보통신장비 구축 예산관리 이해

(1) 예산관리의 개요

구축에 소요되는 금전, 물품, 재산 등의 출납과 보관·관리의 예산을 정리·기록하여 수입과 지출을 규정대로 적정하게 사용하였는지 관리를 목적으로 한다.

(2) 구축 예산관리의 목표

① 명확성 : 회계문서에 기명날인하여 책임소재의 명확화
② 정확성 : 개서, 삽입, 삭제, 정정, 도말 등의 제한
④ 통일성 : 서식, 시기, 내용 등의 법규화로 재량성 불인정
④ 예산의 이월(移越) : 당해 회계연도에 지출을 마치지 못한 예산을 다음 연도의 예산으로 옮겨 사용하는 것을 말하며 1회에 한하며 명시이월과 사고이월이 있다.

(3) 예산관리의 범위

예산관리는 계약과 지출, 결산의 전 과정을 예산관리의 범위에 속하며 제한된 예산을 초과하지 않는 예산의 범위 내에서 계약을 하고 계약서대로 이행하면 대가를 지출한다.

1) 계약의 개념

발주자가 계약 당사자의 일방이 되어 상대방인 사인(私人)과 공사, 제조, 구매, 용역 등의 계약을 체결함으로서 발주자의 제반 수요를 충족시킴과 동시에 사법상 효과 발생을 목적으로 하는 행위를 말한다.

2) 계약의 원칙

계약은 상호 대등한 입장에서 당사자의 합의에 따라 체결하여야 하며, 당사자는 계약의 내용을 신의와 성실의 원칙에 따라 이를 이행하여야 한다.

(4) 구축 예산의 연도별 관리

예산은 회계연도 개시 전과 회계연도가 지난 이후에는 집행할 수 없으며 세출에 대한 지출은 사실상 2월 말일로 종료되나 출납담당자가 수납한 세입금은 3.10까지 예산관리 지정 은행에 수납한다.

① 회계연도 : 1. 1 ~ 12. 31까지
② 출납 폐쇄 기한 : 2월말
③ 출납정리기한 : 3. 10까지
④ 지출원인행위 : 지출의 원인이 되는 계약, 기타의 행위를 말하며 지출원인행위는 지불의무를 지는 예산집행의 첫단계 행위를 말하는 것이므로 공사 · 제조 등의 도급계약 또는 물품의 구입계약과 같은 사법상의 채무를 지는 행위이다.

2. 예산의 지출관리

(1) 구축 단계별 업무처리기간에 따른 예산의 지출관리

구축사업의 단계별 업무추진기간과 예산의 지출기간은 서로 일치하기 때문에 사업의 추진일정 기간을 먼저 선정을 하고 그 기간에 따라 예산관리 담당 부서에서 지출 계획을 수립하면 효율적인 예산관리를 할 수 있다.

1) 사업기간에 따른 예산의 지출일정 설정

기본설계부터 준공까지 사업 단계별 일정이 결정되면 단계별 완료일자를 기준으로 [그림 4-3]에 따라 계약금액의 지출계획을 수립한다.

(2) 구축사업관리와 예산의 지출관계

1) 기본설계 예산의 지출관리

(가) 일정관리

기본설계기간(A)에 설계를 완료하고 준공처리를 하여야 실시설계를 발주할 수 있기 때문에 기본설계기간을 계획대로 종료하여야 후속사업의 일정에 차질이 없어진다.

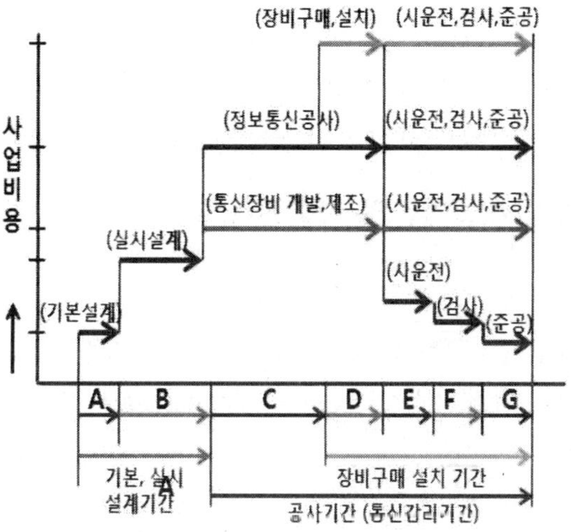

[그림 4-3] 사업관리와 예산지출 관계표

(나) 예산관리

기본설계용역 비용은 실시설계 보다 낮은 비율이며 착수계를 제출하고 선급금을 요청하거나 기본설계기간이 1년 이상이면 기성금을 요구하는 사례가 많아 사업자와 사전에 지출예정 시기를 협의하고 지출범위를 준비한다.

2) 실시설계 예산의 지출관리

(가) 일정관리

기본설계를 준공하고 실시설계기간(B)에 준공처리를 하여야 실시설계를 발주하여 착수할 수 있기 때문에 기본설계 기간 일정대로 종료해야 한다.

(나) 예산관리

기본설계용역 비용은 실시설계 보다 낮은 비율이며 착수계를 제출하고 선급금을 요청하거나 기본설계기간이 1년 이상이면 기성금을 요구하는 사례가 많아 사업자와 사전에 지출예정 시기를 협의하고 지출범위를 준비한다.

3) 정보통신공사 예산의 지출관리

(가) 일정관리

정보통신공사의 기간(C, D, E, F, G)은 공사의 기간으로 공정관리를 개발, 구매 감리의 기간과 겹쳐서 공사를하여야 시운전, 검사, 준공 단계에서 사업자간 서로 협력으로 준공처리를 할 수 있다.

(나) 예산관리

정보통신공사의 기간(C, D, E, F, G)은 공사의 기간에 공사비용의 청구일정을 사전에 공사업자로부터 예산 요구시기를 조정해서 청구해야 한다.

4) 정보통신장비의 개발예산의 지출관리

(가) 일정관리

정보통신장비의 개발(C, D, E, F, G)은 개발의 기간으로 공정관리를 시운전, 검사, 준공 단계에서 개발사업자와 다른 공정과 협력으로 개발을 완료처리 하도록 일정을 조정한다.

(나) 예산관리

통신장비의 개발(C, D, E, F, G)은 개발의 기간으로 공정과 연계하여 예산지출 일정을 설정하여 착수단계와 중간단계에서 대금을 지출 하는데 불편이 없도록 예산을 관리해야한다.

5) 정보통신장비 구매예산의 지출관리

(가) 일정관리

여러 종류의 장비를 구매하는 경우는 여러 사업자와 동시에 납품설치 일정을 모두 모아서 구매설치 전체 공정표를 만들고 통신장비의 구매기간(D, E, F, G)은 개발과 공사의 기간과 중첩이 되도록 공정표를 작성하여 통합 시운전을 하여 문제점을 찾아 해결하고 준공처리를 한다.

(나) 예산관리

정보통신장비의 구매기간(D, E, F, G)은 여러 납품업자들의 비용청구 일정을 사전에 예산요구 시기를 조정을 하여 지출부서에 청구예정 일자를 통보하도록 한다.

6) 정보통신 감리예산의 지출관리

(가) 일정관리

정보통신 감리용역기간(C, D, E, F, G)은 감리용역 과업지시서에 관급자재(발주자가 구매하여 현장에 납품설치)포함 여부와 감리의 용역범위를 확인하고 입찰과 계약을 하여야하고 감리수행일정표를 작성하여야한다.

(나) 예산관리

정보통신 감리용역의 기간(C, D, E, F, G)은 착수계를 제출하고 선급금을 요청하거나 감리기간이 1년 이상이면 기성금을 요구하는 사례가 많아 사업자와 사전에 지출예정 시기를 협의하고 지출범위를 준비한다.

7) 시운전 기간

시운전기간은 정보통신장비의 개발업무, 통신공사업무, 통신장비 구매업무를 모두 포함하여 동시에 검사를 실시하는 기간으로 3개의 사업자와 합동으로 시운전을 하면서 서로 장비간의 연동을 시운전 하여야 하고 설계 당시의 성능과 기능을 확인하면서 시운전을 한다.

8) 검사 기간

준공에 따른 검사로서 정보통신장비의 개발업자, 정보통신공사업자, 통신장비 판매업자를 모두 입회를 하여 검사를 실시하여야 하고 검사에서 합격이 되면 3개의 사업자는 완료 확인서(시공완료, 용역완료, 납품완료)에 발주처의 감독자로부터 준공 서류와 납품 서류에 확인을 거치고 대금청구를 하면 14일 이내에 지출한다.

9) 준공 기간

준공에 따른 검사를 마치면 운영자 매뉴얼, 사용자교육, 장애처리 요령서 등 준공 시에 제출을 요구한 서류를 제출하여야 대금지출이 되는 조건의 내용 있는지 확인을 한다.

3. 정보통신장비 구축 예산관리 직무수행

(1) 구축의 예산관리 계획

1) 구축 선급금 지급에 따른 예산관리

계약을 하고 사업을 시작하기 전에 계약금액에 대하여 선급금 지급을 요구할 수 있다.

- 선급금 지급의 계약범위 : 계약금액 3천만원 이상 공사 또는 제조와 1천만원 이상의 용역

2) 구축 공정에 따른 예산관리 계획을 한다.

구축 공정에 따른 예산의 누계를 기준으로 기성금을 요청 할 때 전체 공사비의 비중 즉 실행 율은 기성금액으로 지출을 하게 된다.

① 실행의 누계 공정관리를 철저히하여 시공사가 누계 공정율을 근거로 대금청구를 신청할 때 공사의 자재투입량과 인력투입량을 계산하여 지출을 한다.

② 공정표의 비율은 곧 공사의 실적비용이 되기 때문에 통신공사의 작업일지와 감리원의 일지가 일치해야하고 층별 일정별 시공실적은 사실대로 기록이 되어야 예산관리가 정확하게 된다.

〈표 4-12〉 000 정보통신공사의 공사추진 예정공정표 예시

정보통신공사의 공사추진 예정공정표 예시

━ 계획 ■ ■ ■ 실행

공 종	100%	공 사 일 정												
		세부공종	1	2	3	4	5	6	7	8	9	10	11	12
구내통신 선로설비 공사	20%	배관공사												
		배선공사												
		단자함설치												
교환설비 공사	40%	교환기설치												
		키폰설치												
		전화기설치												
LAN설비 공사	20%	배선공사												
		기기설치												
		시 험												
CCTV설 치공사	10%	배선공사												
		기기설치												
		시 험												
방송음향 설비설치 공사	3%	배선공사												
		기기설치												
		시 험												
방송공수 신설비설 치공사	7%	배선공사												
		기기 설치												
		시 험												
공정률	계획공정(100%)		3%	4%	5%	6%	8%	10%	15%	13%	14%	12%	5%	5%
	실행공정(100%)		3%	4%	5%	6%	8%	10%	15%					
	공정 누계			7%	12%	18%	26%	36%	51%					100%

③ 공사의 예산관리는 예정공정표를 기준으로 예산을 지출하려면 감리원의 시공실적 확인과 발주처 감독자의 현장 확인 그리고 공사의 도면, 내역서, 각종 자재비, 인건비의 사실시공 확인을 거쳐 <표 4-12> 정보통신공사의 공사추진 예정공정표를 확인하고 지출하여야 한다.

(라) 지출금액의 계산방법

계약금액이 1억 원의 경우 선급금을 청구하여 지출한 사례가 없고 3개월간 공사를 시행한 1차기성금을 청구하는 사례의 계산방법은 다음과 같다.

1억원×공정률 12(%)=12,000,000원을 1차기성금으로 지불하는데 공사의 원가계산서의 자재비용, 인건비용, 경비 등 내역서를 작성하고 원가계산서를 작성하여 계산된 금액이 1억 원의 12%가 지출되도록 지출을 한다.

(2) 기간에 따른 예산 지출관리

1) 공사기간에 따른 예산 지출관리

지출관리의 예산관리는 A, B, C, D 순으로 사업기간에 따라 [그림 4-4]와 같이 지출규모가 착공부터 증가하다가 준공시기에는 지출이 줄어든다.

① A의 경우는 선급금 청구시기
② B의 경우는 1차기성금 청구시기
③ C의 경우는 2차기성금 청구시기
④ D의 경우는 준공대금 청구시기

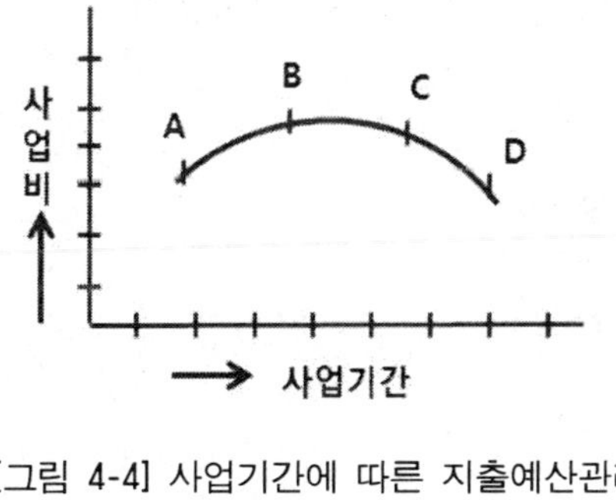

[그림 4-4] 사업기간에 따른 지출예산관리

2) 계약금액

계약금액 1억 원의 경우 5년간의 사업기간에 (A)시기는 착공 시기이며 (B)의 기간에 1차 기성금을 청구하고 (C)의 시기에 2차 기성금을 요구하고 (D)의 시기에 준공 대금을 청구를 예상하고 사업비의 지출계획표 〈표 4-13〉를 작성한다.

- 1억원×공정률 26(%)=26,000,000원을 기성금으로 지불하는데 공사의 원가계산서의 자재비용, 인건비용, 경비 등 내역서를 작성하고 원가계산서를 작성하여 계산된 금액이 1억 원의 공정률 26%내에서 지출되도록 지출을 한다.

〈표 4-13〉 사업비의 지출계획표(○○ 구내통신 구축공사) 예시

사업비의 지출계획표 예시

	선급금지출(A)	1차기성금지출(B)	1차기성금지출(C)	준공대금지출(D)
계획금액	원	원	원	원
지출금액	원	원	원	원

(3) 계약체결에 따른 지출관리

1) 계약체결 확인업무

계약 체결에 필요한 유의 사항과 계약 규정을 확인하고 지출을 하는데 정부는 국가를 당사자로 하는 계약에 관한 법률을 적용하고 지방자치단체는 지방자치단체를 당사자로 하는 계약에 관한 법률을 적용하며 〈표 4-14〉의 계약 채결 전 확인표를 작성한다.

(4) 낙찰자결정 방법을 확인

낙찰자결정을 하기 전 〈표 4-15〉 낙찰자결정방법 확인표를 작성하여 사전에 확인을 하고 결정한다.

〈표 4-14〉 계약체결 전 확인표 예시

계약체결 전 확인표 예시

NO	계약의 조건 확인 대상	확인 결과		비고
		법 조항, 규정	계약방법 결정	
1.	공동도급계약			
2.	단독계약			
3.	확정계약			
4.	개산계약			
5.	사후원가검토 조건부계약			
6.	총액계약			
7.	단기계약			
8.	종합계약			
9.	회계연도 개시 전 계약			
10.	장기계속계약			
11.	계속비 계약			
12.	단 년도계약			
13.	일반경쟁계약			
14.	제한경쟁 지명경쟁계약			
15.	수의계약 대상			

〈표 4-15〉 낙찰자결정방법 확인표 예시

현황내용 예시	결과작성	
	법 조항, 규정	결정내용
최저가 입찰		
적격심사 입찰		
희망수량 경쟁 입찰		
2단계 경쟁 입찰		
협상에 의한 계약체결 입찰		
공모에 의한 입찰		
유사 물품 복수경쟁 입찰		
규격·가격분리 동시 입찰		

(5) 예산지출 흐름도를 작성

예산지출 과정은 다음의 〈표 4-16〉와 같다.

〈표 4-16〉 예산지출 흐름도 예시

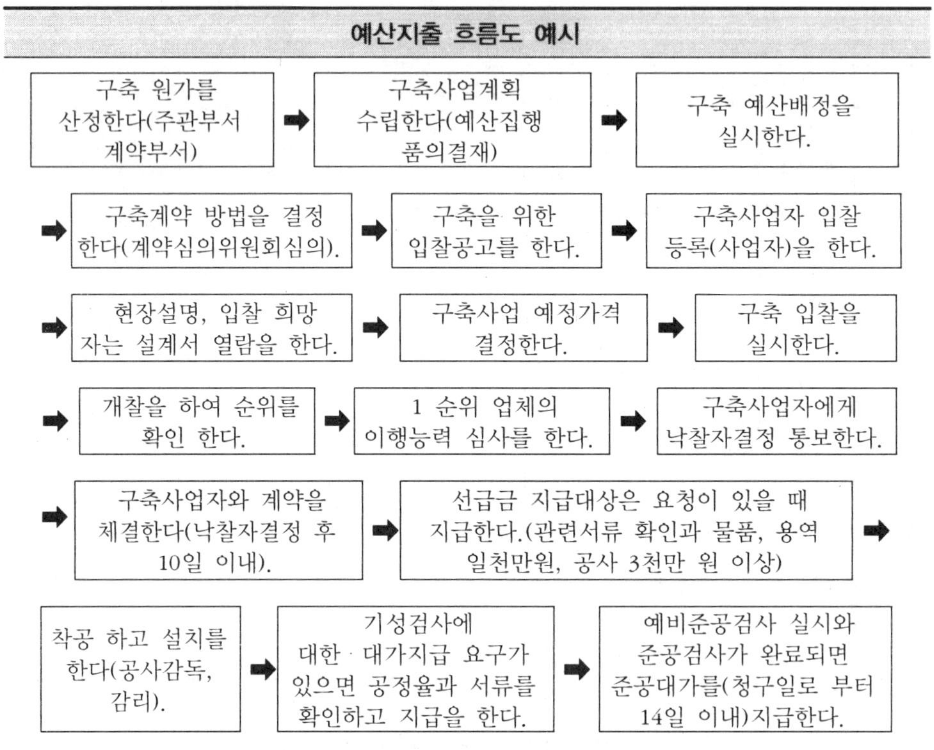

(6) 예산의 지출업무

지출원 지급명령확인서를 작성하고 지급을 한다. 지급명령을 할 때는 〈표 4-17〉의 지출원이 지급명령확인서를 작성하고 지급을 한다.

3. 추가 예산확보 계획을 수립

(1) 추가경정예산 확보가 필요한 사유를 확인

예산성립 후에 생긴 사유로 인하여 이미 성립된 예산에 변경을 할 필요가 있을 때 편성하는 예산이다(지방자치법 제130조, 지방재정법 제45조).

〈표 4-17〉 지출원 지급명령확인서 예시

지출원 지급명령확인서 예시

지출원 지급명령확인서

사업명 : 확인일자 : 년, 월, 일 작성자 : ○○○

NO	확인대상	확인결과	비고
1.	지출원인행위부에 등재되어 있는가?		
2.	당해 경비의 금액이 정당하게 산정되어 있는가?		
3.	당해경비는 배정을 받은 예산 및 지출한도액을 초과하지 않았는가?		
4.	소속 회계연도와 세출예산과목은 틀림이 없는가?		
5.	필요한 관계서류는 구비되어 있는가?		
6.	세입·세출을 혼동하고 있지 않는가?		
7.	예산전용을 제한한 전용이 아닌가?		
8.	지출의 특례로서 인정하고 있는 범위를 넘은 것이 아닌가?		
9.	지출하여야 할 시기는 도래하였는가?		
10.	정당한 채권자인가?		
11.	소멸시효가 완성되지 않았는가?		
12.	지출의무가 법령·조례·규칙·예규·지침·계약 등에 의한 것인가?		

1) 추가경정예산 편성요인

① 기본계획용역 중간에 사업범위를 확대 하는 경우
② 설계, 개발, 구매, 공사, 감리 사업을 시행중 사업범위를 확대되어 예산이 부족한 경우
③ 동절기나 사업의 시행 중에 사업비용의 부족이 발생한 경우
④ 사입시행 중 물가상승이 발생한 경우(국내단가, 외국산 자재단가의 증가 등)
⑤ 인건비의 상승으로 공사비용이 부족한 경우

(2) 추가 경정 예산안 요구

① 예산성립 후에 생긴 사유로 인하여 이미 성립된 예산을 변경이나 추가 예산이 필요할 때에는 예산요구서를 예산담당 과장에게 제출한다.
② 세출과목과 추가경정예산의 세출과목이 같도록 작성하고 만일 상이한 경우에는 추가경정예산과목에 정정하여 정리한다.

③ 추가예산의 확보와 집행 과정 : 중기재정계획 수립 → 투·융자 심사 → 예산편성 → 예산집행 → 집행결산 → 재정분석 → 재정 환류
④ 예산요구서를 작성한다.

예산주관 부서의 예산편성 방침을 통보받은 각 실·국·과장은 지정된 기일까지 익년도 요구조서를 작성하고 관련 서류를 첨부하여 예산주관부서에 제출한다.

다음 사례는 본예산에 요구한 공사비 예산금액으로 사업을 수행 중에 공사비가 약 10% 증가하였다. 이 경우의 추가경정 예산을 확보하기 위하여 예산요구서를 〈표 4-18〉과 같이 작성한 사례이다.

〈표 4-18〉 세출예산요구서 작성사례표 예시

세출예산요구서 작성표 예시

추가경정예산요구서

(단위: 천원)

부서 · 정책 · 단위(회계) · 세부사업 · 편성 목	예산액	당초예산액	비교증감
소 계	45,980	240,174	45,980
401 시설 및 부대비		240,174	
01 시설비 ○ 통신장비구축공사 217,786,000원×1식 =217,786,000원 ○ 통신장비구축공사 실시설계 용역비 217,786,000원×8.38%식=18,225,000원 02 감리비 ○ 통신장비구축공사 통신감리용역비 217,786,000원×1.84%식=4,007,000원 03 시설부대비 ○ 통신장비구축공사 217,786,000원×0.72%=156,800원	24,001 21,778 1,822 400 15	240,018 217,786 18,225 4,007 156	24,001 21,778 182 4 15
소 계	45,980	240,174	45,980

연습문제

1. 재정사업에 대한 예산편성 및 기금운용계획을 수립하기 위하여 사전적인 타당성업무를 설명하시오.

2. 발주자가 중심이 되어 계약관계를 유지하면서 업무를 처리하는 과정을 설명하시오.

3. 정보통신장비 구축계획을 위한 검토 직무수행에 대하여 설명하시오.

4. 정보통신장비 시설현황 파악을 어떻게 하는지를 설명하시오.

5. 정보통신장비 구축계획순서와 그 내용을 설명을 설명하시오.

6. 구내통신장비 구축범위검토와 설정에 대하여 설명하시오.

7. 구내통신 구축범위계획서를 작성하는 16단계를 설명하시오.

8. 사업수행 단계별 업무에 따라 사업수행 단계별 직무분류표를 작성하여 직무분석을 설명하시오.

9. 조직구성을 통하여 업무량과 능률분석을 설명하시오.

10. 조직관리를 통하여 능률을 높이기 위한 방안를 설명하시오.

11. 설계업무를 추진하기 위한 조직구성 방법을 설명하시오.

12. 개발업무를 추진하기 위한 조직구성 방법을 설명하시오.

13. 구매업무를 추진하기 위한 조직구성 방법을 설명하시오.

14. 정보통신장비 설치공사업무를 추진하기 위한 조직구성 방법을 설명하시오.

15. 정보통신장비설치 감리업무를 추진하기 위한 조직구성 방법을 설명하시오.

16. 정보통신장비 운영업무를 추진하기 위한 조직구성 방법을 설명하시오.

17. 직무분류표에 따라 직무를 내용을 설명하시오.

18. 사업규모에 따른 조직 간의 업무를 분류하고 설명하시오.

19. 정보통신장비 구축예산수립과 집행방법에 대하여 설명하시오.

20. 정보통신장비 구축예산배정과 집행절차를 설명하시오.

제 II 편

정보통신장비 도입 설계실무

제 1 장

현장조사와 계획서 작성업무

1-1 정보통신장비 도입 현장조사업무

1. 정보통신장비를 설치하기 전 조사의 목적

① 조사를 하면 사업의 추진방향을 설정하기 쉽다.
② 사업시행 중 발생할 문제점을 사전에 예방할 수 있다.
③ 사업범위를 결정하기 쉽다.
④ 사업에 해당되는 소속구성원들의 의견을 수렴하여 사업을 추진한다.

2. 사업추진을 위한 현장조사내용

① 사용 중인 설비의 규모와 운영실태는?
② 운영자와 인터뷰에서 어떤 문제점이 있는지?
③ 처음 구축 당시의 기술적분야와 운영분야의 어려움은 어떤 것이 있는지?
④ 보완을 실시한분야는 어떤 것이 있으며 어떻게 해결 하였는지?
⑤ 현재의 문제점은 무엇인지?
⑥ 앞으로 운영방향은 무엇인지?
⑦ 사용부서의 요구사항은 무엇인지?
⑧ 개발회사, 제조회사, 설치회사, 유지보수회사 등 사후관리의 문제점은?
⑨ 장애가 발생하는 형태와 장애처리 방법의 실태는?
⑩ 사용자(고객)교육과 운영자교육의 실태는?
⑪ 장애예방을 위한 제조사의 지원실태는?

⑫ 운영자 매뉴얼을 어떻게 작성하여 활용하고 있는지?
⑬ 중대한 장애가 발생시 신속한 복구대책은?
⑭ 추가적 증설계획은?
⑮ 문제점 보완을 위한 설비 교체방향은?
⑯ 노후설비의 개체와 신규 설치시 규격과 기능, 성능의 채택방향은?
⑰ 개발용역발주시 기술분야와 입찰과정의 문제점?
⑱ 구매발주시 기술분야와 입찰과정의 문제점?
⑲ 공사발주시 기술분야와 입찰과정의 문제점?
⑳ 감리발주시 기술분야와 입찰과정의 문제점?
㉑ 유지보수용역시의 기술분야와 입찰과정의 문제점?
㉒ 장비의 보안성과 보안기능의 안정성 자료수집

3. 정보통신장비 설치예정 현장조사

① 현재 어떤 통신설비를 사용하고 있는지 조사한다.
② 재사용할 수 있는지의 조사가 필요하다.
③ 현장에 필요한 통신설비가 설계되어야 한다.
④ 개선방안은 무엇이 있는지 조사한다.
⑤ 계획한 예산의 범위 내에서 계획을 하여야 한다.
⑥ 현재 운영 중인 각종 시스템의 종류
⑦ 주장치, 단말기, 통신회선의 수, 증가되어야 하는 통신회선의 수
⑧ 근무인원, 근무형태, 업종, 업무의 내용
⑨ 건물의 규모, 용도
⑩ 제품 조사
- 가격 조사
- 특허 적용 여부 조사
- 성능과 기능 조사
- 기술표준 적용조사
- 기술동향 조사

⑪ 제조업체 조사
- 통신망 조사
- 사업비 조사
- 단가 시장 조사

⑫ 계략적인 수량 조사
⑬ 건축물 구조 조사
⑭ 근무인원 조사
⑮ 통신실의 환경 조사

- 연면적 조사
- 전원설비조사
  - 상용전원설비 조사
    상용전원 분전반 설치 여부
    통신장비에 상용전원 콘센트 설치 여부
  - 무정전 전원설비 조사
    무정전 전원설비 분전반 설치 여부
    통신장비에 무정전원 콘센트 설치 여부
- 냉, 난방설비 조사
- 습도유지 설비 조사
- 조명설비 조사
- 바닥 마루시설 조사
- 통신실 벽부의 통신 배관, 덕트설비와 트레이설비 조사
- 통신실 벽부의 통신 배선, 덕트설비와 트레이설비 조사
- 통신실 접지단자함 설치 여부 조사
- 네트워크장비의 접지설비 조사
- 통신실 천장 내부트레이와 바닥 트레이설비 조사
- 통신실에서 층간 통신실 구간의 배관 트레이 설비 조사
- 통신실 바닥에 네트워크장비 설치의 배열 계획과 설치 장소 조사
- 통신실 화재 예방설비(화론 소화 설비 등)

⑯ 층간 통신실의 조사
- 연면적 조사
- 냉난방 시설 조사
- 통신배관 경로 조사
- 통신케이블 경로 조사
- 전원설비 조사
- 냉방설비 조사
- 환기시설 조사
- 조명시설
- 바닥 마루 조사
- 통신접지설비 조사

⑰ 통신 단자함 조사
- 접지 설치
- 보호기설치
- 단자함 크기의 적합성
- 배관의 경로 조사
- 배선의 경로 조사

⑱ 현재의 통신망 조사
- 내부망 조사
- 외부망과 연결 상태 조사
- 통신망 보안 실태

⑲ 증설범위 조사
- 증설의 규모 조사
- 증설의 회선 수 조사
- 증설로 인한 통신망 운영의 불편성 조사
- 증설통신망 장애 발생 시 기존 망에 끼치는 영향 조사

⑳ 관리운영상태 조사
- 통신망과 연계성 조사
- 현재 통신망과 연계
- 신설 통신망과 연계
- 다른 통신망과 연계
- 케이블경로 조사
- 운영자의 의견 인터뷰

㉑ 도면 확보와 확인 업무
- 건축도면 확보
- 전기도면 확보
- 기계설비도면 확보
- 창문 보호와 시설보안 조사

㉒ 문제점 분석
- 현재 운영 중인 정보통신장비의 문제점
- 새로운 네트워크장비를 도입 시에 문제점
- 정보통신장비의 규격 선정에 대한 문제점
- 제조사의 입찰에 대한 문제점

㉓ 조사 분석보고서 작성
- 각종 장비의 기능성 · 운영성 분야조사
- 소요 되는 사업비용의 조사
- 사업추진 과정의 발생할 문제점과 해결 방안
- 정보통신장비의 타 통신망과 연계성 조사
- 정보통신장비의 성능 비교표
- 정보통신장비의 단가 비교표
- 정보통신장비의 보안성 비교표
- 정보통신장비 원격관리 기능
- 정보통신장비의 운영의 편리성
- 정보통신장비의 유지보수성

3. 정보통신장비도입 사업계획서 작성

사업추진계획서는 예산을 확보하기 위한 계획의 과정으로서 사업담당자가 사업의 착수부터 완료까지 업무를 총괄하는 모든 과정을 포함하여 14단계로 작성한다.

(1) 사업의 목적

① 정보통신장비를 설치해야 하는 목적
② 정책 근거, 해결방안의 목표 내용을 요약
③ 목적의 내용을 구체적으로 나열

(2) 설치의 필요성

① 왜 필요한지를 각종 근거를 제시
② 사업비용의 투입 필요성
③ 운영상의 문제점
④ 보완의 필요성
⑤ 신규, 개체의 필요성

(3) 현 황

① 현재의 설비시설현황
② 특정한 장소나 지역의 인구, 면적
③ 현장조사의 내용요약 설명

(4) 기술기준에 적합한 설비도입과 장기적인 활용 가능성

① 설치할 통신설비에 적용할 기술분야와 신기술 내용 등 기술기준과 표준규격에 적합하다.
② 장기적인 활용 가능성 등의 기술적용분야를 분석한다.

(5) 통신설비의 운영사례 조사 보고

① 설치하고자 하는 통신설비의 운영사례를 결과요약
② 문제점을 분석한 조사결과
③ 더 좋은 네트워크장비를 설치할 수 있는 방향을 제시

(6) 추진일정표 작성

① 현장조사를 통한 일정 결정
② 의견수립을 통한 일정 결정
③ 사업의 결정을 통한 일정 결정
④ 관련부서와 단계별 회의실시를 통한 일정 결정
⑤ 사업비용의 예산 성립, 결정
⑥ 설계용역 발주
⑦ 설계 중간보고 실시
⑧ 공사의 발주
⑨ 공사시행 합동회의
⑩ 시공감리용역 발주
⑪ 감리시행 합동회의
⑫ 설치공사
⑬ 시운전
⑭ 예비준공검사 실시
⑮ 준공
⑯ 준공검사
⑰ 설비의 인수

(7) 소요예산 산출

① 타 지역에서의 설치사례
② 생산・판매・시공사 등을 대상으로 원가를 분석
③ 구입비, 설치공사비 구분하여 소요예산을 산출

(8) 다른 설비와 타부서간 업무연관성 검토

① 다른 설비와 호환성
② 다른 설비에 미치는 영향 분석
③ 타부서의 담당자간 업무협조를 실시

(9) 통신설비의 통신망도 작성

① 외부망과 접속표기
② 내부망의 형태

③ 각종 단말기의 운영내용
④ 중앙 시스템의 운영내용

(10) 각 부서별 업무분장과 담당자지정

① 총괄부서, 분야별 영역지정과 수행할 내용지정
② 분야별 책임한계지정
- 사업총괄부서
- 예산담당부서
- 설계담당부서
- 시공담당부서
- 감리담당부서
- 운영담당부서
- 계약담당부서

(11) 통신설비의 설치추진 업무흐름도 작성

① 업무추진 순서를 기준으로 단계적으로 나누어 작성
② 업무처리에 필요한 세부업무를 표기 하여 작성

(12) 사업추진일정표 작성

사업추진일정표를 작성하여 사업추진 중간 마다 추진사항을 보고하여 사업추진의 문제점을 분석하고 성과 실적을 평가하기 위하여 일정표를 작성한다.

(13) 향후 추진내용(계획)

① 단계적 확대 설치
② 설치 후 효과분석방법
③ 각 부서·기관 간 협조할 업무확대
④ 홍보방법
⑤ 다른 설비와 호환성

(14) 기대효과

① 수익성 창출
② 예산절감

③ 업무의 능률성 향상
④ 현 실태가 크게 개선되는 내용

기대 효과는 〈표 1-1〉의 도표를 활용하여 표기를 하면 쉽게 이해가 될 수 있다.

〈표 1-1〉 기대효과 도표작성 사례

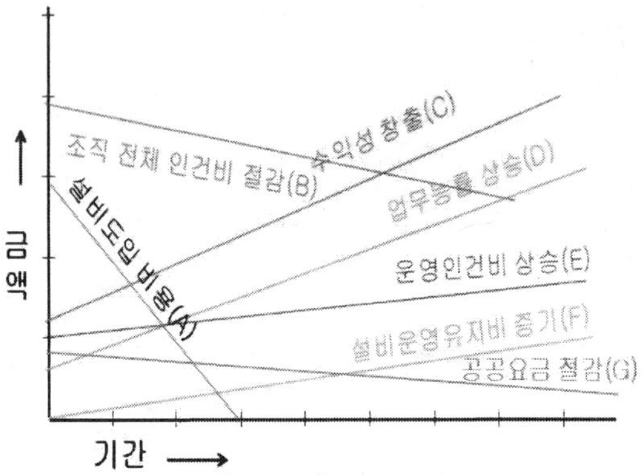

1-2 네트워크장비 설치공사 설계용역 과업지시서 작성실무

1. 설계용역 과업지시서 작성

(1) 설계용역명

○○ 청소년문화센터 건립 네트워크장비설치공사 실시설계 용역이다.

(2) 설계용역의 목적

최신 정보통신설비를 도입하여 청소년 문화활동을 통하여 교육과 문화의 장소를 마련하고자 한다.

(3) 설계개요

- 위치 : ○○시, ○○구, ○○동, ○○번지 일원
- 규모
  - 부지면적 : 5,000m2
  - 시설규모 : 지하1층/지상4층, 연면적 3,900m2
- 사업비 예정금액 : 6,000백만원[공사비(5,800), 설계비(140), 감리비(60)]
- 용역기간 : 본 용역은 실시설계로서 용역수행기관은 착수일로부터 100일간으로 한다.
- 용역범위 : ○○시 문화센터 건립에 따른 실시설계 용역과업에 적용한다.

층 별	용 도	비 고
지하	체육시설, 기타 시설	9실
1층	관리시설	5실
2층	복지시설	1실
3층	대강당	1실

(4) 과업의 범위

1) 과업수행의 순서

과업범위는 ○○ 문화센터 건립에 따른 실시설계를 시행토록 한다.

2) 설계시행

발주처에서 제시하는 과업지시서의 내용 및 각종 자료를 토대로 하여 네트워크장비설치의 규모, 성능, 기능, 공사비, 장비설치의 공사기간 등의 기본적인 내용의 계획을 입안한 설계를 우리 시와 협의한 후 설계도서를 작성한다.

3) 실시설계

기본설계를 구체화하여 실제시공에 필요한 내용을 설계도서에 표기한 것으로 각종 규정 등에 위배되지 않아야 하고, 심의 또는 검토, 보완 요구 시에는 이에 응하여야 하며, 설계 납품 후 발주시기가 연기가 되어 물가 및 노임상승 등의 사유가 발생하여 발주처의 요구가 있을 시 공사발주 전까지 새로운 설계내역서를 작성 제출하여야 한다.

4) 실시설계 설계도서와 설계설명서 및 실시설계보고서 제출

본 설계는 실시설계 설계도서와 설계설명서 및 실시설계보고서를 제출하여야 한다.

(5) 과업의 기본방향

① 본 설계는 OO문화복지센터의 운영계획에 따라 설계 되어야 한다.
② 공연을 할 수 있는 대강당이 필요하다.
③ 설계기준은 통신기술기준에 적합하게 설계한다.
④ 통신망에 안정적인 네트워크장비를 설치한다.
⑤ 에너지 절약형구조 및 설비로서 초기투자비와 운영비가 저렴하고 유지관리 면에서 경제적인 정보통신장비가 되도록 설계한다.
⑥ 타 청소년회관, 문화회관 및 기타 참고자료를 수집하여 설계에 반영한다.

(6) 과업의 일반지침

1) 일반사항

① 설계자는 계약체결 후 7일 이내에 착수하여야 하며, 착수계, 세부시행계획서분야별 세부공정계획 및 업무흐름도 포함), 분야별 참여기술자 투입계획서 및 보안대책, 보안각서 등 기타 용역수행에 필요한 제반서류를 제출하고 10일 이내에 과업추진 방법 및 본 네트워크장비설치공사 실시설계 설계안에 대한 추진계획보고를 하여야 한다.
② 설계자는 착수계를 제출할 때에는 다음 내용의 서류를 첨부하여야 한다.
- 책임기술자의 선임계(이력서, 기술자 면허수첩 사본 첨부)와 필요한 경우 분야별
- 예정공정표
- 기타 법령이나 용역과업에서 제출토록 한 사항

③ 설계추진 실적과 예정사항에 대한 다음 사항을 이해하여야 한다.
- 본 설계안 및 추진계획 보고 : 착수일로부터 10일 이내
- 수시 보고 : 감독관의 요청이 있을 때
- 최종 보고 : 납품 5일 전에 최종 도면 및 내역서를 감독관의 검토를 받아 보고
- 설계 완료 보고 : 기본설계 완료 후

④ 용역수행이 완료되면 준공계를 제출하여야 한다.
⑤ 본 과업 수행상 기술적인 자문과 전문지식을 최대한 활용하기 위하여 발주

처에서 전문가를 초빙하여 자문회의를 개최, 자문을 구하는 경우 수급인은 자문에 필요한 설계도서를 발주처에 제출하여야 한다.

⑥ 설계자는 수행과정에 있어서 제반규정에 의한 관련부서와 충분한 협의를 하여야 하며, 협의사항에 대해서는 우리시의 승인을 받아 본 설계에 반영한다. 단, 협의에 따른 소요비용은 수급인 부담으로 한다.

⑦ 본 과업지시는 과업수행을 위한 사항을 규정하였는바 이에 규정되지 아니한 사항은 우리시의 관련 규정 및 관련법령과 정부제정 각종 시방서에 준하되 감독관과 수시 협의하여 수행하여야 한다.

⑧ 과업수행 중 정책변경 등 불가피한 경우에 감독관은 본 용역의 일부 또는 전부를 중지하거나 과업내용을 변경할 수 있고, 본 과업지시에 명시되지 않은 사항 및 추가사항이라도 발주처가 필요하다고 인정하는 중요한 사항은 우리 시의 결정에 따르고, 추가 과업이 필요하다고 인정될 시의 소요비용은 발주처와 수급인의 상호 협의하에 결정한다.

⑨ 본 과업수행을 위한 우수사례 및 전문기술을 활용키 위하여 모범시설 및 사례를 시찰하여 충분한 자료를 수집 후 최신기술 및 시설을 본 설계에 반영하여 모범적인 시설이 되도록 한다.

⑩ 설계자는 설계상의 중대한 하자로 인하여 용역 또는 공사 진행상 상당한 피해를 초래하였을 경우 관계법령에 의거 이에 대한 책임을 진다.

⑪ 설계자는 각종 심의 및 평가・협의・승인・인가에 필요한 도서를 제출하여야 하며, 예비검사를 필하고 수정을 요구하는 부분은 즉시 수정하여야 한다.

⑫ 과업의 일부를 하도급할 경우 관계법령에 의거 하도급업체 도급액 계약내용 등에 대하여 사전에 발주처의 승인을 받는다.

⑬ 본 과업과 관련 건축・토목・전기・기계 등 기타 관련분야의 설계용역 감독관과 긴밀히 협조하여 그 지시 및 승인에 의한 설계추진에 착오가 없도록 한다.

⑭ 설계자는 본 설계과업을 수행함에 있어 현장을 필히 답사하여 지장물・수목・진입로 등 주변 여건을 설계에 반영한다.

⑮ 용역비는 면적 증가 또는 공사비 증가가 되는 경우 예산의 범위 내에서 추가 지급할 수 있다. 단, 용역비 산출시 부수적으로 산출된 직접경비 및 추정공사비가 감소될 시는 추후 정산할 수 있다.

⑯ 설계자는 각종 심의 및 승인・인가 등에 필요할 시 분야별 기술자를 대동하고 기술적 사항에 대하여 우리 시를 대신하여 질의에 답변하여야 한다.

⑰ 본 과업수행 과정에서 작성되는 각종 도서는 우리 시의 승인을 얻어야 하고, 승인을 받아 작성된 도서라 할지라도 그 내용이 미비, 과오, 기술상 오류 등 결함에 대하여 수급인의 책임은 면제될 수 없으며, 제3자에 의하여 작성된 도서의 용역성과를 첨부하는 경우도 또한 같다.

⑱ 본 과업수행을 위하여 수급인은 다음의 사항을 준수하여야 한다.

- 모든 성과품은 우리 시의 허락 없이 임의로 복사 또는 외부로 유출시켜서는 안 된다.
- 보안이 필요한 작업용 사진은 우리 시에 제출하여야 한다.
- 기타 보안상 하자가 없도록 하여야 하며, 보안사항 불이행으로 발생되는 모든 책임은 수급인이 진다.

⑲ 보고서 앞부분에 분야별 참여기술자가 연대서명 날인하여야 한다.

⑳ 향후 용역 완성 후 우리시에서 설계변경 또는 추가로 설계도서가 필요시 수급자는 이에 적극 협조하여야 하며, 용역비는 추가로 지급하지 않는다.

㉑ 설계예산서 및 단가산출서는 프로그램을 사용 작성하여야 하며, 공사입찰을 위한 디스켓과 CD 사용요청이 있을 경우 협조하여야 한다.

㉒ 주요 자재는 우리시와 사전 협의하여 결정한다.

2) 설계기준의 작성

① 본 과업 수행은 다음의 제 규정에 따른 필요한 설계기준을 작성, 우리시와 협의하여 설계에 적용한다.

- 각종 시방서 및 설계기준
- 한국산업표준규격
- 우리 시에서 제시하는 관련자료 및 설계지침서
- 통신 관련 법령의 기술기준에 적합하게 설계

② 본 과업 수행 중 각종 네트워크장비는 비교 검토하여 기능성, 성능, 유지보수성 등 경제성 등을 종합 고려하여 최적 안을 제시하여야 한다.

(7) 사례조사 및 연계검토

1) 내 용

① 공사와 관련된 각종 법 규정 등을 준수하여 설계하여야 한다.

② 타 시·도의 네트워크장비 설치공사 사례현장을 방문 조사하여 충분히 검토하여 미비점 등을 보완하여 설계하여야 한다.

③ 건축·토목·기계·전기·정보통신 등 분야별 연계되는 사항을 면밀히 검토하여 원활한 시공 및 기능이 유지되도록 설계한다.

(8) 네트워크장비 규격서 작성

1) 네트워크장비의 규격서 작성의 유의사항

① 신규 도입하려는 네트워크장비와 현재 운영중인 네트워크장비와 연계성의 문제점이 무엇인지 검토하고 문제점이 있으면 해결방안을 설계에 반영한다.

② 신규 도입 네트워크장비의 규격은 국산장비를 설계에 반영한다.
③ 신규 도입 네트워크장비의 성능, 특성, 기능, 원격감시 등 특정제품을 설계에 반영 하지 않도록 한다.
④ 단가의 비교와 성능의 비교에서 경제적인 설계가 되도록 한다.

(9) 정보통신분야 공사의 종류별 설계

1) 설계협의

발주처에서 제시하는 기본요소의 제원과 과업지시의 내용 및 각종 자료를 토대로 하여 적합한 용량, 설계도서를 작성하고, 발주기관과 협의하면서 설계를 한다.

2) 설계도면 작성

- 시방서(일반시방서, 특별시방서)
- 배치도(설비의 배치)
- 계통도(정보통신설비별)
- 평면도
- 상세도
- 네트워크장비의 신기술 도입
- 에너지 절감, 유지관리 및 보수의 효율성검토
- 각 시스템 간 호환성검토

3) 정보통신공사 종류별 실시설계

① 구내통신선로설비

구내의 초고속통신망이 되도록 PC와 PC간, 라우터, 허브를 비롯하여 전화설비, 영상과 데이터의 전송이 가능하도록 UTP케이블과 광케이블 혼합 설비 구축

② IP영상설비

IP영상을 이용한 교육과 음향설비를 연결하여 시청각 교육에 필요한 설비와 영상을 활용한 안내방송과 홍보기능

③ 접지설비

네트워크장비, 각종 정보통신시스템, 단자함, 케이블 보호를 위한 접지설비

④ 인터넷 구내전화설비

구내와 외부 간 서로 전화가 될 수 있도록 IP간이교환기를 설치하여 운영

⑤ **네트워크 장비를 활용한 음향설비**

강의실, 대강당, 시청각실, 구내비상방송

(10) 설계도서 작성기준

1) 일반사항

① 단위 및 숫자 : 미터법을 사용하되 mm단위, 숫자는 아라비아 숫자로 표시한다.
② 한글적용을 원칙으로 하되 필요에 따라 영문표기를 부기하고, 약자는 영문에 한해 통상적으로 사용하는 범위 내에서 사용하고 목록란에 명기하여야 한다.
③ 마스터 플랜(master plan)의 실시설계도는 위치 및 크기·방향 등을 정확히 설계하여 부대시설에 정밀을 기하도록 한다.
④ 정보통신설비도면 작성은 KSA 0301 배선용 심벌 및 KSA 0306 통신 심벌에 준하여 작성한다.
⑤ 설계는 통신관련 법규에 적합한 설계여야 한다.
⑥ 과업지시서에 포함되지 않은 사항은 분야별 감독관과 협의 후 설계도서를 작성한다.

2) 공사비 산출

① 설계예산서는 '국가를 당사자로 하는 계약에 관한 법률'에 따른 공사원가계산서를 첨부하여 작성한다.
② 인건비 산출은 정보통신표준품셈에 의하여 산출한다.
③ 공사비 단가적용은 조달청 발행 가격정보지를 우선 적용하고, 가격정보지에 없는 품목은 시중물가자료 2개소 이상을 비교하여 경제적인 것을 선정하며, 가격정보지 및 물가자료에 없는 품목은 2개 업체 이상 견적 처리하여 경제적인 것으로 한다(단가대비표 제출).
④ 노임단가는 통계청이 승인한 건설업 임금실태보고서의 단가를 적용한다.

(11) 설계도서 작성내용과 세부사항

1) 공통분야

- 설계도서
- 네트워크장비 규격서 작성

- 실시설계 설명서
- 공사의 시방서, 공사원가계산서, 내역서(CD 포함), 수량산출조서, 일위대가표 및 견적서, 단가적용 조사서, 소요인력 산출서, 각종 통신장비 시방서 등
- 계통도 및 통신망도 : 네트워크장비와 LAN선로 통신망
- 공정표
- 실시설계 자문회의 및 심의자료 및 각종 협의 신청서류

2) 산출서

- 소모전력 계산서
- LAN(네트워크장비)의 소요회선 수 산출

(12) 계약의 해지

- 과업수행이 불가능하다고 인정될 때
- 발주처의 지시에 불가능하다고 인정될 때
- 과업수행 중 불가피할 경우 본 용역을 일부 또는 전부를 중지할 때
- 계약 내용을 위배할 때

(13) 예정공정표

〈표 1-2〉 예정공정표의 사례

업무순서	소요일정(일)											비고
	10	20	30	40	50	60	70	80	90	100	120	
설계착수	===											
현장조사		===										
설계실행			===	===	===							
중간보고						===						
설계실행							===	===	===	===		
완료보고											===	
설계검수											===	
설계완료											===	

(14) 성과품

〈표 1-3〉 성과품 요구 사례

종 류	규격	수량	단위	형태	비고
실시설계보고서	A4 210×297	10	부	상단철	인쇄(복사)
원도	A4 210×297	각 1	부		트레이싱지 CD
축소원도	A4 210×297	각 1	부		인쇄(복사) CD
공사시방서	A4 210×297	5	부	상단철	인쇄(복사)
설계도면	A4 210×297	10	부	1/2(접이)	청사진
축소도면	A4 210×297	10	부	좌단철	백상지
설계예산서	A4 210×297	5	부		CD
각종 부하계산서	A4 210×297	5	부		CD
물가조사서	A4 210×297	5	부		CD
수량, 단가, 공량, 산출기초	A4 210×297	3	부		CD
소요인력 산출서	A4 210×297	3	부		CD

(15) 설계도서목록

〈표 1-4〉 설계도서목록 사례

구분	종 류	비 고
설계도서목록	○ 표지 ○ 목차 ○ 설계변경사유서(변경설계서에만 작성) ○ 설계설명서 ○ 일반시방서 ○ 특별시방서 ○ 예정공정표 ○ 동원인원계획표 ○ 관급자재표 ○ 공사비증감 대비표(변경설계에서만 작성) ○ 설계예산서 또는 변경설계예산서(내역서) ○ 제경비 계산서 ○ 단가 총괄표(변경설계서만 작성) ○ 일위대가표 ○ 주요자재표 ○ 수량계산서 ○ 산출기초(중기사용료 포함) ○ 설계도면	○ 설계도서 : A4(210×297m) ○ 장기계속공사인 경우 설계예산서를 전체분과 해당 연도 분을 통합하여 작성할 수 있다. ○ 설계도서의 철하는 방법 : 회계내용은 상철, 그 이외는 좌철을 원칙

1-3 용역 발주업무

1. 설계용역 발주업무

(1) 용역의 목적
(2) 용역개요(용역명, 용역비, 용역기간, 입찰방법 등)
(3) 과업범위
  가. 주요 과업의 내용 및 소요비용
  나. 예산집행계획
(4) 용역업자의 선정방법
  가. 입찰방법
  나. 과업수행 계획서(제안서)
  다. 설계제안 입찰의 경우의 제안평가기준 및 방법
(5) 참가자격(입찰에 응할 수 있는 자격, 공동도급의 가능여부와 분야, 대표회사 조건, 책임기술자의 자격 등)
(6) 적격업체 심사기준
(7) 제안서 심사평가반의 구성
(8) 낙찰자 결정
(9) 설계용역과 감리용역의 비용산출 : 산업통상자원부 고시 제2014- 166호의 근거를 준수한다.
  1) 공사비요율에 의한 방식요율 적용방법 : 엔지니어링 사업대가기준 제13조에 따른 통신부문의 요율표 <표 1-5>에 준하여 사업대가를 적용한다.

〈표 1-5〉 엔지니어링 사업대가기준

공사비 \ 요율	업무별 요율(%)			
	기본설계	실시설계	공사감리	계
5천만원 이하	4.09	12.28	2.70	19.07
1억원 이하	3.84	11.55	2.53	17.92
2억원 이하	3.06	9.18	2.02	14.26
3억원 이하	2.79	8.38	1.84	13.01
5억원 이하	2.54	7.59	1.68	11.81
10억원 이하	2.24	6.71	1.48	10.43
20억원 이하	2.07	6.16	1.36	9.59
30억원 이하	1.99	5.95	1.31	9.25
50억원 이하	1.95	5.85	1.29	9.09

100억원 이하	1.89	5.70	1.25	8.84
200억원 이하	1.84	5.53	1.22	8.59
300억원 이하	1.82	5.49	1.21	8.52
500억원 이하	1.80	5.37	1.18	8.35

2) 공사비요율에 의한 방식을 적용하는 기본설계·실시설계 및 공사감리의 업무 범위

① 기본설계 업무 범위

가. 설계개요 및 법령 등 각종 기준검토
나. 예비타당성조사, 타당성 조사 및 기본계획 결과의 검토
다. 설계요강의 결정 및 설계지침의 작성
라. 기본적인 구조물 형식의 비교·검토
마. 적용공법의 비교·검토
바. 기술적 대안 비교·검토
사. 대안별 시설물의 규모, 경제성 및 현장 적용 타당성 검토
아. 기능별 배치검토
자. 개략공사비 및 기본공정표 작성
차. 주요 자재·장비 사용성 검토
카. 설계도서 및 개략 공사시방서 작성
타. 설계설명서 및 계략계산서 작성
파. 기존설계와 관련된 보고서, 복사비 및 인쇄비

② 실시설계 업무 범위

가. 설계 개요 및 법령 등 각종 기준검토
나. 기본설계 결과의 검토
다. 설계요강의 결정 및 설계지침의 작성
라. 설비의 형식 결정 및 설계
마. 적용 공법 결정 및 설계
바. 시설물의 기능별 배치 결정
사. 공사비 및 공사기간 산정
아. 상세공정표의 작성
자. 시방서, 물량내역서, 단가규정 및 구조 및 수리계산서의 작성
차. 실시설계와 관련된 보고서, 복사비 및 인쇄비

③ 공사감리 업무 범위

가. 시공계획 및 공정표 검토
나. 시공도 검토
다. 시공자가 제시하는 시험성과표 검토
라. 공정 및 기성고 사정

마. 시공자가 제시하는 내역서, 구조 및 수리계산서 검토

바. 기성도 및 준공도 검토

3) 요율조정 기준 : 요율은 10%의 범위에 대한 증액 또는 감액할 수 있으나 발주청은 사업대가의 삭감으로 인하여 부실한 설계 및 감리 등이 발생하지 않도록 적정한 대가를 지급

① 기획 및 설계의 난이도

② 비교설계의 유무

③ 도면 기타 자료 작성의 복잡성

④ 제출 자료의 수량 등

4) 대가조정의 제한 : 발주청은 엔지니어링사업자가 엔지니어링사업을 수행함에 있어 새로운 기술 개발 또는 도입된 기술의 개량으로 공사비를 절감한 경우에는 이로 인한 대가는 감액 조정할 수 없다.

1-4 설계용역업무 처리순서

1. 발주처의 설계용역 확인업무

(1) 발주처의 설계용역 감독

계약문서에서 정하는 바에 따라 계약상대자가 수행하여야 할 기본업무, 추가업무, 특별업무의 계약서에 내용을 수행 하는지를 감독 하여야 한다.

(2) 용역업무 수행순서

〈표 1-6〉 설계용역업무 순서

NO	업무 순서	계약자	발주자	영업자
01	설계용역 실시 예산요구		◎	
02	설계용역 예산제안 설명회(의회)		◎	
03	설계용역 예산성립		◎	
04	설계용역 사업시행계획		◎	

05	설계용역 과업지시서 작성		◎	
06	설계용역 입찰공고, 입찰참가		◎	◎
07	설계용역 계약	◎		
08	설계용역 착수보고	◎		
09	설계용역 시행	◎		
10	설계용역 완료보고회(자문위원회)	◎		
11	설계용역 완료		◎	

(3) 정보통신장비 도입 설계용역 업무의 절차

정보통신장비를 도입 하기 위한 설계 용역업무흐름도는 〈표 1-7〉와 같다.

〈표 1-7〉 정보통신장비 도입 설계용역 업무흐름도(기본설계, 실시설계)

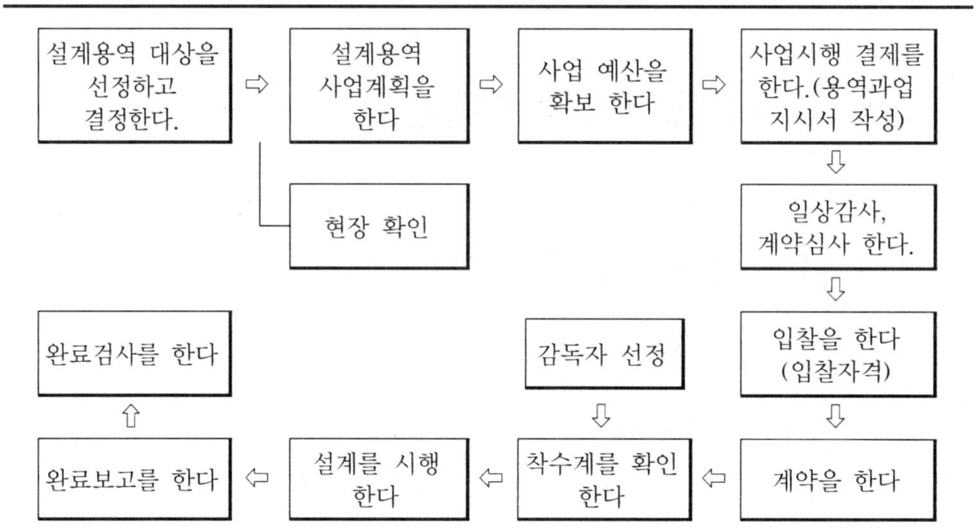

1-5 설계용역과 개발 및 유지보수용역 사업관리

1. 계약문서의 효력

계약문서는 서로 상호보완의 효력을 가지며 산출내역서의 효력 2가지이다.

① 계약금액의 조정 : 기성부분에 대한 대가의 지급시에 적용할 기준으로서 계약문서의 효력을 가진다.
② 계약담당자는 기술용역계약특수조건을 정함에 있어서 명시 : 국가 및 지방자치단체를 당사자로 하는 계약에 관한 법령에서 정한 계약사항과 관련법령에 규정된 계약상대자의 계약상 이익을 부당하게 제한하지 않는 범위 내에서 당해 기술용역계약의 특성상 필요하다고 인정되는 사항에 한하여 명시할 수 있다.
③ 계약당사자간에 행한 통지문서 등은 계약문서로서의 효력을 가진다.

2. 통 지

① 구두에 의한 통지 · 신청 · 요구 · 회신 · 승인 또는 지시는 문서로 보완되어야 효력이 있다.
② 통지 등의 장소 : 계약서에 기재된 주소로 하며 주소를 변경하는 경우에는 이를 즉시 계약당사자에게 통지하여야 한다.
③ 통지 등의 효력 : 계약문서에 따로 정하는 경우를 제외하고는 계약당사자에게 도달한 날부터 발생하며 이 경우 도달일이 공휴일인 경우에는 그 익일부터 효력이 발생한다.
④ 계약당사자는 세약이행중 이 소건 및 관계법령 등에서 정한 바에 따라 서면으로 정당한 요구를 받은 경우에는 이를 성실히 검토하여 회신하여야 한다.

3. 채권양도

① 계약상대자는 이 계약에 의하여 발생한 채권(대금청구권)을 제3자에게 양도할 수 있다.
② 계약담당자는 채권양도와 관련하여 적정한 용역이행목적 등 필요한 경우에는 채권양도를 제한하는 특약을 정하여 운용할 수 있다.

4. 계약보증금

① 계약을 체결하고자 하는 자의 보증금 납부방법

- 계약체결일까지 현금 또는 보증서등으로 계약보증금을 납부하여야 한다.

② 계약보증금의 전부 또는 일부의 납부를 면제받은 경우

- 지방자치단체 세입조치사유가 발생할 때에 계약보증금에 해당하는 금액을 현금으로 납입할 것을 보장하기 위하여 그 지급을 확약하는 내용의 문서(이하 "계약보증금지급각서"라 한다)를 제출하여야 한다.

③ 계약상대자는 다음의 조건에 의하여 계약금액이 증액된 경우

- 상응하는 금액의 계약보증금을 추가로 납부하여야 하고 계약금액이 감액된 경우에는 이에 상응하는 금액의 계약보증금을 반환 청구할 수 있다.

④ 계약담당자는 유가증권이나 현금으로 납부된 계약보증금을 계약상대자가 특별한 사유로 보증서 등으로 대체 납부할 것을 요청한 때에는 등가치 상당액이상으로 대체 납부할 수 있다.

5. 계약보증금의 처리

① 계약상대자가 정당한 이유 없이 계약상의 의무를 이행하지 아니한 때에

- 계약보증금을 지방자치단체에 세입 조치한다.

② 장기계속용역계약에 있어서 계약상대자가 제2차이후의 용역계약을 체결하지 아니한 경우에 이를 준용한다.

③ 계약보증금지급각서를 제출한 경우로서 계약보증금의 지방자치단체 세입조치사유가 발생하여 계약담당자의 납입요청이 있을 때

- 계약상대자는 당해 계약보증금을 지체 없이 현금으로 납부하여야 한다.

6. 용역계약에 있어서의 이행보증

① 계약담당자가 계약이행보증을 요구한 경우 계약상대자는 계약체결 시 다음의 방법 중 하나를 선택하여 계약이행을 보증하여야 한다.

- 계약보증금을 납부하고 당해 계약상의 용역 수행의무이행(장기계속용역인 경우에는 부기한 총 기술용역의 이행을 말한다)을 보증하는 1인 이상의 연대보증인을 세우는 방법
- 연대보증인을 세우지 아니하고 계약보증금을 계약금액의 100분의 20이상으로 납부하는 방법
- 계약보증금을 납부하지 아니하고 용역이행보증서(당해계약상의 의무를 이행할 것을 보증한 기관이 계약상대자를 대신하여 계약상의 의무를 이행하

지 아니하는 경우에는 계약금액의 100분의 30이상을 납부할것을 보증하는 것이어야 한다)를 제출하는 방법

② 연대보증인은 다음에 해당하는 자격을 갖추고 있어야 하며, 계약담당자는 연대보증인의 적격여부를 심사하기 위하여 계약상대자에게 관련 자료의 제출을 요구할 수 있다,
  - 독점규제 및 공정거래에 관한 법률에 의한 계열회사가 아닌 자
  - 입찰참가자격 제한을 받고 그 제한기간 중에 있지 아니한 자
  - 입찰공고 등에서 정한 입찰참가자격과 동등이상의 자격을 갖춘 자
  - 관련법령에서 정한 입찰참가자격 사전심사를 실시하는 경우에는 동 심사 적격점수 이상인 자

③ 계약담당자는 연대보증인으로 된 자가 부적격하다고 인정되는 경우 및 계약체결 후 연대보증인이 그 자격요건을 상실한 때에는 계약상대자에게 연대보증인의 변경을 청구할 수 있다.

④ 기술용역이행보증서의 제출에 따른 보증이행 등에 대하여는 행정자치부예규 「지방자치단체 입찰 및 계약집행기준(이하 "계약집행기준"이라 한다)」을 준용한다.

7. 계약상대자의 근로자

① 계약상대자는 당해 계약의 수행에 필요한 기술과 경험을 가진 근로자를 채용하여야 하며, 근로자의 행위에 대하여 모든 책임을 져야 한다.

② 계약상대자는 계약담당자가 계약상대자가 채용한 근로자에 대하여 당해 계약의 수행상 적당하지 아니하다고 인정하여 이의 교체를 요구할 때에는 즉시 교체하여야 하며, 계약담당자의 승인없이는 교체된 근로자를 당해 계약의 수행을 위하여 다시 채용할 수 없다.

③ 계약상대자는 당해 계약의 이행을 위하여 채용한 근로자에 대하여 최저임금법 과 근로기준법를 준수하여야 한다.

8. 감 독

① 발주기관은 기술용역의 수행과정이나 계약이행상황을 감독하여야한다.

② 계약자는 용역수행 중에 부득이한 사유가 있는 경우에는 발주청의 동의를 얻어 제안서에 명기한 기술자를 동등 이상의 경력과 자격을 갖춘 자로 교체할 수 있다.

③ 용역감독자는 계약자로 하여금 [서식 1-1] 과업일보 에 의한 과업일보를 매일 작성하도록 하고, 이를 확인하고 제안서에 명기한 기술자가 용역에 참여하고 있는지 여부를 수시로 확인 하여야 한다.

[서식 1-1]

설계 과업 일보

책임기술자 : (인)

일 자	20 . . . 날씨		착 공 일		
작성자			준공예정일		
인력 투입 현황	기술자명	전일까지	금 일	누계	특기사항
과업 수행 내용	※ 각 분야별로 진행과정 및 상황을 파악할 수 있도록 작성 다만, 지면 부족시는 별도 첨부				

210mm×297mm(일반용지60g/㎡(재활용품))

9. 기술용역의 착수 및 보고

① 용역의 착수 : 계약상대자는 계약문서에서 정하는 바에 따라 기술용역을 착수하여야 하며, 착수시에는 관련법령에서 정한 서류 및 다음의 사항이 포함된 실시설계착수 신고서 [서식 1-2]를 발주기관에 제출하여야 한다.

[서식 1-2]

설계 용역 착수신고서

용역명 :
계약 금액 :
계약 년월일 :
착공 년월일 :
준공기한 :

상기와 같이 착수하였기 착수보고서를 제출합니다.

첨 부 :
1) 기술용역 공정예정표
2) 인력 및 장비투입계획서
3) 책임기술자의 선임계·이력서 및 기술자 면허수첩 사본 1부.
4) 그 밖에 계약담당자가 지정한 사항

20 년 월 일
주 소 :
회 사 명 :
대표성명 : (인)

210mm×297mm(보존용지(1종) 70g/㎡)

- 기술용역 공정예정표
- 인력 및 장비투입계획서
- 그 밖에 계약담당자가 지정한 사항

② 계약상대자는 계약의 이행중에 과업내용의 변경 등으로 인하여 제출한 서류의 변경이 필요한 때에는 관련서류를 변경하여 제출하여야 한다.

③ 계약담당자는 제출된 서류의 내용을 조정할 필요가 있다고 인정될 경우에는 계약상대자에게 이의 조정을 요구할 수 있다.

④ 계약담당자는 기술용역의 전부 또는 일부의 진행이 지연되어 소정의 기간 내에 수행이 불가능하다고 인정되는 경우에는 주간공정현황을 제출토록 하는 등 계약상대자에게 필요한 조치를 할 수 있다.

10. 용역보고

① 발주기관은 용역착수 30일 이내 용역착수보고회와 용역과업 수행과정에서 용역중간보고회를 개최하고, 용역이 완료된 경우에는 용역최종보고회를 개최하여야 한다.

[서식 1-3]

설계용역 보고서

용역일 :
착공일 :
준공일 :

분야	직책	자격종목 및 등록번호	생년월일	회사내 직 위	성 명	서 명	용역과업 수행내용	참여 기간

확인자(감독자) : (인)

※ 작성요령

- 분 야 : 1. 엔지니어링기술진흥법시행규칙 제2조 관련 별지 제1호서식인 “엔지니어링사업자신고서” 기술사법에 따른 정보통신기술사사무소의 정보통신분야
  2. 별도 책임기술자로 하여금 수행할 시는 공사명으로 분야를 기재
- 직 책 : 분야별에서 수행시의 책임성 정도로서 사업책임기술자(PM), 책임기술자(분야) 참여기술자로만 분류
- 자격종목 : 국가기술자격법상의 자격을 기재하고 하단에 등록번호를 기재
- 수행내용기재 : 분야별 책임기술자 중심으로 주요장비에 대하여 수행한 업무를 파악할 수 있도록 기재

② 용역수행자는 용역보고회에서 제시된 의견에 대한 조치결과를 준공 이전까지 발주기관에 보고하여야 한다.

③ 용역보고서의 제출

- 계약자는 과업수행이 완료되면 과업지시서에 따라 용역보고서를 작성·제출하여야 하며, 용역보고서에는 [서식 1-3]를 작성하여 참여기술자별 세부 과업수행분야를 명시하여야 한다.
- 용역보고서에 인용자료를 수록할 경우에는 반드시 자료의 출처를 각주 등의 방법으로 명시하여야 한다.

11. 휴일 및 야간작업

① 계약상대자는 계약문서에서 별도로 규정하고 있지 아니하는 한 계약담당자의 필요에 의한 경우를 제외하고는 계약담당자의 승인 없이 휴일 또는 야간작업을 할 수 없다.

② 계약상대자는 계약담당자의 승인을 얻어 휴일 또는 야간작업을 하는 경우에는 그로 인한 추가비용을 청구할 수 없다. 다만, 계약담당자의 기간 단축 지시 및 발주기관의 부득이한 사유로 인하여 휴일 또는 야간작업을 지시하였을 때에는 그러하지 아니하다.

12. 물가변동으로 인한 계약금액의 조정

① 물가변동으로 인한 계약금액의 조정은 국가를 당사자로 하는 계약에 관한 법률, 시행령, 시행규칙(지방자치단체를 당사자로하는계약에 관한 법률 시행령 제73조 및 시행규칙 제72조)의 규정에 의한 바에 의한다.

② 동일한 계약에 대한 계약금액의 조정시 품목조정율 및 지수조정율을 동시에 적용하여서는 아니 되며, 계약을 체결할 때에 계약상대자가 지수조정율 방법을 원하는 경우 외에는 품목 조정율 방법으로 계약금액을 조정하도록 계약서에 명시하여야 한다.

③ 계약금액을 증액하는 경우

- 계약상대자의 청구에 의하여야 하며,
- 조정된 계약금액은 직전의 물가변동으로 인한 계약금액조정 기준일부터 90일이내에 이를 다시 조정할 수 없다.
- 다만, 천재·지변 또는 원자재의 가격급등으로 당해 기간내에 계약금액을 조정하지 아니하고는 계약이행이 곤란하다고 인정되는 경우에는 계약을 체결한 날 또는 직전 조정기준일로부터 90일이내에도 계약금액을 조정할 수 있다.

④ 계약상대자는 계약금액의 증액을 청구하는 경우에는 계약금액조정내역서를 첨부하여야 한다.

⑤ 발주기관은 계약금액을 증액하는 경우

- 계약상대자의 청구를 받은 날부터 30일 이내에 계약금액을 조정하여야 한다.
- 예산배정의 지연 등 불가피한 경우에는 계약상대자와 협의하여 그 조정기간을 연장할 수 있으며 계약금액을 증액할 수 있는 예산이 없는 때에는 업무량 등을 조정하여 그 대가를 지급할 수 있다

⑥ 계약담당자는 계약상대자의 계약금액조정 청구내용이 부당함을 발견한 때에는 지체 없이 필요한 보완요구 등의 조치를 하여야 한다. 이 경우 계약상대자가 보완요구 등의 조치를 통보받은 날부터 발주기관이 그 보완을 완료한 사실을 통지받은 날까지의 기간은 계약금액을 조정 기간에 산입하지 아니한다.

13. 과업내용의 변경

① 계약담당자는 계약의 목적상 필요하다고 인정될 경우에는 다음의 과업내용을 계약상대자에게 지시할 수 있다.

- 추가업무 및 특별업무의 수행
- 기술용역공정계획의 변경
- 특정용역항목의 삭제 또는 감소

② 과업내용의 변경은 그 변경이 필요한 부분의 이행 전에 완료하여야 한다. 계약담당자는 계약이행의 지연으로 품질저하가 우려되는 등 긴급하게 용역을 수행하여야 할 필요가 있을 때에는 계약상대자와 협의하여 그 변경시기 등을 명확히 정하고, 과업내용의 변경을 완료하기 전에 우선용역을 이행하게 할 수 있다.

③ 계약상대자는 계약의 기본방침에 대한 변동 없이 과업내용서상의 용역항목을 변경함으로써 발주기관에 유리하다고 판단될 경우에는 변경 제안을 할 수 있다. 계약담당자는 제안요청을 받은 날로부터 14일 이내에 그에 대한 승인여부를 계약상대자에게 통지하여야 한다.

④ 과업내용의 변경을 지시하거나 승인한 경우에 계약금액조정은 국가를 당사자로 하는 계약에 관한 법률, 시행령, 시행규칙(국가 및 지방자치단체를 당사자로하는계약에 관한 법률 시행령)의 규정을 준용한다.

⑤ 발주기관은 계약금액을 조정하는 경우에는 계약상대자의 계약금액 청구를 받은 날로부터 30일 이내에 계약금액을 조정하여야 한다. 예산배정의 지연 등 불가피한 경우에는 계약상대자와 협의하여 그 조정기한을 연기할 수 있으며, 계약금액을 조정할 수 있는 예산이 없는 때에는 업무량 등을 조정하

여 그 대가를 지급할 수 있다.

⑥ 계약담당자는 계약상대자의 계약금액조정 청구내용이 부당함을 발견한 때에는 지체없이 필요한 보완요구 등의 조치를 하여야 한다. 이 경우 계약상대자가 보완요구 등의 조치를 통보받은 날부터 발주기관이 그 보완을 완료한 사실을 통지받은 날까지의 기간은 조정 기간에 산입하지 아니한다.

14. 그 밖에 계약내용의 변경으로 인한 계약금액의 조정

① 계약담당자는 용역계약에 있어서 계약내용의 변경으로 인하여 계약금액을 조정할 필요가 있는 경우에는 그 변경된 내용에 따라 실비를 초과하지 아니하는 범위안에서 이를 조정한다.

② 계약금액조정의 경우에는 계약상대자의 계약금액 청구를 받은 날로부터 30일 이내에 계약금액을 조정하여야 한다.

15. 지체상금

① 계약상대자는 계약서에 정한 용역수행기한내에 기술용역을 완성하지 아니한 때에는 매 지체일수마다 계약서에 정한 지체상금율에 계약금액을 곱하여 산출한 금액(이하 "지체상금"이라 한다)을 현금으로 납부하여야 한다.

② 계약담당자는 용역수행기한내에 기술용역을 완성하지 아니하여 지체상금 대상의 경우에 기성부분을 인수(인수하지 아니하고 관리·사용하고 있는 경우를 포함한다. 이하 이 조에서 같다)한 때에는 그 부분에 상당하는 금액을 계약금액에서 공제한다. 이 경우 기성부분의 인수는 그 성질상 분할할 수 있는 용역에 대한 완성부분으로 인수하는 것에 한한다.

③ 계약담당자는 다음의 어느 하나에 해당되어 용역수행이 지체되었다고 인정할 때에는 그 해당일수를 지체일수에 산입 하지 아니한다.

- 불가항력의 사유에 의한 경우
- 발주기관의 책임으로 기술용역 착수가 지연되거나 기술용역 수행이 중단되었을 경우
- 계약상대자의 부도 등으로 연대보증인이 보증이행을 할 경우
- 계약상대자의 부도 등으로 보증기관이 보증이행업체를 지정하여 보증 이행할 경우
- 계약상대자의 책임에 속하지 않는 사유로 인하여 지체된 경우

④ 계약상대자의 부도 등으로 연대보증인이 보증이행을 할 경우에 의하여 지체일수에 산입하지 아니하는 기간

- 부도 등이 확정된 날부터 보증이행을 지시한 날까지

- 계약상대자의 부도 등으로 보증기관이 보증이행업체를 지정하여 보증 이행할 경우에 의하여 지체일수에 산입하지 아니하는 기간은 발주기간으로부터 보증채무이행청구서를 접수한 날부터 보증이행개시일 전일까지(단, 30일 이내에 한한다)로 한다.

⑤ 계약담당자는 용역수행 기한 내에 기술용역을 완성하지 아니한 지체일수를 다음에 따라 산정하여야 한다.

- 용역수행 기간 내에 용역목적물 또는 용역완료보고서를 제출한 때
  - 검사에 소요된 기간은 지체일수에 산입 하지 아니한다.
  - 용역수행기간 이후에 시정조치를 한 때에는 시정조치를 한 날 부터 최종검사에 합격한 날까지의 기간을 지체일수에 산입 한다.
- 용역수행기간을 경과하여 용역목적물 또는 용역완료보고서를 제출한 때, 용역수행기한 익일부터 검사(시정조치를 한 때에는 최종검사)에 합격한 날까지의 기간을 지체일수에 산입 한다.

⑥ 계약담당자는 지체일수에 산출된 지체상금을 계약상대자에게 지급될 대가, 대가지급 지연에 대한이자 또는 그 밖에 예치금 등과 상계할 수 있다.

15. 계약기간의 연장

① 계약상대자는 용역수행이 지체의 다음의 어느 하나의 사유가 계약기간 내에 발생한 경우에는 지체 없이 계약담당자에게 서면으로 계약기간의 연장을 청구하여야 한다.

② 계약담당자는 용역수행이 지체에 의한 계약기간 연장신청이 접수된 때에는 즉시 그 사실을 조사 확인하고 당해용역이 적절히 이행될 수 있도록 계약기간의 연장 등 필요한 조치를 하여야 한다.

③ 계약담당자는 용역수행 지체 연장청구를 승인하였을 경우 동 연장기간에 대하여는 지체상금을 부과하여서는 아니 된다.

④ 용역수행이 지체에 의한 계약기간 연장기간을 연장한 경우에는 그 변경된 내용에 따라 실비를 초과하지 아니하는 범위안에서 계약금액을 조정한다. 계약상대자의 부도 등으로 연대보증인이 보증이행을 할 경우 및 계약상대자의 부도 등으로 보증기관이 보증이행업체를 지정하여 보증 이행할 경우의 사유에 의한 경우에는 그러하지 아니한다.

⑤ 계약담당자는 계약상대자의 의무불이행으로 인하여 발생한 지체상금이 계약보증금 상당액에 달한 경우로서 계약목적물이 국가정책사업 대상이거나 계약의 이행이 노사분규 등 불가피한 사유로 인하여 지연된 때에는 계약기간을 연장할 수 있다.

⑥ 노분규 등 불가피한 사유로 인하여 지연된 때에 계약기간의 연장은 제체상

금이 계약보증금 상당액에 달한 때에 하여야 하며, 연장된 계약기간에 대하여는 지체상금을 부과하여서는 아니 된다.

16. 검 사

① 계약상대자는 기술용역을 완성하였을 때에는 그 사실을 서면으로 계약담당자에게 통지하고 필요한 검사를 받아야 한다. 기성부분에 대하여 완성전에 대가의 전부 또는 일부를 지급받고자 할 때에도 또한 같다.
② 계약담당자는 기술용역을 완성하였을 때에는 그 사실을 서면의 통지를 받은 때에는 계약서 그 밖에 관계서류에 의하여 통지를 받은 날부터 14일이내에 계약상대자의 입회하에 그 이행을 확인하기 위한 검사를 하여야 한다.
③ 계약담당자는 검사에 있어서 계약상대자의 계약이행내용의 전부 또는 일부가 계약에 위반되거나 부당함을 발견한 때에는 필요한 시정조치를 하여야 한다.
④ 계약이행내용의 전부 또는 일부가 계약에 위반의 경우에 계약이행기간이 연장될 때에는 계약담당자는 지체상금을 부과하여야 한다.
⑤ 계약상대자는 제2항의 규정에 의한 검사에 입회・협력하여야 한다.
⑥ 계약담당자는 검사를 완료한 때에는 그 결과를 지체없이 계약상대자에게 통지하여야 한다. 이 경우 계약상대자는 검사에 대한 이의가 있을 때에는 재검사를 요청할 수 있으며, 계약담당자는 필요한 조치를 하여야 한다.

17. 인 수

계약담당자는 기술용역의 완성을 확인한 후 계약상대자가 서면으로 인수를 요청하였을 때에는 즉시 당해 기술용역 목적물을 인수하여야 한다.

18. 기성부분의 인수

계약담당자는 전체 계약목적물이 아닌 기성부분(성질상 분할할 수 있는 용역에 대한 완성부분에 한한다)에 대하여 이를 인수할 수 있다.

19. 일반적 손해

① 계약상대자는 계약의 수행 중 기술용역 목적물 및 제3자에 대한 손해를 부

담하여야 하고 계약상대자의 책임 없는 사유로 인하여 발생한 경우에는 발주기관의 부담으로 한다.

② 인수한 계약목적물에 대한 손해는 발주기관이 부담하여야 한다.

20. 불가항력

① 불가항력이라 함은 태풍, 홍수 그 밖에 악천후, 전쟁 또는 사변, 지진, 화재, 전염병, 폭동 그 밖에 계약당사자의 통제범위를 초월하는 사태의 발생 등의 사유로 인하여 계약당사자 누구의 책임에도 속하지 아니하는 경우를 말한다.

② 불가항력의 사유로 인하여 발생한 손해는 발주기관이 부담하여야 한다.

- 검사를 필한 기성부분
- 검사를 필하지 아니한 부분 중 객관적인 자료(감독일지, 사진 또는 비디오테이프 등)에 의하여 이미 수행되었음이 판명된 부분

③ 계약상대자는 손해가 발행하였을 때에는 지체 없이 그 사실을 계약담당자에게 통지하여야 하며, 계약담당자는 통지를 받았을 때에는 즉시 그 사실을 조사하고 그 손해의 상황을 확인한 후 그 결과를 계약상대자에게 통지하여야 한다.

④ 계약담당자는 손해의 상황을 확인하였을 때에는 별도의 약정이 없는 한 기술용역금액의 변경 또는 손해액의 부담 등 필요한 조치를 계약상대자와 협의하여 이를 결정한다.

21. 특허권의 사용

기술용역의 수행에 제3자의 권리의 대상으로 되어 있는 특허권 등을 사용할 때에는 계약상대자는 그 사용에 관한 일체의 책임을 져야 한다. 그러나 발주기관이 계약문서에 수행방법을 지정하지 아니하고 그 수행 또는 적용을 요구할 때에는 계약상대자에 대하여 제반편의를 제공, 알선하거나 소요비용을 지급할 수 있다.

22. 기성대가의 지급

① 계약상대자는 적어도 30일마다 검사를 완료하는 날까지 기성부분에 대한 대가지급청구서를 발주기관에 제출할 수 있다.

② 계약담당자는 검사완료일부터 7일 이내에 검사된 내용에 따라 기성대가를 확정하여 계약상대자에게 지급하여야 한다. 다만, 계약상대자가 검사완료일 후 대가의 지급을 청구한 때에는 그 청구를 받은 날로부터 7일 이내에 지급하여야 한다.
③ 계약담당자는 청구서의 기재사항이 검사된 내용과 일치하지 아니할 때에는 그 사유를 명시하여 계약상대자에게 이의 시정을 요구하여야한다.
④ 기성대가는 계약단가에 의하여 산정 지급한다.

23. 대가의 지급

① 계약상대자는 기술용역을 완성한 후 검사에 합격한 때에는 소정의 절차에 따라 대가지급을 청구할 수 있다.
② 계약담당자는 대가지급의 청구를 받은 때에는 그 청구를 받은 날로부터 14일 이내에 그 대가를 지급한다. 이 경우 계약당사자와의 합의에 의하여 14일을 초과하지 아니하는 범위 안에서 대가의 지급기간을 연장할 수 있는 특약을 정할 수 있다.
③ 천재, 지변 등 불가항력적인 사유로 인하여 대가를 지급할 수 없게 된 경우에는 당해 사유가 존속되는 기간과 당해 사유가 소멸된 날로부터 3일까지는 대가의 지급을 연장할 수 있다.
④ 계약담당자는 청구를 받은 후 그 청구내용의 전부 또는 일부가 부당함을 발견한 때에는 그 사유를 명시하여 계약상대자에게 당해 청구서를 반송할 수 있다.

24. 계약상대자에 의한 계약의 해제 또는 해지

계약상대자는 다음의 사유가 발생한 경우에는 당해 계약을 해제 또는 해지할 수 있다.

① 계약내용을 변경함으로써 계약금액이 100분의 40이상 감소되었을 때
② 용역수행 정지기간이 계약기간의 100분의 50을 초과하였을 경우

25. 기술용역의 일시정지

① 계약담당자는 다음의 경우에는 기술용역의 전부 또는 일부의 수행을 정지시킬 수 있다. 이 경우 계약상대자는 정지기간 중 선량한 관리자의 주의의

무를 해태하여서는 아니된다.

- 기술용역의 수행이 계약내용과 일치하지 아니하는 경우
- 기술용역의 전부 또는 일부의 안전을 위하여 정지가 필요한 경우
- 그 밖에 발주기관의 필요에 의하여 계약담당자가 지시한 경우

② 계약담당자는 기술용역을 정지시킨 경우에는 지체 없이 계약상대자에게 정지사유 및 정지기간을 통지하여야 한다.

③ 기술용역을 정지시킨 경우 계약상대자는 계약기간의 연장 또는 추가금액을 청구할 수 없다. 다만, 계약상대자의 책임있는 사유로 인한 정지가 아닌 때에는 그러하지 아니한다.

④ 발주기관의 책임 있는 사유에 의한 용역정지 기간(각각의 사유로 인한 정지기간을 합산하며, 장기계속계약의 경우에는 당해 차수내의 정지기간을 말함)이 60일을 초과한 경우 발주기관은 그 초과된 기간에 대하여 잔여계약금액(용역정지기간이 60일을 초과하는 날 현재의 잔여계약금액을 기준으로 함)에 초과일수 매 1일마다 시중은행 일반자금 대출금리를 곱하여 산출한 금액을 준공대가 지급시 계약상대자에게 지급하여야 한다.

26. 계약상대자의 기술용역정지

① 계약상대자는 발주기관이 지방자치단체를 당사자로 하는 계약에 관한 법령과 계약문서 등에서 정하고 있는 계약상의 의무를 이행하지 아니하는 때에는 발주기관에 계약상의 의무이행을 서면으로 요청할 수 있다.

② 계약담당자는 계약상대자의 통지를 받은 날로부터 14일 이내에 이행계획을 서면으로 계약상대자에게 통지하여야 한다.

③ 계약상대자는 계약담당자가 기간 내에 통지를 하지 않거나 계약상의 의무이행을 거부하는 때에는 당해기간이 경과한 날 또는 의무이행을 거부한 날부터 용역의 전부 또는 일부의 이행을 정지할 수 있다.

④ 계약담당자는 정지된 기간에 대하여는 계약기간을 연장하여야 한다.

27. 기술용역계약에 있어서의 이행보험

① 계약담당자는 계약상대자가 연대보증인 또는 보증기관에 대하여 당해 기술용역을 완성할 것을 청구할 수 있다.

② 청구가 있을 때에는 연대보증인 또는 보증기관은 지체없이 그 보증의무를 이행하여야 한다. 다만, 보증기관은 보증이행업체를 지정하여 보증의무를 이행하는 대신 기술용역이행보증서에 정한 금액을 현금으로 발주기관에 납부함으로써 보증의무이행에 갈음할 수 있다.

③ 당해 계약을 이행하는 연대보증인 또는 보증기관은 계약금액 중 보증이행 부분에 상당하는 금액을 발주기관에 직접 청구할 수 있는 권리를 가지며 계약상대자는 연대보증인 또는 보증기관의 보증이행부분에 상당하는 금액을 청구할 수 있는 권리를 상실한다.
④ 계약담당자는 연대보증인이 청구를 받고 보증의무를 이행하지 아니한 경우에는 계약상대자와 동일한 제재조치를 취할 수 있다.
⑤ 기술용역이행보증서 제출에 따른 보증의무이행에 대하여는 계약집행기준을 준용한다.

28. 기술지식의 이용 및 비밀엄수의무

① 발주기관은 계약서상의 규정에 의하여 계약상대자가 제출하는 각종보고서, 정보, 그 밖의 자료 및 이에 의하여 얻은 기술지식의 전부 또는 일부를 계약상대자의 승인을 얻어 발주기관의 이익을 위하여 복사, 이용 또는 공개할 수 있다.
② 계약상대자는 당해계약을 통하여 얻은 정보 또는 지방자치단체의 기밀사항을 계약이행의 전후를 막론하고 외부에 누설할 수 없다.
③ 계약상대자는 기술용역을 수행함에 있어 제반 문제점, 이에 대한 해소방안 등을 문서로 작성, 비치하여야 하며, 발주기관의 제출요구가 있을 경우에는 이에 응하여야 한다.

29. 분쟁의 해결

① 계약의 수행 중 계약당사자간에 발생하는 분쟁은 협의에 의하여 해결한다.
② 협의가 이루어지지 아니할 때에는 법원의 판결 또는 중재법에 의한 중재에 의하여 해결한다.
③ 계약상대자는 분쟁기간 중 용역의 수행을 중지하여서는 아니 된다.

30. 기술용역 관련 자료의 제출

계약담당자는 필요하다고 인정할 경우 계약상대자에게 산출내역서의 기초가 되는 단가산출서등의 제출을 요구할 수 있으며 이 경우 계약상대자는 이에 응하여야 한다.

31. 적격심사 관련사항 이행

① 용역을 수행함에 있어 계약상대자는 행정자치부예규 「지방자치단체 적격심사기준」 및 「국가 및 지방자치단체 기술용역 적격심사세부기준」(발주기관의 장이 직접 적격심사기준을 작성한 경우에는 동 심사기준) 심사항목에 규정된 사항에 대하여 적격심사 당시 제출한 내용대로 철저하게 이행하여야 한다.
② 계약담당자는 용역 적격심사기준 적격심사 당시 제출한 내용대로 이행하고 있는지 이행사항을 수시로 확인하여야 하며, 제출된 내용대로 이행이 되지 않고 있을 때에는 즉시 시정토록 조치하여야 한다.

32. 용역의 평가

① 설계부실을 방지하기 위하여 필요하다고 인정하는 경우에는 주요 구조물을 포함하는 기본설계 또는 실시설계용역에 대하여 평가를 할 수 있다.
② 설계평가는 5인 이상의 관계공무원(발주청 소속 직원을 포함한다) 및 전문가로 구성하는 평가단에서 실시한다. 이 경우 전문가 3인 이상이 포함되어야 한다.

1-6 정보통신장비 도입 구매사업 평가

1. 정보통신장비 도입 구매사업 평가내용

(1) 필요성의 조사

통신장비가 왜 필요한지를 건축물 운영자, 각 기능실의 운영자 의견수렴, 윤영자를 중심으로 조사를 하였는가?

(2) 문제의 인식

문제의 원인을 파악하고 어느 정도의 문제점이 있는지 그 규모와 범위를 설정하고 어떤 방법으로 문제를 해결 할 것인지 목표를 수립한다.

(3) 도입의지 조사

도입 담당자가 도입을 하여야 하는 결정이 있고 기관의 최고 경영자가 예산지원과 도입에 긍정적이고 사용할 구성원들이 도입을 원하고 있는지를 조사한다.

(4) 정보통신장비 도입 계획의 적정성 평가

신기술적용의 장비생산 실태 조사, 현장에 적합한 장비가 개발되어 시판 되는지 개발 판매 조사, 타 현장에 설치하여 운영과정의 문제점 여부 조사, 사용자의 인원 현황 조사, 정책과 관련성이 있는지 조사, 도입후의 효과 조사를 한다.

(5) 정보수집

1) 도입과정

장비를 개발 생산하는 업계의 정보, 장비에 관련한 각종 법규의 정보수집, 업무와 연관된 효율적인 분야는 무엇인지, 신기술의 적용에 따른 문제점, 특허와 저작권에 침해에 대한 정보를 수집한다.

2) 도입 이후

유지보수비용의 과다청수 사례, 장비의 프로그램 업그레이드에 따른 비용청구 범위, 도입 이후 개발자가 타 기업체로 이동시 유지보수에 어떤 어려움이 있는지 대한 정보수집 등을 실시한다.

(6) 장비에 대한 기술이해 능력

도입하고자하는 신규장비의 기본적인 기능, 장비의 전기적인 특성과 성능, 개발과정의 적용기술, 운영자 알고 있어야 하는 기술, 운영자의 조작에 필요한기본적인 기술 등 도입 이후에 운영할 능력이 되어야 효율적인 운영이 될 수 있다.

(7) 운영자 교육 지원 확인

신규 장비에 대한 운영자의 교육을 지원 범위와 일정, 일일 점검요령, 점검을 통한 장애예방 방법, 장애가 발생하면 신속하게 처리하는 방법, 장비의 운영 매뉴얼 이해 등 운영자 교육 지원에 대한 확인이 되어야한다.

2. 도입비용의 산정의 적정성 평가

(1) 프로그램적용 구매가격

정보통신장비는 응용 소프트웨어, 시스템 소프트웨어 등 운용에 필요한 여러 가지의 프로그램이 적용이 되는데 어떤 프로그램들을 적용하여 개발이 되었으며 그 프로그램의 구입비용과 프로그램의 사용기간 등 도입 이후에 지출되는 비용의 계산을 산정되었는지 확인한다.

(2) 장비규모에 따른 구매가격

도입하려는 장비의 용량, 회선수, 실장 카드 수량, 처리속도, 확장성, 예비율 등 장비의 규모에 따른 비용산정을 확인한다.

(3) 장비의 신뢰성과 개발기간에 따른 구매가격

장비에는 소프트웨어 프로그램을 내장하기 때문에 정확성, 견고성, 호환성, 안전성, 정확성의 신뢰성이 있도록 개발된 장비 여부에 따라 개발 회사가 가격을 결정하지만 개발된 프로그램이 대량 생산이 되는 경우는 초기 생산된 장비 가격보다 낮아지는 경우가 많이 있어 도입시기의 조절이 필요하다.

3. 정보통신장비 속성의 평가 사항

(1) 프로그램의 속성의 평가

- 소프트웨어의 신뢰도
- 데이터베이스의 크기
- 프로그램의 복잡도
- 응답시간

(2) 주장치의 속성의 평가

- 실행시간
- 주기억장치의 처리
- 주장치의 안정성

- 프로그래밍 언어
- 데이터의 복구성

(3) 주장치의 기능적 속성의 평가

- 실현 하는 기능의 안정성
- 기능의 체계성
- 기능의 정확성

(4) 외부 변화의 속성의 평가

- 전압변동에 민감성
- 전원공급의 단절시 복구성
- 장비의 다운 발생시 복구성
- 내부열 발생에 따른 안정성
- 외부 환경에 따른 가동성(온도, 습도, 먼지 등)

제 2 장

정보통신장비 도입 설계업무

2-1 정보통신장비 도입 설계

1. 정보통신공사업법시행령에서 설계대상

(1) 설계대상인 공사의 범위

1) 정보통신공사업법 시행령제6조(설계대상인 공사의 범위)

① 정보통신공사업법 제7조에 따라 용역업자에게 설계를 발주하여야 하는 공사는 다음 각 호의 어느 하나에 해당하는 공사를 제외한 공사로 한다.
  1. 정보통신공사업법시행령제4조에 따른 경미한 공사
  2. 천재・지변 또는 비상재해로 인한 긴급복구공사 및 그 부대공사
  3. 정보통신공사업법시행령[별표 1]에 따른 통신구설비공사
  4. 기존 설비를 대・개체하는 공사로서 설계도면의 새로운 작성이 불필요한 공사

② 다음의 어느 하나에 해당하는 공사로서 정보통신공사업법시행령[별표 6]에 따른 기술계 정보통신기술자인 발주자의 소속직원이 관계법령에 따라 설계하는 공사의 경우
  1. 국방 및 국가안보 등과 관련하여 기밀유지가 요구되는 공사
  2. 다음 각 목의 어느 하나에 해당하는 기관이 시행하는 공사
    가. 국가 및 지방자치단체
    나. 「지방공기업법」에 따른 지방공사
    다. 그 밖에 정보통신 관련 공공기관으로서 미래창조과학부장관이 정하

여 고시하는 기관
3. 제1호 및 제2호에 따른 공사 외의 공사로서 총공사금액(도급금액에 발주자가 공급하는 자재비를 포함한 금액을 말한다. 이하 같다)이 1억원 미만인 공사

2. 설계도서 작성자의 자격 규정

(1) 설계발주

- 정보통신공사업법제7조(설계 등)
① 발주자는 용역업자에게 공사의 설계를 발주하여야 한다.
② 제1항에 따라 설계도서를 작성한 자는 그 설계도서에 서명 또는 기명날인하여야 한다.
③ 제1항 및 제2항에 따른 설계 대상인 공사의 범위, 설계도서의 보관, 그 밖에 필요한 사항은 대통령령으로 정한다.

> 정보통신공사업법 제2조(정의) 이 법에서 사용하는 용어의 뜻은 다음과 같다.
> 5. "용역"이란 다른 사람의 위탁을 받아 공사에 관한 조사, 설계, 감리, 사업관리 및 유지관리 등의 역무를 하는 것을 말한다.
> 6. "용역업"이란 용역을 영업으로 하는 것을 말한다.
> 7. "용역업자"란 「엔지니어링산업 진흥법」 제21조제1항에 따라 엔지니어링사업자로 신고하거나 「기술사법」 제6조에 따라 기술사사무소의 개설자로 등록한 자로서 통신·전자·정보처리 등 대통령령으로 정하는 정보통신 관련 분야의 자격을 보유하고 용역업을 경영하는 자를 말한다.

(2) 용역업자의 범위

- 정보통신공사업법제3조(용역업자의 범위) 정보통신공사업법 제2조제7호에서 "대통령령으로 정하는 정보통신 관련 분야"란 정보통신·정보관리·산업계측제어·전자계산기·전자계산조직응용·전자응용 및 철도신호를 말한다.

(3) 설계도서의 작성

- 방송통신발전기본법시행령제20조(설계도서의 작성)
① 방송통신발전기본법 제28조제3항에 따른 설계도서는 다음의 어느 하나에 해당하는 자가 작성하여야 한다.

1. 「엔지니어링산업 진흥법 시행령」 별표 1에 따른 통신·정보처리부문의 엔지니어링사업자
2. 「기술사법」 제6조제1항에 따라 기술사사무소의 개설 등록을 한 기술사로 서 같은 법 시행령 별표 1에 따른 통신정보처리분야의 기술사
3. 「정보통신공사업법 시행령」 별표 6 제1호에 따른 기술계 정보통신기술자

② 미래창조과학부장관은 필요하다고 인정하는 경우에는 제1항제1호에 해당하는 자만이 설계할 수 있는 방송통신설비 설치공사의 범위를 정하여 고시할 수 있다.

(4) 정보통신장비 설치설계 용역업자의 자격

- 엔지니어링산업 진흥법 제2조 용어의 정의
  1. "엔지니어링활동"이란 과학기술의 지식을 응용하여 수행하는 사업이나 시설물에 관한 다음 각 목의 활동을 말한다.
     가. 연구, 기획, 타당성 조사, 설계, 분석, 계약, 구매, 조달, 시험, 감리, 시험운전, 평가, 검사, 안전성 검토, 관리, 매뉴얼 작성, 자문, 지도, 유지 또는 보수
     나. 가목의 활동에 대한 사업관리
     다. 가목 및 나목에 준하는 것으로서 대통령령으로 정하는 활동
  2. "엔지니어링산업"이란 엔지니어링활동을 통하여 경제적 또는 사회적 부가가치를 창출하는 산업을 말한다.
  3. "엔지니어링사업"이란 엔지니어링활동을 수행하는 사업을 말한다.
  4. "엔지니어링사업자"란 엔지니어링활동을 영업의 수단으로 하려는 자로서 제21조에 따라 산업통상자원부장관에게 신고한 자를 말한다.
  5. "엔지니어링기술"이란 엔지니어링활동에 관한 과학기술로서 대통령령으로 정하는 것을 말한다.
  6. "엔지니어링기술자"란 엔지니어링기술에 관하여 「국가기술자격법」에 따른 국가기술자격을 취득한 사람 또는 엔지니어링기술 관련 학력이나 경력을 가진 사람으로서 대통령령으로 정하는 사람을 말한다.
- 엔지니어링산업 진흥법 제21조(엔지니어링사업자의 신고 등) ①엔지니어링활동을 영업의 수단으로 하려는 자는 기술인력 등 대통령령으로 정하는 요건을 갖추고 산업통상자원부장관에게 신고하여야 한다. 이 경우 산업통상자원부장관은 신고한 자에게 산업통상자원부령으로 정하는바에 따라 신고증을 교부하여야 한다.
- 엔지니어링산업 진흥법 시행령 제33조(엔지니어링사업자의 신고 등) ① 엔지니어링산업 진흥법 제21조제1항 전단에 따른 엔지니어링사업자의 신고

요건은 [별표 3]과 같다. ② 엔지니어링산업 진흥법 제21조제2항에서 "대통령령으로 정하는 중요 사항"이란 다음의 사항을 말한다.

1. 상호 또는 명칭
2. 영업소 소재지
3. 대표자
4. 엔지니어링사업의 종류
5. 엔지니어링사업의 전문분야
6. 법 제21조제1항 전단에 따라 신고한 기술인력

[별표 3]

엔지니어링사업자의 신고기준 및 업무범위(엔지니어링산업 진흥법 시행령 제33조 관련)

2011년 5월 1일 이후

엔지니어링사업의 종류	신고기준		업무범위
	기술인력	사무실	
엔지니어링업	별표 2. 제2호가목에 따른 특급기술자 1명 이상을 포함하여 같은 목에 따른 기술계엔지니어링기술자 5명 이상	엔지니어링업을 수행하는 데 필요한 사무실을 보유할 것	엔지니어링활동
엔지니어링컨설팅업	별표 2. 제2호가목에 따른 특급기술자 1명 이상	엔지니어링컨설팅업을 수행하는 데 필요한 사무실을 보유할 것	법 제2조제1호가목에 따른 연구, 기획, 자문, 지도

■ 비 고

- 엔지니어링사업자로 신고하려는 자는 별표 1 제2호에 따른 전문분야별로 위 표에 따른 신고기준을 갖추어야 한다.
- 엔지니어링사업자가 별표 1 제2호에 따른 같은 기술부문에 속하는 전문분야를 추가하여 신고하는 경우에는 해당 전문분야에 속하는 고급기술자 이상인 엔지니어링기술자 1명과 초급기술자 2명의 기술인력을 갖추어 신고할 수 있다.
- 엔지니어링사업자가 별표 2 제2호(2013년 1월 1일부터는 별표 2 제3호)에 따른 기술사를 기술인력으로 신고하는 경우에는 특급기술자 1명과 초급기술자 1명을 신고한 것으로 본다.
- 위 표의 기술인력은 다음의 요건을 모두 갖춘 사람이어야 하며, 「국가기술자격법」에 따라 그 자격이 정지된 사람은 제외한다.
  가) 법 제26조에 따라 신고한 엔지니어링기술자일 것
  나) 해당 기술분야의 별표 2 제2호가목(2013년 1월 1일부터는 별표 2 제3호가목)에 따른 국가기술자격자나 학력자일 것. 이 경우 학력자는 전문대학 이상의 학력을 소지한 자만 해당한다.
  다) 엔지니어링활동을 전담할 것
- 외국인의 경우에는 당사자의 기술자격 또는 학력·경력에 따라 별표 2 제2호(2013년 1월 1일부터는 별표 2 제3호)에 상응하는 자격기준을 가진 것으로 본다.

- 엔지니어링사업자 신고증서식

② 신고를 받은 협회는 [별지 제9호서식]의 엔지니어링사업자 신고증을 신고인에게 발급하여야 한다.

[별지 제9호서식]

엔지니어링산업진흥법 시행규칙제7조제2항

엔지니어링사업자 신고증				
명 칭				
대표자성명		생년월일		
소 재 지		전화번호(FAX, E-mail)		
엔지니어링업	신고번호	제	호	
	기술부문		등	개 부문
	전문분야		등	개 분야
엔지니어링 컨설팅업	신고번호	제	호	
	기술부문		등	개 부문
	전문분야		등	개 분야
신고연월일		년	월	일
「엔지니어링산업 진흥법」 제21조제1항 및 같은 법 시행규칙 제7조에 따라 위와 같이 신고하였음을 증명합니다.				
		년	월	일
			협회장	직인

210㎜×297㎜[보존용지(1종) 120g/㎡]

- 엔지니어링산업 진흥법 시행령 제3조(엔지니어링기술) 법 제2조제5호에 따른 엔지니어링기술은 [별표 1]과 같다.

[별표 1] 엔지니어링기술(제3조 관련)

기술부문	전문분야			
기계부문	1) 일반산업기계	2) 차량	3) 용접	4) 금형
전기부문	1) 전기설비	2) 전기전자응용		
정보통신부문	1) 정보통신	2) 정보관리	3) 철도신호	

- 엔지니어링산업 진흥법시행규칙 제13조(엔지니어링기술자의 신고) ① 법 제26조제1항에 따라 엔지니어링기술자 경력 등을 신고하려는 자는 별지 제13호서식의 엔지니어링기술자 경력신고서에 다음 각 호의 서류(전자문서를 포함한다)를 첨부하여 협회에 제출하여야 한다.
  1. 국가기술자격증 사본 1부(해당자만 제출한다)
  2. 졸업증명서 1부(해당자만 제출한다)
  3. 경력을 증명할 수 있는 다음 각 목의 어느 하나에 해당하는 서류(해당자만 제출한다)
     가. 별지 제14호서식의 엔지니어링기술자 경력확인서[사용자(대표자)나 발주자의 확인을 받은 것이어야 한다] 및 해당 경력사항을 증명할 수 있는 서류
     나. 「건설기술관리법」 등 다른 법령에 따라 행정기관이나 수탁기관이 발급한 경력증명서
  4. 교육 · 훈련사항 및 상훈을 증명할 수 있는 서류(해당자만 제출한다)

  ② 법 제26조제1항에 따라 엔지니어링기술자 경력 등의 변경신고를 하려는 자는 별지 제15호서식의 엔지니어링기술자 경력 변경신고서에 제1항 각 호의 서류(전자문서를 포함한다)를 첨부하여 협회에 제출하여야 한다.
- 엔지니어링산업 진흥법시행규칙 제14조(엔지니어링기술경력 증명 등) ① 법 제26조제3항에 따라 엔지니어링기술자의 근무경력 등에 관한 증명서(이하 "엔지니어링기술경력증"이라 한다)를 발급받으려는 엔지니어링기술자는 별지 제16호서식의 엔지니어링기술경력증 발급 신청서에 사진을 첨부하여 협회에 제출하여야 한다. ② 제1항에 따른 신청서를 받은 협회는 [별지 제17호서식]의 엔지니어링기술경력증을 신청인에게 발급하여야 한다.
- 엔지니어링기술자등급 : 엔지니어링산업 진흥법 시행령 제4조(엔지니어링기술자) 엔지니어링 산업 진흥법 제2조제6호에 따른 엔지니어링기술자는 [별표 2]와 같다.

[별지 제17호서식]

엔지니어링기술자경력증

(제1쪽)

<table>
<tr><td>

</td></tr>
<tr><td>엔지니어링기술경력증
○○○○협회</td></tr>
</table>

140㎜×180㎜[ORG용지 105g/㎡]

(제2쪽)

<table>
<tr><td colspan="2">유의사항

엔지니어링기술경력증을 타인에게 빌려주면 「엔지니어링산업 진흥법」 제48조제1항제4호에 따라 200만원 이하의 과태료를 부과받게 됩니다.</td></tr>
<tr><td>발급번호:
성명:
주민등록번호:
현 주소:</td><td>증명
사진
(3.5cm×4.5cm)</td></tr>
<tr><td colspan="2">「엔지니어링산업 진흥법」 제26조제3항 및 같은 법 시행규칙 제14조제2항에 따라 엔지니어링기술경력증을 발급합니다.

년 월 일

○○○○협회장 ㊞</td></tr>
</table>

[별표 2] 엔지니어링기술자(제4조 관련)

가. 기술계 엔지니어링기술자

구분 / 기술등급	국가기술자격자	학력자
기술사	해당 전문분야의 관련 기술사자격을 가진 사람	
특급기술자	1) 해당 전문분야의 관련 기사자격을 가진 사람으로서 해당 전문분야의 관련 업무를 10년 이상 수행한 사람 2) 해당 전문분야의 관련 산업기사자격을 가진 사람으로서 해당 전문분야의 관련 업무를 13년 이상 수행한 사람	
고급기술자	1) 해당 전문분야의 관련 기사자격을 가진 사람으로서 해당 전문분야의 관련 업무를 7년 이상 수행한 사람 2) 해당 전문분야의 관련 산업기사자격을 가진 사람으로서 해당 전문분야의 관련 업무를 10년 이상 수행한 사람	
중급기술자	1) 해당 전문분야의 관련 기사자격을 가진 사람으로서 해당 전문분야의 관련 업무를 4년 이상 수행한 사람 2) 해당 전문분야의 관련 산업기사자격을 가진 사람으로서 해당 전문분야의 관련 업무를 7년 이상 수행한 사람	
초급기술자	1) 해당 전문분야의 관련 기사자격을 가진 사람 2) 해당 전문분야의 관련 산업기사자격을 가진 사람으로서 2년 이상 해당 전문분야의 관련 업무를 수행한 사람	1) 해당 전문분야의 관련 석사 학위를 가진 사람 2) 해당 전문분야의 관련 학사 학위를 가진 사람 3) 해당 전문분야의 관련 전문대학을 졸업한 사람으로서 3년 이상 해당 전문분야의 관련 업무를 수행한 사람

나. 숙련기술계 엔지니어링기술자

구분 / 기술등급	국가기술자격자	학력자
고급숙련기술자	1) 해당 전문분야의 관련 기능장 자격을 가진 사람	

	2) 해당 전문분야의 관련 산업기사 자격을 가진 사람으로서 4년 이상 해당 기능분야의 관련 업무를 수행한 사람 3) 해당 전문분야의 관련 기능사 자격을 가진 사람으로서 7년 이상 해당 전문분야의 관련 업무를 수행한 사람 4) 해당 전문분야의 관련 기능사보자격을 가진 사람으로서 10년 이상 해당 전문분야의 관련 업무를 수행한 사람	
중급숙련 기술자	1) 해당 전문분야의 관련 산업기사 자격을 가진 사람 2) 해당 전문분야의 관련 기능사 자격을 가진 사람으로 서 3년 이상 해당 전문분야의 관련 업무를 수행한 사람 3) 해당 전문분야의 관련 기능사보 자격을 가진 사람으로서 5년 이상 해당 전문분야의 관련 업무를 수행한 사람	
초급숙련 기술자	1) 해당 전문분야의 관련 기능사 자격을 가진 사람 2) 해당 전문분야의 관련 기능사보 자격을 가진 사람으로서 2년 이상 해당 전문분야의 관련 업무를 수행한 사람	고등학교를 졸업한 사람으로서 1년 이상 해당 전문분야의 관련 업무를 수행한 사람

▪ 비고

가) 위 표의 '국가기술자격자란'의 각 자격은 「국가기술자격법」에 따른 국가기술자격의 종목 중 별표 1 제2호의 전문분야와 관련되는 종목의 국가기술자격을 말한다.

나) 위 표에서 '학력자란'의 각 학력은 다음의 어느 하나에 해당하는 학력을 말한다.

(1) 「초·중등교육법」 또는 「고등교육법」에 따른 학교에서 엔지니어링기술 관련 학과의 정해진 과정의 이수와 졸업에 따라 취득한 학력

(2) 그 밖의 관계 법령에 따른 국내외에서 받은 (1)과 같은 수준 이상의 학력

다) 위 표에서 "해당 전문분야"란 별표 1 제2호의 전문분야를 말한다.

라) 위 가) 및 나)에 따른 엔지니어링기술자의 관련 자격·학력·경력의 세부기준은 산업통상자원부장관이 정하여 고시한다.

마) 2013년 1월 1일 전에 제2호에 따른 기준에 따라 법 제26조에 따른 엔지니어링기술자의 신고를 한 자는 제3호에 따른 기술계 엔지니어링기술자 및 숙련기술계 엔지니어링기술자의 구분에 따른 해당 기술등급으로 신고를 한 것으로 본다.

바) 2013년 1월 1일 당시 제2호에 따른 요건을 충족하는 엔지니어링기술자로서 제3호에 따른 요건을 충족하지 못하는 사람은 제3호에도 불구하고 종전의 규정에 따른 기술등급을 보유하는 것으로 본다. 다만, 엔지니어링기술자의 승급에 관하여는 제3호를 적용한다.

사) 2013년 1월 1일 당시 제2호에 따른 기준에 따라 법 제26조에 따른 엔지니어링기술자의 신고를 한 자 및 위 바)에 해당하는 자는 2013년 12월 31일까지 산업통상자원부령으로 정하는 바에 따라 협회에 신고를 하여야 한다.

2-2 기본설계 및 실시설계 발주업무

1. 용어의 이해

(1) 기본설계(Preliminary Design)

예비타당성조사, 타당성조사 및 기본계획를 감안하여 정보통신설비의 규모, 기능, 성능, 전기적 특성, 통신망 형태, 공사방법 및 기간, 개략 공사비 등에 관한 조사, 분석, 비교·검토를 거쳐 최적안을 선정하고 이를 설계도서로 표현하여 제시하는 설계업무로서 설계기준 및 조건 등 실시설계용역에 필요한 기술자료를 작성하는 것을 말한다.

(2) 실시설계(Detailed Design)

기본설계의 결과를 토대로 정보통신설비의 규모, 기능, 성능, 전기적 특성, 통신망 형태, 공사방법과 기간, 공사비, 유지관리 등에 관하여 세부조사 및 분석, 비교·검토를 통하여 최적안을 선정하여 시공 및 유지관리에 필요한 설계도서, 도면, 시방서, 내역서, 구조 및 수리계산서 등을 작성하는 것을 말한다.

(3) 각종조사

기본설계 및 실시설계단계에서 설계에 필요한 지반상태에 관한 정보를 획득할 목적으로 수행하는 일련의 행위를 말한다.

(4) 측 정

기본설계 또는 실시설계에서 정보통신설비를 설치하기 위하여 각종 정보를 측정하는 일련의 행위를 말한다.

(5) 용역감독자

기본설계·실시설계·측량·조사용역을 발주한 발주기관의 장을 대리하여 용역 전반에 관한 감독업무에 종사할 것을 명받은 자로서 계약자에게 통고한 자를 말한다.

(6) 설계감리

발주청이 발주하는 설계용역에 대하여 설계 등 용역업체가 관계법령에 따라 설계용역이 시행될 수 있도록 설계절차 및 성과물을 대상으로 업무를 수행하는 것을 말한다

(7) 설계감리원

발주청이 설계용역의 특성에 따라 요구하는 일정한 자격을 갖춘자로서 설계감리업체에 소속되어 설계감리업무를 수행하는 자를 말한다.

(8) 용역업자

발주청으로부터 기본설계, 실시설계, 설계감리용역을 도급받아 설계용역을 수행하는 자를 말한다.

(9) 발주자

지출부담행위 담당관, 계약담당관, 담당발주기관, 발주기관의 과업수행 부서를 말한다.

(10) 수급인

설계용역과업을 수행을 하기 위하여 발주청과 과업수행 계약을 체결한 개인 또는 회사, 기타 법인을 말한다.

(11) 조사업무

현지답사, 각종 정보통신설비조사, 자료수집 등 각 설계용역단계에서 명시한 내용 등을 조사·검토 분석하고 그 결과를 종합하는 업무를 말한다.

(12) 계획업무

조사업무의 내용을 바탕으로 여러 대안을 계획하고, 비교·검토하여 용역단계

별 목적에 부합하는 최적안을 선정하는 업무를 말한다.

(13) 설계업무

조사·계획업무의 결과에 따라 선정된 최적안을 바탕으로 용역단계별 목적에 부합하는 시설물 및 부대사항 등을 기술적으로 구체화하는 것을 말한다.

- 타당성조사용역에서의 설계업무
- 기본설계용역에서의 설계업무
- 실시설계용역에서의 설계업무

(14) 설계도면

과업계획에 의해 제시된 목적물의 형상과 규격 등을 표현하기 위해 설계자에 의해 작성된 도면으로 물량산출 및 내역산출의 기초가 되며 시공자가 시공상세도면을 작성할 수 있도록 표현된 도면을 말하며, 계통도, 평면도, 결선도 등 설계에 필요한 도면을 포함한다.

(15) 시공상세도면

시공상세도면은 목적물에 대한 설계도면의 구체화 ·상세화를 목적으로 작성되며, 현장에 종사하는 시공자가 목적물의 품질확보의 시공을 할 수 있도록 공사의 진행 단계별로 작성되는 도면을 말한다.

또한 시공방법과 순서, 자재의 가공 조립, 현장상태 등 시공에 필요한 모든 정보를 작성하는 설계도면으로 감리원의 검토 승인이 요구되며, 정보통신설비의 설치, 변경에 따른 제반도면을 포함한다.

(16) 타당성조사(Feasibility Study)

정보통신장비 도입에 대한 사업비의 기본구상을 토대로 경제적 타당성·투자우선순위평가·재무적 타당성, 기술적 타당성, 운영적 타당성을 사전에 종합적으로 판단하며, 목적 설비의 실현방법에 있어 여러 대안을 비교·검토 최적안을 선정, 그에 대한 사업의 기본계획을 수립하고, 기본설계용역에 기본이 되는 기술자료를 작성 작성하는 단계를 말한다.

2. 설계용역업무의 구분

설계용역은 타당성조사, 기본설계, 실시설계를 순차적으로 시행하는 것을 원칙으로 하되, 공사의 규모와 특성에 따른 발주처의 판단에 따라 타당성조사용역의 시행 없이 타당성조사와 기본설계 또는 기본설계와 실시설계를 함께 시행할 수 있다.

이 경우 발주자은 타당성조사 과업지시서와 기본설계 과업지시서를 통합하거나 또는 기본설계 과업지시서와 실시설계 과업지시서를 통합하여 만들 수 있으며, 각 통합과업지시서의 내용은 개별과업지시서의 내용을 충분히 참고하여 작성한다.

3. 설계용역업무의 내용

(1) 설계용역의 수행을 위한 각 단계별 업무

설계용역의 수행을 위한 각 단계별 업무는 〈표 2-1〉 조사·계획·설계업무로 구분한다.

〈표 2-1〉 조사 · 계획 · 설계업무

구 분		타당성조사	기본계획	기본설계	실시설계	비 고
조사업무		○	○	○	○	
계획업무		○	○	○	-	
설계업무	개략설계	○	-	○	-	
	예비설계	-	-	○	-	
	상세설계	-	-	-	○	

설계용역은 발주단계별로 규정된 조사·계획·설계업무의 상세 내용에 따라 수행한다.

발주자는 과업의 목적, 규모, 특수성 또는 발주자의 판단에 따라 규정된 조사·계획·설계업무의 상세 내용을 추가, 또는 변경할 수 있으며, 이러한 경우 발주자는 과업지시서에 성실히 기재하여 수급인이 정확히 파악할 수 있도록 한다.

(2) 타당성 조사 용역업무

수행 순서는 〈표 2-2〉와 같다.

〈표 2-2〉 타당성 조사 용역업무 수행순서

NO	업무 순서	계약자	발주자	영업자
01	신사업 발굴(정책, 시책, 자체 발굴)		◎	
02	신사업 제안서 작성			◎
03	신사업 제안서 설명회(전시회)			◎
04	신사업추진의 기획		◎	
05	신사업 타당성 용역계획		◎	
06	신사업 타당성 용역예산확보		◎	
07	신사업 타당성 용역입찰공고, 입찰참가		◎	◎
	신사업 타당성 용역계약	◎	◎	
08	신사업 타당성 용역착수보고	◎		
09	신사업 타당성 용역시행	◎		◎
10	신사업 타당성 용역완료보고	◎		
11	신사업 타당성 용역완료처리		◎	
12	신사업 결정		◎	

(3) 기본계획 용역업무

수행 순서는 〈표 2-3〉와 같다.

〈표 2-3〉 기본계획 용역업무 수행순서

NO	업무 순서	계약자	발주자	영업자
01	기본계획 실시 예산요구		◎	
02	기본계획 용역 예산제안 설명회(의회)		◎	
03	기본계획 용역 예산성립		◎	
04	기본계획 용역 사업시행 계획		◎	
05	기본계획 용역 과업지시서 작성		◎	
06	기본계획 용역 입찰공고, 입찰참가		◎	◎
07	기본계획 용역 계약	◎		
08	기본계획 용역 착수보고	◎		
09	기본계획 용역 시행	◎		
10	기본계획 용역 완료보고회	◎		
11	기본계획 완료		◎	

4. 과업수행 및 공정보고

(1) 착수보고서

수급인은 과업 착수시 예정공정표, 사업책임기술자 선임신고서가 포함된 착수보고서를 발주처에 제출한다.

(2) 과업수행계획서

수급인은 착수보고서 제출 후 현장여건 등을 검토한 후 과업수행계획서를 제출해야 하며, 이에 포함할 내용은 다음과 같다.

- 세부공정계획서
- 과업의 단계별 성과품 제출계획서
- 과업수행조직 및 인력(장비)투입계획서
- 건설기술 경력사항 확인서
- 참여기술자 인적사항, 참여과업내용 및 참여예상기간
- 참여기술자의 보안각서
- 수급인은 상기 과업수행계획서 서류 O부를 발주청에 제출하여 승인을 받아야 한다.
- 월간 진도보고서(필요시)

(3) 수급인

과업수행기간 중 다음사항을 포함한 월간 진도보고서를 매월 말일을 기준으로 하여 다음달 ○○일까지 용역감독자에게 제출하여야 한다.

- 과업추진내용 및 공정현황
- 각종 도서 수발 현황(승인사항 포함)
- 과업수행상 중요 문제점 및 대책
- 참여기술자 현황
- 다음 달 과업수행 계획

(4) 중간보고

수급인은 용역감독자의 요구가 있거나, 다음의 경우에는 관련 자료를 제출하고, 담당 분야별책임기술자로 하여금 설명토록 하여야 하며, 용역감독자의 지시

사항(구두 및 서면지시 포함)에 대하여 성실히 수행하고 조치결과를 서면으로 제출하여야 한다.

(5) 주요 단계별 과업

주요 단계별 과업이 종료되었을 때

- (분기, 반기, ○○) 1회 이상의 중간보고시
- 주요계획 및 방침의 설정과 변경시

(6) 용역감독

발주처은 과업을 수행함에 있어 수시로 수급인에 대하여 다음의 계약관련 업무내용을 확인·감독할 권한을 가지며, 수급인은 이에 적극 협조하여야 한다.

- 기술인력 동원현황
- 타당성조사보고서 작성 현황 및 업무수행상태
- 기타 확인에 필요한 사항
- 용역점검
- 발주처는 설계품질 확인을 위해 수급인에 대한 정기 또는 수시점검을 실시할 수 있으며, 특별한 사유가 없는 한 수급인은 용역감독자와 협의하여 지적사항을 시정하여야 한다.

5. 정보통신장비설치에 따른 설계대상

(1) 설계대상 확인

- 정보통신공사업법시행령 제6조(설계대상인 공사의 범위)
  ① 정보통신공사업법제7조에 따라 용역업자에게 설계를 발주하여야 하는 공사는 다음 각 호의 어느 하나에 해당하는 공사를 제외한 공사로 한다.
  1. 정보통신공사업법시행령제4조에 따른 경미한 공사
  2. 천재지변 또는 비상재해로 인한 긴급복구공사 및 그 부대공사
  3. 별표 1에 따른 통신구설비공사
  4. 기존 설비를 대·개체하는 공사로서 설계도면의 새로운 작성이 불필요한 공사

② 제1항에도 불구하고 다음 각 호의 어느 하나에 해당하는 공사로서 [별표 6]에 따른 기술계 정보통신기술자인 발주자의 소속직원이 관계법령에 따라 설계하는 공사의 경우에는 용역업자에게 발주하지 아니할 수 있되, 그 소속직원은 설계하려는 공사규모에 해당하는 정보통신공사업법 시행령제11조제1항에 따른 적합한 기술등급을 보유하여야 한다. 이 경우 정보통신공사업법 시행령제11조제1항 각 호 중 "특급감리원"은 "특급기술자"로, "고급감리원 이상의 감리원"은 "고급기술자 이상의 기술자"로, "중급감리원 이상의 감리원"은 "중급기술자 이상의 기술자"로, "초급감리원 이상의 감리원"은 "초급기술자 이상의 기술자"로 본다.

1. 국방 및 국가안보 등과 관련하여 기밀유지가 요구되는 공사
2. 다음 각 목의 어느 하나에 해당하는 기관이 시행하는 공사
   가. 국가 및 지방자치단체
   나. 「지방공기업법」에 따른 지방공사
   다. 그 밖에 정보통신 관련 공공기관으로서 미래창조과학부장관이 정하여 고시하는 기관
3. 제1호 및 제2호에 따른 공사 외의 공사로서 총공사금액(도급금액에 발주자가 공급하는 자재비를 포함한 금액을 말한다. 이하 같다)이 1억원 미만인 공사

(2) 조치 할 업무확인

설계 대상인 공사에 속하는 경우에는 설계용역비용을 확보하여 정보통신분야 엔지니어링사업자나 정보통신기술사무소사업자에게 설계용역을 실시한다.

6. 기본설계 업무

(1) 기본설계 개요

기본설계는 예비타당성조사, 타당성조사 및 기본계획 결과를 감안하여 다음의 업무를 수행하는 것을 말한다.

① 설계 개요 및 법령 등 제기준의 검토
② 예비타당성조사, 타당성조사 및 기본계획 결과의 검토
③ 기존설비의 경우 현장을 방문하여 통신설비(네트워크장비)의 운영실태
④ 신규설치의 경우는 발주 담당 부서의 운영자가 통신설비 운영방향인터뷰 조사, 측정 및 각종조사를 기본설계반영 필요성 검토

⑤ 기본적인 정보통신설비 통신방식의 비교 · 검토
⑥ 정보통신설비설치 공법의 비교 · 검토
⑦ 기술적 대안 비교 · 검토
⑧ 대안별 정보통신설비의 규모의 검토
⑨ 대안별 정보통신설비의 경제성 및 현장적용타당성 검토
⑩ 정보통신설비의 기능별 배치 검토
⑪ 개략 공사비 및 공기 산정
⑫ 측정, 지하통신케이블설치의 지반, 지하의 지장물, 철거장비, 각종조사
⑬ 주요 자재 · 장비 사용성 검토
⑭ 설계도서 및 개략 공사시방서 작성
⑮ 설계 설명서 및 계산서 작성
⑯ 관계법령 등의 규정에 따라 기본설계시 검토하여야 할 사항
⑰ 기타 발주청이 계약서 또는 과업지시서에서 정하는 사항

(2) 발주청의 사전조치

발주청은 기본설계 기간 중 이해당사자 및 관계행정기관의 의견을 미리 청취하여 공사의 시행과정에서 예상되는 민원을 최소화하여야 한다.

(3) 발주청의 설계 내용 관리

발주청은 기본설계를 시행함에 있어서 예비타당성조사 및 타당성조사에서 정한 총사업비를 감안하여 설계내용이 적절히 관리될 수 있도록 노력하여야 한다.

(4) 기본설계 용역업무

수행 순서는 〈표 2-4〉와 같다.

〈표 2-4〉 기본설계 용역업무 수행순서

NO	업무순서	계약자	발주자	영업자
01	기본설계 용역 예산요구		◎	
02	기본설계 용역 예산제안설명회(의회)		◎	
03	기본설계 용역 예산성립		◎	
04	기본설계 용역 사업시행계획		◎	
05	기본설계 용역 과업지시서 작성		◎	

06	기본설계 용역 입찰공고, 입찰참가		◎	◎
07	기본설계 용역 계약	◎		
08	기본설계 용역 착수보고	◎		
09	기본설계 용역 시행	◎		
10	기본설계 용역 완료보고회(자문위원회)	◎		
11	기본설계 완료		◎	

7. 설계기간

발주청은 기본설계 및 실시설계 용역을 시행함에 있어 충분한 설계기간을 부여하여 최적의 설계품질이 확보되도록 하여야 한다.

설계용역을 발주할 경우 공사규모와 특성과 발주청의 여건 등을 감안하여 정하되, 공종별 설계기간을 정하여 시행한다.

설계용역기간 중 건설기술관리법의 규정에 의한 중앙건설기술심의위원회의 심의, 지방심의위원회의 심의, 특별심의위원회의 심의, 기술자문위원회의 심의 등에 소요된 기간은 제외하여야 한다.

8. 설계도서 작성

설계도서 작성은 "건설공사의 설계도서 작성기준"을 참조한다. 발주청은 공사의 특성과 필요에 따라 별도로 설계도서를 작성 할 수 있다.

모든 도면은 전자화된 형태로 작성하되 단체표준으로 공고된"건설 CALS/EC 전자도면 작성표준"을 참조 한다.

9. 실시설계의 내용

(1) 실시설계

기본설계 결과를 바탕으로 공사 및 시설물의 설치·관리 등 관계법령 및 기준 등에 적합하게 시공에 필요한 설계도면 및 시방서 등 설계도서를 작성하는 것으로 다음의 업무를 수행하는 것을 말한다.

① 설계 개요 및 법령 등 제 기준 검토
② 기본설계 결과의 검토
③ 정보통신설비의 기술방식 적용 결정 및 설계
④ 공법 결정 및 설계
⑤ 정보통신설비의 규모 결정
⑥ 공사비 및 공사기간 산정
⑦ 조사확인, 샘플링, 품질시험 및 자재공급계획
⑧ 통신측정 · 지반 · 재활용설비
⑨ 기본공정표 및 상세공정표의 작성
⑩ 시방서, 물량내역서, 단가규정, 구조 및 수리계산서 작성
⑪ 기타 발주청이 계약서 및 과업지시서에서 정하는 사항

(2) 실시설계 용역업무

수행순서는 〈표 2-5〉와 같다.

〈표 2-5〉 실시설계 용역업무 수행순서

NO	업무 순서	계약자	발주자	영업자
01	기본설계 실시예산요구		◎	
02	기본설계 용역예산 제안설명회(의회)		◎	
03	기본설계 용역예산 성립		◎	
04	기본설계 용역사업시행 계획		◎	
05	기본설계 용역과업지시서 작성		◎	
06	기본설계 용역 입찰공고, 입찰참가		◎	◎
07	기본설계 용역계약	◎		
08	기본설계 용역착수보고	◎		
09	기본설계 용역시행	◎		
10	기본설계 용역완료보고회(자문위원회)	◎		
11	기본설계 완료		◎	

10. 중소기업자간 경쟁제품 계약

발주청은 설계용역을 발주하는 경우 중소기업자간 경쟁제품으로 지정된 품목에 대하여는「중소기업제품 구매촉진 및 판로지원에 관한 법률」제7조에 따른다.

11. 용역감독자의 지정

발주청의 장은 기본설계·실시설계·측량·지반조사 용역을 발주하는 경우 소속 직원으로 하여금 당해 용역의 감독업무를 수행하도록 용역감독자를 지정하여야 한다.

12. 작업일지 등의 서류 작성·비치

(1) 용역감독자

다음의 서류를 작성·비치하여야 한다.

① 착수보고서([서식 2-1])

[서식 2-1]

착 수 보 고 서

용 역 명
계 약 액
계 약 연 월 일
착 공 연 월 일
준 공 기 한

상기와 같이 착수하였기 착수보고서를 제출합니다.

첨 부 : 1. 예정공정표
2. 사업책임기술자 선임계획
3. 내역서

년 월 일

주 소
회 사 명
대표성명 인

② 세부시행계획서(분야별 세부공정계획 및 업무흐름도 포함)
③ 분야별 참여기술자 명단([서식 2-2])
④ 보안대책 및 보안각서
⑤ 용역업자 작업일지([서식 2-3])
⑥ 용역업자가 작성한 공정보고서
⑦ 기술자 투입계획 및 작업계획서
⑧ 기타 설계용역의 관리에 필요한 서류 및 도표

[서식 2-2]

분야별 참여기술자 명단

용역기간 : 착공 년, 월, 일 ~ 준공 년, 월, 일
발주청 ○○
확인자 : 용역감독(직위) ○○○ (날인 또는 서명)

분야	소 속	회사내 직 위	직책	성 명	생년월일 (자격증 등록번호)	참여기간	용역과 업수행 내용	자격종목 및 등록번호	날인

〈주〉
· 분야 : 1. 엔지니어링기술진흥법 정보통신분야 엔지어링사업자
· 직책 : 분야별에서 수행시의 책임정도로써 책임기술자(p.m) 분야별 책임기술자, 참여기술자로만 분류
· 자격종목 : 국가기술자격법상의 자격을 기재하고 하단에 등록번호를 기재
· 수행내용기재 : 분야별 책임기술자중심으로 정보통신공종별로 수행한 업무를 파악 할 수 있도록 기재, 향후 책임한계를 명확히 할 수 있도록 과업지시서상의 업무내용을 위주로 상세하게 작성

[서식 2-3]

작 업 일 지

일 자			착 공 일		
작 성 자			준 공 일		
인력 투입 현황	기술자명	전일까지	금 일	누 계	특 기 사 항
과업수행 내용	※ 각 분야별로 진행과정 및 상황을 파악할수 있도록 작성 다만, 지면 부족시는 별도 첨부				

13. 용역감독자의 임무

① 용역감독자는 용역계약서, 과업지시서, 예정공정표, 도급내역서 등에 따라 용역과업이 적합하게 수행되도록 성실한 자세로 임하여야 하며, 다음의 임무를 수행하여야 한다.

- 용역계약자 또는 책임기술자가 용역계약서 및 과업지시서 등에 따라 과업을 수행하고 있는지 여부의 확인 및 발주청장에게 보고
- 참여기술자의 관리 및 이동상황 점검
- 보안실태의 점검
- 관련 규정에 의한 명령 또는 지시의 이행사항 점검
- 용역과업수행과 관련하여 발주청이 보유하고 있는 정보와 자료를 계약자에게 제공
- 공정계획에 따라 용역 추진상황 점검 및 부진시 만회대책 수립 · 조치
- 기타 용역계약 내용의 원활한 수행을 위한 관계기관 협의, 민원 등 업무
- 설계자가 제출한 도면이 "건설CALS/EC 전자도면 작성표준"에 따라 성과품을 작성 · 납품하는지 확인.
- 하도급 관련 통지, 승인 관련 검토 업무

② 용역감독자는 위의 항목을 점검 확인하고, 미비시 발주기관의 장에게 보고하고 관계법령에 따라 조치하여야 한다.

③ 용역감독자는 임의로 설계를 변경시키거나 기일 연장 등 용역계약조건과 다른 지시나 결정을 하여서는 아니된다.

④ 용역감독자는 용역 추진상황에 대하여 설계자가 작성한 작업일지를 확인하여야 한다.

⑤ 용역감독자로서의 품위를 유지하여야 한다.

14. 설계변경

(1) 용역감독자

설계변경시에 다음의 조치를 취하여야 한다.

① 설계시행과정에서 주요 설계과업내용에 대한 변경없이 경미한 설계변경사항이 발생한 경우에는, 변경사항 등에 대한 타당성 여부를 면밀히 검토하여 타당한 경우, 변경으로 인한 전체 용역비의 증감이 균형을 이루는 범위내에서 우선 과업 변경하도록 지시하고 발주기관의 장에게 서면보고 하여야 한다. 다만 주요 설계과업의 변경이 필요한 경우에는 그 사유와 의견을 첨부

하여 발주기관의 장에게 서면보고하고 승인을 얻은 후 변경해야 한다.

② 용역업자로부터 설계변경에 필요한 내역서 등 관계자료를 제출받아 설계변경도서를 작성하여 발주기관의 장에게 제출해야 한다.

③ 용역감독자는 용역업자로 하여금 계약서 및 과업지시서에서 규정하는 과업범위를 초과하는 추가과업을 지시하는 경우 필요한 예산을 확보하여 반드시 추가과업에 따른 비용을 지급해야 한다.

(2) 설계를 변경업무

용역감독자는 적절한 설계변경 없이 과업지시서에서 규정하는 과업범위를 벗어난 작업을 용역업자에게 요구하여서는 아니 되며 임의로 설계를 변경시키거나 공기연장 등 용역계약조건과 다른 지시나 결정을 하지 않아야 한다.

설계의 경제성 검토를 하여야 하며, 이를 시행하기 위하여 필요한 조치해야 하고, 설계변경시 지방심의위원회, 기술자문위원회의 심의, 일상감사 등에 해당되는 경우에는 필요한 조치해야 한다.

15. 과업수행계획서의 검토 · 확인

(1) 과업수행계획서 검토

용역감독자는 용역착수전 설계자로부터 다음의 사항을 포함한 과업수행계획서를 제출받아 검토하고 설계진행과정에서 과업수행계획서의 이행여부를 점검하여야 하며 문제가 있다고 판단될 경우에는 발주기관의 장에게 서면으로 보고하고 그 대책을 강구하여야 한다.

① 착수보고서

② 세부시행계획서(분야별 세부공정계획 및 업무흐름도 포함)

③ 설계자 선정을 위한 사업수행능력평가시 작성하여 제출한 참여건설기술자의 투입계획

④ 분야별 참여기술자 투입계획 및 작업계획서

⑤ 기술제안서

⑥ 보안대책 및 보안각서

⑦ 기타 설계에 관한 사항 등을 포함

(2) 착수보고서 제출 서류

① 책임기술자의 선임계(이력서, 기술자격증 사본 첨부)와 필요한 경우 분야별 책임기술자의 선임계 포함
② 예정공정표(단순 용역에서는 세부시행계획서로 대체)
③ 내역서
④ 기타 법령이나 용역과업에서 제출하도록 한 사항

16. 현지 확인 점검 및 조사시험

(1) 점검계획서를 작성

용역감독자는 계약자가 다음에 해당하는 과업을 수행할 때에는 현지 확인 및 점검계획서를 작성하여 발주청에 보고한 후 계획서에 따라 현지 확인 및 점검을 실시하고 그 결과를 계약자의 작업일지(과업수행)에 기록 · 서명날인 하여야 한다.

① 정보통신설비 BMT 시행
② 정보통신설비 성능시험
③ 공사시행과 관련된 신고 또는 인 · 허가 등을 위한 관계기관과의 사전협의
④ 기타 용역수행에 필요한 사항

(2) 시험방법 검토

용역감독자는 KS 기준 및 과업지시서에 시험방법이 명시되지 않은 조사 및 시험의 실시가 필요할 경우 그 조사 및 시험방법 등에 관하여 책임기술자로 부터 자료를 받아 사전에 검토하고 문제가 있다고 판단될 경우에는 발주기관의 장에게 서면으로 보고하여 그 대책을 강구하여야 한다.

용역감독자는 용역과업에 의하여 시행하는 조사 및 시험은 관계법령의 규정에 의하여 시험을 실시할 수 있는 자격이 있는 자에게 시행하도록 하여야 한다.

17. 지시사항 처리 및 작업일지 기록

용역감독자는 용역과업의 수행에 관하여 발주청으로 부터 명령을 받았을 때

는 명령부에 기록하고 그 시행결과를 보고하여야 하며, 그 명령에 대한 시행에 문제가 있을 경우에는 의견을 제시할 수 있다. 용역업무 수행에 관하여 사업책임기술자 또는 분야별 책임기술자에게 지시한 경우에는 그 지시내용을 기록하고 그 이행여부를 확인하여야 한다.

책임기술자로 하여금 기술자 투입현황 및 현장조사는 매일, 그 외의 과업은 각 과업의 특성에 따라 일정기간을 설정하여 작업일지에 작성하도록 하여야 한다. 작성된 작업일지를 필요한 때에는 수시로 점검하고, 임무를 완료한 때에는 이를 제출받아야 한다.

18. 품질관리 지도 · 감독

용역감독자는 설계 진행상황을 검사함에 있어서 과업지시서 및 과업수행계획서 등 계약문서에 따라 설계의 품질이 관리될 수 있도록 설계자의 품질관리여부를 지도 · 감독하고, 시험 및 검사결과를 기록 · 비치하게 하여야 한다.

용역감독자는 설계의 품질향상, 경제성 제고 및 효율적 공사수행을 위하여 설계자로 하여금 설계 착수 후 설계기준 · 표준시방서 · 관련 법령 등 제기준 · 유사설계사례 등 설계입력 자료를 제출받아 관리하여야 하며 설계입력자료에 따라 설계된 설계출력자료를 제출하도록 하여 이를 용역성과품과 함께 별도로 관리하여야 한다.

19. 용역업체의 실적관리

설계용역의 품질관리를 위하여 발주한 설계용역의 용역의 규모, 용역의 종류, 용역성과 및 수행결과 등을 종합적으로 감안하여 용역업체의 실적관리를 위한 유자격자명부로 작성하여 지속적으로 관리하여야 한다.

용역업체의 유자격자명부를 용역발주시 참고할 수 있다.

20. 용역관리 용역감독자의 응급조치 업무

용역관리 용역감독자는 다음의 사항이 발생한 경우에는 필요한 응급조치를 취한 후에 상세한 경위를 발주기관의 장에게 보고하여야 한다.

① 천재 · 지변 또는 기타의 사유로 설계수행이 불가능한 때
② 참여기술자가 계속하여 설계업무에 참여하지 아니한 때
③ 설계자가 정당한 사유없이 설계를 중단한 때
④ 설계자가 불성실하게 설계를 시행하거나 정당한 지시에 응하지 아니한 때

21. 각종 보고

용역과업을 수행 중에 계약자의 요청 또는 용역감독자의 판단에 따라 용역과업의 중요내용에 대하여 발주기관장의 사전 의사결정이 필요할 때에는 발주청에 그 필요성을 보고하여 대책을 강구하여야 한다.

용역감독자는 다음의 사항에 대하여 매월 말일 현재의 진행상황을 다음달 7일까지 발주청에 보고하여야 한다.

① 공정계획 및 실적
② 참여건설기술자(분야별) 투입현황
③ 시험실적
④ 불법 하도급거래 또는 하도급 위반에 대한 다음에 해당하는 사항
  • 하도급통지 또는 승인사항에 위반하거나 일괄하도급 하는 경우
  • 하도급 업체가 재하도급 하는 경우
  • 하도급 대금지급과 관련하여 분쟁 또는 민원을 야기 하는 경우
⑤ 기타 필요한 사항

용역감독자는 과업을 수행하는 과정에서 설계변경이 필요한 경우에는 극히 경미한 사항 외에는 책임기술자의 의견을 붙여 발주청에 보고한 후 필요한 조치를 하여야 한다.

21. 완료보고서 제출

용역감독자는 계약자가 발주청에 제출하는 완료 보고서를 검토 한다.

① 완료 보고서
② 분야별 세부공정계획 및 업무흐름도 포함
③ 분야별 참여기술자 투입 및 작업 실시 결과서
④ 용역기성부분 검사원
⑤ 준공기한 연기원
⑥ 준공검사원

⑦ 공정 보고서
⑧ 기타 용역과업의 수행 중 각종 보고서
⑨ 용역과업지시서에 요구한 서류

용역감독자는 그 임무가 완료될 때에는 서류를 정리하여 발주기관에 보고하여야 한다.

22. 인계인수

발주기관의 장으로부터 교체명령을 받은 용역감독자는 당해 설계용역과 관련된 서류·기구·자재 및 기타 설계에 관한 사항을 후임자에게 인계하고, 전·후임자의 연서로 인계인수서를 작성하여 발주청의 장에게 보고하여야 한다.

23. 참여기술자 관리

용역감독자는 용역에 참여하는 기술자 등이 다음에 해당하여 당해 설계업무에 적절치 않다고 인정되는 경우에는 발주기관의 장에게 실정을 보고하여 교체여부에 대한 방침을 받은 후 교체를 요구하고 관계법령에 따라 필요한 조치를 취하여야 한다.

① 참여건설기술자가 관련법규를 위반하였을 때
② 참여건설기술자가 사전승낙을 얻지 아니하고 정당한 사유 없이 당해 용역에 참여하지 아니할 때
③ 참여건설기술자의 고의 또는 과실로 인하여 설계를 조잡하게 수행 또는 부실설계를 하였을 때
④ 참여건설기술자가 계약에 따른 설계능력 및 기술이 부족하다고 인정되거나 정당한 사유없이 기성공정이 현격히 미달할 때
⑤ 참여건설기술자의 기술능력이 부족하여 설계시행에 차질을 초래하거나 용역감독자의 정당한 지시에 응하지 아니한 때
⑥ 기타 당해 용역 참여건설기술자가 질병, 사망, 퇴직 등의 개인적인 사유로 정상적인 업무수행이 어려울 경우

용역감독자는 책임기술자가 일정기간 과업을 수행할 수 없는 사유가 있는 경우에는 그 기간 동안 대리인을 지정하여 그 과업을 수행하게 할 수 있다. 교체 또는 지정시에는 사전에 발주청에 그 사유를 보고하여야 한다.

24. 용역참여자의 명시

용역감독자는 용역에 참여한 기술자 등의 성명, 담당업무와 기간에 관한 사항을 분야별 참여기술자 명단에 수록하고 용역보고서 후면에 붙여야 한다.

25. 설계도면 등의 전산화

공사의 생산성 향상을 위하여 설계도면, 시방서 등 설계용역 성과품을 전산자료화 한다.

26. 설계자의 시정 요청

설계자는 용역감독자가 서면으로 발주청의 장에게 이의 시정을 요청할 수 있다.

① 용역감독자가 설계과업 범위 이외의 부당한 업무를 지시할 때
② 용역감독자가 정당한 사유 없이 기술자의 교체를 요구할 때
③ 용역감독자가 정당한 사유 없이 용역업무를 지연시킬 때

27. 용역의 준공

(1) 용역감독자

용역이 준공된 때에는 다음의 사항을 조치한다.

① 준공 검사전에 충분한 기간을 두고 용역성과를 정밀히 확인·점검하여 지적사항을 미리 시정 조치하도록 하고 계약만료 30일 전에 예비준공검사를 신청하도록 하여야 한다. 단, 용역기간이 100일 이하일 경우에는 계약만료 15일 전, 60일 이하일 경우에는 계약만료 7일 전에 예비준공검사를 신청할 수 있다
② 설계자가 제출한 준공검사원을 검토하여 계약대로 완료되었는지 여부를 확인하고 감독조서를 첨부하여 발주기관의 장에게 접수되도록 하여야 한다.
③ 준공보고서 및 정산설계도서 등을 검토·확인하고 설계용역 목적물이 발주기관의 장에게 차질없이 인계될 수 있도록 하여야 한다.

(2) 용역감독자 임무 완료

용역감독자는 그 임무가 완료된 때에는 계약서 및 과업지시서에 의한 성과품을 발주기관의 장에게 제출하여야한다

28. 기본설계 보고서를 작성

(1) 기본설계보고서 주요내용

① 설계의 개요
② 관련 법규 조사와 적용 내용 설명
③ 발주처의 정보통신장비 구축계획서의 내용대로 실행을 할 수 있도록 통신망의 구현, 정보통신장비의 구성,
④ 정보통신장비별 장·단점 설명
⑤ 정보통신장비의 비교표(성능과 기능의 비교, 가격의 비교 설명)
⑥ 정보통신장비의 신기술 적용 조사
⑦ 정보통신장비 도입 산정기준 설명 : 장비의 용량 산정의 항목과 장비의 규모 산정 근거를 제시하고 최대 사용률, 실제 사용률, 평균사용률 산정식 제출(한국정보통신기술협회 네트워크장비 규모 산정 지침)
⑧ 정보통신장비 구축시 문제점과 대안의 설명
⑨ 정보통신장비 운영계획에 다른 통신시스템의 종류와 기술적용 범위
⑩ 향후 기술변화에 따른 각종 조사
⑪ 표준화된 정보통신장비 적용 분석·조사
⑫ 실시설계 과업지시서에 적용할 요구하는 내용
⑬ 각종 정보통신장비별 기술기준 적용 내용
⑭ 현장에 설치시 문제점과 대안
⑮ 운영시의 문제점과 대안
⑯ 타 설비와 연동방안 검토 내용(타 설비의 조사내용은 근거로 작성)
⑰ 설치 방법에 대한 내용

29. 실시설계 보고서를 작성

(1) 실시설계보고서 주요 내용

① 설계도서(내역서, 산출서(자재비 산출, 인력산출, 시방서, 도면, 장비의 규격서)
② 각종 통신설비의 비교표(기능비교표, 성능비교표, 단가 비교표, 기술적용 비교표)
③ 통신설비별 통신망도와 통신망 설명
④ 각 통신장비의 설치 공법
⑤ 주장치 용량의 선정결과의 설명
⑥ 장비의 규격 비교와 설계적용 설명서
⑦ 각종 조사표
⑧ 정보통신장비 도입 산정기준을 확인 하고 규모의 설명
- 문제점과 대안의 설명
- 시공시 유의할 사항
- 운영에 필요한 내용
- 향후 기술변화에 따른 각종 분석과 준비사항
- 표준화된 설비여부 분석・조사
- 과업지시서 내용 수행 결과서
- 각종 설비별 기술기준 적용내용 기록

⑨ 실시 설계도서에 적용한 계산서
⑩ 정보통신장비 도입 산정기준 설명
- 장비의 용량 산정의 항목과 장비의 규모 산정 근거를 제시하고 최대 사용률, 실제 사용률, 평균사용률 산정식 제출(한국정보통신기술협회 네트워크 장비 규모 산정 지침)
- 각 장비별 용량과 관련된 항목을 작성하고 규모 산정식 등에 대한 설계 결과를 제출한다.
  - 백본스위치
  - L3 10G 스위치
  - L2 스위치
  - L2 POE스위치

1) 백본 스위치

품 명	중대형 백본 스위치	설계단계	실시설계

□ 성 능
- o Switching Fabric 720Gbps 이상 제공
- o 패킷 포워딩 428Mpps 이상(Full wire speed, Non-blocking 성능 지원)
- o 최대 14 slots 이상 Chassis Type
- o 메인메모리 : 2GB 이상, 플래시 메모리 : 128MB 이상 제공
- o Wire-speed의 L2 & L3 IP routing 제공

□ 인터페이스
- o Management Port(RJ-45) : 서비스 포트 외 별도 포트 제공
- o Console Port(RJ-45) : 서비스 포트 외 별도 포트 제공
- o OS Upgrade 시 USB 및 외장 메모리 사용할 수 있는 별도 포트 제공
- o 1000Base-X 최대288 ports 이상 지원
- o 10/100/1000Base-Tx 최대 288 ports 이상 지원
- o 10GBase-X 최대 24 ports 이상 (2포트 단위 증설 가능해야 함) 지원
- o 포트 최적 활용위하여 Processor 및 스위치 패브릭은 단일 모듈에서 제공
- o 향후 효율적인 확장성을 고려하여 10/100/1000Base-Tx 및 1000Base-X 12포트 단위 증설 지원

□ 안정성
- o Active 관리 모듈 장애 시 Standby 모듈로 서비스 지원
- o OS 와 Config 파일의 이중화 및 장애 시 자동 백업 기능 제공
- o Processor 및 스위치 패브릭, 전원 이중화 지원

□ 기 능
- o IP Multicast switching : IGMP snooping(IGMP v2), PIM-SM/SSM 제공
- o Routing 제공 : Static, RIPv2, OSPFv3, BGPv4
- o 하드웨어 기반의 Layer3 Routing 및 Routing Entry 512K 이상
- o IEEE 802.1Q VLAN Trunking 제공
- o 대역폭 확장 및 링크 이중화 확보 위하여 포트 그룹 제공
  - 8포트/그룹 및 최대 256그룹 이상
- o Netflow 지원(Flow 데이터 생성/전송 기능)
- o IEEE 802.1d/w/s STP, RSTP, MSTP 제공
- o VRRPv3 Layer-3 redundant protocol 제공
- o BFD(Bi-Directional Forwarding Detection) 제공
- o IEEE 802.3ad 표준 Link Aggregation 제공
- o 하드웨어기반의 ACL 제공
- o SNMP, Syslog, RMON, RADIUS, TACACS+ 제공
- o IP 사용자별 입/출력 접근 제어 또는 허용 기능(ACL 접근자 통제기능) 제공
- o 효율적인 전력 관리를 위하여 장비에서 지원하는 전체 인터페이스 모듈에 대하여 인터페이스 모듈 Full 실장 후 최대 소비전력 1,400W 이하 제공

2) L3 10G 스위치

품 명	L3 10G 스위치	설계단계	실시설계

□ 성 능
- o Switching Fabric : 1,280Gbps 이상
- o 패킷 포워딩 : 952Mpps 이상
- o 메인 메모리 : 2GB 이상
- o 플래시 메모리 : 1GB 이상

□ 인터페이스
- o Management Port(RJ-45) : 서비스 포트 외 별도 포트 제공
- o Console Port(RJ-45) : 서비스 포트 외 별도 포트 제공
- o 1000Base-X(SFP) 48포트 이상 또는 10GBase-X(SFP+) 48포트 이상
- o 40G Base-R(QSFP+) 4포트 이상
- o 19인치 표준 Rack에 장착 가능한 구조
- o Rack 공간 활용성을 위하여 1RU 이하의 사이즈
- o 전원 이중화 및 Hot-swap 가능 구조
- o 팬 모듈화 및 Hot-swap 가능 구조

□ 기 능
- o 4K 이상 Active VLAN Entry 지원
- o 4K 이상 ARP Table Entry 지원
- o 32K 이상 MAC Address 지원
- o 128K 이상 IPv4 Routing Entry 지원
- o IEEE 802.1P QoS 및 Rate limiting 지원
- o 멀티캐스트(IGMP, IGMP snooping, PIM-SM, PIM-SSM) 지원
- o IEEE 802.3ad Link Aggregation 지원
- o DHCP server & relay 지원
- o 라우팅 프로토콜(Static, RIP, OSPF, BGP), VRRP 지원
  - 8개 이상의 Routing ECMP(Equal Cost Multiple Path) 지원
- o IEEE 802.1D STP, IEEE 802.1W RSTP, IEEE 802.1S MSTP, RPVST+ 지원
- o 하드웨어 기반의 IPv4 및 IPv6 동시지원
- o 하드웨어기반의 ACL 지원
- o N:1의 포트 미러링 지원
- o SNMP v1/v2, Syslog, RMON, RADIUS, TACACS+ 지원
- o 포트별, 클래스별 Egress 트래픽에 대한 Shaping 지원
- o 포워딩 경로 신속한 장애 감지 위한 BFD(Bidirectional Forwardign Detetion) 지원

3) L2 스위치

품 명	L2 Giga 스위치(GES)	설계단계	실시설계

□ 성 능
- o Switching Fabric : 56Gbps 이상
- o 패킷 포워딩 : 41.6Mpps 이상
- o 메인 메모리 : 256MB 이상
- o 플래시 메모리 : 128MB 이상

□ 인터페이스
- o 10/100/1000 Base-T : 24포트 이상
- o 10/100/1000Base-T 4포트 이상 / 1000Base-X 4포트 이상 Combo 지원
- o 19인치 표준 Rack에 장착 가능한 구조

□ 기 능
- o VLAN 및 VLAN Trunking 지원
- o IEEE 802.1P QoS 및 Rate limiting 지원
- o 멀티캐스트(IGMP, IGMP snooping) 지원
- o DHCP relay, DHCP snooping, DHCP option82 지원
- o IEEE 802.1D STP, IEEE 802.1W RSTP, IEEE 802.1S MSTP 지원
- o IEEE 802.3ad Link Aggregation 지원
- o 대역폭 확장 및 링크 이중화 확보 위하여 포트 그룹 지원
  - 8포트/그룹 및 최대 32그룹 이상 지원
- o Virus Filtering(DoS prevention, Warm virus Filtering) 지원
- o L3/L4 기반의 필터링, 과다트래픽제어(MAC, Port) 기능 제공
- o 하드웨어기반의 ACL 지원
- o N:1의 포트 미러링 지원
- o SNMP, Syslog, RMON, RADIUS, TACACS+ 지원
- o IP 사용자별 입/출력 접근 제어 또는 허용 기능(ACL 접근자 통제기능) 지원
- o 장비에서 발생하는 열을 발산시키기 위하여 무팬(Fan-less)방식의 방열방식 구조

4) L2 POE 스위치

품 명	L2 PoE 스위치	설계단계	실시설계

□ 성 능
- o Switching Fabric : 92Gbps 이상
- o 패킷 포워딩 : 68.4Mpps 이상
- o 메인 메모리 : 1GB 이상
- o 플래시 메모리 : 256MB 이상

□ 인터페이스
- o Management Port(RJ-45) : 서비스 포트 외 별도 포트 제공
- o Console Port(RJ-45) : 서비스 포트 외 별도 포트 제공
- o 10/100/1000 Base-T : 24포트 이상
- o 10/100/1000Base-T & 1000Base-X (Combo) : 4포트 이상
- o 확장 슬롯 1개 이상 : 2포트 10G 모듈 지원
- o 동시사용 최대 포트 수
  - 24포트 10/100/1000Base-T & 4포트 10/100/1000Base-T/1000Base-X
  - 24포트 10/100/1000Base-T & 2포트 10/100/1000Base-T/1000Base-X & 2포트 10G
- o 전원부 모듈 타입 및 이중화 지원 (Hot-Swap 지원)
- o FAN 모듈 타입 및 Hot-Swap 지원

□ 기 능
- o IEEE 802.1D STP, IEEE 802.1W RSTP 지원, IEEE 802.1S MSTP 지원
- o IEEE 802.1Q Tag-based VLAN 및 Port-based VLAN 지원
- o 802.3ad Link Aggregation 지원
- o 멀티캐스트(IGMP, IGMP snooping) 지원
- o Storm Control 지원 : Broadcast 및 Multicast
- o MAC Address 필터링 및 MAC limit 지원
- o RADIUS, TACACS+, SSH 지원
- o ARP Inspection 지원
- o SNMPv1/v2/v3 지원
- o DHCP Relay (Option82) 지원
- o RMON(Remote Network Monitoring) 지원 및 그룹 1, 2, 3, 9 지원
- o Voice VLAN 및 LLDP(Link Layer Discovery Protocol)-MED 지원
- o 위협 감지 및 통계, 스캐닝 기능 지원
- o ICMP Host Scan 및 TCP Port Scan, UDP Flooding 탐지/차단 기능 지원

2-3 정보통신장비 설치공사 설계업무

1. 정보통신장비 설치공사의 설계

(1) 실시설계 개요

1) 실시설계 업무

기본설계 결과를 토대로 구체화하여 시공에 필요한 내용(규모 · 배치 · 형태 · 방법 · 기간 · 공사비 · 유지관리 등)을 설계자의 기술을 바탕으로 작성하여 실제 시공에 필요한 정보를 제공하기 위한 설계도서를 작성하는 업무이다.

2) 실시설계 착수

건축, 전기, 소방, 냉 · 난방설비, 등의 설계담당자와 충분히 상호 협의하여 설계에 반영한다.

3) 기술기준 검토

기본설계를 바탕으로 관계법령 및 통신기술기준에 적합하게 시공에 필요한 시공도면 및 시방서 등의 설계도서를 작성한다.

2. 실시설계 도서 작성

(1) 실시설계 자재의 표기

1) 재료의 표기

① 사용되는 방송통신기자재의 품명 및 규격 등을 설계도면에 표기
② 도면에 표기할 수 없는 재료의 성능 및 재질 등은 시방서에 표기
③ 방송통신기자재는 정부의 승인을 받은 제품과 기타 규격은 산업표준화법에 의한 한 국산업규격 등을 적용토록 표기

(2) 실시설계도서 작성

① 표지 및 목차
② 공사설명서

③ 일반시방서
④ 특별시방서
⑤ 예정공정표
⑥ 자재 산출서
⑦ 설계내역서[설계서 용지(갑지), (을지)]
- 일위대가표 작성 정부기관은 공내역서 가격내역서 별도구분-산출기초

⑧ 설계도서
- 설계자 별도 보관
- 동원인원산출서
- 수량산출서
- 단가조사표
- 용어해설서
- 설계심의(협의) 개최

(3) 실시설계서 세부내용

① 표지 및 목차 내용
② 사업 년도(시행년도)
③ 사업명
④ 발주처, 기관명(설계서 작성기관)
예시) 20 년도, OO공사 설계도서, OO시 OO구청
⑤ 목차내용
- 설계서 순서 목차표

(4) 공사설명서 내용

① 공사명 : (   )정보통신장비설치 정보통신공사
② 장소(위치) : 주소
③ 목적 : 공사 시행의 목적을 설명
④ 공사개요 : 주요 공정을 표기(예 장비설치, 배관공사, 배선공사 등)
⑤ 공사기간 : 공사 시행기간을 표기하는데 신축의 경우 건축공사 공기와 일치시킨다.
⑥ 주요 자재 : 시공 중 단가가 높거나 주요시되는 자재명 기록
⑦ 주요 작업량 : 인력 투입이 많은 작업내용
⑧ 소요인원 계획 : 정보통신공사의 주요 인력투입 현황도 작성

(5) 실시설계용역 과업 수행

기본설계를 구체화하여 실제 시공에 필요한 내용을 설계도서 작성범위는 〈표 2-6〉과 같다.

〈표 2-6〉 설계도서 작성범위

구 분	실시설계도서 작성 내용
설계 설명서	• 공사개요 : 위치, 설비규모, 공사기간, 공종별 공사비 • 주요 설비사항 • 네트워크장비 구성과 통신방식 설명
계산서	• 네트워크장비의 각종 계산에 적용한 계산 기준 • 부하계산서 - 인터넷전화기 설치 시 통신망 부하율 - 네트워크장비 회선의 여유율 • 비상전원(배터리 · 발전기) 등 충전시설에 관한 용량 산출서 • 네트워크장비설치 현장의 전원공급설비 요량 산출 • 손실계산서 UTP케이블의 포설시 케이블 특성 손실 값
설계도면	• 제작 상세도 • 대지부근 안내도(기간통신사업자 케이블인입 경로 확인) • 통신 범례 • 네트워크장비 배치도 • 네트워크장비별 계통도, 결선도면 • 네트워크장비설치 현장의 평면도, 단면도, 기타 상세도
내역서	• 자재비 • 인건비 • 자재 산출서, 투입인력 소요 산출서, 공사원가계산서(내역서) - 관급자재 구매설치 내역서(자재 및 인력산출서)
조사서	• 단말기 설치수량 조사서 • 각종 자재의 소요량 조사서 • 현장의 문제점 조사서 • 단가의 조사서(자재단가 · 인건비단가 조사) • 단가비교표
시방서	• 자재시방서, 일반시방서, 특별시방서 - 관급자재 구매 설치의 자재 규격서 및 설치 시방서

3. 설계내역서 작성실무

(1) 설계서용지(갑지) 작성

- 발주 년도 표기
- 공사개요
  내역 도급예산액 :   원
  관급 예산액 :   원
- 공사명과 설계내역서
  예시) OOO 공사 설계내역서
- 총공사비 : 일금(원)
- 설계서 [서식 2-4] 설계내역서 갑지 서식을 참조하여 작성한다.

[서식 2-4]

설계내역서(갑지)

총장		처장		심사자		설계자		년 월 일 설계

______ 년도

OO 네트워크장비설치 정보통신공사 설계 내역서

공사개요 :

총 공 사 비 : 14,532,000원 정도

내역 ┬ 도급예산액 : 13,532,000원
　　 └ 관급예산액 : 11,000,000원

(2) 설계 내역서 을지 서식

[서식 2-5]

설계내역서(을지)

번호	품 명	규격	수량	단위	재료비		인건비		합계	비고
					단가	금액	단가	금액		

(3) 산출 기초내역

1) 물량산출 기초

- 설치장소, 물량수량(기기 · 배관 · 배선 · 기타) 산출
- 층별로 물량 덧셈하여 집계표 작성 : 수량계산서

2) 동원인력산출 기초

- 동원인력 수량 산출(통신내선공, 통신케이블공, ○○공)
- 층별로 인력 수 덧셈하여 집계표 작성 : 인력 산출서

3) 기 타

운반비, 기계경비, 자재 관리비, 공구손료, 잡자재비

(4) 자재명세표

① 사급(도급)자재 내역서 : 시공 입찰자가 구매
② 관급자재 내역서 : 발주처 직접구매)

(5) 일위대가표 작성

① 같은 공정에 반복되는 작업의 인력이 투입되는 경우 1개소의 작업현장에 인력투입의 기준표를 만들어 표준화시킨 표
② 공종별, 단위인력 수
③ 상세도면을 기준 1개의 공정에 투입되는 자재와 인력을 별도로 산출하여 만들 수 있다(예 네트워크장비설치, 접지공사, 현장사무실 가설건축물).

4. 정보통신장비 자재규격 결정

정보통신장비의 자재 규격과 단가 조사는 다음의 방법으로 시행한다.

(1) 조달청 가격정보를 활용

조달청의 인터넷사이트에 각종 자재류의 가격을 공개하여 공사자재의 단가를 안내하고 있는데 그 단가를 적용한다.

(2) 물가정보지를 활용

시중 물가정보지의 자료를 입수하여 지방별의 단가 또는 공장도가격, 도매가격, 소비자가격 등의 항목을 확인한다. 그리고 자재의 품질이나 성능·특성·규격 등이 시공 하고자 하는 현장에 적합한지를 판단하여 사용할 자재의 규격을 결정한다.

(3) 견적서 단가를 활용

① 물가정보지 자료에서 없을 경우는 판매와 제조업체 3개사 이상 견적서를 요청하여 규격·성능 등을 [서식 2-6] 자재의 단가 비교표와 같이 비교하고 가격의 적정성을 검토하여 결정한다.
② 견적서의 단가와 자재규격 결정
③ 단가를 결정하기 전 회사 및 발주처 내부에서 희망하는 규격과 성능의 기능을 요하는 제품들을 사용해야 하겠다는 필요성을 기관장까지 보고(결재)하여 결정 을 마친 후에 구매에 관한 규격 결정이 되어야 운영이 원활할 것이다.

[서식 2-6]

자재의 단가 비교

NO.	품 명	규 격	단위	A사 단가	B사 단가	C사 단가	결정단가

(4) 단가조사표 작성

① 각 자재의 품목별 단가를 조사하여 그 단가가 적정한 가격으로 결정이 되었는지 알 수 있어야 한다.
② 물가정보지를 이용하여 2~3개 업체별로 비교 가격이 낮은 순으로 작성한다.

③ 가격 결정 방법 : 자재 단가 결정은 물가정보지, 가격조사를 위한 견적 등 단가에 대한 조사는 도매가격이 적정할 것이며, 부가세를 제외한 가격조사가 되어야 공사·제조 원가 계산서에 부가세를 계산할 수 있으며, 부가세가 포함된 단가를 자재의 단가로 결정하지 않아야 한다.

5. 정보통신장비설치공사의 도면 이해

(1) 설계도면의 종류

〈표 2-7〉 설계도면의 종류

분류	도면의 종류			설 명
설계분야	기본계획도면			정보통신설비 설치·운영에 관한 기본계획시 나타난 도면
설계분야	기본설계도면			기본계획을 기초로 계략적 공사비 산출과 설비의 용량 산출
설계분야	실시설계도면			현장에서 시공할 수 있도록 작성된 실시도면
시공분야	실시설계도면	계획도		시공도면의 작성시 기본이 되며, 설계 계획하는 데 쓰이는 도면
시공분야	실시설계도면	계통도		정보통신설비의 동작계통, 시스템의 연결, 단말기 접속에 관련된 도면
시공분야	실시설계도면	시공도면	배관도	케이블 보호를 위한 배관의 경로를 표시한 도면
시공분야	실시설계도면	시공도면	배선도	배관에 따라 배선포설, 배선의 규격, 접속방법을 나타낸 도면, 결선도라고도 한다.
시공분야	실시설계도면	시공도면	접속도	기기내부, 기기상호간, 단말기 등 전기적 접속상태를 나타내는 도면
시공분야	실시설계도면	시공도면	배치도	건물 구내의 각 기능실에 주장치·단말기 등 설치위치도
시공분야	실시설계도면	시공도면	상세도	시공상의 특수공법, 주의사항, 전체 도면에 나타내기 어려운 부분을 별도로 상세히 세부적으로 나타낸 도면
시공분야	준공도면			착공(착수)부터 준공까지 실제 시공한 내용을 나타낸 도면 및 내역서, 산출서, 사용설명서 포함

정보통신공사 부분의 설계도면의 종류는 〈표 2-7〉 설계도면의 종류와 축척의 종류는 〈표 2-8〉 도면 축척의 종류와 같으며 표준화되면 각종 자재의 품질을 향상시키고 시공과 유지보수가 편리하며 통신망 증설이 쉽다.

(2) 도면의 종류와 축척

〈표 2-8〉 도면 축척의 종류

축 척	내 용	
1/10, 1/20 1/30, 1/40 1/50	상세도	접시시공상세도, 단자함 설치, 플로어 덕트, 모듈러 설치위치에 따른 시공상세도, 시스템 내부 단자대 등의 세부상세도, 매입박스, 매입배관 등의 상세도, 통신랙 내부 통신결선도
1/100	표준도	통신배관도(매입배관, 노출배관 설치 도면) 통신배선도(통신케이블의 설치 도면)
1/200, 1/300	일반도	구내통신 인입도면, 건물 옥내 통신도면 (결선도, 계통도, 조작회로도, 접속도)
1/600	배치도	건물의 배치도, 각종 통신장비 배치도, 단말기 설치 위치, 기간통신사업자의 케이블 구내인입에 따른 표시도

(3) 설계도서 작성

축척의 크기를 결정하고 건축도면을 배경으로 한 통신도면을 작성한다. 도면의 테두리는 설계자 · 검토자 · 확인자 · 설계회사 · 축척 · 공사명 · 설계일자 등을 표기한다.

① 심벌 표기는 도면 내에 단말기 이름을 일일이 기록하기가 어렵고 심벌을 통한 단말기 표기를 평면도면 위에 나타내므로 단말기 설치장소를 쉽게 판독할 수 있으며, 단말기 에서 주장치까지 거리 산출이 용이하므로 각종 단말기의 심벌 표기는 도면 이해에 도움이 된다.
② 도면은 CAD 작업으로 컴퓨터와 프린트를 이용한 도면 작성이 이루어진다.
③ 도면에 표기한 배관 · 배선 · 기기 설치 부분을 상세하게 나타내려면 상세도면을 별도의 페이지에 작성하거나 범례의 난을 만들어 설명서를 작성한다.
④ 설계기준을 정한다.
- 시스템과 단말기의 접속용 케이블 여장을 결정
- 단말기의 설치 높이를 결정
- 배관과 배선의 할증률(10%-7.5%)결정. 지하, 터널 지상 부분의 할증 결정
- 매입, 노출의 배관 결정(전선관 선정)
- 기기의 운영에 맞는 전기적 특성을 고려한 케이블 종류를 결정

⑤ 기기의 배치도를 결정한다.

통신기계실 면적, 기기의 배열, 케이블 포설 위치, 케이블랙 위치

⑥ 통신기계실 환경조사(층별 통신실 포함)
냉·난방시설, 조명시설, 전원공급, 접지시설, MDF 시설 등의 시설시 문제점이나 해결방안을 검토하여 설계

⑦ 상세도면 작성
단면도·측면도·평면상세도를 통한 거리 산출이 될 수 있도록 상세도면 작성

(4) 인입 인터넷통신선로 경로와 광분배장치 설치 결정

1) 인입통신선로 경로 결정

인입통신선로를 건물 내부로 접속하기 위해서는 도로변의 공중통신선로가 어느 위치에 매설되어 있는지, 공중통신망사업자가 증설이 용이한지를 현장조사를 하고, 관련업체와 협의하여 맨홀의 위치를 선정한다.

건물의 운영관리상 인입선로의 통신기계실까지 케이블 증설·변경도 함께 검토하여 인입위치와 케이블랙이나 인입배관을 설정한다.

2) 메인분배장치(MDF)크기 결정

MDF 크기를 결정하여 설계하려면 먼저 각 기능실 별, 각 층별 단말기 설치 소요량, 예비량,향후 계획까지 산출하여 MDF 크기를 결정한다. 그리고 음성급·데이터급·영상 등의 용도별 MDF와 층간분배장치까지 감안하여야 한다.

(5) 회선수 산출

각 층별, 기능실별로 공급할 케이블 필요 소요회선 수와 예비회선수를 산출하여 작성한다.

(6) 통신케이블 성능 전송레벨 측정을 설계에 반영

- 통신케이블의 전송레벨은 얼마의 dB가 적정한지 각 층, 실별 분배기 설치 개소를 계산하여 설계변경
- 컴퓨터·인터넷전화기 등 단말기 모듈러잭 단자에 레벨 측정치를 감안하여 송·수신에 장애가 없도록 설계 반영
- 홈네트워크 시스템의 각종 단말기간 연동의 문제점 분석과 호환성이 있도록 설계

(7) 주장치 용량과 기능별 계산산출

1) 통신회선 용량 산출

- 인입국선 사용회선, 예비회선
- 구내선 사용회선, 예비회선

2) 통신시스템의 용량 산출

- 단말기 설치 수량에 따른 계산
- 선로의 거리를 산출하여 손실 측정

3) 장비 용량 산출

- 광전송장비, 다중화장비, 라우트, 허브, 스위칭, 기타 용량 산출

6. 배관과 배선의 설계

(1) 배관과 배선의 설계

① 주장치와 단말기간 설계 : 주장치에서 단말기까지 배관 및 배선을 포설하는데 따르는 배선의 규격을 표기하고 배관 규격을 표기 한다

- 꼬임 케이블의 경우 : UTP cat6×2c(28C), Empty Pipe(28C)
  설명 : UTP cat6 2회선과 28mm배관 2개, 예비배관 28mm배관 1개표기.
- 방송용인 경우 : HIV2-1.2mm(16C)

설명: HIV 전선 2회선과 배관 굵기 16mm1개 표기.

② 배관의 인출 상세시공 도면 작성 : 단자함, 각종 단말기 아웃렛 박스를 설치할 때 벽면 마감보다 각종 박스가 튀어나오거나 들어가는 경우가 많으므로 건축의 조적공사시 박스류와 단자함 두께를 계산하여 단자함과 배관의 연결할 위치를 철근과 묶어서 처리하는 상세도면 표기

③ 아울렛박스·단자함의 설치높이 기준치를 정하여 바닥 마감면에서 배관을 구부려 올릴 때 찌그러지는 현상이 없도록 상세도면 표기

④ 박스·단자함 고정을 조적공사 부분과 단단하게 시공이 되도록 고정방법, 고정상태의 상세도면 표기

⑤ 건축공사 콘크리트 타설 전 배관의 연결 작업시 배관 고정간격을 시공 상세도면에 표기

⑥ 배선의 입선(통선) 작업 시 A측과 B측간 배관에서 인출된 전선·케이블 등 가닥별 번호표를 붙여두어야 연장을 위한 경우나 시스템 단자연결 작업 시 편리하게 처리할 수 있으므로 결선시공도면 작성
⑦ 같은 종류의 매입배관(PVC, 금속관)을 많이 작업할 때 전기·기계설비·통신용배관(음성급·데이터급·영상급)이 섞여서 시공된 후 콘크리트 타설 중 거푸집이 터져서 건축시공중 문제발생시 각종 배관의 재시공과 보완조치를 할 때 배관종류별 식별이 안 될 수 있으므로 매입배관을 설계도면에 공정별 구분이 되도록 표기
⑧ 같은 종류의 노출배관(주로 금속배관)을 많이 작업할 때도 이중 천장 내부에 시공이 되고, 준공 후 유지보수·증설 등을 할 때 배관과 박스류의 구분·식별이 쉽도록 설계한다.
⑨ 노출배관과 풀 박스(pull box)류가 많이 작업이 될 때 천장에서 하중을 계산한 배관걸이, 채널, 고정용 앙카볼트 등을 설계도면에 표기
⑩ 단자함 내부, 풀 박스 내부 등 연결 부분은 순서별로 분리되도록 설계도면에 표기
⑪ 사무실 바닥의 마감재를 확인하고 구내통신선로 포설 계획에 맞추어 구내통신선로 보호대책을 강구한다. 특히 PVC, 알루미늄 등의 몰딩을 이용하여 바닥에 깔면 통행에 아주 불편하므로 케이블 포설이 용이하도록 신축 시에 배관을 매입하여 후로와 덕트를 검토하여 반영한다.

(2) 배선의 경로

배선의 경로와 통신회선 수를 표기한다. 평면도면 위에 배관경로와 배선의 경로는 거의 일치하므로 배선의 표기 옆에 배관의 굵기와 규격을 기록한다. 배관의 굵기 결정은 배선의 수가 배관의 몇 32%까지 삽입(통선)이 가능한지를 결정한다.

(3) 네트워크장비설치 상세도면 작성

① 네트워크장비활용 IP교환기 설치 시공 상세도 작성
- 주장치 설치 높이, 비상시 예비전원의 용량 산출에 따른 설치 위치와 케이블 배선의 상세도 작성

② IP방송용 설비
- 천장형, 벽부형, 매입형, 거치형 등의 설치상세도 작성, 스피커 설치상세도 작성

③ 구내정보통신망의 IDF, MDF의 허브, 라우트, 기타 통신시스템과 LAN, 광케이블의 결선도 및 설치도 작성

④ 각종 단말기의 IP관리대장, 전화번호의 작성
⑤ 네트워크장비를 이용한 영상전송, 폐쇄회로 텔레비전(CCTV), 종합유선방송(CATV) 등의 설치도면 작성
⑥ 각종 단자함 · 분배기 · 분기기 · 증폭기의 설치상세도

(4) 타 공사와 연계확인 설계 반영

각종 타 공사의 시공여건을 검토하여 통신용 배관과 배선의 루트를 선정하여 도면을 작성하여야 한다. 그 중 천장 내부에는 설비의 공조설비의 덕트, 전등선로를 비롯하여 냉 · 난방용 시설물이 설치되므로 타 공사의 실시설계 도면을 입수하여 검토되어야 통신용 배관과 배선의 경로를 설정할 수 있다.

배관과 배선의 경로가 원활하여야 향후 통신선로 증설에서 어려움이 없다. 천장을 마감하고 운영중에 증설이 필요하여 작업을 착수할 때 배관의 경로가 원활하지 않을 때 예비배관 활용을 전혀 할 수 없는 경우가 많이 있어 예산을 낭비하는 등 재공사를 해야 하는 사례가 빈번하다.

(5) 계통도도면 작성

각 기능실 별 운영의 자료를 수집하여 건축도면 위에 배관 · 배선 · 기기 설치를 위한 도면과 네트워크장비의 계통도면을 작성한다.

각종 계통도를 기준으로 각 기능실에 단말기 설치 위치를 선정하고 단말기 접속이 용이하도록 배관의 경로를 결정하고 단말기의 위치를 선정하는 과정에는 단말기의 심벌 기호를 표기한다.

(6) 단말기 수량조사와 배관배선의 수량 산출

단말기의 필요한 수량을 조사하고 배관과 배선의 소요량을 산출한다.

7. 정보통신장비설치 공사의 시방서 작성

(1) 적용 기술기준

- 방송통신설비의 기술기준에 관한 규정
- 접지설비 · 구내통신설비·선로설비 및 통신공동구등에 대한 기술기준

(2) 본 시방서의 적용 범위

정보통신장비와 연결되는 구내통신선로설비공사에 적용한다.

(3) 구내통신선로설비의 배관 공사

① 건축물의 구내에는 선로를 용이하게 설치하거나 철거할 수 있도록 배관 또는 닥트 등의 시설을 설치하여야 한다.

② 구내간선계 및 건물간선계의 배관 공수는 동등 이상 내경을 가진 예비공 1공 이상을 포함하여 2공 이상을 설치하여야 한다. 트레이 및 닥트 등을 설치할 경우에는 향후 증설을 고려하여 여유 공간을 확보한다.

③ 수평배선계의 배관은 성형구조, 성형배선이 가능한 구조이어야 한다.

④ 구내에 설치하는 배관의 요건

- 배관은 외부의 압력 또는 충격 등으로부터 선로를 보호할 수 있는 기계적 강도를 가진 내 부식성 금속관 또는 KSC(한국산업규격) 8454 동등 규격 이상의 합성수지제 전선관을 사용하여야 한다.
- 배관의 내경은 배관에 수용되는 케이블단면적의 총합계가 배관 단면적의 32% 이하가 되도록 하여야 한다.
- 배관의 굴곡은 가능한 완만하게 처리하여야 하되, 곡률반경은 배관내경의 6배 이상으로 한다.
- 배관의 1구간에 있어서 굴곡개소는 3개소 이내이어야 하며, 1개소의 굴곡각도는 90° 이내로 하며 3개소의 합계는 180° 이내이어야 한다. 다만, 옥내전화선(한 조로 된 선로)을 수용하는 경우에는 굴곡개소를 5개소 이내로 하고 그 굴곡각도의 합계는 270° 이내로 한다.

⑤ 옥내에 설치하는 덕트의 요건

- 덕트는 선로를 용이하게 수용할 수 있는 구조와 유지·보수를 위한 충분한 공간을 갖추어야 하며, 수직으로 설치된 닥트의 주변에는 선로의 포설, 유지 및 보수의 작업을 용이하게 할 수 있는 디딤대 등을 설치하여야 한다.
- 덕트의 내부에는 선로의 포설에 필요한 선로 받침대를 60㎝ 내지 150㎝의 간격으로 설치하여야 한다. 다만, 선로용 배관을 따로 설치하는 경우에는 그러하지 아니하다.

⑥ 예비배관 내에는 부름 도입선을 넣어두고, 그 양단에 행선을 기입한 표찰을 부착하여야 한다.

⑦ 접지 시공 시, 접지케이블을 보호할 수 있도록 배관을 시공하여야 한다.

(4) 국선단자함 설치

① 구내로 인입된 국선은 구내선과의 분계점에 설치된 주 단자함(국선단자함) 또는 주 배선반에 수용하여야 한다.
② 국선단자함은 국선수용 단자, 단자반 및 보호기를 설치할 수 있는 충분한 공간 및 구조를 갖추어야 하며 관로의 분계점과 가장 가까운 곳에 설치하여야 한다.
③ 국선단자함의 최저 크기가 400×500×80mm 이상이어야 하고 우측에는 2구의 전원 콘센트(권장) 내장하고 광통신기기와 인터넷모뎀을 설치할 충분한 공간을 확보하고 좌측에는 통신용 낙뢰보호기와 110단자대가 내장 하여야 한다.
④ 국선단자함과 장치함은 공용(방송통신단자함)으로 사용 할 수 있으며 방송통신단자함은 최저크기가 600×700×150mm 이상이어야 하고 우측에는 3구의 전원 콘센트를 내장하고 좌・우 차폐용 철판을 설치하여야 한다.
⑤ 회선의 표시를 위하여 회선표시판(선번장)을 비치하여야한다.
⑥ 국선단자함은 빗물이 스며들 외벽의 장소를 피하고 잠금장치를 할 수 있는 실내에 설치하고 바닥으로부터 단자함 하부까지 30㎝높이에 설치한다.
⑦ 매입 국선단자함은 1.6T 이상의 압연강판으로 제작하고 단자함의 문과 테두리는 스테인레스 제품으로 하고 배관에는 콘넥타(로크너트, 붓싱)로 마감하여야 한다.
⑧ 국선단자함은 1.6mm이상의 접지선으로 접지를 하고 100회선 이하는 100Ω 이하가 되어야 하고 단자함 절연저항은 50MΩ 이상, 접속저항은 0.01Ω 이하가 되어야 한다.
⑨ 단자함본체와 낙뢰보호기간 접속이 쉽도록 소형 접지 단자대를 설치하여야 한다.

(5) 중간단자함 설치

① 선로를 용이하게 수용하기 위한 접속함(선로간을 직접 연결하기위한함) 또는 중간단자함(국선단자함과 세대단자함의 사이에 설치하는 단자함) 등은 국선단자함 으로부터 세대단자함까지의 구간 중에서 배관의 굴곡점, 선로의 분기 및 접속을 위하여 필요한곳에 설치되어야한다.
② 매입형의 단자함은 1.6T 이상의 압연강판으로 제작하여 문과 테두리는 스테인레스 제품으로 설치하고 잠금장치가 되어야 한다
③ 단자함 내부의 배관에는 콘넥타 (로크너트, 붓싱)로 마감하여야 한다.

④ 중간단자함의 크기는 300×400×150mm이상 권장, 바닥에서 30Cm 높이로 한다.
⑤ 중간단자함은 1.6mm 이상의 접지전선으로 접지를 하는데 100회선 이하는 100Ω 이하, 장치함 절연저항은 50MΩ 이상, 접속저항은 0.01Ω 이하가 되어야 한다.
⑥ 중간단자함은 잠금장치, 통풍구를 설치하여야 하고, 접지단자가 구비된 구조로 설치하여야 한다.
⑦ 사무실에 설치하는 10회선 이상의 통신단자함은 바닥방향으로 인출이 될 수 있도록 인출용 배관 28C 1공을 설치하여야한다.
⑧ 중간단자함의 단자는 배선 케이블 등급과 동등 이상의 성능을 가지는 것이어야 한다.
⑨ 금속형 중간단자함은 접지가 되어야한다.

(6) 종말단자함 설치

① 업무용 건축물 중 사무실별로 배선의 인입 및 분기가 용이하도록 벽면에 종말 단자함을 설치할 수 있다.
② 금속형의 단자함의 경우에는 1.6T 이상의 압연강판으로 제작하여야 하고 외부에 노출되게 설치시는 잠금장치를 구비 할것.
③ 단자함 크기는 300×400×150mm 이상의 규격에 높이는 바닥에서 단자함 하부까지 30Cm 높이로 한다. 금속형 단자함은 1.6mm이상의 접지전선으로 접지를 100Ω 이하로 구성하여야 하여야한다.
④ 단자함 내에는 전원용 콘센트를 내장하고 전화용, 초고속통신용, 종합유선방송용과 방송공동수신용(안테나설비)등 선택하여 시청할 수 있도록 배관과 배선을 하고 각종 통신 단자를 설치하여 작업이 될 수 있는 충분한 공간의 크기이어야한다.
⑤ 단자함 내부의 배관에는 콘넥타 (로크너트, 붓싱)로 마감하여야 한다.
⑥ 단자함의 높이는 바닥에서 단자함 하부까지 30Cm 높이로 한다.
⑦ 단자함 절연저항은 50MΩ 이상, 접속저항은 0.01Ω 이하가 되어야한다.
⑧ 단자함의 단자는 배선 케이블 등급과 동등 이상의 성능을 가질 것
⑨ 사무실에 설치하는 10회선 이상의 단자함은 단자함에서 바닥방향으로 인출이 될 수 있도록 인출용 배관 28C 1공 이상을 설치하여야 한다.

(7) 보호기 설치

① 낙뢰 또는 강전류 전선과의 접촉 등에 의하여 이상전류 또는 이상전압이 유입될 우려가 있는 통신단자함에는 과전류 또는 과전압을 방전시키거나

이를 제한 또는 차단하는 보호기를 설치해야 한다.

② 선로설비의 상호간, 회선과 대지간 및 심선 상호간의 절연저항은 500V, 절연저항계로 10MΩ 이상, 접속저항은 0.01Ω 이하이어야 한다.

(8) 접지 설치

① 통신설비에는 보호기와 금속으로 된 주배선반・지지물・단자함(국선단자함, 구내통신단자함, 세대단자함 등)·장치함 및 지지물 등에는 접지를 한다.

② 통신시설의 접지저항은 10Ω 이하를 기준으로 하고 다음의 경우는 100Ω 이하로 할 수 있다.

- 선로설비중 선조·케이블에 대하여 일정 간격으로 시설하는 접지
- 국선 수용 회선이 100회선 이하인 주배선반(국선단자함)
- 보호기를 설치하지 않는 구내통신단자함
- 구내통신선로설비에 있어서 전송 또는 제어신호용 케이블의 쉴드접지

③ 통신회선 이용자의 건축물, 전주 또는 맨홀 등의 시설에 설치된 통신설비로서 통신용 접지시공이 곤란한 경우에는 그 시설물의 접지를 이용할 수 있으며, 이 경우 접지 저항은 해당 시설물의 접지기준에 따른다.

④ 접지선은 직경 1.6㎜ 이상의 PVC 피복 동선 또는 그 이상의 절연효과가 있는 전선을 사용하고, 접지극은 부식이나 토양오염 방지를 고려한 도전성 재료를 사용한다.

⑤ 접지체는 가스, 산 등에 의한 부식의 우려가 없는 곳에 매설하여야 하며, 접지체 상단이 지표로부터 수직 깊이 75cm 이상 되도록 매설 하여야 한다.

⑥ 보호기는 원칙적으로 인입구 부근에 설치하고 접지하여야 한다.

(9) 구내배선 전송특성 유지

① 층 단자함에서 인출구까지 꼬임케이블을 배선할 경우에 구내배선설비의 링크성능은 100㎒ 이상의 전송특성이 유지되도록 하여야 한다(CAT.5e 이상급).

② 링크성능 기준(구내통신선로설비기술기준고시 제33조제3항)은 다음과 같다.

- 동케이블의 링크성능 기준

측정항목	측정주파수 (MHz)	기준값	
		100MHz	250MHz
반사손실 (dB)	1	17.0 이상	19.0 이상
	16.0	17.0 이상	18.0 이상
	100.0	10.0 이상	12.0 이상
	250.0	-	8.0 이상
감쇠 (dB)	1.0	2.2 이하	3.0 이하
	16.0	9.1 이하	8.0 이하
	100.0	24.0 이하	21.3 이하
	250.0	-	35.9 이하
근단 누화손실 (dB)	1.0	60.0 이상	65.0 이상
	16.0	43.6 이상	53.2 이상
	100.0	30.1 이상	39.9 이상
	250.0	-	33.1 이상
근단 누화 전력합 손실 (dB)	1.0	57.0 이상	62.0 이상
	16.0	40.6 이상	50.6 이상
	100.0	27.1 이상	37.1 이상
	250.0	-	30.2 이상
원단감쇠대누화비 (dB)	1.0	57.4 이상	63.3 이상
	16.0	33.3 이상	39.2 이상
	100.0	17.4 이상	23.3 이상
	250.0	-	15.3 이상
원단감쇠대누화비전력합 (dB)	1.0	54.4 이상	60.3 이상
	16.0	30.3 이상	36.2 이상
	100.0	14.4 이상	20.3 이상
	250.0	-	12.3 이상
전달지연(ns)	10.0	555 이하	555 이하
전달지연변이(ns)	10.0	50 이하	50 이하

나. 광섬유케이블의 링크성능 기준

① 공동주택 및 업무용건축물

종류	파장 (nm)	채널손실
단일모드	1,310	7dB 이하
	1,550	7dB 이하
다중모드	850	13dB 이하
	1,300	9dB 이하

주) 링크성능은 집중구내통신실에서 광섬유케이블의 종단(세대단자함 또는 인출구)까지의 기준.

② 공동주택 외 주거용 건축물 및 기타건축물

종류	파장 (nm)	채널손실
단일모드	1,310	3.45dB 이하
	1,550	3.45dB 이하

주) 링크성능은 국선단자함에서 광섬유케이블의 종단 (세대단자함 또는 인출구) 까지의 기준.

(10) 구내배선의 설치방법

① 업무용 및 기타건축물에 설치하는 구내배선은 층 단자함에서 각 인출구 까지는 성형배선 방식으로 하여야 한다.

② 구내통신용신호와 유선방송, 공동시청안테나설비의 배선을 동일 배관에 함께 수용할 경우에는 선로상호간 누화로 인하여 통신소통에 지장이 없도록 하여야 한다.

③ 구내배선에 사용하는 접속자재는 배선케이블 등급과 동등 이상의 제품을 사용 하여야 한다.

④ 간선케이블과 수평케이블은 직접 접속되어야 하고 케이블 구간 중간접속을 하지 않아야 한다.

⑤ 구내케이블 인입시 적절한 인장력으로 케이블 손상 및 특성변화를 주지 않도록 하여야 한다.

⑥ 케이블을 접속할 때는 각 페어는 동일한 순서로 접속되어야 한다.

⑦ 통신단자함 내에 케이블 성단시, 충분한 여장을 두고 성단하여야 한다.

⑧ 수평배선 구간(세대단자함에서 인출구)까지은 성형배선을 하여야 한다.

⑨ 구내배선의 절연저항은 대지간 10MΩ 이상이어야 한다.

⑩ 모든 도면에는 통신케이블 경로마다 구간별로 배관의 규격과 수량, 통신케이블 의 규격과 회선수량을 표기하야 한다.

⑪ 세대단자함에서 인출구 까지(전화용, 초고속통신용, 방송수신용) 모두 성형배선을 하여야 한다.

⑫ 인출구(모듈러잭)의 핀 배열 및 페어별 접속

핀배열	1	2	3	4	5	6	7	8
LAN 568B 형	백/등	등	백/녹	청	백/청	녹	백/갈	갈

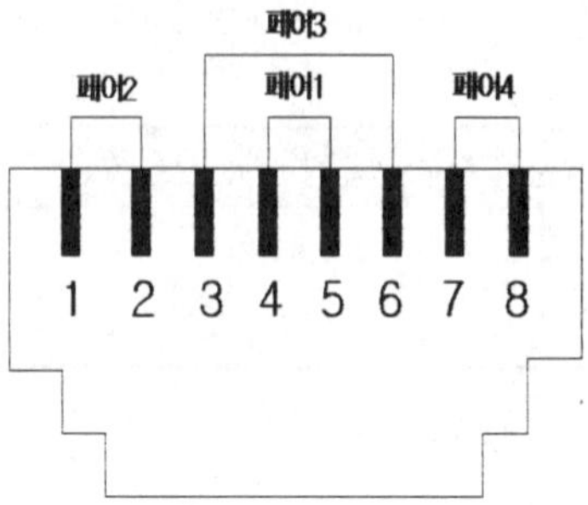

[그림 2-1] 인출구/모듈러잭(ISO8877)

⑬ 통신용 인출구는 8핀 모듈러잭을 사용해야 한다.

⑭ 인출구의 설치 개수는 각 실별(고정된 벽) 단위로 최소 1개소 이상 설치하여야 한다.

⑮ 통신용 인출구(아울렛)의 높이는 바닥에서 아울렛 하부 까지 30mm 높이로 한다(권장사항).

(11) 정보통신공사 범례

1) 통신전선관(배관, 배선)

기 호	내 용
	바닥매입 배관, 배선
	천정노출 배관, 배선
	단자함으로 귀로 표시
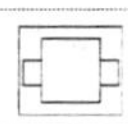	SYSTEM BOX
	전선관 및 전선 수
	상 승
	인 하
	소 통

2) 인출구, 통신단자함

기 호	내 용
	전화 인출구 1구형
	LAN 인출구 1구형
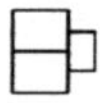	인출구 2구형
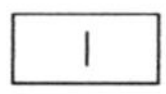	세대단자함
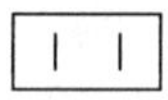	중간단자함
	국선단자함
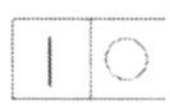	세대단자함(TV공용)
	주 배선반(주 배선 접속랙)
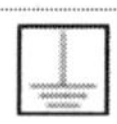	접지 단자함
	접 지
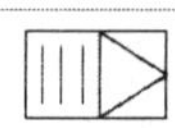	방송통신단자함(전화와 방송)
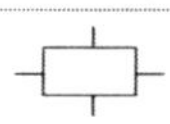	풀박스
	통신맨홀

8. 정보통신장비 구매규격 결정

(1) 규격서 작성

장비 용량을 결정하고 전기적 특성, 기능, 향후 증설부분을 설계에 반영한다. 특정 제품의 규격을 채택하기 보다는 구매가 용이하고 설치 후에 유지보수가 잘 될 수 있는 규격을 채택한다.

(2) 제품의 비교

2개 제조회사의 제품을 이상을 선정하여 규격서를 작성하고 기존 제품이 타 현장에서 설치되어 운영하고 있는 경우 운영자 의견을 참고하며 정보통신장비의 문제점이 무엇인지 검토하고 타 제품과 비교한 후에 우수한 제품을 결정하여 규격서를 작성한다.

(3) 원격운영 관리계획 설계에 반영

통신망을 안정적인 운영과 장애발생 유무를 감시하는 관리용 시스템을 운영하는 계획에 따라 실시설계에 반영하여야 한다.

(4) 자재비 · 인건비 산출을 위한 각종 산출서 작성

기자재 산출의 정확성이 있어야 시공 중 자재부족 발생이 없으며 자재비 · 인건비의 산출이 정확하지 못하여 시공 중 설계변경이 없도록 설계

2-4 정보통신 표준품셈의 이해

1. 정보통신 표준품셈의 적용

(1) 적용방법

표준품셈은 정보통신공사업법의 적용을 받는 정보통신공사 중 대표적이고 보편적인 공종 · 공법을 기준으로 하고 있으며 한국정보통신산업연구원 공사비산정전문위원회를 거쳐 미래창조과학지정으로 발행하고 있다.

(2) 특정기계 사용

공사를 시행하는 데 있어 특정한 기계사용이 사전에 확인되었을 때는 개별적으로 그 특성에 의한 작업능력과 제경비를 산정하여 적용할 수 있다.

(3) 수량의 계산

- 수량은 MKS 단위를 사용한다.
- 수량의 단위 및 소수위는 표준품셈 단위표준에 의한다.
- 수량의 계산은 지정 소수위 이하 1위까지 구하고, 끝 수는 4사5입한다.
- 곱하거나 나눗셈에 있어서는 기재된 순서에 의하여 계산하고, 분수는 약분법을 쓰지 않으며, 각 분수마다 그의 값을 구한 다음 전부를 계산한다. 단, 계산은 1회 곱하거나 나눌 때마다 소수 셋째 자리에서 4사5입하여 소수 2자리까지로 한다.
  예 0.012 → 0.01, 0.015 → 0.02

(4) 재료의 할증률

공사용 재료의 할증률은 일반적으로 〈표 2-9〉의 값 이내로 한다.

〈표 2-9〉 정보통신 재료의 할증

종 류	할증률(%)	철거손실률(%)
케이블랙, 트레이, 덕트, 레이스웨이	5	-
구내선, 케이블	7.5	-
외선케이블(옥외선 등)	3	2.5
합성수지전선관 및 금속관(구내)	10	-
PVC, PE, 합성수지 파형전선관	3	-
합성수지관 소켓트	10	-
점퍼선	5	2.5
열 수축관	5	-
25회선 접속자(콘넥타 포함)	2	-
조가선, 지선	4	-
케이블 (지하관로 지매)	3	1.5

(5) 주요 자재

공사에 대한 주요자재의 관급은 '국가를 당사자로 하는 계약에 관한 법률'시행규칙 및 정부 회계예규 등 관계규정이나 계약조건에 따르고 자재구입은 필요에 따라 시방서를 작성하고, 그 자재의 기능 · 용량 · 제작방법 · 성능 · 시험방법 · 부속품 등에 관하여 명시하여야 한다.

국내에서 생산되는 자재를 우선적으로 사용함을 원칙으로 하고, 그 중에서도 형식승인제품 · KS표시품 또는 국제공인제품 및 해당 성능기준 규격에 적합한 제품을 우선한다.

성능기준 규격에 없는 제품 사용 시 공사조건에 맞는 관련 규격 및 시방서 등을 검토하여 사용하도록 한다.

(6) 공구손료

공구손료는 일반 공구, 통신공사용 특수공구 및 특수시험 검사용 기구류의 손료로서 공사 중 항상 일반적으로 사용하는 것을 말하며, 직접노무비(노임할증률 제외)의 3% 계상한다.

(7) 잡 재료 및 소모재료

재품 및 소모재료는 설계내역에 표시하여 계상한다. 단, 계상이 어렵고 금액이 근소한 공사의 소모품(페스트, 토취램프용 휘발유, 잡 나사 등)에 대해서는 직접재료비(전선과 배관자재)의 2~5%까지 계상할 수 있다.

(8) 노 임

노임은 관계법령에 정하는 바에 따른다(주로 시중노임단가를 적용).

(9) 노임의 할증

근로시간 외, 야간 및 휴일의 근무가 불가피한 경우에 근로기준법 제55조, 유해 위험작업인 경우 산업안전보건법 제46조에 정하는 바에 따른다.

※ 근로기준법

제55조(연장 · 야간 및 휴일근로) 사용자는 연장근로(제52조 · 제58조 및 제67조 단서의 규정에 의하여 연장된 시간의 근로)와 야간근로(하오 10시부터 상오 6시까지 사이의 근로) 또는 휴일근로에 대하여는 통상임금의 100분의 50 이상을 가산하여 지급하여야 한다.

※ 산업안전기준법

제46조(근로시간연장의 제한) 사업주는 유해 또는 위험한 작업으로서 대통령령이 정하는 작업에 종사하는 근로자에 대하여는 1일 6시간, 1주 34시간을 초과하여 근로하게 하여서는 아니 된다.

(10) 설계도면의 제도

설계도면 작성을 위한 제도는 KS F1001 토목제도 통칙과 KS F1501 건축제도 통칙에 따르며, 통신시설 표준설계 요령을 준용할 수 있다.

2. 시공직종의 종류

(1) 기술자

통신기술자(통신관련기사, 통신관련산업기사)의 품은 표준품셈에 명시된 바에 따라 계상한다.

직접 작업에 종사하지 않으나 공사현장에서 보조작업에 종사하는 감독, 공사관리자, 현장사무소 직원 등 간접인력에 대한 품은 회계예규의 간접노무비율 범위 내에서 계상한다.

(2) 기능기술자

〈표 2-10〉 기능기술자의 분류

직 종	구 분
통신관련 기능사	정보통신공사업법상의 통신기술 자격자(기능사)로서 정보통신설비의 유지보수 및 엔지니어링 업무보조자로 종사하는 사람
통신외선공	전주, PE내관(전선관) 포설, 조가선, 나선로 등의 시공 및 보수에 종사하는 사람
통신내선공	전선 설치, 실내배관, 배선 시공 및 보수
통신설비공	교환기기, 무신기기 및 반송기기, 영상·음향·정보설비 시공 및 보수
통신케이블공	각종 케이블의 가설·포설·접속·연공·시험 및 보수
무선안테나공	철탑, 각종 안테나의 설치 시공 및 보수

(3) 특수기술자

〈표 2-11〉 특수기술자의 분류

직 종	구 분
H/W 설치사	전자교환기 및 컴퓨터 시스템의 하드웨어 설치 및 시공지도 운영업무
H/W 시험사	전자교환기 및 컴퓨터 시스템의 기계설비(하드웨어 포함) 설치의 적정여부 및 시험·분석·운영 등의 업무
S/W 시험사	전자교환기 및 컴퓨터 시스템의 소프트웨어 및 프로그램 설계·작성·입력·시험·분석·운영 등의 업무
CPU 시험사	전자교환기용 컴퓨터 CPU 및 주변장치에 대한 시험 및 운영, 프로그램의 분석관리업무
광통신설치사	광통신시설 중 광전송장치(단말장치, 중계기 포함) 설치 및 특성 시험·교정·유지보수업무
광케이블설치사	광섬유케이블의 포설, 접속, 각종 시험, 시공 및 유지보수업무

3. 설계서의 단위 및 소수위 표준

(1) 설계단위

설계서 수량의 단위와 소수위 표시는 본 표에 따르고, 본 표에서 지정한 소수의 이하는 버리는 것으로 한다. 1위대가표 또는 설계기초 계산과정에서는 표준품셈의 내용에 따르는 것으로 말한다.

표준품셈 표에 없는 품종에 대하여는 MKS 단위로 하는 것을 원칙으로 한다.

(2) 금액의 단위 및 표준

〈표 2-12〉 금액의 단위 및 표준

종 목	단위	지위(止位)	비 고
설계서의 총액	원	1,000	이하 버림(단, 10,000원 이하 버림)
설계서의 소계	원	1	이하 버림
설계서의 금액란	원	1	이하 버림
1위대가표의 계금	원	1	이하 버림
1위대가표의 금액란	원	0.1	이하 버림

4. 설계내역서의 작성 순서

설계내역서의 작성 순서는 다음과 같다(설계서의 크기는 A4용지로 사용한다).

표지 → 목차 → 설계 설명서 → 일반시방서 → 특별시방서 → 예정공정표 → 동원인원 계획표 → 예산서(내역서) → 일위대가표 → 자재표 → 중기사용료 및 잡비계산서 → 수량계산서 → 설계도면 → 설계지침서(원본) → 산출기초(원본)

2-5 네트워크장비 도입 설치공사의 설계내역서 작성

1. 정보통신공사 설계내역서 작성

(1) 설계내역서 작성 방법

설계내역서는 발주처, 입찰담당 계약부서(조달청)과 데이터 호환 txt파일을 작성한다.

- 시설공사 계약요청 시 설계도면, 시방서, 설계내역서, 일위대가, 단가산출서(견적서 포함) 각 1부씩을 제출
  ※ 조달청에 송부된 설계서는 최종 확정된 설계서와 동일하여야 함
- 설계내역서는 조달청 원가계산 프로그램과 호환 가능한 프로그램으로 작성, 데이터 호환 포맷인 txt파일(.txt)로 변환하여 디스켓이나 CD-ROM 송부 또는 G2B 계약요청에 전산파일 첨부
- 설계도면은 CD-ROM이나 G2B로 송부하실 경우 FONT파일 함께 저장하여 송부

(2) 설계내역서 공종별 구분 작성

통신공사는 각각 공종별로 구분하여 설계내역서를 작성한다.

(3) 공사원가계산 제비율 적용

간접노무비, 기타경비 등 공사원가계산 제비율은 조달청에서 발표하는 "공사원가계산 제비율"을 반영, 산출한다.

- 설계업체가 설계내역서 작성 시 예산액보다 설계금액이 초과될 경우 간접노무비, 기타경비, 일반관리비, 이윤 등의 제비율 임의로 축소조정 가능
- 조달청에서 제시한 "공사원가 제비율"에 따라 제비율 적용

(4) 해당 견적서 송부

설계내역서 중 전문 업체 견적가격을 적용한 품목은 조달청 가격 조사 시 해당업체의 견적가격이 참고가 될 수 있으므로 해당견적서를 첨부하여 송부

(5) 설계서 품명, 규격의 통일

품명, 규격 등은 설계도면, 시방서, 설계내역서에 상호 일치시켜야 한다.

(6) 세부 규격 명시

일반적으로 통용되는 재료나 제품이 아닌 특정재료나 특정규격일 경우에는 적정한 공사비를 적용할 수 있도록 설계내역서 및 시방서, 도면 등에 제품의 규격 기록한다.

(7) 1식 공사 내역서분

- 네트워크장비, 00통신시스템, 등 1식 공사는 세부내역을 작성하거나 또는 일위대가로 작성해야 함
- 1식 공사로 설계 내역서를 작성할 경우 적정한 공사비 산정 및 시공업체, 공사감독 시 기준이 없으며 설계변경이 발생할 경우 적정한 조치가 곤란 발생

2. 실시설계도면의 이해

(1) 통신공사의 종류별 설계도면 확인

① 전선관과 전선류의 규격 종류의 표기를 이해
② 전선관과 전선류가 노출인지 매입인지 포설방법을 결정한 내용 확인
③ 노트란을 만들어 Ⓐ와 같이 표기한다.

Ⓐ

UTP CAT5e 4P−0.5mm×2L 22c Empty Pipe(22C)

※ 설명 : UTP CAT5e 4페어 두 개의 케이블을 22mm 크기 1개의 배관 내에 끼워 포설하였다는 표기와 예비배관 22mm 크기 1개의 배관을 설치하라는 표기입니다.

④ 통신전선관은 합성수지전선과, 금속관 등 선정된 관을 범례에 표기

(2) 공종별 계통도 이해

① 외부의 공중통신망과 연결된 통신장비의 경우는 인입에 관련된 계통도와 시공도면을 검토하여야 한다.
② 인입 계통도면의 사례 : 전화회선 인입, 종합유선방송선로 인입, 이동통신 안테나급전 인입, 광케이블 인입, 기타
③ 계통도면의 인입에서 주 단자함 또는 국선연결 주 장치에서 구내로 분배 및 분리되어 가는 케이블의 경로를 지하층에서부터 지상층으로 확인하고, 각 층별의 중간단자함을 설치하고, 각 기능실로 분배하여 연결된 계통도면을 확인
④ 인입을 위한 맨홀을 확인하고 예비배관을 검토하는데, 유선전화용, 종합유선방송, 이동통신용, 각 예비배관 등을 확인

(3) 통신케이블 인입 평면도

① 도면의 축척 확인(1/100, 1/200, 1/300)
② 확인방법 : 토목지형 도면에 건물이 위치하는 건축도면을 표기한 위치에 기간통신사업자가 도로의 케이블이 건축대지 내로 인입할 위치가 어디인지 확인하며, 특히 도로변 쪽으로 인입이 되어야 시내통신사업자와 연결이 쉽다.

(4) 도면의 설계이해

① 도면의 설계이해
- 도면작성의 책임 설계회사와 연락처 확인
- 도면작성 날짜
- 도면 작성자 확인 : 엔지니어링 활동주체 신고자, 정보통신분야 기술자 이상이 작성
- 설계의 책임자 확인 : 정보통신기술자의 기명날인 확인
- 공사명 : _______건축 신축 정보통신공사
- 도면명 : 구내통신선로설비공사, 방송공동수신설비공사 등
- 축척 : 1/100, 1/200, 1/300 등

② 도면 내의 각 기능실 사용목적에 따라 정보통신 단말기 소요량과 설계수량의 일치여부 확인 : 단말기 소요량 파악은 발주처의 의견 수렴

③ 주장치, 주배선반(MDF)에서 각 기능 단말기 간 연결 통신케이블 경로가 적정한지 확인과 향후 증설대비 예비 량이 산출되어 설계에 반영되었는지 확인

④ 시공 시 각종 단자함, 아웃렛 박스, 배관 등이 건축의 조적공사에 문제점이 없는지 확인하고, 시공 상세도면을 작성했는지 검토

⑤ 각종 단말기의 설치 높이를 결정한 후 도면 작성이 되었는지 확인
- 단말기 설치에 맞추어 상세도면 작성
  - 공사 전에 도면의 설계에 문제점이 없었는지 확인
  - 발주처에서 요구한 사항
  - 운영부서에서 요구한 사항
  - 방송통신기술기준에 적합한지 확인
  - 통신사용전검사 대비 지적사항이나 위반사항이 없이 설계가 되었는지 확인

3. 네트워크장비 설치공사의 내역서 작성 실무

(1) 설계서 용지(갑지) 이해

① 상단부에는 발주 부서의 설계자, 심사자, 부서장, 결재란이 있으며, 설계자는 설계용역사의 설계담당인 엔지니어링기술자가 날인한다.

② 날짜는 설계 종료시점의 날짜를 기록한다. 종료시점의 자재비·인건비 등 단가 금액의 조사 및 선정의 시기가 1년 전 설계서를 현재 입찰한다면 바른내역이 아니다.

(2) 설계서용지(을지)의 공사총괄표 이해

정보통신공사의 공사종류별 재료비·노무비 등 총괄표를 확인하며 사례는 〈표 2-13〉과 같다.

〈표 2-13〉 총괄내역서의 공종별 집계표 작성사례

공 종	식	자 재 비	인 건 비	비고
1. 구내통신선로설비공사	1	450,000원	25,817원	
2. 네트워크 장비설치	1	900,000원	101,587원	
합 계		1,350,000원	127,404원	

4. 설계내역서의 작성 사례

(1) 구내통신 선로설비공사 내역서

구내통신 설비공사내역서 작성 〈표 2-14〉사례 이다.

〈표 2-14〉 구내통신 설비공사내역서 작성 사례

품 명	규 격	단위	수량	자재비		인건비		비고
				단가	금액	단가	금액	
utp케이블	cat54p	m	500	900	450,000			물가정보 00페이지
통신 케이블공	10m단위 계산	인	0.15			172,119	25,817	시중 노임단가
합 계					450,000		25,817	

(2) 네트워크 장비설치

인건비 산출서 〈표 2-15〉 작성 사례이다.

〈표 2-15〉 구내통신 설비공사 인건비산출서 작성 사례

품 명	규 격	단위	수량	자재비		인건비		비고
				단가	금액	단가	금액	
네트워크장비 (L2스위치)	24port	대	1	900,000	900,000			물가정보 00페이지
네트워크장비 S/W 시험사		인	0.36			176,440	63,518	시중 노임단가
네트워크장비 H/W 시험사		인	0.22			173,041	38,069	시중 노임단가
합 계					900,000		101,587	

5. 자재산출서 작성사례

① 각 실별자재의 설치현장 마다 스케일자를 사용하여 도면위에 거리를 측정하고 자재수량 집계표를 작성.

② 자재별 합계는 소계에 할증율을 곱하여 자재별 합계를 계산하며 <표 2-16> 자재수량 산출서 작성 사례이다(할증율은 정보통신표준품셈 책자에 재료의 할증율 및 철거손실률 표를 반영한다).

〈표 2-16〉 자재수량산출서

품 명	규 격	장소별	집 계	총계	소계	할증률
합성수지 전선관	16C	1층	5+10+20+3+15	58.3	53	10%
합성수지 전선관	22C	2층	7+20+10+18+5	66	60	10%
UTP.cat5	4P	1층	7+12+22+5+17	67.7	63	7.5%
UTP.cat5	4P	2층	9+22+12+20+7	75.2	70	7.5%
세대 단자함	300*400*80	1층 2층	2	2개	2개	−
모듈러	8pin	1층	1+1+1+1+1	5개	5개	−
모듈러	8pin	2층	1+1+1+1+1	5개	5개	

6. 소요인력 산출

(1) 내역서 물량산출서

내역서 물량산출서의 합계수량을 현장에 설치하는 공사를 수행한다. 인력의 수가 얼마나 필요한지를 공종별·층별로 나누어 산출한 자료가 소요인력 산출서 〈표 2-17〉 사례이다.

〈표 2-17〉 공사명 : ○○○정보통신공사 동원인원 산출근거서

작업종별	규격	수량	단위	단위인원				소요인원				정보통신 표준품셈
				통신 설비공	통신 내선공	통신케이블공	보통 인부	통신 설비공	통신 내선공	통신케이블공	보통 인부	
20 년도 정보통신표준품셈												품셈번호
세대단자함 신설	400 *450	1	개		0.50		0.50		0.5		0.5	3-3-3
UTP케이블 신설(구내)	4P 이하	20	10m		0.15				0.3			7-7-1
UTP케이블 신설(구내)	25P 이하	40	10m			0.25				0.25	1.0	7-7-1
패치판넬 설치	24 PORT	1	대	0.28			0.20	0.28			0.2	7-7-1
110블럭 설치	25P	100	SET	0.16			0.08	0.16			0.08	7-1-1
합성수지 전선관	22mm	200	m		0.60 (10m 당				12			3-3-1
합 계								0.44	14	0.25	1.78	

(2) 정보통신설비설계

표준품셈의 사례는 〈표 2-18〉과 같다.

〈표 2-18〉 네트워크 신설 표준품셈표

▌케이블 포설

공정 및 규격		단위	통신케이블공
UTP (구내)	Cat.5 4Pr	10m	0.15
	Cat.5 25Pr	10m	0.23
	Cat.5 50Pr	10m	0.32
	Cat.5 100Pr	10m	0.45
UTP(옥외)	Cat.5 4Pr 이하	10m	0.06

◀해설▶

① 관로 및 피트(pit) 기준. 벽잠핑, 플로어덕트, 랙(rack)의 설치시는 본 품의 120%

② UTP, STP, FTP케이블 200Pr는 100Pr의 180%, 300Pr는 260%, 400Pr는 340%, 400Pr 초과는 100Pr 초과당 80% 추가적용, UTP, STP, FTP(옥외)는 가공가설품으로, 인입 크램프 취부 포함이며, 자기지지형 케이블은 120% 적용

▌커넥터 및 잭 접속

공정 및 규격	단 위	통신내선공
RS-232C(10Pin)	10개	0.49
Modular(RJ45-8Pin Plug)	10개	0.20
Modular(Outlet)	10개	0.44

◀해설▶

① RS-232C 중 11핀 이상은 본 품의 130% 적용

② STP, FTP용 모듈러잭은 모듈러품의 130% 적용, 모듈러아울렛 2구형은 본 품셈의 120% 적용

▌분배함 및 Rack, patchPanel 등 설치

공 정 별	규 격	단 위	통신 케이블공	통신 설비공	통신 내선공	보통 인부
Box 설치	Outlet Box (4구 이하 노출, 매입)	개	−	−	0.17	−
110 Block 설치	25P	Set	−	0.16	−	0.08
	50P	Set	−	0.25	−	0.13
	100P	Set	−	0.31	−	0.17
	300P	Set	−	0.43	−	0.24
Patch Panel 설치(24Port)		대	−	0.28	−	0.20
19인치 랙(높이2.2M미만)		대		0.52		
19인치 랙(높이2.2M이상)		대		0.54		
Patch 및 Line Cord 설치 및 정리		10개	0.40	−	−	0.54
성단(24Port, 25P 4 Line)		개	0.58	−	−	0.42
회 선 시 험		Port(4p)	0.05	−	−	0.03

◀해설▶

① Outlet Box 6구는 본 품의 130%, 12구는 6구의 품의 250% 적용

② 110용 Connecting Block(4P, 5P) 취부는 110 Block 설치품에 포함되었으며, 2세트 취부시(100P 또는 300P) 본 품의 180%, 3세트 260%, 4세트 340%, 4세트 초과는 1세트 추가당 80% 가산적용

③ MDF 설치 중 Rack에 설치시는 본 품의 120% 적용

▌각종 기기설치 및 S/W Config(일부)

공 정 별		단위	통신관련 기사	통신관련 산업기사	통 신 설비공	S/W 시험사	H/W 시험사	H/W 시험사	보통 인부
단말기(PC) 설치		대	–	–	0.20	–	–	–	0.16
PC용 LAN Card 설치		대	–	–	0.14	–	0.14	–	–
PC용 LAN S/W Install (Config & Test)		대	0.10	–	–	0.28	–	–	–
방화벽 설치						0.42	0.42		
서버(sever)	본체 설치	대	–	–	0.33	–	0.50	–	–
	OS/Patch 설치	식	–	–	–	0.77	0.85	–	–
	Device 설치	대	–	–	–	0.17	0.25		–
	Data 백업	식	–	–	–	0.46	0.33		–
	S/W Install					0.48			
	보안정책적용/환경설정					1.12			
	LOG분석					0.88			
	종합시험	식	–	–	–	0.56	0.31		
허브	Dummy	식	–	–	–	0.18	0.11	–	–
	Intelligent (스위칭)	식	–	–	–	0.36	0.22	–	–

◀해설▶

① UPS 설치는 '무정전 전원장치(UPS, CVCF) 신설'품 적용

② 단말기(PC) Set-Up 및 업그레이드는 PC용 LAN S/W Install품 적용

③ 서버(sever) 본체설비는 단독형 설치로 Device HDD 1개, CPU 4개, 시스템 보드 4개(CPU/메모리 보드), 시리얼 I/O보드, 그래픽 I/O보드, PCI I/O보드, 전원장치, CD-RW(ROM) 포함이며, 랙(캐비닛) 타입은 본 품의 120% 적용

(3) 품목별 규정결정 확인

- 자재비 품목별 규격은 KS폼으로 조사하여 최상의 좋은 품질의 자재를 선정하여 설계하였는지 검토한다.
- 특히 자재규격 중 제조 의뢰하여 현장 크기를 감안한 주문생산의 경우는 품질시험기관을 통하여 시험을 받을 수 있거나 시험에서 합격한 제품을 선정했는지 확인
- 또한 통신시스템과 관련된 규격으로 MDF, 단자함, 주장치 등은 전선과 단

말기의 수량산출에서 적정히 계산되어 규격결정이 되었는지 확인한다.

(4) 자재소요량 조사방법

- 자재소요량은 현장의 운영계획과 발주자의 요구사항을 반영하여 소요량을 결정하는 방법은 설비규모, 각 기능실 용도, 건축물내부 시설의 운영방향, 투자예산 규모를 모두 감안하여야한다.
- 발주 담당자의 주 시스템의 규모, 단말기 수량 등 종합적인 자재의 소요량을 각 기능실별로 통신시스템설치 필요 항목표를 만들어서 확인을 거친 후에 실시설계를 하면 설계 중 설계변경이 없이 설계를 종료할 수 있다.
- 자재산출내역서 <표 2-19>작성 사례이다.

〈표 2-19〉 자재산출서 작성 사례

품 명	규 격	장소별	평면도면 수량 집계	총계	소계	할증률
합성수지전선관	16C	1층	5+10+20+3+15	58.3	53	10%
합성수지전선관	22C	2층	7+20+10+18+5	66	60	10%
UTP.cat5	4P	1층	7+12+22+5+17	67.7	63	7.5%
UTP.cat5	4P	2층	9+22+12+20+7	75.2	70	7.5%
세대단자함	300*400*80	1층,2층	2	2개	2개	–
모듈러	8pin	1층	1+1+1+1+1	5개	5개	–
모듈러	8pin	2층	1+1+1+1+1	5개	5개	

(5) 수량산출서 확인

각종 자재의 수량 집계표를 설계자로부터 인수받아 각 기능실별, 각 층별로 수량을 집계 한다.

(6) 할증 확인

- 각종 전선관 할증률 10% × 집계의 합계 수=설계량
- 각종 전선 할증률 7.5% × 집계의 합계 수=설계량

(7) 전선관 부속품률 확인

내역서의 전선관 합계금액 × 10%를 재료비에 계산한다.

예 전선관 재료비 합계금액 × 10%=합계

(8) 공구손료 확인

직접노무비에 3%까지 재료비에 계산한다.

(9) 잡자재비

전선관과 전선의 2%까지 재료비에 계산한다.

(10) 인건비단가 조사

- 인건비난가는 시중노임단가를 적용하는데 물가정보 안내지를 통하여 시중노임단가 조사표를 적용한다. 조사 시기는 연 2회 5월, 9월 조사(제조 : 중소기업협동조합중앙회, 공사부분 : 대한건설협회)
- 인건비 산출요령 : 직접인건비를 산출하기 위하여 정보통신 표준품셈을 적용하여 산출한다. 사용자재의 규격, 용량, 작업방법, 신규설치, 증설, 철거, 이전, 재활용 등의 현장작업 여건을 기준으로 사용량에 단위당의 시공직종의 품을 곱하여 계산한다.

(11) 자재단가 결정확인

1) 각종 자재의 단가는 결정

최근의 시중 물가자료 정보지와 견적 활용한다.

저렴한 가격에 좋은 품질을 선정하여 단가로 채택하는데 특히 시중 물가자료 정보지는 가격의 차이가 많이 없는지, 몇 개의 물가조사기관의 물가정보 책자의 단가를 조사하고 비교하여 소매가격, 도매가격, 공장도가격을 확인하고 부가세가 포함되어 있는 단가 여부를 확인하여야 한다.

2) 공사설계서

작성 시 원가계산서에 부가세를 계산하면 내역서상에 단가의 부가세를 제외하여야 한다.

3) 시중 물가자료 정보지에 없는 품목의 자재

- 관련 업종의 기업체의 견적서를 받아서 가격에 반영하는데 시중가의 낮은

가격의 견적이어야 한다.

- 가격이 높은 회사에 견적을 이용할 때도 견적서에 부가세별도 가격인지 확인하고 부가세별도 가격을 단가에 적용한다.
- 3개 회사 제품을 품목별로 단가비교표를 작성하여 발주처에 제출하며 그 중 낮은 가격을 결정하며, 그 단가비교표에 관련된 가격조사 시 수집한 가격정보지와 견적서를 모아 보관해야 한다.

7. 정보통신장비설치 정보통신공사 원가계산서 작성 사례

(1) 원가계산서 작성 이해(조건 : 공사기간 5개월)

1) 순공사원가

① 재료비 : 26,000,000원

② 노무비

- 직접노무비 : 38,000,000원
- 간접노무비 : 직접노무비의 적용율(%)
  - 평균 10%적용함
  - 예정 가격 작성기준(회계예규)적용할 때(직접노무비의 14% 이하 적용) (공사 종류별 통신 : 15%, 공사규모 5억원 이하 : 14%, 공사기간 6개월 미만 : 13%의)=3가지 요율 합산하여 3으로 나누어 평균값= 14% 정도
  - 간접노무비 : 조달청 고시 건축설비설비공사 원가계산제 비율(산업설비로 적용) 직접노무비의 12.7% 이하, 공사규모 50미만 이고 공사기간 6개월 미만 기준하여 건축신축공사와 병행한 통신공사의 경우 건축 분야적용 10.4%
  - 노무비 합계 : 직접노무비 + 간접노무비

③ 경 비

- 기계경비 : 통신 토목공사의 굴삭기 기계사용 상세 내역서를 작성한 경우
- 산재보험료 : 노무비의 3.70% (2천만원 이상적용)
- 고용보험료 : 노무비의 0.79% (5등급 이하 적용)
- 국민건강보험료 : 직접노무비의 1.59% (1개월 이상적용)
- 노인장기보험료 : 국민건강보험료의 6.55% (1개월 이상적용)
- 연금보험료 : 직접노무비의 2.48% (1개월 이상적용)
- 안전관리비 : 재료비와 직접노무비를 합한 금액의 2.48%적용
  (건축신축공사와 병행한 통신공사의 경우 일반건설(갑)적용 2.48%)
  (건축공사와 별도의 통신공사만 발주 경우 특수,기타건설 적용하여 1.24%)
- 기타 경비 : 재료비와 노무비를 합한 금액의 5.2% 이하(산업설비로 적용)

- 경비 합계 : 3-1에서 3-8까지를 합한 금액
- 정보통신공사는 환경보전비, 퇴직공제부금비 적용을 제외하였으며 각종 보험요율은 법령의 개정에 따라 매년 변경이 있기 때문에 조달청의 고시 확인 필요

2) 일반관리비(재료비, 노무비, 경비를 합한 금액)

① 조달청 고시(매년 개정공시)
- 건축설비설비공사원가계산 제비율 기준적용 할 때의 5천만원미만 (6%)
- 5천만원이상 3억원 미만(5.5%), 3억원이상 30억원 미만(5%)

② 예정 가격 작성기준(회계예규)
- 적용할 때 5천만원미만(6.0%)
- 5천만원 이상 3억원 미만(5.5%), 3억원이상(5.0%)

3) 이 윤

노무비, 경비, 일반관리비를 합한 금액(50억원 미만은 15% 이하)

4) 총원가

순공사원가(재료비, 노무비, 경비), 일반관리비, 이윤을 합한 금액

5) 부가가치세

총원가의 10%

6) 총공사금액

총원가와 부가가치세를 더한 금액(76,000,000원)

8. 공사원가계산서 작성 실습

(1) 재료비

재료비(52,380,304원, 노무비 21,041,304원)을 기준으로 원가계산서를 [서식 2-7]과 같이 작성한다.

[서식 2-7]

공사원가계산서

(공사명 : 정보통신장비설치 정보통신공사)

비 목			금 액	구성비	비고
순공사원가	재료비	직접재료비	52,380,304		
		간접재료비			
		〔소 계〕	52,380,304		
	노무비	직접노무비	21,041,943		
		간접노무비	1,767,523	직접노무비 × 8.4% (12개월 이하)	
		〔소 계〕	22,809,466		
	경비	운반비			
		기계경비			
		산재보험료	843,950	노무비의 3.7%	
		고용보험료	198,442	노무비의 0.87%	
		퇴직공제부담비			
		안전관리비	2,151,272	(재료비+직노)×2.93%(관급자재 미포함)	
		건강보험료	357,713	직접노무비 × 1.7%	
		노인장기요양보험	23,430	건강보험료의 6.55%	
		연금 보험료	523,944	직접노무비 × 2.49%	
		기타경비	4,285,817	(재료비+노무비)×5.7% (12개월 이하)	
		〔소 계〕	8,384,568		
순공사원가 합계			83,574,338	재료비+노무비+경비	
일반관리비			4,864,990	순공사원가 합계의 5.8% (50억미만)	
이 윤			5,408,854	(노무비+경비+일반관리비)×15%	
공급가액			93,848,182		
부가가치세			9,384,818	공급가액의 10%	
도급액			103,233,000		
관급자재비			0		
총공사비			103,233,000		

연습문제

1. 정보통신장비도입 현장조사업무의 내용을 설명하시오.

2. 설계용역과업지시서의 일반사항은 어떤 것을 안내하는지 설명하시오.

3. 정보통신장비 도입 사업계획서 작성 14단계를 작성하시오.

4. 설계용역업무 순서를 설명 하시오.

5. 사업수행자가 계약서에 정한 용역수행 기한내에 용역을 완성하지 아니한 때 어떤 조치를 하여야 하는가?

6. 정보통신장비 도입 구매사업 평가내용을 설명하시오.

7. 정보통신장비 속성의 평가사항을 설명하시오.

8. 기술계 엔지니어링기술자 등급의 종류를 설명하시오.

9. 타당성 조사 용역업무 수행순서를 설명하시오.

10. 수급인은 착수보고서 제출 후 현장여건 등을 검토한 후 과업수행계획서를 제출해야 하며, 이에 포함할 내용을 설명하시오.

11.기본설계업무를 수행하는 종류를 설명하시오.

12. 기본설계용역업무 수행순서를 설명하시오.

13. 실시설계 용역업무 수행순서를 설명하시오.

14. 용역감독자는 용역착수전 설계자로부터 과업수행계획서를 제출받아 검토를 하는 대상을 설명하시오.

15. 용역감독자는 계약자가 발주청에 제출하는 완료 보고서를 검토 대상은 어떤 것이 있는지 설명하시오.

16. 기본설계보고서 주요내용을 설명하시오.

17. 실시설계보고서 주요내용을 설명하시오.

18. 정보통신공사의 배관에 대한 시방서를 작성하시오.

19. 실시설계도면의 종류를 설명하시오.

20. 정보통신장비설치 재료비 26,000,000원, 직접노무비 38,000,000원에 대한 정보통신공사 원가계산서를 작성하시오.

제 III 편

정보통신장비 구매업무

제 1 장

정보통신장비 구매업무

1-1 정보통신장비 구매절차이해

1. 구매업무처리 절차

(1) 정보통신장비 구매업무의 흐름도

실시설계가 완료된 설계도서의 장비 규격서 대로 구매하는 과정은 〈표 1-1〉 정보통신장비 구매업무의 흐름도와 같다.

〈표 1-1〉 정보통신장비 구매업무의 흐름도

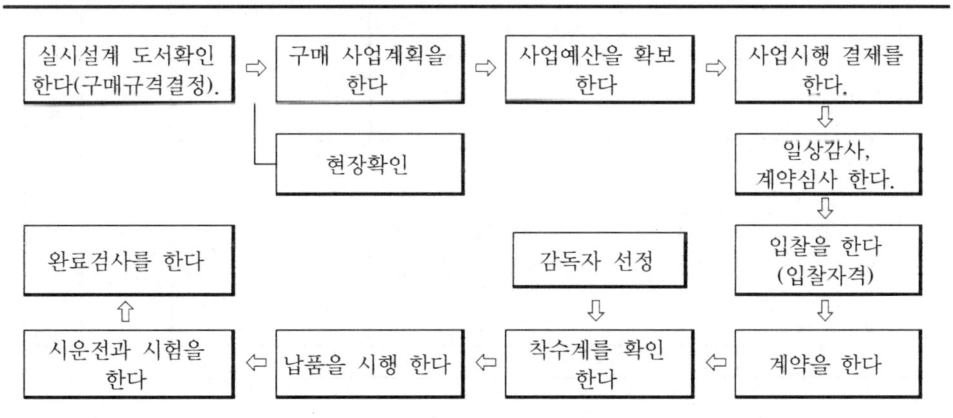

(2) 구매와 구매설치의 차이점

① 구매는 현장에 물품을 운반하고 수량의 검수를 받는 범위를 말한다.
② 구매설치는 현장에 물품을 운반하고 정보통신장비를 설치하고 가동까지 하여 시운전까지 마치고 검수를 받는 과정까지의 범위를 말한다.

〈표 1-2〉 정보통신장비 구매의 종류

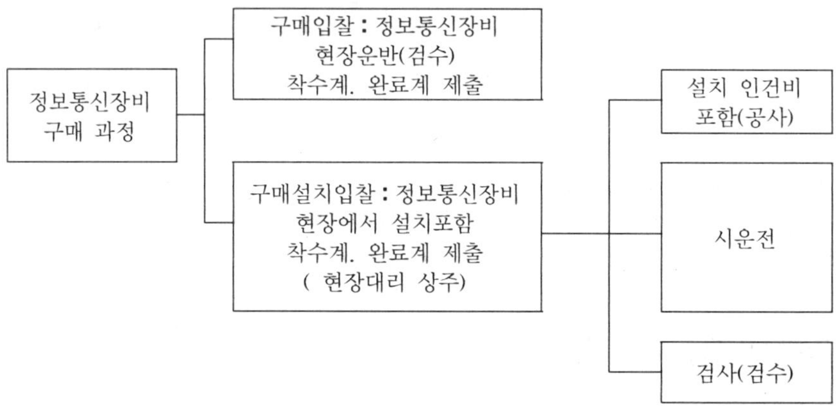

③ 공사와 구매설치업무는 〈표 1-3〉 공사업무에 속하며 설치인건비를 내역서에 반영한다.

〈표 1-3〉 공사와 구매설치 차이

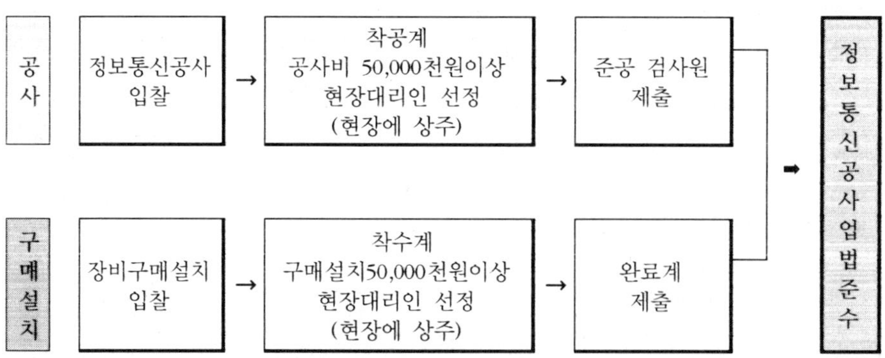

④ 구매업무와 구매설치업무의 차이는 〈표 1-4〉와 같다.

〈표 1-4〉 구매와 구매설치의 비교표

구 분	구 매	구매설치
인건비 반영	정보통신장비 설치 인건비를 설계내역서에 반영하지 않으며 현장에 도착만 한다.	정보통신장비 설치 인건비를 설계내역서에 반영
원가계산서 형태	경비목의 각종 보험료를 계산하지 않고 부가세만 계산하는 형태	A형 : 경비목의 각종 보험료를 계산하지 않고 부가세만 계산하고 발주하는 형태 B형 : 경비목의 각종 보험료와 부가세도 계산하여 발주하는 형태
현장대리인	현장대리인 선정 하지 않는 형태	현장대리인 선정 하는 형태
감독자선정	구매감독자 선정	구매감독자 선정
현장입고 절차	자재 승인을 하지 않는 형태 자재 승인을 하는 형태	자재 승인을 하지 않는 형태 자재 승인을 하는 형태
시운전	납품자 입회(구매 요구서에 따름)	납품자 입회 시운전 반드시 실시

2. 구매업무의 단계별 업무처리절차

(1) 정보통신장비 구매업무 단계별 처리절차

1) 수요발생

수요발생은 수요기관의 사업목적에 필요한 물품 및 용역의 필요에 따른 것이며, 해당예산을 확보함으로서 발생한다.

2) 조달요청

조달요청(나라장터(국가종합전자조달)) 수요기관의 장은 품명, 규격(시방서), 납기, 특수조건 및 추산가격, 배정예산 및 물품수급관리계획 반영 여부 등을 기재하여 나라장터(국가종합전자조달) 시스템을 이용 조달요청 한다.

(2) 정보통신장비 구매조달 요청접수(나라장터)

조달요청서는 본청 및 수요기관을 관할하는 지방청에서 접수하며 접수와 동시에 나라장터에 게재하여 일반에게 공개한다.

1) 공개 제외 대상

- 수요긴급 또는 비밀물자, 수의계약대상물품
- 구매예상가격이 1억원 미만인 내자
- 해당연도에 1회 이상 규격 사전공개를 실시한 품목

2) 공개기간

접수일로부터 5일간(긴급을 요하는 경우에는 3일간 공개할 수 있다)

(3) 정보통신장비 구매규격 검토

정부물품은 일반경쟁을 원칙으로 가장 경제적이고 경쟁이 가능한 규격으로 구매한다. 그러나 수요기관이 요청하는 물품이 국가계약법시행령 제26조 각호 및 지방계약법시행령 제25조 각호에 해당하는 경우에는 수의계약에 의거 구매할 수 있다.

(4) 정보통신장비 구매결의

검토가 끝난 조달요청서는 구매결의서를 작성하며, 구매결의서에는 다음사항을 포함한다.

① 구매관리번호
② 수요기관명
③ 정부물품목록번호, 품명, 규격, 수량
④ 계약방법
⑤ 낙찰자 선정방식(적격심사, 종합낙찰제, 2단계입찰, 분리입찰, 유사물품복수경쟁 등)
⑥ 법적근거
⑦ 예산금액 또는 추정가격
⑧ 협정물자(특정조달) 대상여부
⑨ 입찰일시(경쟁입찰시)
⑩ 납품기한 또는 계약기간, 납품장소, 인도조건, 검사 및 검수기관 이외에도 물품구매입찰유의서, 국가종합전자조달시스템(나라장터) 전자입찰특별유의서, 계약특수조건, 일반조건, 입찰보증금 수납에 관한 사항 등

(5) 정보통신장비 구매입찰공고

입찰방법에 의하여 경쟁에 부치고자 하는 경우에는 지정정보처리장치(나라장터)를 이용하여 공고하여야 한다.

1) 입찰공고에 명시할 사항(국가를당사자로하는계약에관한법률시행령36조)

① 입찰에 부치는 사항
② 입찰 또는 개찰의 장소와 일시
③ 입찰참가자의 자격에 관한 사항
④ 입찰보증금과 국고귀속에 관한 사항
⑤ 낙찰자 결정방법
⑥ 계약의 착수일 및 완료일
⑦ 계약하고자 하는 조건을 공시하는 장소
⑧ 입찰무효에 관한 사항
⑨ 입찰에 관한 서류의 열람/교부장소 및 교부비용
⑩ 추가정보를 입수할 수 있는 기관의 주소 등
⑪ 우편입찰 등을 허용하는 경우에는 그 취지와 입찰서를 송부할 장소
⑫ 공동계약을 허용하는 경우에는 동 계약의 이행방식
⑬ 기타 입찰에 관하여 필요한 사항
※ 입찰공고 내용과 당해 물품규격서 내용이 서로 상이한 경우에는 입찰공고 내용을 기준 한다.

2) 공고시기

원칙은 입찰서 제출마감일 전일부터 기산하여 7일 이전 공고하는 것이다(협상계약의 공고기간은 일반 경우 40일 이상, 긴급인 경우 10일 이상).

3) 입찰보증금 납부

입찰참가 신청마감일(입찰일 전일)까지 입찰참가 신청서와 함께 입찰금액의 100분의 5 이상 납부한다(입찰참가 신청서 : 입찰 보증금 납부서, 입찰 보증금 면제 확약서, 대리인 위임장, 사용인감계 등이 포함).

4) 입찰참가자격 기준일

입찰참가등록 마감일을 기준하되, 현장설명 참가가 의무화된 공사는 현장설명일을 기준으로 한다.

5) 대리인의 입찰참가

입찰참가신청서 제출 시 및 입찰개시시각 전까지 대리인을 지정(변경 포함)한 경우에는 대리인이 입찰참가 가능하다(법인의 경우에는 당해 법인의 임/직원이 대리인).

(6) 정보통신장비 구매 예정가격결정

예정가격은 계약담당공무원이 구매를 위한 경쟁입찰 또는 수의시담을 하기전에 당해 계약목적물의 특성 및 계약여건등을 고려하여 예산의 범위내에서 구매가격으로서 적정하다고 판단하여 정한 가격을 말하며 동 가격은 입찰 또는 시담에 의한 낙찰자 선정의 기준이 되며 계약체결에 대한 최고 상한금액이 된다.

복수예비가격에 의한 예정가격 결정, 경쟁입찰로 낙찰자를 결정할 경우 기초금액과 복수예비가격 작성한다.

① 계약담당공무원은 기초금액을 작성(국가를당사자로하는계약에관한법률시행령제9조)하고 나라장터로 공개(단, 협상계약은 공개하지 않을 수 있음)
② 기초금액의 ±2%(국가계약법적용 입찰) 또는 ±3%(지방계약범 적용입찰) 상당금액의 범위 내에서 서로 다른 15개의 예비가격을 작성하고 추첨된 4개의 예비가격을 산술평균하여 이를 예정가격으로 결정

(7) 정보통신장비 구매입찰

입찰은 입찰공고에 명시된 입찰시간과 장소에서 실시하고 재입찰은(국가를당사자로하는 계약에 관한법률시행령 제20조제1항)의 규정에 따라 재입찰 한다.

① 최초에 부친 입찰이 유찰된 경우 다시 공고절차를 가지지 않고 같은 장소에서 재차 입찰에 부치는 제도
② 처음 입찰에 참가하지 않아도 재입찰에 참가가 가능

(8) 낙찰자선정 및 계약체결

경쟁입찰은 입찰 후 낙찰예정자로 선정된자와 수의계약은 수의계약 대상자와 권리, 의무변동(발생, 변경, 소멸)의 효과가 발생하는 법률 행위로서 전자계약을 체결함으로서 성립하고 계약보증금은(국가를당사자로하는계약에관한법률 시행령 제50조)의 규정에 따라 납부 한다.

① 계약금액(장기계속은 총금액, 단가계약은 1회 최대납품요구액)의 10% 이상 (용역의 경우 공사 계약보증금 규정 준용 가능)
② 납부수단 : 현금 또는 국가를당사자로하는계약에관한법률 시행령제37조 제2항에 의한 보증서 등
③ 계약이행이 완료되면 계약보증금을 지체 없이 반환

(9) 계약체결 통보

계약서에는 인지세법에 의한 인지세액을 계산하여 과세문서(계약서)에 인지를 붙임으로서 납부케 하고 계약당사자 및 수요기관에게 송부 한다.

(10) 납품준비

계약당사자는 계약서에 따라 물품을 납품하며, 계약물품은 계약서 규격, 시방서 및 제반 조건 등에 맞도록 제작한 물품을 공급한다.

(11) 납 품

계약자는 납품에 필요한 제반 준비사항을 완료한 후에 서면으로 수요기관에 통지하고 필요한 검사를 받아야 한다.

(12) 물품납품 및 검사 · 검수요청

계약상대자는 수요기관에 계약목적물에 대한 검사·검수요청을 납품일까지 서면으로 신청한다.

(13) 검사 검수 및 물품인수

"검사"는 계약목적물이 관련법령에 의거 적합하고 구매규격시방서대로 제조설치 되었는지 여부를 검사공무원이 확인하는 것이며, "검수"는 검사에 합격된 계약목적물이 손상 또는 훼손 품이 없고 납품서류상의 수량대로 납품되었는지 여부를 물품출납공무원이 확인하는 것을 말하며, 검사는 검사요청을 받은 날로부터 14일 이내에 검사를 하여야 한다.

(14) 물품납품 및 영수증발급

물품을 인수한 수요기관에서는 물품납품 및 영수증을 발급하며, 계약조건에 따른 유보금 및 공채매입 여부 등 대금 지급시 참고할 내용을 부기한다.

(15) 대금청구 및 영수

수요기관에서 검사검수가 완료되어 물품납품 및 영수증, 기타 제출서류를 첨부하여 계약자가 조달청에 대금청구를 하는 경우에는 제반기재 사항, 계약물품의 규격 및 수량, 납품기한 대 실제 납품일, 하자보증금 적립여부, 계약자에게 지급될 금액에 관한사항 등을 확인 후 대금을 청구한다. 다만, 수요기관 직불의 경우에는 해당 수요기관에서 대금청구와 관련된 업무를 처리한다.

(16) 계약종결

납품서류 확인결과 하자가 없거나 보완이 완료된 경우에는 계약종결서류를 작성하고, 계약종결 및 분할납품이행 내용(수요기관 직불의 경우는 수요기관 통보내용)을 조달EDI에 입력 한다.

경영분석담당관은 해당 계약과에서 지급을 의뢰한 계약종결서류를 확인하고 다음의 금액을 공제하고 계약자에게 지급(계좌입금)한다.

① 기성 또는 기납부분에 대한 대가 지급액
② 선금잔액
③ 지체상금 징수대상액
④ 계약금액 지급유보 대상액(사후원가검토조건부 계약 기타 설치 및 시운전 미필등 일부 유보할 사유가 있는 경우)
⑤ 하자보수보증금(계약서에 명시된 경우에 한함)
⑥ ⑤항은 보증서로 갈음할 수 있음

납품대가는 계약상대자의 청구를 받은 날로부터 5일 이내(국가계약법시행령 제58조 제1항 및 제2항)에 지급토록 규정하고 있다.

조달청은 위 대가지급기한에 불구하고 계약상대자가 유효한 서류를 갖추어 대가청구를 하는 경우에는 4근무시간 내에 지급한다.

(17) 대금납입고지 및 수납

계약상대자에게 계약물품대금을 지급한 후 계약대금과 해당 조달수수료를 가산하여 수요기관에 납입고지하고(수요기관 직불의 경우는 해당 수수료), 수요기관은 동 금액을 국고 수납 대리점에 납부한다.

3. 사업자의 입찰업무

(1) 입찰참가신청

조달청입찰참가자격등록규정에 따르며 입찰참가등록증 소지자의 경우에는 '가~라'의 서류는 불필요하며 전자입찰인 경우는 나라장터(국가종합전자조달)시스템에서 별도 전자입찰 참가등록을 위한 이용자등록을 하여야 한다.

① 입찰참가신청서(소정양식) 1통
② 입찰참가를 증명하는 서류
③ 인감증명서 1통
④ 기타 공고 또는 통지로 요구하는 서류

(2) 입찰참가 전 알아 두어야 하는 사항

입찰에 관한 서류열람 및 관계법령을 숙지하여야 하고 입찰에 참가하고자 하는 자는 입찰에 필요한 공고문, 물품구매 입찰유의서, 국가종합전자조달시스템(나라장터) 전자입찰특별유의서, 청렴계약입찰특별유의서, 물품구매표준계약서, 물품구매일반조건, 특수조건, 청렴계약특수조건, 기타 시방 및 규격서등을 사전에 열람할 수 있다.

입찰관련 법령등을 입찰전에 완전 숙지하여야 하며, 이를 숙지하지 못한 책임은 입찰참가자에게 있게된다.

(3) 입찰보증금과 국고귀속 사유발생시 처리방안

조달청 입찰에 대한 입찰보증금 적립은 신용불량자, 가격등락이 심하여 계약을 기피할 우려가 있는 품목등을 제외하고는 면제하는 대신입찰(전자입찰의 경우는 전자입찰서로 갈음) 하단에 표기된 입찰보증금 지급각서에 날인하여야 한다.

낙찰자로 선정된 후 정당한 이유 없이 소정의 기일 내에 계약을 체결하지 아니하여 입찰보증금 국고 귀속사유가 발생할 경우에는 관련 규정에 의거 입찰금액의 5/100에 해당하는 입찰보증금을 지체 없이 현금으로 납부하여야 한다.

(4) 입찰시간 및 장소

입찰공고에 명시된 입찰시간과 장소에서 실시한다(직접입찰 : 입찰공고에서 지정한 장소, 전자입찰 : 계약담당자 PC).

(5) 입찰참가자의 자격확인

입찰집행관은 입찰보증금을 납부(입찰보증금의 납부가 면제되는 자 제외)하고, 소정의 서류를 구비하여 입찰참가 신청을 완료한자에 한하여 입찰에 참가하게 한다.

대리인이 입찰에 참가한 경우에는 입찰참가 신청서상(입찰참가 등록증)의 대리인인지 여부를 확인 한다.

4. 구매업무

(1) 내자의 정의

내자라 함은 국내에서 생산 또는 공급되거나 국내자본으로 구매하는 물품 및 용역을 말한다.

1) 구매업무처리 순서

구매업무처리 순서는 〈표 1-5〉와 같다.

〈표 1-5〉 구매업무처리 순서

NO	업무순서	계약자	발주자	영업자
01	구매설치 실시예산 요구		◎	
02	구매설치 예산제안 설명회(의회)		◎	
03	구매설치 예산성립		◎	

04	구매설치 사업시행 계획		◎	
05	구매설치 내역서 작성		◎	
06	구매설치 규격서 작성		◎	
07	구매설치 입찰공고, 입찰참가		◎	◎
08	구매설치 계약	◎	◎	
09	구매설치 착수계 제출	◎		
10	자재승인 요청	◎		
11	자재승인 통보		◎	
12	납품 설치시행	◎		
13	납품 설치완료계 제출	◎		
14	납품 설치완료		◎	

2) 개발구매업무 처리순서

개발구매업무 처리순서는 〈표 1-6〉과 같다.

〈표 1-6〉 개발구매업무 처리순서

NO	업무순서	계약자	발주자	영업자
01	개발 예산 요구		◎	
02	개발 예산 제안설명회(의회)		◎	
03	개발 예산 성립		◎	
04	개발 사업시행 계획		◎	
05	개발 제안요청서 작성		◎	
06	개발 입찰공고, 입찰참가		◎	◎
07	세안서 제출			◎
08	세안서 평가		◎	
09	협상 및 계약	◎	◎	
10	개발 착수 보고	◎		
08	개발 승인 요청과 승인 통보	◎	◎	
09	개발 시행	◎		
10	개발 완료 보고회(자문위원회)	◎		
11	개발 완료		◎	

(2) 조달요청 대상 및 범위

〈표 1-7〉 조달요청 대상 및 범위

구분	계약방법	해당사항
국가기관	- 1억원 이상의 물품 및 용역 및 임차, 대여포함 - 단가계약된 물품 (MAS 포함)	- 1억원 미만의 물품 - 긴급구매물자(천재/지변 등) - 비밀을 요하는 물자 - 수요기관이 직접 구매함이 적합한 용역 - 조달청장이 구매위임 한 경우
지방자치단체, 교육기관	단가계약 된 물품(MAS 포함)	단가계약 이외의 물품
공기업·준정부기관	중소기업자간 경쟁제품으로 추정가격 기획재정부 고시금액이상인 물품	조달청 구매 대상 이외의 물품

(3) 계약방법별 분류

1) 경쟁계약

경쟁계약의 종류는 〈표 1-8〉과 같이 분류한다.

〈표 1-8〉 계약방법 분류

구분	계약방법	해당사항
일반경쟁	일정한 자격을 가진 희망자 모두를 대상으로 하여 경쟁입찰에 참가토록 한 후 그 중에서 국가에 가장 유리한 조건을 제시한 자를 선정하여 계약을 체결하는 방법 - 입찰방식의 기본원칙	- 당해 입찰목적물의 제조·공급에 필요한 시설, 점포를 소유하고 있는 자 - 관련법령의 규정에 의한 면허, 허가, 인가, 등록 등을 받은 자 - 조달청 입찰참가자격 등록
제한경쟁	특수한 설비 또는 기술·지역·중소기업자 여부등에 의하여 입찰참가자의 자격을 제한하여 입찰케 하는 방법	- 고시금액 미만의 물품 제조·용역에 대한 지역제한 - 특수설비 또는 기술이 요구되는 물품제조로 물품제조실적 제한 - 중소기업간 경쟁지정물품 - 재무상태 등에 의한 제한입찰
지명경쟁	특수설비·기술·자재· 물품 또는 실적 있는자가 아니면 계약목적달성이 곤란한 경우로서 입찰대상자가 10인 이내인 경우 등에서 경쟁입찰참가자를 지명하여 입찰케 하는 방법	- 계약의 성질·목적에 비추어 특수한 기술·실적을 갖춘 자가 10인 이내인 경우 - 1억원 이하의 물품제조시 ks 표시품, 재활용제품 등 제조·구매시 중소기업간 경쟁지정물품 5인 이상 지명하여 2인 이상 참가 승락

2) 수의계약

수의계약 대상은 〈표 1-9〉과 같다.

〈표 1-9〉 수의계약 대상

구분	개 념	참가 자격 기준
수의계약	천재지변 등 긴급수요·비밀유지·추정가격 5천만원 이하인 물품·용역·생산소지자가 1인인 물품등에 대하여 특정인을 계약상대자로 선정하여 그 자와 계약을 체결하는 것으로, 특수 목적을 위하여 예외적으로 인정하는 경우	- 천재지변, 긴급한 행사 등 경쟁에 부칠 여유가 없을 경우 - 비밀물자 - 특정인의 기술·용역 또는 특정한 위치, 구조 등으로 인하여 경쟁할 수 없는 경우 - 5천만원 이하의 물품 제조, 구매, 용역 - 다른 법률의 규정에 의하여 특정사업자로 하여금 제조·공급하도록 하는 경우 〈참가자격〉 - 일반경쟁 참가자격과 동일함
재공고에 의한 수의계약	입찰에 부쳤으나 입찰자가 없거나 입찰자가 있어도 낙찰자가 없어 유찰이 되는 등 입찰의 목적을 달성하지 못하였을 경우 실시하는 계약(보증금과 기한을 제외하고는 최초 입찰에 부칠 때 정한 가격, 조건을 변경할 수 없음)	〈대상〉 입찰참가자는 물론 당해 입찰에 참가하지 않은 자로서 국가에 가장 유리한 가격을 제시한 자 〈참가자격〉 일반경쟁 참가자격과 동일함

3) 기타 계약체결 형태에 따른 분류

기간에 따른 분류 〈표 1-10〉와 같다.

〈표 1-10〉 계약기간에 따른 분류

계약구분	내 용
당해연도 계약	당해연도 세출예산을 재원으로 하는 통상적 계약
장기계속 계약	이행에 수년을 요하는 계약에 있어 총사업에 대한 범위는 확정되었으나, 예산이 확보되지 않은 경우로써 총이행 금액을 부기하여 계약을 체결하되, 각 회계연도 예산의 범위 내에서 계약을 이행하게 하는 계약
계속비 계약	전사업에 대한 예산이 확보되고 이행에 수년을 요하는 계약으로 총낙찰금액으로 계약체결하고 연부액을 부기

계약 방법에 따른 분류는 〈표 1-11〉와 같다.

〈표 1-11〉 계약방법에 따른 분류

계약구분	내 용
확정계약	계약체결 이전에 예정가격 등을 작성하고 입찰(또는 시담)을 통해 계약금액을 확정하는 일반적인 계약의 형태
개산계약	예정가격을 미리 확정하기 어려운 개발 시제품, 제조계약에 대하여 계약이행 후 계약금액을 정산하는 조건으로 체결하는 계약
사후원가 검토 조건부 계약	입찰 전에 예정가격을 미리 정할 수 없는 일부 비목을 계약 이행 후 원가를 검토하여 정산하는 계약

개산계약은 계약목적물 전체에 대해 사전 가격확정이 곤란한 경우에 적용하며, 사후원가 검토조건부 계약은 일부 비목에 대한 가격산정이 곤란한 경우에 적용한다.

- 단독계약 : 1명만이 계약자로 결정되는 가장 일반적인 계약
- 공동계약 : 2인 이상의 계약자가 일정부분을 서로 공동(분담)하여 체결한 계약

4) 공급방법별 구분

공급방법별 구분은 〈표 1-12〉과 같다.

〈표 1-12〉 공급방법별 구분

구 분	개 념	대상물품
총액계약	당해 계약목적물 전체에 대하여 총액으로 체결하는 계약	수요빈도가 적고, 제시된 규격에 의하여 제조 납품하는 물품 (수처리설비 등 시스템 물품)
단가계약	- 여러기관이 사용하고 수요빈도가 높은 물품을 미리 단가를 정하여 계약체결 - 조달청에서 계약자에게 납품 요구	수요빈도가 많고, 정형화된 규격에 의하여 제조·공급되는 물품 (철근, 시멘트, 레미콘, 아스콘 등 계약물량을 조정·통제할 필요가 있는 물품)
제3자 단가계약	계약방법의 특례로서 각 수요기관에서 공통적으로 사용하는 물자로 수요기관에서 직접 계약자에게 납품요구	행정사무자동화 기기, 우수제품 등 계약자 규격물품으로 제조·공급되는 물품 (전자복사기, fax 등)
다수공급자계약	제3자단가계약과 동일한 형태의 계약이나 품질·성능·효율 등이 동등하거나 유사한 제품을 공급하는 다수의 공급자와 계약	제3자단가계약과 동일

(4) 주요 낙찰자 결정제도

1) 적격심사제도

입찰자의 계약이행능력을 심사하여 일정수준 이상의 평점을 받은 우량업체를 낙찰자로 결정하는 제도로서 이행능력이 없거나 부족한 업체가 덤핑입찰에 의한 낙찰 예방, 계약이행의 신뢰성 확보, 업체의 경영합리화 및 품질향상 유도

2) 종합낙찰제

① 입찰가격 외에 품질 · 성능 · 효율 등을 종합적으로 고려하여 입찰가격에 총에너지 소모비를 합한 금액이 가장 낮은 자를 낙찰자로 선정하는 제도
② 업체별 가격 · 성능 · 환경환산점수를 합산하여 종합평가점수가 가장 높은자를 낙찰자로 선정하는 제도

3) 2단계 및 규격 · 가격 동시입찰

가. 2단계 입찰

발주자가 적절한 규격의 작성이 어려운 경우 1단계에서 규격입찰서를 제출받아 적격자를 판단하고 2단계에서 적격자로부터 가격입찰서를 제출받아 낙찰자를 결정하는 방식이다.

나. 규격 · 가격동시입찰

- 2단계 입찰과 유사하나, 입찰방식에 차이가 있음

〈표1-13〉 규격 · 가격동시입찰 종류

구 분	입찰방식	입찰무효	낙찰자 결정
단계 입찰	- 규격(기술)입칠을 먼저 실시, 적격자 선정 - 적격자를 대상으로 가격입찰	각 단계별 2인 이상의 유효한 입찰 최저가 낙찰	최저가 낙찰
규격 · 가격 동시입찰	- 규격(기술)입찰과 가격입찰을 동시 실시 - 적격자를 대상으로 가격개찰	-규격과 가격입찰 2인 이상의 유효입찰 -규격 적격자가 1인인 경우에도 가격개찰	최저가 낙찰

- 규격서와 가격입찰서를 동시에 제출받고 1차 규격입찰서를 개봉 평가하여 적격자를 선정한 후 입찰집행관이 보관하고 있는 규격입찰서 적격자의 가

격입찰서를 개봉하여 낙찰자를 선정하는 방식으로 〈표1-13〉 규격 · 가격동시입찰 종류로 구분한다.

4) 희망수량 경쟁 입찰

1인의 계약자가 단독으로 수행하기 어려운 다량물품을 예정가격 이하의 최저가격(단가)으로 입찰한 자 순으로 수요물량에 도달할 때까지의 입찰자를 낙찰자로 선정

5) 협상에 의한 계약

계약이행 과정에서 고도의 기술력을 필요로 하는 물품/용역에 대하여 다수의 입찰자로부터 제안서와 가격입찰서를 제출받아 평가한 후,

- 우선협상대상자를 선정하고 협상절차를 거쳐 국가에 가장 유리하다고 인정되는 자를 낙찰자로 선정
- 기술점수(80%)와 가격점수(20%)를 합산하여 최고득점자를 우선협상대상자로 결정(배점은 조정이 가능함)

6) 리스계약 제도

리스이용자가 선정한 특정 물건을 리스회사가 취득하거나 대여 받아 리스이용자에게 일정기간 사용하게 하고, 그 기간동안 정기적으로 일정대가를 분할하여 지급받는 제도(물품구매 예산 확보가 불가능한 경우 등에 이용)

7) 특정조달계약(국제입찰)

정부조달협정 및 이에 근거한 국제규범에 따라 재정경제부장관 또는 행자부장관이 고시하는 금액 이상의 물품, 공사 용역계약으로서 정부조달협정 가입국적의 외국인과 내국인을 대상으로 국제입찰에 의하여 계약하는 제도

5. 물품의 납품완료업무

지방자치단체 재무회계규칙 제123조(검사 또는 검수자의 지정 및 입회)는 다음과 같다.

① 물건의 매입, 기타의 검사는 사업담당자가 하고 검수(별지 제89호서식)는 물품출납원(분임물품출납원이 있는 경우에는 분임물품출납원)이 행한다.

② 공사 · 제조 · 용역의 기성 및 준공(납품)검사 [서식 1-1], [서식 1-2] 검사 또는 검수원의 지정을 요청하여 검사 또는 검수를 행하여야 하며, 회계관계 공무원은 필요시 입회할 수 있다.

[서식 1-1]

물품검사(수)조서

<table>
<tr><td colspan="5">물 품 검 사 (수) 조 서</td></tr>
<tr><td>① 계 약 건 명</td><td colspan="4"></td></tr>
<tr><td>납 품 자</td><td>② 상 호</td><td></td><td>③ 성 명</td><td></td></tr>
<tr><td>④ 계 약 금 액</td><td colspan="4">금 원(금 원)</td></tr>
<tr><td>⑤ 계약체결년월일</td><td colspan="4">년 월 일</td></tr>
<tr><td>⑥ 납 품 기 한</td><td colspan="4">년 월 일</td></tr>
<tr><td>⑦ 납품 년월일</td><td colspan="4">년 월 일</td></tr>
<tr><td>⑧ 검사(수)년월일</td><td colspan="4">년 월 일</td></tr>
<tr><td>⑨ 검사(수)장소</td><td colspan="4"></td></tr>
<tr><td>⑩ 물품관리시스템
등록대상구분</td><td colspan="3">비대상 ( ), 대상 (등록 □ , 미등록 □)</td><td>물품출납부
등 재</td></tr>
<tr><td colspan="4" rowspan="4">위와 같이 검사(수) 하였음

⑪ 200 년 월 일

⑫ 검수자 국 과 직급 성명 (인)
검수자 국 과 직급 성명 (인)

〈기재요령〉 두 2가지이상 또는 분할납품에 대하여는 이면을 사용</td><td>물 품
출납원</td></tr>
<tr><td></td></tr>
<tr><td>분임물품
출 납 원</td></tr>
<tr><td></td></tr>
</table>

[서식 1-2]

물품검사(수)내역서

<table>
<tr><th colspan="8">물 품 검 사 (수) 내 역 서</th></tr>
<tr><td rowspan="2">물품목록
번 호</td><td>물품명</td><td rowspan="2">단위</td><td rowspan="2">단가(원)</td><td rowspan="2">계약상의
수량</td><td rowspan="2">전회까지의
납품 수량</td><td rowspan="2">금 회
검사(수)량</td><td rowspan="2">사용
부서</td></tr>
<tr><td>규격명</td></tr>
<tr><td></td><td></td><td></td><td></td><td></td><td></td><td></td><td></td></tr>
<tr><td></td><td></td><td></td><td></td><td></td><td></td><td></td><td></td></tr>
<tr><td></td><td></td><td></td><td></td><td></td><td></td><td></td><td></td></tr>
</table>

〈물품검수조서 작성요령〉

① 계약건명 : 계약시 명시한 계약건명을 기재한다.
②, ③ 상호 및 성명 : 물품을 납품한 업체의 상호 및 성명을 기재한다.
④ 계약금액 : 계약시 체결한 금액을 기재한다.
⑤ 계약체결년월일 : 계약한 날짜를 기재한다.
⑥ 납품기한 : 계약서에 명시된 납품기한을 기재
⑦ 납품년월일 : 물품을 납품한 일자를 기재를 기재하며, 납품기한보다 납품년월일이 지난 경우에는 납품업체에서 지체상금을 지급한다,
⑧ 검수년월일 : 납품한 물품에 대하여 검수완료한 날짜를 기재하며, 납품업체가 물품을 납품하고 대금요청받은 날로부터 14일이내에 검수 완료하여야 한다.
⑨ 검수장소 : 납품한 물품을 검수한 장소를 기재한다.
⑩ 물품관리시스템 등록대상구분 : 물품관리시스템에 등재대상인 경우 물품은 시스템에 물품 등록 후 물품검수조서를 제출하며, 비등재 대상인 경우에는 비대상에 체크하여 물품검수조서를 제출한다,
※ 물품관리시스템 등록대상 : 물품 1품목당 10만원 이상, 사용기간 1년이상인 물품(위탁기관 물품제외, 대장별도관리)
⑪ 검수한 날짜는 ⑧번에 기재한 검수년월일을 기재한다.
⑫ 검수자의 경우 본인 외 1인을 검수자로 지정하며, 지방자치단체 재무회계규칙에 의거 검수인을 지정한다.
※ 검수자의 (인)은 반드시 도장을 사용한다.
※ 물품검사(수)조서는 원본을 제출한다.
※ 물품관리시스템 등록대상인 경우, 물품검수내역서는 물품취급단위별로 기재하여야 하며 생략할 수 없음.

[서식 1-3]

기성부분검사(감독)조서

공사명			
계약자			
계약금액	금 원 (금 원)	기성부분 준공금액	금 원 (금 원)
계약일자	년 월 일	착공일자	년 월 일
준공기한	년 월 일	부분준공일자	년 월 일
준공검사일자	년 월 일	참고사항	

위 공사(용역)에 대한 감독 및 기성부분 준공검사를 마쳤는 바 공사 설계서와 도면 및 규격서(과업지시서) 기타 계약조건의 내용과 같이 준공되었기에 본 조서를 제출함.

년 월 일

현장감독공무원 과 직 성명 ㊞

검 사 자 과 직 성명 ㊞

과 직 성명 ㊞

OO시 · 도 (분임)재무관 귀하

제 2 장

장비구매 제안요청과 평가업무

2-1 정보통신장비의 구매에 관한 법령

1. 관련 법령

(1) 정보통신장비 구축사업 대상

1) 정보통신 진흥 및 융합 활성화 등에 관한 특별법의 협상에 관한 규정

정보통신 진흥 및 융합 활성화 등에 관한 특별법

제28조(공공부문의 정보통신장비 구축사업) ① 중앙행정기관, 지방자치단체 및 공공기관의 장은 정보통신장비 구축사업의 계약을 체결하는 경우 「국가를 당사자로 하는 계약에 관한 법률」 제10조제2항제3호에 따른 입찰자를 낙찰자로 하는 계약 방식을 우선적으로 적용하여야 한다. 다만, 계약을 체결하려는 정보통신장비 구축사업의 특성상 필요한 경우에는 그러하지 아니하다.

② 미래창조과학부장관과 행정자치부장관은 제1항에 따른 계약 및 운영에 관한 사항을 정하여 고시할 수 있으며(「전자정부법」 제2조제13호의 정보시스템에 관한 사항은 행정자치부장관이 고시할 수 있다), 중앙행정기관, 지방자치단체 및 공공기관의 장은 이에 따라야 한다〈개정 2014.11.19.〉.

2) IT네트워크장비 구축 · 운영 지침의 제안 입찰과 협상에 의한 계약 규정

IT네트워크장비 구축 · 운영 지침 미래창조과학부 고시 제2014-56호

「정보통신 진흥 및 융합 활성화 등에 관한 특별법」 제28조에 따라 IT네트워크장비 구축·운영 추진에 관한 지침을 다음과 같이 개정 · 고시합니다.

제1조(목적) 이 지침은 IT네트워크 장비산업의 공정경쟁 환경조성을 위하여 「정보통신 진흥 및 융합 활성화 등에 관한 특별법」 (이하 "법"이하 한다) 제3조, 제28조 규정에 따라 중앙행정기관 및 그 소속기관, 지방자치단체 및 공공기관(이하 "국가기관등"이라 한다)의 "IT네트워크장비" 구축 · 운영사업과 관련한 사항을 규정함을 목적으로 한다.

제2조(용어정의) 이 지침에서 사용하는 용어의 정의는 다음과 같다.

1. "국가기관등"이란 중앙행정기관 및 그 소속기관, 지방자치단체 및 법 제2조제1항제10호에 따른 공공기관을 말한다.
2. "IT네트워크장비"는 국가기관등에서 다양한 네트워크시스템을 구축하는데 기반이 되는 네트워크장비, 네트워크 보안장비 등의 장비를 말한다.
3. "수요기관"이란 IT네트워크장비 구축·운영 사업을 발주하고자 하는 국가기관등을 말한다.
4. "제안요청서"란 수요기관이 IT네트워크장비 구축 · 운영 사업을 성공적으로 수행할 수 있도록 입찰에 참가하려는 자들에게 수요기관의 요구사항을 알리는 규격서, 제안서, 내역서, 도면, 시방서 등을 말한다.
5. "운영"이란 IT네트워크장비의 구축 완료 후 수요기관에게 인도된 IT네트워크장비들에 대하여 관리·유지보수 등의 행위를 말한다.
6. "유지보수"란 IT네트워크장비의 가동상태를 최적으로 유지시키는데 필요한 행위를 말한다.

제3조(적용범위) ① 이 지침은 국가기관등이 발주하는 1억 원 이상(연간 유지보수 금액 기준)의 IT네트워크장비 운영·유지보수 등 관련 사업과 3억 원 이상(추정가격 기준)의 IT네트워크장비 구축사업에 적용된다.

② 이 지침에서 정한 것을 제외하고는 다른 법령 및 고시 등이 정하는 바에 따른다. 다만, 「전자정부법」 제2조제13호의 정보시스템에 관한 사항은 안전행정부장관이 고시한 "행정기관 및 공공기관 정보시스템 구축 · 운영 지침"을 따른다.

제4조(제안요청서 사전공개) ①수요기관은 입찰참여의 균등한 기회 제공을 통한 공정한 경쟁을 위하여 입찰공고 전에 제안요청서를 사전 공개 · 열람토록 하여 의견을 제시할 수 있도록 하여야 한다. 다만, 다음의 경우에는 사전공개 절차를 생략할 수 있다.

1. 수의계약 대상인 경우
2. 관계법령 등에 의해 비밀을 요하는 경우

② 사전공개 기간은 공개일로부터 5일간으로 하고, 조달청 "나라장터(www.g2b.go.kr)" 및 수요기관의 홈페이지 등을 통해 다음 각 호의 사항을 공개하여야 한다. 다만, 긴급을 요하는 경우에는 3일간 공개할 수 있다.

1. 사업명
2. 발주(공고)기관
3. 실수요기관
4. 배정예산액
5. 접수일시(의견등록마감일시)
6. 담당자(전화번호)
7. 납품기한

8. 제안요청서
9. 그 밖에 사전공개에 필요한 사항

제5조(제안요청서 심의위원회) ① 수요기관은 사전공개 결과 사업자 등으로부터 의견이 있을 때에는 객관적이고 공정한 검토를 위하여 제안요청서 심의위원회를 구성하여야 하고, 심의위원회 운영결과 수용한 의견은 제안요청서에 반영하여야 한다. 단, 사전공개 결과 사업자 등의 의견을 수요기관이 수용한 경우에는 제안요청서 심의위원회 구성을 생략할 수 있다.

② 제1항의 제안요청서 심의위원회는 다음 각 호의 기준에 따라 구성한다.

1. 제안요청서 심의위원회는 학계, 연구계, 산업계 등 10인 이내로 구성하여야 하며, 해당분야 전문가는 한국네트워크산업협회에 요청하여 구성할 수 있다.
2. 제안요청서 심의위원회는 사업계획서에 특정업체의 규격 등이 명시되었는지 여부를 심의하여야 한다.
3. 그 밖에 제안요청서 심의위원회 구성 및 운영에 관하여 필요한 세부사항은 수요기관의 장이 정한다.

제6조(제안요청서 입찰공고) ① 입찰공고는 국가계약법 시행령 제35조, 지방계약법 시행령 제35조에서 정한 바에 따른다.

② 국가계약법 시행령 제35조제5항제1호, 지방계약법 시행령 제35조제6항제1호에서 긴급을 요하는 경우는 다음 각 호와 같다.

1. 법제도 개정, 재해재난 등으로 긴급하게 IT네트워크시스템 구축이 필요한 경우
2. 긴급공고를 하지 않을 경우 IT네트워크시스템 구축에 필요한 기간이 3개월 미만인 경우
3. 그 밖에 수요기관이 긴급하다고 판단되는 경우

③ 수요기관은 제2항제3호의 경우에는 다음 각 호에서 정한 추정가격에 따라 공고기간을 정한다.

1. 10억 원 미만인 경우 20일
2. 10억 원 이상 40억 원 미만인 경우 25일
3. 40억 원 이상인 경우 30일

④ 국가계약법 시행령 제20조제2항, 지방계약법 시행령 제19조제2항에 따른 재공고 입찰인 경우에는 국가계약법 시행령 제35조제5항, 지방계약법 시행령 제35조제6항에 따라 입찰공고 기간을 10일로 할 수 있다.

제7조(제안서 평가위원 구성) ① 수요기관은 사업자를 선정하기 위해 제안서 기술평가가 필요한 경우 제안서 평가위원회를 구성하여야 한다.

② 수요기관은 기술제안서의 내용 및 기타 평가사항의 심사를 위하여 공무원, 학계, 연구계, 산업계 등의 해당분야 전문가로 구성된 평가위원회를 [별표1]의 사업규모에 따른 인원으로 구성·운영할 수 있다. 제안서 평가위원회의 구성 및 운영에 관하여 필요한 세부사항은 수요기관의 장이 정한다.

〈별표 1〉 사업규모별 제안서 평가위원 수

사업예산액	1억원 이상~ 10억원 미만	10억원 이상~ 50억원 미만	50억원 이상
위원 수	7명 이상	8명 이상	9명 이상

③ 수요기관의 장은 제1항의 따라 제안서 평가위원회를 구성하기 위해서는 한국네트워크산업협회에서 운영 · 관리하는 평가위원 명부를 이용할 수 있다.

④ 한국네트워크산업협회장은 IT네트워크장비사업 심의위원 및 평가위원 명부의 운영·관리 등을 위해 필요한 자체 운영규정을 정하여 관리할 수 있다.
제8조(제안서 평가) ① 수요기관은 IT네트워크장비 구축사업자를 제7조의 규정에 의한 "제안서 평가위원회"의 평가에 의하여 선정하되, 제안서 평가방법 등과 관련해서는 국가계약법 시행령 제43조, 제43조의2 및 지방계약법 시행령 제43조, 제44조의 규정에 따른다.
② 제1항의 규정을 적용하기 어려운 경우에는 구체적이고 합리적인 사유를 제안요청서에 명시하여야 한다.
③ 평가일정, 평가장소 등 평가위원회의 제안서 평가에 관한 기타 구체적인 사항은 수요기관의 장이 정한다.
제9조(유지보수) ① 수요기관은 IT네트워크장비의 성능저하 및 예방을 위한 최적의 가동상태를 유지하기 위하여 유지보수용역계약을 체결 · 운영하여야 한다.
② 수요기관은 사업자의 IT네트워크장비의 유지 · 보수 서비스에 대해서는 국산 · 외산 장비 간 차별 없이 적정 비용을 지급하여야 한다.

2-2 협상에 의한 계약방식의 사업관리

1. 협상에 의한 계약 이해

(1) 적용범위

국가를 당사자로 하는 계약에 관한 법률 시행령제43조 및 제43조의2에 의한 협상에 의한 계약의 체결에 필요한 사항을 정하는 것을 목적으로 한다.

(2) 사용하는 용어

1) 제안요청서

계약담당자(각 중앙관서의 장이 계약에 관한 사무를 그 소속공무원에게 위임하지 아니하고 직접 처리하는 경우에는 이를 계약담당공무원으로 본다)가 협상에 의한 계약의 입찰에 참가하고자 하는 자에게 제안서의 제출을 요청하기 위하여 교부 또는 열람하게 하는 서류를 말한다.

2) 제안서

협상에 의한 계약의 입찰에 참가하고자 하는 자가 제안요청서 또는 입찰공고에 따라 작성하여 계약담당자에게 제출하는 서류를 말한다.

3) 협상적격자

제안서의 평가결과에 따라 협상에 의한 계약의 협상대상자가 될 수 있는 자격을 갖춘 자를 말한다.

(4) 입찰공고

계약담당공무원은 제안서 제출마감일의 전일부터 기산하여 40일 전에 입찰공고를 하여야 한다. 다만, 긴급을 요하는 경우, 추정가격이 고시금액 미만인 경우 및 국가를 당사자로 하는 계약에 관한 법률 시행령 제20조제2항에 따른 재공고입찰인 경우에는 제안서 제출마감일의 전일부터 기산하여 10일전까지 공고할 수 있다.

1) 입찰공고 내용

입찰공고에는 다음의 사항을 명시하여야 한다.

① 사업명, 사업내용, 사업기간, 사업예산
② 해당 계약이 협상에 의한 계약이라는 사실
③ 제안요청서의 요청기한 및 요청에 필요한 서류
④ 국가를 당사자로 하는 계약에 관한 법률 시행령 제43조제5항에 따라 제안요청서에 대한 설명을 실시하는 경우에는 그 장소·일시 및 참가의무여부에 관한 사항
⑤ 협상에 의한 계약체결에 필요한 기준 및 절차
⑥ 제안서의 제출기간
⑦ 제안서의 내용
⑧ 제안서의 평가요소 및 평가방법(분야별 배점한도를 10점 범위내에서 조정하는 경우에는 그 사유를 포함한다)
⑨ 기타 계약담당자가 필요하다고 인정하는 사항

(5) 제안요청서의 교부 또는 열람

① 계약담당자는 입찰에 참가하고자 하는 자에게 제안요청서를 교부하여야 한다.

② 계약담당자는 제안요청서 등 필요한 서류를 국가를 당사자로 하는 계약에 관한 법률 시행령 제14조제3항에 의한 전자조달시스템에 게재함으로써 제안요청서 등 필요한 서류의 교부에 갈음할 수 있다.

③ 계약담당자는 사업내용이 비교적 단순하여 제안요청서의 교부 또는 열람이 불필요하다고 인정되는 경우에는 제안요청서의 교부 또는 열람을 생략하고, 바로 제안서를 제출하게 할 수 있다. 이 경우에는 입찰공고에 사업내용 등 제안서 작성에 필요한 사항을 명시하여야 한다.

④ 계약담당자는 계약의 성질·규모 등을 고려하여 필요하다고 인정하는 경우에는 제안요청서 등에 대한 설명을 할 수 있으며, 설명을 실시하는 경우에는 설명에 참가한 자에 한하여 계약에 참가하게 할 수 있다.

⑤ 제안요청서에는 다음의 사항을 명시하여야 한다.

1. 과업내용
2. 요구사항
3. 계약조건
4. 평가요소와 평가방법
5. 제안서의 규격
6. 기타 필요한 사항

(6) 제안서 등의 제출

① 협상에 의한 계약에 참가하고자 하는 자는 입찰공고 또는 제안요청서에 정한 바에 따라 제안서 및 가격 입찰서를 별도로 작성하여 계약담당자에게 제출하여야 한다.

② 계약담당자는 입찰참가자의 가격입찰서 모두를 함께 봉함하여 개봉시까지 보관하여야 한다.

(7) 제안서의 평가

① 제안서는 기술능력과 입찰가격을 종합적으로 평가하며, 평가항목 및 배점한도는 <표 2-1>과같다.

② 각 중앙관서의 장은 평가항목 및 배점한도를 기준으로 세부평가기준을 정할 수 있다. 이 경우에는 사업의 특성·목적 및 내용 등을 고려하여 필요한 때에는 <표 2-1>의 분야별 배점한도를 10점의 범위 내에서 가·감 조정할 수 있으며, 평가항목을 추가하거나 제외할 수 있다. 다만, 배점한도에 대하여 10점의 범위를 초과하여 가·감 조정할 경우에는 기획재정부장관과 협의하여야 한다.

〈표 2-1〉 제안서의 평가항목 및 배점한도

구 분	평가항목	배점한도	비 고
계		100	
기술능력 평가	• 기술 · 지식능력 • 인력 · 조직 · 관리기술 • 사업수행계획 • 지원기술 · 사후관리 • 수행실적 • 재무구조 · 경영상태 • 상호협력 • 외주근로자 근로조건 등	80	• 각 평가항목의 배점한도는 30점을 초과하지 못함
입찰가격 평가		20	※ 평점산식: 아래

주1) 입찰가격 평점산식

가) 입찰가격을 추정가격의 100분의 80 이상으로 입찰한 자에 대한 평가

$$평점 = 입찰가격평가배점한도 \times \left(\frac{최저입찰가격}{해당입찰가격}\right)$$

* 최저입찰가격 : 유효한 입찰자중 최저입찰가격으로 하되, 입찰가격이 추정가격의 100분의 60미만일 경우에는 100분의 60으로 계산 〈개정 2015.9.21.〉
* 해당입찰가격 : 해당 평가대상자의 입찰가격
* 입찰가격 평가시 사업예산으로 하는 경우에는 추정가격에 부가가치세를 포함하여 적용하고, 예정가격을 작성한 경우에는 추정가격을 예정가격으로 적용

나) 입찰가격을 추정가격의 100분의 80 미만인 입찰한 자에 대한 평가

$$평점 = 입찰가격평가배점한도 \times \left(\frac{최저입찰가격}{추정가격의80\%상당가격}\right)$$
$$+ \left[2 \times \left(\frac{추정가격의80\%상당가격 - 해당입찰가격}{추정가격의80\%상당가격 - 추정가격의60\%상당가격}\right)\right]$$

* 최저입찰가격 : 유효한 입찰자중 최저입찰가격으로 하되, 입찰가격이 추정가격의 100분의 60미만일 경우에는 100분의 60으로 계산
* 해당입찰가격 : 해당평가대상자의 입찰가격으로 하되, 입찰가격이 추정가격의 100분의 60미만일 경우에는 배점한도의 30%에 해당하는 평점을 부여
* SW 사업의 경우에는 해당 입찰가격이 추정가격의 100분의 80미만일 경우에는 배점한도의 30%에 해당하는 평점을 부여
* 입찰가격 평가시 사업예산으로 하는 경우에는 추정가격에 부가가치세를 포함하여 적용하고, 예정가격을 작성한 경우에는 추정가격을 예정가격으로 적용

다) 입찰가격 평점산식에 의한 계산결과 소수점이하의 숫자가 있는 경우에는 소수점 다섯째자리에서 반올림함

라) 각 중앙관서의 장은 계약수행 과정에서 계약상대자가 계약금액 이외에 제3자로부터 경제적 이익을 얻을 수 있는 경우 등 위 기준을 적용하기 곤란하다고 판단되는 경우에는 기획재정부 장관과 협의하여 위 기준과 다른 평점산식을 운영할 수 있다.

주2) 기술능력 평가방법

> 가) 외주근로자 근로조건은 시행규칙 제23조의3 각 호에 해당하는 단순노무 용역이 포함된 용역에 한해 평가하며, 임금의 적정수준에 대한 기준은 적격심사에서 단순노무 용역에 적용되는 낙찰하한율을 고려하여 적격심사세부기준에서 정한 내용을 준용한다.
> 나) 추정가격이 고시금액 미만인 소규모 사업평가시 수행실적은 평가항목에서 제외한다. 단, 원활한 사업이행을 위해서 필요하다고 판단되는 경우에는 예외로 한다.

③ 제안서의 평가에 있어서 필요한 서류가 첨부되어 있지 않거나 제출된 서류가 불명확하여 인지할 수 없는 경우에는 제안서 내용의 변경이 없는 경미한 사항에 한하여 기한을 정하여 보완을 요구하여야 한다.
④ 보완을 요구한 서류가 기한까지 제출되지 아니한 경우에는 당초 제출된 서류만으로 평가하고, 당초 제출된 서류가 불명확하여 심사가 불가능한 경우에는 평가에서 제외한다.
⑤ 각 중앙관서의 장 또는 계약담당자는 제안서를 평가하는 경우에는 국가를 당사자로 하는 계약에 관한 법률 시행령 제43조제8항에 의한 제안서평가위원회(이하 “"위원회”라고 함)의 심의를 거쳐야 한다.
⑥ 제안서평가위원회는 소속공무원, 해당사업 및 계약에 관한 학식과 경험이 풍부한 자등으로 구성하며, 위원회의 구성 및 운영에 관하여 필요한 세부사항은 각 중앙관서의 장이 정한다.
⑦ 계약담당자는 평가위원회의 요청이 있는 경우에는 제안서를 제출한 자에게 보완자료 등 평가에 필요한 자료를 제출하게 할 수 있다.
⑧ 각 중앙관서의 장은 전자조달시스템 또는 발주기관의 정보처리장치를 통해 위원회의 위원별 제안서 평가결과를 공개하여야 한다. 다만, 위원의 실명은 공개하지 아니할 수 있다.
⑨ 각 중앙관서의 장은 제안서 평가결과에 개인정보, 영업비밀 및 다른 법령에 따라 공개가 제한되는 정보가 포함되어 있을 경우 평가결과의 일부 또는 전부를 공개하지 아니할 수 있다. 이 경우 전자조달시스템 또는 발주기관의 정보처리장치에 제안서 평가결과를 공개하지 않는다는 취지와 그 사유를 게재하여야 한다.

(8) 입찰가격 개봉 및 평가

계약담당자는 제안서 평가 후 지체 없이 입찰참가자가 참석한 자리에서 봉함된 가격입찰서를 개봉하고 입찰가격에 대한 평가를 실시하여야 한다.

(9) 협상적격자 및 협상순위의 선정

① 계약담당자는 제안서 평가결과 기술능력평가 점수가 기술능력평가분야 배점한도의 85% 이상인 자를 협상적격자로 선정한다.
② 협상순서는 협상적격자의 기술능력평가 점수와 입찰가격평가 점수를 합산하여 합산점수의 고득점순에 따라 결정한다. 다만, 합산점수가 동일한 제안자가 2인 이상일 경우에는 기술능력 평가점수가 높은 제안자를 우선순위자로 하고, 기술능력 평가점수도 동일한 경우에는 기술능력의 세부평가항목 중 배점이 큰 항목에서 높은 점수를 얻은 자를 우선순위자로 한다.

(10) 협상적격자에 대한 통지

계약담당자는 협상적격자와 협상순위가 결정된 경우에는 지체 없이 협상적격자에게 협상순위, 협상적격자 전원의 기술능력과 입찰가격 평가점수와 합산점수 및 협상일정을 통보하여야 한다.

(11) 협상절차

① 계약담당자는 결정된 우선순위 협상대상자와 협상을 하며, 이 협상이 성립된 때에는 다른 협상적격자와 협상을 실시하지 아니 한다
② 계약담당자는 협상대상자와의 협상이 성립되지 않으면 동일한 기준과 절차에 따라 순차적으로 차 순위 협상적격자와 협상을 실시한다.
③ 계약담당공무원은 모든 협상적격자와의 협상이 결렬될 경우에는 재공고입찰에 부칠 수 있다.

(12) 협상의 내용과 범위

계약담당자는 협상대상자가 제안한 사업내용, 이행방법, 이행일정 등 제안서 내용을 대상으로 협상을 실시하며 협상대상자와 협상을 통해 그 내용의 일부를 조정할 수 있다. 다만, 계약담당자는 협상대상자에게 당해 사업과 무관한 요구사항을 추가하는 행위, 기술 이전 요구 등 불공정한 요구를 하여서는 아니 된다.

(13) 가격의 협상

① 협상대상자와의 가격 협상시 기준가격은 해당 사업예산(예정가격을 작성한

경우에는 예정가격)이하로서 협상대상자가 제안한 가격으로 한다.

② 계약담당자는 협상대상자가 제안한 내용을 가감하는 경우에는 그 가감되는 내용에 상당하는 금액을 해당 사업예산(예정가격을 작성한 경우에는 예정가격) 범위 내에서 조정할 수 있다. 다만, 제안한 내용의 가감조정이 없는 경우에는 가격협상시 협상대상자가 제안한 가격을 증감 조정할 수 없다.

③ 가격협상을 위하여 예정가격을 작성하는 경우에는 제안서 제출전까지 국가를 당사자로 하는 계약에 관한 법률 시행령 제9조에 따라 작성하여야 하며, 입찰에 참가한 자의 제안가격 등을 기준으로 작성하여서는 아니 된다.

(14) 협상기간

① 계약담당자는 협상기간과 대상 등을 협상대상자에게 통보하여야 하며, 협상기간은 협상대상자에게 통보된 날로부터 15일 이내로 한다. 다만, 해당 사업의 규모, 특수성, 난이도 등에 따라 협상대상자와의 협의에 의하여 5일의 범위내에서 조정할 수 있다.

② 5일의 정한 기간 내에 협상이 이루어지지 않을 경우에는 10일의 범위내에서 연장 할 수 있다.

(15) 협상결과의 통보

계약담당자는 협상이 성립되면 그 결과를 해당 협상대상자 및 다른 협상적격자에게 서면으로 통보하여야 한다.

(16) 계약체결 및 이행

① 계약담당자는 협상이 성립된 후 10일이내에 계약을 체결하여야 한다.

② 계약의 체결 및 이행에 관하여는 서면통보한 협상결과와 「국가를 당사자로 하는 계약에 관한 법률」, 시행령 및 시행규칙과 이에 근거한 계약의 일반조건, 특수조건, 입찰유의서 및 일반원칙에 따른다.

2-3 제안요청업무와 제안평가업무

1. 제안요청 개요

(1) 제안요청서

발주자가 정보통신장비 도입 목적에 맞는 사업내용을 작성하여 다수의 제안자에게 제시하는 문서이다.

1) 주요 내용

설비의 개요, 현황, 추진방안, 기술적인 내용으로 구성한다.

2) 제안요청 내역

사업 목적에 근거해 목표시스템 구성과 기능, 요건들을 구체적으로 정의해서 요구한다.

3) 명확히 제시

제안요청서가 통신설비 도입목적을 명확히 제시하여 제안자가 구체적으로 제시 할 수 있도록 하여야 좋은 설비가 도입된다.

4) 명확하지 않는 제안요청서

발주자와 제안자에게 경제적인 손실을 끼칠 가능성이 크므로 반드시 내용을 명확하게 정의하여 작성하여야한다.

5) 문서화

제안요청서 작성 이전에 발주를 위한 운영개념 기술서, 통신설비별 기능과 기술적 요구사항과 명세서가 문서화되어야 한다.

2. 제안요청 업무처리 순서

① 발주자는 추진하고자 하는 사업계획서를 기반으로 하여 사업개요, 사업범

위, 도입 요구사항, 사업기간, 소요예산 등을 명시한 제안요청서를 작성하여 검토 결재를 완료 한 후 입찰공고를 한다.

② 발주자는 필요에 따라서 제안요청 설명회를 수행하여 제안입찰 참가자격이 있는 사업자로부터 제안서를 접수받는다.

③ 정보통신장비 구매협상에 의한 방식 업무수행순서는 〈표 2-2〉와 같다.

〈표 2-2〉 정보통신장비 구매협상에 의한 방식 업무수행순서

NO	업무순서	계약자	발주자	영업자
01	구매예산 요구		◎	
02	구매예산 제안 설명회(의회)		◎	
03	구매예산 성립		◎	
04	구매사업 시행계획		◎	
05	구매규격서 작성			
06	구매제안 요청서 작성		◎	
07	구매입찰공고, 입찰참가(조달구매 포함)		◎	◎
08	구매입찰 계약	◎	◎	
09	제안서 작성과 제출			◎
10	제안서 접수		◎	
11	제안서 평가		◎	
12	우선 협상 대상자와 협상	◎	◎	
13	계약 실시			
14	착수계 제출 및 착수 보고	◎		
15	자재승인 요청	◎		
16	자재승인 통보		◎	
17	구매착수계 제출	◎		
18	납품시행, 시운전	◎		
19	납품완료계 제출	◎		
20	검사실시			
21	구매완료		◎	

* 발주 기관에서는 06, 09,10,11,12를 생략하는 사업과 포함하는 사업으로 나누어 시행하기도 한다.

3. 정보통신장비 구매요청서 검토결과서 작성

제안요청을 하는 발주기관에서 자체요청서를 검토하여 누락된 분야와 법령에 위반이 없는지를 제안요청서 작성 담당자가 아닌 계약부서에서 검토결과서를 작성하고 최종확인을 거치고 발주를 하면 사업을 성공적으로 완료 할 수 있다.

사업을 수주하려는 사업자는 제안요청 공고문을 상세하게 검토하고 사업에 참여하면 수주할 확률이 높을 것이다.

(1) 추진배경 및 필요성

- 작성 요령 : 정보통신장비를 도입하여 추진될 내용과 필요성

(2) 서비스 업무내용 및 통신설비의 개요

- 작성요령 : 준공완료 후 운영될 통신설비의 요약
  • 서비스 이용 대상자
  • 설치 전과 후의 명확한 설명 확인

(3) 사업범위

- 도입될 정보통신장비 규모 및 범위 확인
- 소프트웨어, 하드웨어 및 통신망 등 제반 시스템 구축내용 확인

(4) 현황 및 문제점

1) 설비 설치현황 확인

- 통신망도을 작성 통신설비가 타 설비와 연계와 회선수 단말기 수를 산출하여 설비 간 연계성을 도식화 확인
- 설비개요 및 기능, 관련설비 등을 상세히 기술 확인
- 수행할 기술자현황 작성 : 기술자별 담당내용 기술 확인
- 설비현황 : 재 활용 설비를 조사하여 요구하였는지 확인

2) 정보통신장비별 규격서 확인

- 작성 내용
  • 정보통신장비망도 작성 : 통신망, 소프트웨어 등 전체의 통신장비 도식화 (회선 속도 명시) 확인
  • 각종 설비의 성능 재원을 장비명, 모델, 수량, 용도, 주요기능, 전기적 특성을 상세히 기술 확인
  • 사업하고자 하는 설비별 품명, 주요기능, 특징, 용도를 분야별 기술
  • 기술규격서는 발주처에 필요한 내용 확인
  • 입찰안내서의 규격서 항목의 일련번호 순으로 상세히 설명 확인

3) 개선방향 확인

- 작성요령 : 문제점 및 개선방향 확인

(4) 추진방안 확인

1) 정보통신장비 도입 목표 확인

- 작성요령 : 사업추진에 대한 최종 목표 및 단계별 추진목표를 제시

2) 추진방향

- 작성요령 : 본 사업의 목표 달성을 위해 필수적인 전략 및 방향을 제시를 확인 하여야하며 기술적 측면, 관리적 측면, 정책적 측면, 표준화 측면, 법·제도적 측면 등 구체적 추진방향 확인
  • 첨단기술 적용 등 통신기술 활용방안, 관리방향, 표준화 확인

3) 추진체계

- 작성요령 : 추진을 위해 필요한 조직 및 역할 요구 확인
  • 통신장비운영에 필요한 기능 확인

4) 추진일정

- 작성요령 : 추진 예정공정표를 상세히 일별, 월별로 통신설비별로 (공종별) 나누어서 제시 요구를 확인한다.
- 착수에서 준공까지 총 수행기간, 추진단계, 일정별(착수 및 중간보고회, 완료 보고회, 개통일) 등 확인

(5) 기술적 사항확인

① 통신설비별 기능 확인
② 전기적 특성 기술적 제원 확인
③ 기술설명서 확인

4. 제안 요청서를 검토 요령

(1) 제안요청

- 작성 요구 내용 확인

(2) 통신망도 확인

- 도입 설비를 중심으로 서비스 이용자, 주요 운영내용 확인

(3) 시방서 및 구성요건 확인

- 설비 설치 범위 및 내용을 상세히 기술하고, 운용에 필요한 설비·설비의 주요기능, 세부 설명 확인

(4) 도입설비의 내역 및 구성요건 확인

- 설비의 소프트웨어 및 통신망 등의 구성도 확인
  - 설비구성을 위해 필요한 도입대상 하드웨어, 소프트웨어, 통신망 등의 내역(품목, 규격, 수량, 용도 등), 필수요구사항(기능요건) 및 구성 요건을 확인

(5) 장비설치공사 실시설계도서 확인

- 설치공사에 필요한 실시설계도서 확인
  - 실시설계의 방향 확인
  - 사업예산 규모와 통신망의 2중화 확인
  - 설비의 원격관리와 점검에 필요한 각종 소프트웨어에 요구 확인

(6) 표준화요건

- 도입 장비의 표준화 및 추진방안 확인

(7) 통신보안 관리

- 요구 내용 확인
  - 기존 통신망의 보안대책 요구사항
  - 신설 통신망의 보안방향 요구사항
  - 헤커의 침입을 예방하는 방안 요구사항
  - 각종 바이러스의 대책
  - 통신망의 취약부분을 해결하기 위한 방안 요구
  - 원격으로 통신망을 관리하는 보안 프로그램 요구

(8) 설비의 시험 및 시운전 방안 요구 확인

- 확인 대상
  - 도입되는 장비의 공인기관을 통한 시험 요구
  - 장비별 호환성 방안
  - 데이터, 통신, 보안설비 등 시운전 방안
  - 시운전의 구체적 방법

(9) 설비운영에 관한 확인

- 장비의 구매 조건, 조직, 보안대책
- 단위 업무별 처리요건, 필수기능, 운용시간

(10) 교육지원 요구 확인

- 사용자, 관리자 등 시스템의 이용 대상자별 교육내용, 교육기간, 인원

(11) 기술지원 요구 확인

- 기술지원이 필요한 사항에 대한 요구내용 확인

(12) 유지보수 요구 확인

- 하드웨어 및 소프트웨어의 유지보수 활동을 위한 업무처리 등 수시점검, 정기점검, 장애발생시 응급조치 요구 확인

(13) 저작권, 공급확인서 원본 제출 요구 확인

- 작성요령 : 개발, 생산, 설치, 공급과 관련된 저작권의 책임 구분과 납품공급 및 기술지원 확약계약서 원본을 제출 요구

(14) 제안자설명회 요구 확인

- 제안사업자 설명회 : 발주자는 제안요청 설명회를 통해 사업자에게 사업의 내용을 설명하고자하는 경우 제안요청 설명회 실시여부 확인

(15) 제안설명회 참석

- 제안설명회가 필요가 없다고 인정되면 입찰공고의 제안요청서로 대체하거나 사업담당자와 유선상의 질의로 대체 할 수 있고 제안서 제출마감 일의 전일부터 가산하여 설명회실시
  - 추정가격이 300억원 이상인 공사의 경우 제안요청 설명회 개최
  - 추정가격이 10억원 미만인 경우 10일전 개최
  - 추정가격이 10억원 이상 50억원 미만인 경우 20일, 추정가격이 50억원 이상인 경우 33일전에 개최
  - 추정가격이 100억원 이상인 사업으로 제안요청 설명회를 개최한 경우, 제안요구 설명회에 참석한 자만 입찰 참가
- 물품 및 용역계약에 있어서 발주자가 협상에 의한 계약을 체결하고자 하는 경우 필요시 제안요청서 등에 대한 설명회 개최
  - 제안요구 설명회를 개최한 경우 설명회에 참가한 자에 한하여 계약에 참가하게 할 수 있다.

5. 제안요청서 작성 확인

① 제안요청서의 내용을 명확하게 작성하지 않고 계략적이고 포괄적인 문장으로 표기하면 발주자와 사업자(계약자)간에 해석에 대한 소송이 자주 발생한다.

② 사업이 종료 된 이후 감사에서도 기능과 성능이 일부가 구현이 되지를 않는데 도 준공(완료)처리를 해주어 지적이 되어 사업비용 반납에 따른 사례가 발생하기도 한다.

6. 제안요청서 작성하는 방법

① 제안요청서의 기술적 내용은 제안 요구자와 제안을 할 사업자 모두가 쉽게 이해할 수 있도록 작성한다.

② 기술적 요구조건은 제안요청자와 제안을 할 사업자 모두가 동의를 할 수 있는 내용으로 작성한다.

③ 제안을 요청하는 장비가 가동하는 모든 기능은 정확하고 완벽하게 기술하고 기술된 기능과 성능은 기술 평가시 점수와 제품의 품질을 좌우 한다.

④ 제안을 요청하는 장비에 영향을 주는 제약조건을 요청서에 상세하게 기술한다.

⑤ 장비의 품질에 대한 시험과 측정, 검사방법을 제안요청서에 기술한다.
⑥ 제안을 요청하는 장비의 시운전 기준과 완료검사 기준을 정확하게 기술한다.

7. 입찰공고 내용 확인

(1) 입찰공고문 주요 내용

국가를 당사자로 하는 계약에 관한 법률 시행령(국가계약법 시행령 제36조)은 다음과 같다.

① 입찰에 부치는 사항
② 입찰 또는 개찰의 장소와 일시
③ 공사입찰의 경우에는 현장설명의 장소 · 일시 · 참가자격 및 참가의무여부에 관한 사항, 협상에 의한 계약체결의 경우로서 제안요청서에 대한 설명을 실시하는 경우에는 그 장소 · 일시 및 참가의무 여부에 관한 사항
④ 입찰참가자의 자격에 관한 사항
⑤ 입찰참가등록 및 입찰관련서류에 관한 사항
⑥ 입찰보증금과 국고귀속에 관한 사항
⑦ 낙찰자결정방법, 낙찰자를 결정하는 경우에는 낙찰자결정에 필요한 서류의 제출일 및 낙찰자통보 예정일을 포함한다.
⑧ 계약의 착수일 및 완료일
⑨ 계약하고자 하는 조건을 공시하는 장소
⑩ 입찰무효에 관한 사항
⑪ 입찰에 관한 서류의 열람 · 교부장소 및 교부비용
⑫ 추가정보를 입수할 수 있는 기관의 주소 등
⑬ 우편 입찰 등을 허용하는 경우에는 그 취지와 입찰서를 송부할 주소 조달 G2B를 이용하여 입찰서를 제출하도록 하는 경우에는 그 내용
⑭ 공동계약을 허용하는 경우에는 공동계약이 가능하다는 뜻(공동계약인 경우에는 공동수급체 구성원의 자격제한사항을 포함한다)과 공동계약의 이행방식
⑮ 부대입찰의 경우에는 그 취지
⑯ 대안입찰 또는 일괄입찰 등에 관한 사항
⑰ 기타 입찰에 관하여 필요한 사항

2-4 제안서 작성업무

1. 제안서 규격

① 모든 제출서류는 한글로 작성하는 것을 원칙으로 하고 있으며 외국어, 전문용어 등은 용어에 대한 설명 한다.
② 인쇄는 A4 백상지를 사용하여 양면으로 인쇄가 가능한지 확인을 하여야하며, 각 쪽 상단 머리글에는 목차 내용을 표시하고 좌철로 제본을 한다(통신망도등 큰 지면에 작성하기 위하여 A3용지를 사용 가능을 확인 한다).
③ 재질
- 표지 : 색상(흰색) 스노우지(무광택)
- 본문 : 백상지 양면인쇄
- 간지 : 본문과 같은 재질사용(색깔이 있는 간지 사용 가능)

④ 인쇄방법 : 컴퓨터 조판인쇄(국문)
⑤ 제안서는 표지, 목차를 제외하고 서식 하단 중앙부에 쪽수를 기재하여 작성한다.
⑥ 제안서의 내용은 흑백으로 작성을 하지만 이해를 높이기 위해 필요할 경우 칼라로 작성한다.
⑦ 제안요청서에 제시된 작성목차 순서에 따라 작성하고 평가항목별 조견표를 목차에 첨부한다.
⑧ 작성체계를 추가보완하여 작성할 때는 설명, 입증 및 보완을 위한 자료를 첨부한다.
⑨ 제안요약서는 00매 내외로 요약하여 별도의 책자로 제출한다.

2. 제안서 작성요령

① 제안서의 구성은 목차에 따라 각각 세분해서 누락이 없이 작성하고 학술적·기술적인 설명내용이 많을 경우에는 별지를 사용하여 작성한다.
② 제안내용을 보충하기 위해 참고문헌 등 외부 자료를 활용하는 경우, 자료목록을 첨부하고 인용부분을 명시하여 제출 한다.
③ 제안서 목차의 각 항목별 제안내역을 찾아보기 쉽도록 일목요연하게 인덱스로 정리하여 제시한다.

④ 제안서의 내용은 명확하게 표현하며, "~를(을) 제공할 수도 있다", "~이 가능하다", "~를(을)고려하고 있다" 등 명확하지 않은 표현은 제안서 평가에서 불가능하기 때문에 계량화가 가능한 것은 계량화 한다.
⑤ 작성항목 중 해당사항이 없는 경우는 작성항목 목차는 그대로 유지하고, 내용작성 부분에 '해당사항 없음'으로 기술한다.
⑥ 제안서의 내용을 입증할 수 있는 자료는 제안서와 별도로 제출한다.
⑦ 제안요청서에 없는 추가적인 제안사항은 '추가제안사항'임을 명시하여 별도의 항목으로 작성할 수 있는지를 확인하고 작성한다.
⑧ 제출서류 중 증명·확인 또는 입증해야 될 서류는 반드시 제출한다.

3. 제안요구서 목차 확인

제안요구서의 목차는 〈표 2-3〉과 같다.

〈표 2-3〉 제안요구 주요내용의 목차

Ⅰ. 일반현황	Ⅴ. 프로젝트 관리
1. 제안사 일반현황	1. 관리방법론
2. 제안사의 조직 및 인원	2. 관리역량
3. 수행조직 및 업무분장	3. 일정계획
4. 투입인력 및 이력사항	4. 개발장비
Ⅱ. 전략 및 방법론	Ⅵ. 프로젝트지원
1. 사업이해도	1. 품질보증
2. 추진전략	2. 시험운영
3. 적용기술	3. 교육훈련
4. 표준 프레임워크 적용	4. 유지보수
5. 개발 방법론	5. 기밀보안
Ⅲ. 기술 및 기능	6. 비상대책
1. 시스템 장비구성 요구사항	Ⅶ. 상생협력 및 하도급계약 적정성
2. 기능 요구사항	1. 상생협력
3. 보안 요구사항	2. 하도급계약 적정성
4. 데이터 요구사항	Ⅷ. 기타사항
5. 시스템 운영 요구사항	
6. 제약사항	
Ⅳ. 성능 및 품질	
1. 성능 요구사항	
2. 품질 요구사항	
3. 인터페이스 요구사항	
4. 테스트 요구사항	

4. 제안요구서 세부설명서 확인

제안요구서 세부설명서 확인은 〈표 2-4〉와 같이 작성을 확인한다.

〈표2-4〉 제안요구서 세부설명서 작성표

항 목	작성방법
Ⅰ. 일반현황	
1. 제안사 일반현황	제안사의 일반현황 및 주요 연력, 입찰공고일 기준 최근 3년간 자본금 및 부문별(컨설팅, 개발 등) 매출액, 실적 등을 명료하게 제시하여야 한다. [별지 1, 2호 서식] - 본 사업과 관련이 있는 5년 이내의 유사사업실적(BPR/ISP, 개발) 제시 [별지 3호 서식]
2. 제안사의 조직, 인원	제안사(컨소시엄 포함)의 조직 및 인원현황을 제시하여야 한다.
3. 수행조직 및 업무분장	본 사업을 수행할 조직 및 업무분장 내용을 상세히 제시하여야 한다. - 제안사가 하도급 의사가 있는 경우, 해당 업무 및 (예상)하도급 업체를 제시함 - 컨소시엄 업체가 있는 경우 업무분장 내역에 공동수급업체별 참여비율을 명시
4. 투입인력 및 이력사항	본 사업을 수행할 투입인력(PM, PL, 주요 기술자 등)에 대한 이력사항을 제시하여야 한다. [별지 4, 5호 서식] - 컨소시엄 이외의 인력은 하도급으로 간주되므로, '3. 수행조직 및 업무분장'에 하도급 의사를 표시하지 않는 경우, 컨소시엄 구성원의 자사인력으로 대체되어야 함(파견근로자는 원소속사 및 파견근로자임을 명기) - 이력사항은 성명, 소속, 최종학력, 해당분야근무경력, 보유 자격증 현황, 본사업 참여시 임무, 근무경력 및 기술등급, 목표투입공수(M/M), 최근 5년간 주요경력(유사 BPR/ISP, 개발) 등으로 구성 - 입찰자가 하도급 계약할 경우, 하도급예정자의 기술자등급별 인원현황만 제출 ※ 단, 상용S/W, 패키지 등의 서비스 지원인력, 외부 자문인력 등 통상적인 개발인력이 아닌 경우는 제시하지 말 것
Ⅱ. 전략 및 방법론	
1. 사업 이해도	제안사는 해당사업의 제안요청 내용을 명확하게 이해하고 본 제안의 목적, 범위, 전제조건 및 제안의 특징 및 장점을 요약하여 기술하여야 한다. 목표시스템 구성도 및 구성 체계를 제시하여야 한다.
2. 추진전략	제안사는 사업을 효과적으로 수행하기 위한 추진전략(위험요소를 고려하여 창의적이고 타당한 대안)을 제시하여야 한다.

3. 적용기술	제안사는 사업수행을 위한 주요 적용기술 및 세부 개발방법론, 적용기술의 실현가능성 등을 제시하여야 한다. 대상업무별 개발방안(통합/연계 범위 관련 적절한 방안 제시 등), Prototype 구현 등 개발에 대한 전반적인 방안을 제시한다. ※ 제안사는 [붙임 1호 서식]을 작성하여 기술적용계획 제시
4. 표준 프레임워크 적용	제안사는 사업에 적용될 표준프레임워크 및 공통컴포넌트의 사용 계획과 예상되는 문제점을 기술하고 실현가능한 대응방안을 제시하여야 한다. ※ 미 사용시에는 적정한 사유를 제시
5. 개발방법론	업무개발에 적용할 방법론 절차 및 기법의 활용방안을 제시하여야 하며, 방법론의 적용경험을 기술한다. 개발방법론에 따른 제출할 산출물의 종류 및 내역, 제출시기를 기술한다.

Ⅲ. 기술 및 기능

1. 시스템 장비구성 요구사항	시스템을 하드웨어부문, 소프트웨어 부문, 기타부문 등으로 구분하여 각 구분별 구성장치의 사양, 기능, GS인증제품 제안내역 등을 제시하고 도입장비의 설치 및 공급계획, 도입 장비의 유지보수 방안을 기술하여야 한다.(장비의 최대사양 중 제안 사양을 명확히 제시)
2. 기능 요구사항	방법론 및 분석 도구를 통하여 구체적인 내용으로 분석되고 구현 방안이 구체적인 기술, 제안한 방안 및 기술의 적용방안을 제시하여야 한다.
3. 보안 요구사항	보안요구사항 및 시스템과의 관련성을 분석하고 적용할 보안기술, 표준, 제안방안 등을 구체적으로 제시하여야 한다.
4. 데이터 요구사항	데이터 전환 계획 및 검증 방법, 에러 데이터 처리 방법에 대해 구체적인 내용을 제시하여야 한다.
5. 시스템 운영요구사항	시스템 운영과 관련된 필요사항, 경험, 고려사항 및 유사시 대응책 등을 제시하여야 한다.
6. 제약사항	기능 및 품질 등 요구사항 구현 시 관련 제약사항과 대응방안을 구체적으로 기술하여야 한다.

Ⅳ. 성능 및 품질

1. 성능 요구사항	구현하고자 하는 기능을 통해 요구 성능이 충족되도록 방법론 및 분석 도구, 구현 및 테스트 방안을 구체적으로 제시하여야 한다.
2. 품질 요구사항	분석·설계 등 각 단계별 품질 요구사항의 점검 및 검토 방안을 구체적으로 제시하여야 한다.
3. 인터페이스 요구사항	내·외부 연계를 포함하여 시스템 및 사용자 인터페이스 요구사항에 대해 구체적인 제안내용을 제시하여야 한다.

Ⅴ. 프로젝트 관리

1. 관리방법론	사업위험, 사업진도, 사업수행시 보안을 관리하는 방법, 사업수행 성과물이나 산출물의 형상 및 문서를 관리하는 방법 등을 구체적으로 제시하여야 한다. ※ 분리발주 사업이 있는 경우, 분리발주사업자와의 구체적인 협력방안 제시

2. 일정계획	사업수행에 필요한 활동을 도출하여 정확한 활동 기간, 자원, 인력, 조직 등을 제시하여야 한다.
3. 개발장비	사업자의 참여 의지 및 조직적 대응 정도, 사업참여의 준비성과 관련하여 개발환경의 구성여부와 해결방안을 명확히 제시하여야 한다.

Ⅵ. 프로젝트 지원

1. 품질보증	조직, 인원, 방법, 절차 등 해당 사업의 수행을 위한 품질보증 방안을 제시하여야 한다. ※ 국제 S/W개발 프로세스 품질인증 획득 여부 등 사업자 품질보증 능력을 기술
2. 시험운영	대상 업무별 단위시험, 통합시험 등에 대한 전반적인 방안을 제시하여야 하고 개발완료 후의 시스템의 이용 및 관리운영에 관한 전반적인 방안을 제시한다.
3. 교육훈련	사용자, 관리자 등 시스템의 이용대상자별로 구분하여 교육훈련 방법, 내용, 교육일정, 교육훈련 조직 등을 상세히 제시하여야 한다.
4. 유지보수	하자보수 및 유지보수 계획, 조직, 절차, 범위 및 기간과 이와 관련된 기타의 활동 등을 종합적으로 제시하여야 한다.
5. 기밀보안	기밀보안 체계 및 대책, 저작권 존중여부 명시, 시스템 보안성 확보방안과 개인정보보호 대책을 제시하여야 함
6. 비상대책	안정적인 시스템 운영을 위하여 백업/복구 및 장애대응 대책을 제시하여야 한다.

Ⅶ. 상생협력 및 하도급계약 적정성

1. 상생협력	공동수급체 구성을 통한 입찰참가 시, 사업 참가자 중 중소기업인 소프트웨어사업자의 참여비율을 제시한다. 즉, 컨소시엄 구성 및 효율적인 협력체계를 제시하고 공동수급 비율 중 중소기업자의 참여비율 및 내부거래 실적(관계사 매출 비중)을 명시하여야 한다.
2. 하도급계약 적정성	하도급에 참가하는 전문기업의 보유기술과 기술요구사항의 일치성, 보유기술의 실현 가능성, 입찰참가자(공동수급일 경우에는 공동수급체 전부)의 하도급 대금지급 방식의 적정성을 제시한다. 제안에 참여한 전문업체의 기술 및 자질, 활용방안 등을 제시하여야 한다. ※ 최근 5년 이내의 국내외에서 유사사업 수행실적이 있는 경우에는 실적증빙자료를 제출

Ⅷ. 기타

기 타	상기항목에서 제시되지 않은 기타 내용을 기술한다.

5. 기술성 평가기준 작성 사례

기술제안서 평가항목 및 배점한 도표 〈표 2-5〉를 작성한 사례이다.

〈표 2-5〉 기술제안서 평가항목 및 배점한도표

평가부문	평가항목	평가요소	배점한도
전략 및 방법론 (25)	사업이해도	· 개발목표 및 내용의 이해도 · 문제파악의 정확성 · 업무분석체계의 명확성 · 목표시스템 구성의 적정성 · 제안요청서와의 부합성	5
	추진전략	· 추진전략의 창의성 · 추진전략의 타당성	5
	적용기술	· 제안기술의 실현가능성 · 적용기술의 혁신성 · 적용기술의 최신성	5
	프레임워크 적용	· 프레임워크 내용의 이해도 · 프레임워크 적용의 명확성 · 프레임워크 미적용 시, 사유의 타당성 · 프레임워크 적용 방안의 타당성	5
	개발방법론	· 개발절차의 타당성 · 개발산출물의 적성성 · 도구와 기법의 적정성과 경험 · 적용방법론의 경험	5
기술 및 기능 (30)	기능 요구사항	· 기능요구사항 분석 및 방안의 타당성 · 기능요구사항 분석의 적정성 · 관련 방안 및 기술의 적용 가능성	10
	보안 요구사항	· 보안요구사항 분석 및 방안의 타당성 · 보안요구사항 분석의 적정성 · 관련 방안 및 기술의 적용 가능성	5
	데이터 요구사항	· 데이터 전환 계획 및 방법의 타당성 · 관련 조직 및 참여인력의 적정성	5
	시스템운영 요구사항	· 시스템 운영요구사항의 충족도 · 시스템 운영요구사항 대응책의 타당성	5
	제약 사항	· 제약사항 문제파악의 정확성 · 제약사항의 충족도 · 제약사항의 대응 방안의 적정성	5
성능 및 품질 (15)	성능 요구사항	· 성능요구사항 분석의 타당성 · 성능요구사항의 충족도	5
	품질	· 품질요구사항 점검 계획의 적정성	5

평가부문	평가항목	평가요소	배점한도
	요구사항	· 품질요구사항의 점검의 타당성 · 관련 조직 및 참여인력의 적정성	
	인터페이스 요구사항	· 시스템 인터페이스 구현의 적합성 · 사용자 인터페이스의 편의성 · 관련 조직 및 참여인력의 적정성	5
프로 젝트 관리 (10)	관리방법론	· 위험관리 방안의 적정성 · 자원관리 방안의 적정성 · 진도관리 방안의 적정성 · 보안관리 방안의 적정성 · 형상관리 방안 적정성 · 문서관리 방안의 적정성 · 분리발주 사업자간 협력 방안의 적정성	5
	일정계획	· 세부활동 도출 및 기간의 타당성 · 세부활동 배열의 합리성 · 중간목표 정의의 타당성 · 자원배분의 합리성	2
	개발장비	· 사업자의 참여 준비성 · 개발장비 보유현황 및 확보방안 · 개발도구 보유현황 및 확보방안	3
프로 젝트 지원 (20)	품질보증	· 품질보증계획의 적정성 · 품질보증인력의 자질 · 사업자 보증 능력 · 국제 소프트웨어 개발 프로세스 품질인증 획득 여부	5
	시험운영	· 시험운영 방법의 적정성 · 시험운영 내용의 적정성 · 시험운영 일정의 적정성 · 시험운영 조직의 적정성	3
	교육훈련	· 교육훈련 방법의 적정성 · 교육훈련 내용의 적정성 · 교육훈련 일정의 적정성 · 교육훈련 조직의 적정성	2
	유지보수	· 유지보수 계획의 적정성 · 유지보수 조직의 적정성 · 유지보수 절차의 적정성 · 유지보수 범위의 적정성 · 유지보수 기간의 적정성	5
	기밀보안	· 기밀보안 체계의 적정성 · 기밀보안대책의 확신성	2
	비상대책	· 백업/복구 대책 · 장애대응 대책	3
합 계			100

2-5 정보통신장비 구매제안 평가실무

1. 제안서 접수

① 제안서 접수는 계약담당자가 입찰공고에 지정한 장소 및 일시에 계약집행자가 한다.
② 계약집행자는 입찰공고에 지정한 장소 및 일시에 도달하지 못한 제안서는 접수하지 않는다.

2. 제안 평가

(1) 제안 평가

제안요청 입찰을 통하여 제안요청서를 접수 받아 제안평가를 실시

① 제안평가 개요 : 「국가계약법시행령」, 「협상에 의한 계약체결기준」, 「소프트웨어 기술성 평가 기준」참조 발주자는 사업자가 제출한 제안서를 기술능력과 입찰가격으로 구분하여 종합평가를 실시
② 기술능력평가 점수와 입찰가격평가 점수는 종합평가 점수 대비 2가지 방법을 선택 하고 있다.
- A형 : 기술평가(80%), 가격평가(20%)
- B형 : 기술평가(90%), 가격평가(10%)

(2) 제안 평가 성립

제안안내서의 입찰마감일시에 조달청에 제안서가 접수되면 제안서를 수령하고 제안서 평가계획을 수립

- 2개 이상의 사업자가 제안서를 접수하여야 평가단계로 진행
- 1개 이하의 사업자만 접수한 경우에는 유찰되고 재공고 입찰 실시

(3) 제안 평가의 종류

제안 평가의 종류는 2가지로 구분한다.

① 기술평가 : 가격만으로 사업자를 선정하면 시스템 개발 및 유지보수에 대한 위험을 초래할 수 있으므로 기술성 평가 먼저 시행
② 가격평가 : 기술평가가 끝나면 최저가 가격평가를 실시

3. 협상에 의한 계약 제안서 평가업무

(1) 평가의 근거 규정

기획재정부 계약예규 「협상에 의한 계약체결기준」, 행정자치부 예규 「지방자치단체 입찰시 낙찰자 결정 기준」 제5장(협상에 의한 계약체결 기준)에 따라 협상에 의한 계약방식으로 체결하는 물품 · 일반용역계약의 기술능력평가를 위하여 필요한 세부사항 규정을 따른다.

(2) 사용하는 용어

① "계약담당공무원"이란 「국가를 당사자로 하는 계약에 관한 법률 시행규칙」 제2조에 따라 중앙관서의 장으로부터 위임받은 공무원을 말한다.
② "평가집행자"란 계약담당공무원의 제안서 평가사무를 직접 수행하는 담당자를 말한다.
③ "수요기관"이란 「조달사업에 관한 법률」 제2조제4호에서 정한 기관을 말한다.
④ "공공기관"이란 「공공기관의 운영에 관한 법률」 제5조에 따른 공기업, 준정부기관, 기타 공공기관을 말한다.
⑤ "일반용역"이란 「국가를 당사자로 하는 계약에 관한 법률」 제4조에 따른 용역 중 「건설기술진흥법」 또는 「전력기술관리법」에서 규정한 용역과 그에 준하는 용역을 제외한 나머지 모든 종류의 용역을 말한다.
⑥ "제안요청서"란 계약담당공무원이 협상에 의한 계약으로 진행하는 입찰에 참가하고자 하는 자에게 제안서의 제출을 요청하기 위하여 교부하는 서류를 말한다.
⑦ "제안서"란 협상에 의한 계약으로 진행하는 입찰에 참가하고자 하는 자가 제안요청서 및 입찰공고에 따라 작성하여 계약담당공무원에게 제출하는 서류를 말한다.
⑧ "제안서 평가"란 평가위원이 평가항목에 따라 제출된 제안서의 기술능력을 종합적으로 평가하는 것을 말한다.
⑨ "제안서 오프라인평가"란 입찰에 참가하고자 하는 자가 자신의 제안서를 제안서 평가 장소에서 평가위원에게 발표하고 질의 · 응답 과정을 거친 후 평

가위원이 평가항목에 따라 기술능력을 종합적으로 평가하는 것을 말한다.

⑩ "전자제안서 오프라인평가"란 입찰에 참가하고자 하는 자가 제안서를 전자파일 형태로 저장된 이동식 저장장치로 제출하거나, 지정된 전산양식에 따라 별도의 전산시스템으로 제출하고 오프라인으로 평가하는 것을 말한다.

⑪ "제안서 온라인평가"란 입찰에 참가하고자 하는 자가 제안서를 작성한 후 "나라장터의 e-발주시스템"(이하 "시스템"이라 한다.)을 이용하여 계약담당공무원에게 전자적으로 제출하고, 평가위원은 입찰참가업체로부터 별도의 제안서 발표 없이 시스템을 이용하여 온라인으로 평가항목에 따라 기술능력을 종합적으로 평가하는 것을 말한다.

⑫ "제안서 평가위원회"란 개별 건의 제안서 기술능력평가를 위해 소정 인원수에 따라 선정된 평가위원들의 집합체를 말한다.

⑬ "제안서 평가위원"이란 조달청 물품 · 일반용역의 기술능력 평가를 위하여 조달청 훈령「기술 평가위원 관리 · 선정 · 교섭 등에 관한 규정」(이하 「기술 평가위원 규정」이라 한다) 제11조에 따라 선정된 위원을 말한다.

⑭ "제안서 접수"란 입찰에 참가하고자 하는 자가 제안서를 입찰공고에서 지정한 장소 및 시간에 계약담당공무원에게 제출하는 것을 말한다.

⑮ "제안서 평가장소"란 평가위원이 제안서를 평가할 장소로서 계약담당공무원이 입찰공고에서 지정하거나 평가집행자가 별도 지정한 장소를 말한다.

⑯ "제안서 사전검토"란 평가위원이 제안서를 평가시간 시작 이전에 검토하는 것을 말한다.

⑰ "사업관리자(PM)"란 계약담당공무원이 입찰공고한 해당사업에 대하여 입찰참여업체 대표로부터 입찰공고에서 그 계약의 종결까지 모든 권한을 위임받은 총괄관리자를 말한다.

⑱18. "공동수급체"란 구성원을 2인 이상으로 하여 수급인이 당해 계약을 공동으로 수행하기 위하여 잠정적으로 결성한 실체를 말한다.

⑲ "소프트웨어사업"이란 기획재정부 계약예규 「용역계약 일반조건」 제49조 제1호의 사업을 말한다.

⑳ "대형 소프트웨어사업"이란 사업금액이(추정가격+부가가치세) 40억원 이상 소프트웨어사업을 말한다.

㉑ "전문 평가위원"이란 대형 소프트웨어사업 등의 제안서 기술능력 평가를 위해 별도의 선정 · 위촉 과정을 거쳐 전문 평가위원 명부에 등재된 자를 말한다.

㉒ "해당 심사분야"란 「기술 평가위원 규정」의 별표 '분야별 전문인력 분류표'의 구매(대분류)-정보기술, 장비구매, 일반용역(중분류)의 소분류 분야를 말한다.

(2) 평가위원회의 구성

① 평가집행자는 사업의 규모, 특성 등을 고려하여 제안서 평가건별로 평가위원회를 구성하며, 평가위원은 「기술 평가위원 규정」 제11조에 따라 선정한다. 다만, 대형 소프트웨어사업 등은 제3조의2 및 제4조의2에 따라 전문평가위원 중에서 선정할 수 있다.

② 위원회는 위원장 1인을 두며 위원장은 제안서평가를 주관하고 평가에 참여한다.

③ 위원회는 위원장을 포함하여 [표 2-6]와 같이 10인 내외의 위원으로 구성하며, 위원장은 평가위원 중에서 추첨으로 선정 한다

④ 수요기관 사업예산액(부가가치세 포함금액)별 평가위원 수는 〈표 2-6〉과 같다. 다만, 평가집행자는 사업규모 및 특성에 따라 평가위원수를 가감할 수 있다.

〈표 2-6〉 사업예산액(부가가치세 포함금액)별 제안서 평가위원 수

사업예산액	1억원 미만	1억원 이상~50억원 미만	50억원 이상
위원 수	8명	8명 이상	9명 이상

⑤ 위원회는 평가 전일까지 구성하여야 한다. 다만, 사업의 긴급성, 과업내용의 보안 및 특수성 등의 사유가 있는 경우에는 그러하지 아니하다.

⑥ 평가위원의 분류는「기술 평가위원 규정」제5조의 분류방법에 의하며, 선정기준은 소분류에 의하여 선정함을 원칙으로 한다.

⑦ 제안서평가는 입찰공고서 또는 평가집행자가 별도 지정한 제안서 평가 장소에서 한다.

⑧ 평가위원의 위촉 및 해촉은 「기술 평가위원 규정」제11조에 따라 평가위원으로 선정된 경우에는 별도의 위촉절차 없이 평가위원으로 위촉된 것으로 보며, 평가가 완료된 경우 해촉된 것으로 간주한다.

(3) 대형 소프트웨어사업 등의 평가위원회 구성

① 대형 소프트웨어사업의 평가위원은 원칙적으로 전문평가위원 중에서 선정하되, 수요기관과 협의를 거쳐야 한다. 수요기관이 요구하거나 협의가 성립되지 아니하는 경우에는 제3조 제1항 본문에 따라 평가위원을 선정한다.

② 평가위원 선정방법은 「기술 평가위원 규정」을 따른다.

③ 대형 소프트웨어사업이 아니더라도 수요기관이 요청하거나 계약담당공무원이 필요하다고 인정되는 경우에는 수요기관과 협의를 거쳐 전문 평가위원

중에서 제2항에 따라 평가위원을 선정할 수 있다.

(4) 위원의 자격

① 위원의 자격요건은 「기술 평가위원 규정」의 대분류 "구매(우수제품 심사 제외)"에서 정한 업무를 전문적으로 수행한 자로서 다음 각 호와 같다.

1. 국가기관, 지방자치단체 또는「공공기관의 운영에 관한 법률」에 따른 공공기관에 재직하는 자로서 해당 심사분야(정보기술, 장비구매, 일반용역에 한함) 업무를 수행한 경험이 있는 다음의 어느 하나에 해당하는 자
   가. 6년 이상 해당 심사분야 업무를 수행한 경험이 있는 6급이상 공무원(다만, 군인인 경우 대위 이상, 공공기관의 경우 국가기관의 직무등급을 준용한 재직자)
   나. 해당 심사분야 「국가기술자격법」에 따른 기술사 또는 박사학위 소지자
   다. 2년 이상 해당 심사분야 업무를 수행한 경험이 있는 연구원 이상인 자로서 학사학위 이상 소지자

[서식 2-1]

제안서 평가위원 사퇴신청서

제안서 평가위원 사퇴신청서

본인은 「조달청 협상에 의한 계약 제안서평가 세부기준」 제4조제5항 또는 제4조의4제2항에 따라 다음과 같이 조달청 제안서 평가위원 사퇴 신청서를 제출하오니 처리하여 주시기 바랍니다.

1. 평가분야 : 정보기술, 일반용역, 물품분야 중 선택
2. 사유(간략히) :
3. 사퇴 희망일자 : 부터

년 월 일

소속기관명 :
직위 또는 직급 :
성 명 : (서명)

조 달 청 장 귀하

2. 대학 또는 대학교에 근무하는 조교수 이상 자로서 해당 심사분야(정보기술, 장비구매, 일반용역에 한함) 업무관련 조교수 이상 경력이 2년 이상인 자
3. 기타 공정한 평가를 위하여 조달청장이 필요하다고 인정하는 자

② 평가위원의 해당 자격증빙서류는 학위증, 재직증명서, 경력증명서 등으로 하며 정보기술계약과 및 서비스계약과 해당업무 사무관 등이 확인하여 이상이 없을 경우에 한하여 「기술 평가위원 규정」 제4조제1항에 따라 처리한다.

③ 감사담당관은 「기술 평가위원 규정」 제4조제1항에 따라 전문인력(평가위원)을 모집시에는 "조달청 홈페이지"에 고지하여야 한다.

④ 평가위원 등록을 희망하는 자는 등록 희망분야에 대한 경력과 저술사항 등이 구분되도록 작성 · 제출하여야 한다.

⑤ 평가위원은 제1항 각 호의 해당 자격요건을 상실하거나 본인이 사퇴를 원하는 경우에는 [서식 2-1] '평가위원 사퇴 신청서'를 소관 담당과장에게 제출하여야 한다.

(5) 전문평가위원의 자격 및 위촉

① 전문평가위원의 자격요건은 다음과 같다.
1. 공무원 및 「공공기관의 운영에 관한 법률」에 따른 공기업 또는 준정부기관에 재직하는 자로서 다음 각 목의 어느 하나에 해당하는 자
   가. 해당 심사분야 기술사 또는 박사
   나. 해당 심사분야 연구원 이상인 자(연구원 이상 경력이 5년 이상인 경우에 한함)
   다. 6년 이상 해당 심사분야 업무수행 경험이 있는 5급 이상 공무원(다만, 군인인 경우 소령 이상, 공공기관의 경우 국가기관의 직무등급을 준용한 재직자)
2. 대학 해당분야 부교수 이상인 자(부교수 이상 경력이 3년 이상인 경우에 한함)

② 계약과장은 제1항의 자격요건을 갖추고 소정의 신청서와 소속 기관장의 추천서를 제출한 자의 자격을 심사하여 전문 평가위원 후보자 명부를 작성한다.

③ 전문 평가위원 후보자 명부는 「기술 평가위원 규정」의 별표 '분야별 전문인력 분류표'의 구매(대분류)-정보기술(중분류) 분야의 소분류별로 작성하는 것을 원칙으로 한다.

④ 계약과장은 전문 평가위원 후보자 명부를 신기술서비스업무심의회에 심의의뢰하며, 신기술서비스업무심의회는 후보자 명부에 등재된 자 중에서 80명 내외의 분야별 전문 평가위원 명부를 확정한다.

⑤ 계약과장은 분야별 평가위원 명부에 등재된 전문 평가위원을 위촉한 후 그 명단을 인터넷 홈페이지 등을 통하여 공개(전문 평가위원만 해당)하고 감사담당관실에 통보한다.

(6) 전문평가위원의 임기

전문평가위원의 임기는 1년으로 하되, 1년에 한해 연임할 수 있다.

(7) 평가위원의 해촉

① 계약과장은 전문 평가위원이 다음의 어느 하나에 해당되는 경우에는 해당 평가위원을 해촉 한다.

1. 평가와 관련한 비리 또는 부정행위를 한 경우
2. 신체상 또는 정신상의 이상으로 업무수행이 현저히 곤란하게 된 경우
3. 「국가공무원법」 제33조 각 호에 해당하게 된 경우
4. 심의의 공정성을 침해한 경우
5. 자격요건을 상실한 경우
6. 위촉 시 자격요건 또는 「부패방지 및 국민권익위원회 설치와 운영에 관한 법률」제2조제4호에 따른 부패행위 전력을 거짓으로 제출한 경우
7. 평가위원이 스스로 사퇴하는 경우
8. 2회 이상 개별 건에 대한 평가위원 섭외에 불응한 경우
9. 평가위원 개인의 부정 또는 비리와 관련한 제보가 3회 이상 접수되고 제보내용이 상당하다고 인정되는 경우
10. 기타 위의 해촉 요건과 동등하다고 계약담당공무원이 인정하고 구매업무심의회에서 승인한 경우

② 평가위원은 해촉에 해당되는 경우에는 평가위원 사퇴 신청서를 정보기술계약과장에게 제출하여야 한다.

(8) 위원의 준수사항

① 평가집행자는 제안서평가 시작 전에 평가위원에게 ‘제안서 평가위원 유의사항’, ‘평가위원 평가지침 준수각서’를 시스템을 통해 공지하고 평가위원으로부터‘평가위원 평가지침 준수각서’를 시스템을 통해 제출받아야 한다.

② 평가집행자는 제안서 평가시작 전에 다음 각 호의 기피·제척 사항을 시스템을 통해 평가위원에게 공지하고 평가위원은 다음 각 호에 해당되는 경우 즉시 위원장, 평가집행자에게 알리고 스스로 그 안건의 평가를 포기하여야 한다.

1. 평가위원 또는 해당 소속단체에서 평가대상자로부터 전년도 1월 1일부터 현재까지 하도급을 포함하여 용역, 자문, 연구 등을 수행하였거나, 당해 사업의 시행으로 인하여 이해당사자가 되는 경우
2. 당해 사업의 시행으로 인하여 이해당사자가 되는 경우
3. 평가위원이 최근 3년 이내 당해 평가대상 업체에 재직한 경력이 있는 경우
4. 소속 단체나 학회 등이 평가대상 업체로부터 지원받은 후원금이 당해 사업과 직접 관련이 있는 경우
5. 기타 공정한 심사를 수행할 수 없다고 판단될 경우

〈표 2-7〉 제안서 평가위원 유의사항

• 평가장 분위기를 리드하려 하지 말아야 합니다. • 심사종료 전에는 개인적 용무를 자제 하여야 합니다. • 표정으로 찬성·반대 입장을 나타내지 말아야 합니다. • 자신의 지식을 전달하려 하지 말아야 합니다. • 자신의 지식을 과시하려 하지 말아야 합니다. • 가르치려 하거나 배우려 하지 말아야 합니다. • 평가위원 상호간 상의나 협의하지 말아야 합니다. • 옳고 그름을 언행으로 가리지 말고 평가점수로 합니다. • 순수한 채점자가 되어야 합니다. • 평가대상 업체측에 면박이나 무안을 주지 말아야 합니다. • 업체측의 의사결정 내용을 언행으로 확인하지 말아야 합니다. • 평가를 말이나 행동으로 하지 말아야 합니다. • 정답이나 오답을 유도하지 말아야 합니다. • 편가르기식 언행은 삼가야 합니다. • 제안서의 잘못된 부분은 평가로 표현하고 지적하여 고치려 하지 말아야 합니다. • 미루어 짐작하거나 축소 확대 해석하지 말아야 합니다. • 평가종료 후 본인의 평가내용을 밝히지 말아야 합니다.

〈표 2-8〉 제안서 평가위원 평가항목별 벌점

평가항목		평가요소	벌점
공정성	심각한 위반	- 제5조제1항 각 호의 사항을 위반한 경우(평가 이후 발견 시 포함) - 평가대상 업체로부터의 사전접촉 사실을 신고하지 않은 경우	100점
		- 특정업체에게 해당 제안서 평가 관련 평균점수 대비 현저하게 과다/과소점수 부여 등	50점
	경미한 위반	- [별표 4]의 "제안서 평가위원 유의사항" 위반 시	30점
		- 본인의 평가점수를 평가장소에서 공개 등	30점
		- 특정 입찰자의 오류 등을 지속 부각시키는 등 타 위원의 공정한 평가에 영향을 미치는 자	30점
성실성	심각한 위반	- 제안서 평가이전에 계약담당공무원에게 연락 없이 제안서 평가 불참 시	50점
		- 제안서 평가(온·오프) 시작시간 10분이상 20분미만 지각자 * 시작시간 20분 이후 지각 또는 접속자는 벌점 50점 부과 및 해당 건 위원자격 박탈	50점
		- 제안서 온라인 평가 소요시간이 1시간 미만인 자	50점
	경미한 위반	- 제안서 평가이전에 평가불참 사유를 계약담당공무원에게 사전연락은 하고 제안서 평가 불참 시	30점
		- 제안서 오프라인 평가 시작 후 5분이상 10분미만 지각 자	30점
전문성		- 입찰자의 제안서 내용에 대한 이해가 부족하여 부적절한 질문을 하는 등 전문성이 현저히 부족한 자	50점
		- 타위원의 평가점수에 비해 업체별 변별력이 없도록 동일 유사 점수를 부여하는 자	30점
		- 제안내용에 대한 질문이 전혀 없거나 위원 간 토론에도 참여하지 않는 등 평가에 소극적인 자	30점
		- 기타 전문성이 부족하다고 판단되는 경우(평가집행자는 사유를 기재)	20점

※ 비고
1. 평가부서과장은 지각한 위원에 대하여 정당한 사유가 인정되는 경우에는 벌점을 부과하지 않을 수 있다
2. 평가위원별 누적벌점이 50점 이상일 경우에는 3개월 간 평가위원 교섭·선정을 중지하고, 「기술평가위원 관리·선정·교섭 등에 관한 규정」 평가위원별 누적벌점이 100점에 도달하였을 때에는, 평가위원에서 퇴출이 되며, 향후 2년 이내에는 전문인력 모집에 참여 할 수 없다.
3. 벌점 누적기간은 2년으로 한다.

(9) 입찰공고 명시 내용

계약담당공무원은 제안서 평가기관, 평가방법, 제안서 제출방법 · 기한 · 서류, 제안서의 용량(온라인 제출에 한함), 온라인평가 시 사전검토시간 · 평가위원 의견등록 · 제안사 답변등록 시간 등을 입찰공고에 명시하여야 한다.

(10) 제안서 제출

① 입찰자는 입찰공고에서 지정한 제안서류 일체를 시스템을 통하여 전자적으로 제출하여야 하며 제안서류 일체는 200MB를 초과할 수 없다.
② 계약담당공무원은 사업금액이 80억 원 이상이거나, 사업의 특성 등을 고려하여 필요하다고 인정되는 사업은 인쇄물형태의 제안서를 추가적으로 제출하게 할 수 있으며, 이 경우 입찰자는 입찰공고에서 지정한 방법으로 인쇄물형태의 제안서를 제출하여야 한다. 다만, 제안서의 제출 여부는 시스템을 통해 제출된 제안서를 기준으로 한다.

(11) 제안서 접수

① 평가집행자는 시스템을 통해 제안서를 접수한다. 다만, 제6조의2 제2항에 따라 제출하는 인쇄물형태의 제안서는 입찰공고에서 지정한 장소와 일시에 접수한다.
② 평가집행자는 제1항 단서에 따라 제안서를 접수하고자 하는 경우에는 입찰공고에 지정한 장소 및 일시에 도달하지 못한 제안서는 접수하지 않는다.
③ 조달청에서 제안서 기술평가를 대행할 경우 정성적 평가분야 제안서는 평가를 종료한 후 수요기관에게 인계한다.

(12) 평가대상

① 이 기준에 따른 평가는 물품 · 일반용역 발주 시 다음 각 호의 경우 조달청장에게 평가를 요청한 사업을 그 대상(다만, 「기술 평가위원 규정」에 따른 평가위원 인력풀이 확보된 경우에 한함)으로 한다.
   1. 국가기관 및 공공기관 : 「국가를 당사자로 하는 계약에 관한 법률 시행령」 제43조, 제43조의2에 따른 협상에 의한 계약체결
   2. 지방자치단체 : 「지방자치단체를 당사자로 하는 계약에 관한 법률 시행령」 제43조, 제44조에 따른 협상에 의한 계약체결
② 제1항에도 불구하고 다음 각 호의 사항은 수요기관이 제안서 평가를 직접

하는 경우에도 적용할 수 있다.
1. 제9조 제3항, 제5항, 제7항, 제8항
2. 제10조 제8항부터 제10항
3. 제14조의2 제1항, 제3항부터 제7항

(13) 제안서의 평가항목 및 배점한도

① 제안서의 평가항목 및 배점한도는 다음과 같다.
  1. SW개발, 운영 및 유지·보수, 정보화전략수립 사업 : 〈표 2-9〉
  2. 단순구매(H/W, S/W등) 사업 : 〈표 2-10〉
  3. 전산감리사업 : 〈표 2-11〉

② 평가집행자는 사업의 특성·목적 및 내용 등을 고려하여 필요한 때에는 평가부문별 배점한도를 10점의 범위 내에서 가·감 조정할 수 있으며 평가항목을 추가하거나 제외할 수 있다.

③ 수요기관은 중견기업인 소프트웨어사업자가 참여할 수 있는 사업금액(부가가치세 포함금액) 기준으로 20억원 이상을 발주하는 정보시스템 구축사업 등 제1항제1호에 해당하는 입찰에 대하여는 평가부문 중에서 "상생협력 및 하도급계약 적정성" 배점한도는 10점 이상으로 하여야 하며 평가항목을 제외할 수 없다.

④ 수요기관에서 정성적 부문의 평가항목에 대하여 배점을 정하여 요청한 경우에는 이에 따라 평가 할 수 있다. 다만, 정량적 부문(이행실적, 신용평가 등)의 평가에 대하여는 수요기관에서 직접 수행한다.

⑤ 평가집행자는 수요기관이 작성한 제안요청서로 평가가 곤란할 경우에는 수요기관과 협의하여 제안요청서를 수정할 수 있으며, 다음 각 호의 사항에 대하여 수요기관과 상호 협의 및 조정이 이루어지지 아니하는 경우에는 해당 조달요청서를 수요기관으로 반려할 수 있다. 다만, 협의 및 조정 횟수는 총 2회로 한다.
1. 협상에 의한 계약 추진 여부
2. 입찰참가자격, 제안요구사항, 소프트웨어 분리발주 등 입찰과 관련한 사항
3. 제안서 평가항목, 평가배점, 항목별 평가방법 등 제안서 평가와 관련한 사항

⑥ 제안서 평가 중 상생협력 평가항목에 대하여는 다음 각 호에 따라 처리한다.
1. 국가기관 또는 공공기관을 대상으로 제안서를 평가하는 경우
  가. 정량적 평가부분(이행실적, 경영상태 등)이 포함되어 있는 경우에는 해당 기관에서 상생협력을 포함(이행실적+경영상태 등+상생협력)하여 평가한 후 조달청에 정량적 평가점수를 서면으로 통보한다.

나. 정량적평가부분(이행실적, 경영상태 등)이 포함되어 있지 않은 경우에는 조달청 평가집행자가 상생협력을 평가한 후 제안서 평가시 평가위원에게 서면으로 제공한다.

2. 지방자치단체인 경우 평가집행자는 조달요청 접수 후 상생협력 평가 의무 항목을 정량 평가항목에 포함하여 평가할 수 있도록 해당 기관과 반드시 협의를 하여야 한다.

3. '상생협력' 평가항목을 정성적으로 평가할 경우에도 제1호 및 제2호에 따라 평가한 점수를 평가집행자가 시스템에 입력할 수 있다.

⑦ 제안서 평가 중 정량적 평가부분에 대하여는 다음 각 호에 따라 처리한다.

1. 정량적 평가항목별 평점 구간의 최고 점수와 최저 점수의 차이는 배점 한도의 30%를 초과하여서는 아니 된다. 다만, 제6항에 따른 상생협력 평가항목은 예외로 한다.

2. 재무구조 및 경영상태 평가는 신용평가등급에 따른 평가방법만 실시하며 [별표 2-12]에 따라 평가한다.

3. 수행실적 평가는 〈표 2-13〉에 따라 평가한다. 다만 사업예산(추정가격)이 「국가를 당사자로 하는 계약에 관한 법률」 제4조제1항에 따라 기획재정부장관이 정하여 고시하는 금액(세계무역기구의 정부조달협정상 물품 및 용역 개방 대상금액) 미만인 경우에는 수행실적을 평가하지 않으나 원활한 사업이행을 위해서 필요하다고 판단되는 경우에는 예외로 한다.

⑧ 수요기관에서 요청한 정량적 평가부분이 제7항 각 호의 기준에 부합하지 아니하는 경우에는 해당 수요기관과 협의하여 조정하여야 하며, 조정이 이루어지지 아니하는 경우에는 제9조제5항에 따라 처리한다.

〈표 2-9〉 SW개발, 운영 및 유지 · 보수, 정보화전략수립 사업

평가부문	평가항목	평가기준
전략 및 방법론	사업 이해도	사업의 특성 및 목표에 대해 주변 환경분석과 업무내용의 연관관계의 이해를 바탕으로 일관성 있는 방향과 전략을 제시하고 있는가를 평가한다. 다만, 당해 사업의 기획용역(ISP 등)을 수행한 자가 참여한 때에는 평가등급보다 한 단계 하위 등급의 점수를 부여한다.
	추진전략	개발업무 수행 시 위험요소를 고려하여 얼마나 창의적이며 타당한 대안을 제시하였는가를 평가한다.
	적용기술	사업에서 적용하고자 하는 기술이 향후 확장성을 고려하여 현실적으로 실현 가능하게 제시되어 있는지를 평가한다.
	표준 프레임워크 적용	정보시스템을 효율적으로 개발하고 유지 관리 할 수 있도록 소프트웨어의 기본 골격과 재사용 모듈 등 표준 프레임워크의 사용 계획과 예상되는 문제점을 구체적으로 기술하고 실현 가능한 대응 방안을 제시하였는지를 평가한다.

평가부문	평가항목	평가기준
	개발 방법론	사업에 적정한 방법론의 제안 타당성을 평가하고, 실제 적용 사례와 경험을 바탕으로 효율적인 단계별 활동 내용을 구성하여 산출물의 적정성을 유지하고, 기술과 경험을 적절히 활용하고 있는가를 평가한다.
기술 및 기능	시스템 요구사항	도입대상 장비의 요구 규격을 충족시키는 장비를 제안하며 제시된 장비가 현 시스템과 인터페이스 및 확장 가능성이 있는지를 평가하고, 도입 장비의 설치 및 공급 계획, 유지보수에 대해 방안이 구체적으로 기술되어 있는가를 평가한다.
	기능 요구사항	방법론 및 분석 도구를 통하여 구체적인 내용으로 분석되고 구현 방안이 구체적으로 기술되어 있는가를 평가하고, 제안한 방안 및 기술이 적용 가능한지를 평가한다.
	보안 요구사항	관련 기능 등 타 요구사항 및 시스템과 관련되어 분석되고, 적용할 표준 및 구현 방안이 설계단계부터 반영되어 구체적으로 기술되어 있는가를 평가하고, 제안한 방안 및 기술이 적용 가능한지를 평가한다.
	데이터 요구사항	데이터 전환 계획 및 검증 방법, 에러 데이터 처리 방법에 대해 구체적인 내용을 제시하고 있는가를 평가하며, 데이터 전환을 위해 책임 조직이 투입되는가를 평가한다.
	시스템 운영 요구사항	시스템 운영요구 충족도는 운영 시 필요한 사항에 대하여 경험을 바탕으로 제시하고, 고려 사항 및 유사 시 대응책을 제시하고 있는가를 평가한다.
	제약사항	제약사항 충족도는 기능 및 품질 등 요구사항을 구현 시 관련 제약사항을 충족시키며 구현 방안 및 테스트 방안을 구체적으로 기술하였는가를 평가한다.
성능 및 품질	성능 요구사항	구현하고자 하는 기능을 통해 요구 성능이 충족되도록 방법론 및 분석 도구를 통하여 구체적인 내용으로 분석되고 구현 및 테스트 방안이 구체적으로 기술되어 있는가를 평가하고, 제안한 방안 및 기술을 통해 요구 성능을 충족시킬 수 있는지를 평가한다.
	품질 요구사항	제공되는 분석 도구 및 구현 방안, 테스트 방안이 구체적으로 기술되어 있는가를 평가하고, 분석·설계 등 각 단계별 품질 요구사항의 점검 및 검토 방안이 구체적으로 계획되어 있는가를 평가한다. 또한 각 단계마다 품질 요구사항을 점검하는 별도의 전문 인력이 투입되는가를 평가한다.
	인터 페이스 요구사항	시스템 인터페이스 : 타 시스템과의 연계 방안들에 대한 장·단점의 분석을 통해 가장 적합한 방안이 구체적으로 기술되어 있는가를 평가하고, 구현 경험이 있는 인터페이스 담당자가 투입되는지 평가한다. 사용자 인터페이스 : 사용자 편의성을 고려하여 요구사항을 제공

평가부문	평가항목	평가기준
		하기 위한 분석 및 설계, 구현 방안과 검토 계획을 구체적으로 기술하였는가를 평가하고, 구현 경험이 있는 사용자 인터페이스 담당자가 투입되는지 평가한다.
	녹색성장 기여도	해당 제품의 에너지절감 정도, 전기·전자 폐기물(E-Waste) 최소화 정도 등을 제시하고 이를 통해 해당 제품이 저탄소녹색성장에 어떻게 기여할 수 있는지를 평가한다.
프로젝트 관리	관리 방법론	사업위험, 사업진도, 사업수행시 보안을 관리하는 방법, 사업수행 성과물이나 산출물의 형상 및 문서를 관리하는 방법 등을 평가한다.
	일정계획	사업수행에 필요한 활동을 도출하여 정확한 활동 기간의 산정과 도출된 활동 간의 배열이 합리적인지, 중간목표가 적정하게 제시되어 있는지, 각 활동에 적합한 자원이 적절히 할당되어 있는지 등을 평가한다.
	개발장비	사업자의 참여 의지 및 조직적 대응 정도, 사업참여의 준비성과 관련하여 개발환경의 구성여부와 해결방안을 명확히 제시하고 있는가를 평가한다.
프로젝트 지원	품질보증	제시된 품질보증 방안이 해당 사업의 수행에 적합한지, 사업자가 대외적으로 인정받을 만한 품질보증 관련 인증을 획득한 사례가 있는지를 확인하고 평가한다.
	시험운영	시스템 공급자가 개발된 시스템의 시험운영을 위해 제공 및 지원하는 각종 시험운영 방법 및 조직 등에 대해 평가한다.
	교육훈련	시스템 공급자가 시스템 운영 및 관리자를 위해 제공 및 지원하는 각종 교육훈련의 방법, 내용, 일정 및 조직 등에 대해 평가한다.
	유지보수	시스템 공급자가 제시하는 하자보수 및 유지보수 계획, 조직, 절차, 범위 및 기간과 이와 관련된 기타의 활동 및 그 제한사항에 대해 평가한다.
	기밀보안	사업추진 동안 악영향을 미치는 일련의 불순 활동들로부터 기밀을 보호함과 동시에 원활한 사업의 수행을 보장하기 위한 체계 및 대책에 대하여 평가한다.
	비상대책	시스템 공급자가 안정적인 시스템 운영을 위해 제시하는 각종 백업/복구 및 장애대응 대책에 대하여 평가한다.
상생협력 및 하도급계약 적정성	상생협력	공동수급체 구성을 통한 입찰참가 시, 입찰자 중 중소기업인 소프트웨어사업자의 참여비율(지분율)에 따라 평가한다. 다만, 중소기업인 소프트웨어사업자 단독으로 입찰에 참가한 경우 최고 등급을 부여하고, 대기업인 소프트웨어사업자 단독으로 입찰에 참가한 경우는 '0'점을 부여한다.
	하도급계약	하도급에 참가하는 중소기업인 전문업체의 보유기술과 기술요구사항의 일치성, 보유기술의 실현 가능성, 입찰참가자(공동수급일 경

평가부문	평가항목	평가기준
	적정성	우에는 공동수급체 전부)의 하도급 대금지급 방식의 적정성 등에 대해 평가한다. 이 경우 「소프트웨어산업 진흥법」 제20조의3 및 같은 법 시행규칙 제8조에 따라 「소프트웨어사업 하도급계약의 적정성 판단기준」을 준용하여 등급평가를 실시할 수 있다. 다만, 중소기업인 소프트웨어사업자가 단독 또는 공동으로 입찰에 참가한 경우 최고 등급을 부여한다.

〈표 2-10〉 단순구매(H/W, S/W등) 사업

평가부문	평가항목	평가기준
기능성	기능구현 완전성	제안요청서에서 요구하는 기능이 모두 구현되어 있는지 여부를 평가한다.
	기능구현 정확성	구현된 모든 기능들이 정상적으로 동작하는지 여부를 평가한다.
	상호 운용성	제안요청서에서 요구하는 다른 프로그램 또는 시스템과의 연동(데이터 교환, 인터페이스 요구 충족 등) 가능 여부를 평가한다.
	보안성	인가되지 않은 사람이나 시스템의 접근을 방지하여 정보 및 데이터를 보호하는지 여부를 평가한다.
	표준 준수성	제안요청서에서 요구하는 규제 또는 표준을 준수하여 개발되었는지 여부를 평가한다.
사용성	기능학습 용이성	도움말, 매뉴얼 등을 통해 제품 기능 정보를 제공하여 학습이 용이한지 여부를 평가한다.
	입출력 데이터 이해도	데이터 입출력 방법 및 절차가 편리하고 제안요청서의 요구내용에 적합한지 여부를 평가한다.
	사용자 인터페이스 조정가능성	사용자의 요구조건에 맞게 화면구조(메뉴, 화면배치 등)를 변경할 수 있는지 여부를 평가한다.
	사용자 인터페이스 일관성	동일하거나 유사한 기능 수행을 위해 일관된 또는 통합된 인터페이스를 제공하는지 여부를 평가한다.
	진행상태 파악 용이성	사용자가 수행하는 작업의 진행 상태를 쉽게 파악할 수 있는 화면 제공 여부를 평가한다.
	운영절차 조정 가능성	사용자 취향이나 습관에 맞게 운영 절차를 최적화 할 수 있는 기능을 제공하는지 여부를 평가한다.

평가부문	평가항목	평가기준
이식성	운영환경 적합성	제안요청서에서 요구하는 사용환경에 설치 가능한지 여부를 평가한다.
	설치제거 용이성	제품 설치나 제거 시 다운되거나 중지되는 현상이 발생하지 않는지 여부를 평가한다.
	하위호환성	이전 버전이 있을 경우 이전 데이터를 사용할 수 있는지 여부를 평가한다.
효율성	반응시간	제안요청서에서 요구하는 시스템 반응시간 충족 정도를 평가한다.
	자원사용율	제안요청서에서 요구하는 부하요건 하에서 시스템 자원(CPU, 메모리, HDD 등) 사용의 적정성을 평가한다.
	처리율	제안요청서에서 요구하는 부하요건 하에서 시스템이 처리할 수 있는 데이터 처리량을 평가한다.
유지 보수성	문제진단/ 해결 지원	오류가 발생했을 경우 오류를 해결할 수 있는 진단 기능이 제공되는지 여부를 평가한다.
	환경설정 변경 가능성	시스템 확장 또는 효율적 운영을 위한 환경설정 변경이 가능하고 변경이 용이한지 여부를 평가한다.
	업데이트 용이성	제품의 기능 또는 성능 향상을 위한 업데이트가 용이한지 여부를 평가한다.
	백업/ 복구 용이성	사용자가 원하는 시점에 시스템을 백업하고 필요 시 복원할 수 있는지 여부를 평가한다.
신뢰성	운용 안정성	시스템을 장시간 운용 시 안정적으로 동작하는지 여부를 평가한다.
	장애복구 용이성	시스템 장애 발생 시 복구가 용이하고 정상적으로 기능이 동작하는지 여부를 평가한다.
	서비스 지속성	시스템 장애 발생 시에도 지속적인 서비스가 가능한지 여부를 평가한다.
	데이터 회복성	시스템 장애 발생 시에도 데이터 소실 없이 유지 또는 복구 되는지 여부를 평가한다.
공급업체 지원	유지보수 지원	제품 사용상 문제가 발생하거나 제품 업데이트 필요 시 이를 지원할 수 있는 절차, 인력, 유지보수기간 등이 적절하며 라이센스 정책이 제안 요구사항을 충족시킬 수 있는지 여부를 평가한다.
	교육훈련 지원	구매할 제품의 사용방법 및 관리방법과 관련된 사용자와 관리자에 대해 지원되는 교육훈련 과정 및 교육 전담 인력 지원 여부를 평가한다.

평가부문	평가항목	평가기준
	제품 신뢰도	GS인증 등 품질인증을 획득하였으며, 지적재산권과 관련한 법적인 문제가 없는지, 제품 개발 후 업그레이드가 있었는지 여부를 평가한다.
	녹색성장 기여도	해당 제품의 에너지절감 정도, 전기·전자 폐기물(E-Waste) 최소화 정도 등을 제시하고 이를 통해 해당 제품이 저탄소녹색성장에 어떻게 기여할 수 있는지를 평가한다.

〈표 2-11〉 전산감리사업

평가부문	세부평가요소
점검내용	• 감리대상사업의 특성 등을 감안하여 주요 위험요소와 예상문제점을 적정하게 도출하였는지 여부 • 도출된 위험요소 및 예상문제점을 반영하여 단계별로 점검사항을 적정하게 도출·제시하였는지 여부
점검방법	• 과업이행여부, 기술적용계획표 등 필수점검사항에 대한 점검방법을 구체적으로 제시하였는지 여부 • 점검결과의 객관성·타당성 확보를 위한 점검 기법·방법을 구체적으로 제시하였는지 여부
감리일정 및 절차	• 감리대상사업 단계별 감리일정 및 세부 감리절차를 적정하게 제시하였는지 여부 • 각 단계별 시정조치확인에 투입되는 감리인력, 기간, 수행방법 등을 구체적으로, 적정하게 제시하였는지 여부
감리인력 구성	• 분야별 위험도 및 업무량 등을 감안하여 적정 수준의 감리인력을 배치하였는지 여부 • 상근감리원의 비율
총괄 감리원	• 총괄감리원이 업무수행을 위해 필요한 기술자격, 유사 업무·감리 수행경력 등 전문성을 갖추었는지 여부
각 분야별 감리인력	• 투입 감리인력(다른 분야 전문가 포함)이 담당분야와 관련된 업무 또는 감리 수행경력 등 전문성을 갖추었는지 여부 • 투입 감리원(총괄감리원 포함)의 계속교육 이수실적(이수한 교육의 종류 및 시간)
기타 지원사항 등	• 감리수행절차 또는 감리보고서 품질향상을 위해 감리법인 차원에서 체계적인 교육훈련 또는 품질관리 등을 수행하고 있는지 여부 • 시험·진단 또는 점검을 체계적으로 수행하기 위한 자동화 도구 및 기법 등을 적정하게 제안하였는지 여부 • 기타 발주자가 제안요청한 사항(감리범위 및 인력투입 등)에 대하여 적정하게 제안하였는지 여부

〈표 2-12〉 신용등급에 의한 경영상태 평가기준

신용평가등급			평점
회사채	기업어음	기업신용	
A- 이상	A2- 이상	A- 이상	평점방식은 [주] 1 에 따름
BBB+	A3+	BBB+	
BBB0	A30	BBB0	
BBB-	A3-	BBB-	
BB+, BB0	B+	BB+, BB0	
BB-	B0	BB-	
B+, B0, B-	B-	B+, B0, B-	
CCC+ 이하	C 이하	CCC+ 이하	

[주] 1. 등급구간별 평점은 제9조제7항제1호에 따라 부여한다.
2. 「신용정보의 이용 및 보호에 관한 법률」 제4조제1항 제1호 또는 제4호의 업무를 영위하는 신용정보업자가 입찰공고일 이전에 평가한 유효기간 내에 있는 회사채, 기업어음, 기업신용평가등급을 기준으로 평가하되 가장 최근의 신용평가등급으로 평가한다.
3. '신용평가등급 확인서'가 확인되지 않은 경우에는 최저등급으로 평가하며, 유효기간 만료일이 입찰공고일인 경우에도 유효한 것으로 평가한다.
4. 합병한 업체에 대하여는 합병후 새로운 신용평가등급으로 심사하여야 하며 합병후의 새로운 신용평가등급이 없는 경우에는 합병대상업체 중 가장 낮은 신용평가등급을 받은 업체의 신용평가등급으로 심사한다.
5. 공동수급체의 경우 구성원별 해당 점수에 지분율을 곱한 후 그 점수들을 합산하여 최종 평가
[예] (A사 점수×A사 지분율)+(B사 점수×B사 지분율)…

〈표 2-13〉 수행실적 평가 기준

평가항목		평가등급	평점
해당 사업규모 대비 입찰공고일 기준 최근 3년간 사업수행실적 비율 [합산 금액기준]	동등이상 사업	A. 100%이상	평점방식은 [주] 1 에 따름
		B. 70%이상 ~ 100%미만	
		C. 40%이상 ~ 70%미만	
		D. 10%이상 ~ 40%미만	
		E. 10%미만	
	유사사업	A. 100%이상	평점방식은 [주] 1 에 따름
		B. 70%이상 ~ 100%미만	
		C. 40%이상 ~ 70%미만	
		D. 10%이상 ~ 40%미만	
		E. 10%미만	

[주]

1. 등급구간별 평점은 제9조제7항제1호에 따라 부여한다.
2. 실적으로 인정되는 동등이상 또는 유사 사업의 범위는 수요기관에서 정하며, 계약일자와 납품기한에 관계없이 이행 완료된 시점을 기준으로 평가한다.
3. 수행실적 증명은 다음 각 호에 따라 처리한다.
   가. 국내 소재업체의 수행실적 중 공공기관 이외의 수행 실적은 원본이 확인된 해당용역의 계약서, 세금계산서, 거래명세표 등을 첨부한 경우에 평가하고, 특히 필요한 경우 공급받는 자의 인감증명 (법인 또는 개인)을 첨부한 거래사실 확인서를 제출하게 할 수 있다.
   나. 국외 소재업체의 수행실적도 국내 소재업체에 준하되, 공공기관 이외의 납품실적은 이를 공증하거나 해당국가의 상공회의소 또는 해당국가에 주재하는 대한민국 공관의 확인을 받은 경우에는 세금계산서 등 증빙자료 첨부를 생략할 수 있다.
   다. 이행실적에 대한 입증책임은 입찰참가업체가 부담하며 의무를 다하지 아니하여 실적확인이 어려운 경우에는 실적을 인정하지 아니한다.
4. 유사사업 수행실적을 평가항목에 포함할 경우에는 동등이상사업 수행실적에 따른 평점과 유사사업 수행실적에 따른 평점을 합산하여 평가한다. 다만, 합산한 점수는 수행실적 평가 총 배점한도를 초과할 수 없다.
5. 공동수급체의 경우 구성원별 실적에 지분율을 곱한 후 그 실적들을 합산한 실적으로 최종 평가
   (예) {(A사 실적×A사 지분율)+(B사 실적×B사 지분율)…}에 대한 점수

(14) 평가방법

① 제안서는 사업금액이 10억원 미만이거나 단순 사업 등의 경우 시스템을 통해 온라인으로 평가하며, 사업금액이 10억원 이상이거나 계약담당공무원이

필요하다고 인정되는 사업 등의 경우 오프라인으로 평가 할 수 있다.

② 평가집행자는 평가위원에게 제안서를 사전 배포하지 않는 경우에는 입찰참가업체의 제안서 발표 이전에 다음 각 호에 따라 평가위원에게 제안서 검토시간을 부여하여야 하고 온라인평가의 경우 입찰공고 등에서 정한 절차에 따라 시스템을 통해 제안서 사전검토하고, 평가위원 질의 및 제안사의 답변을 등록하여야 한다. 다만, 평가시간 운용의 효율성 · 업체수 · 평가내용의 난이도 등을 감안하여 평가위원회에서 검토시간을 조정할 수 있다.

1. 추정가격이 고시금액 이상 10억 원 미만 : 60분 이상
2. 추정가격이 10억 원 이상 50억 원 미만 : 90분 이상
3. 추정가격이 50억 원 이상 : 120분 이상
4. 제3조의2에 해당되는 대형소프트웨어사업 : 150분 이상
5. 온라인 평가 : 60분 이상

③ 재공고입찰을 하였으나 유찰된 경우에는 제안서 적합 업체를 대상으로 수의계약으로 추진할 수 있으며 이 경우 제안서 적합 여부 판단은 수요기관이 한다.

④ 공동수급체의 대표자가 부도, 부정당업자제재, 영업정지, 입찰무효 등의 상태인 경우에는 해당 공동수급체의 결격사유로 평가하며, 공동수급체 구성원 중 부도, 부정당업자제재, 영업정지, 입찰무효 등의 상태인 자가 있는 경우에는 제안서평가를 할 수 있다. 이 경우 출자비율 또는 분담비율은 입찰서 제출 마감일 전일까지 확정 · 제출된 비율로 하며, 결격사유가 있는 구성원의 출자비율 또는 분담비율을 잔여 구성원에게 배분하지 아니한다.

⑤ 공동수급체를 평가할 경우 결격사유 있는 구성원의 출자비율 또는 분담비율을 전체 사업에 대한 비율로 환산하여 기술평가 점수에서 환산 비율에 해당하는 점수(소수점 다섯째자리에서 반올림하여 산출)만큼 감점한다.

⑥ 계약담당자는 제출된 서류가 부정 또는 허위로 작성된 것으로 판명된 때에는 다음 각 호와 같이 처리하여야 한다.

1. 계약체결 이전인 경우에는 협상적격자에서 제외하거나 낙찰자 결정통보를 취소한다.
2. 계약체결 이후인 경우에는 당해 계약을 해제 또는 해지할 수 있다.

(15) 대형 소프트웨어사업 등의 평가방법

① 수요기관은 대형 소프트웨어사업을 조달요청할 때 [서식 2-2]의 '필수 제안 확인표'를 조달청에 제출하여야 한다. 수요기관이 이를 제출하지 않을 경우 필수 제안 사항이 없는 것으로 간주한다.

② 입찰참가업체는 제1항의 '필수 제안 확인표'의 해당 내용을 기재하여 제안서와 함께 제출하여야 하며 미제출 시 추가 보완 · 제출할 수 없다.

[서식 2-2]

필수 제안 확인표

연번	수요기관 작성		제안업체 작성	
	필수 제안 사항	제안요청서 해당 쪽수	반영 여부 (○, ×)	제안서 해당 쪽수
1	o 해당 평가항목 : o 제안요청내용 - -			
2	o 해당 평가항목 : o 제안요청내용 - -			
3	o 해당 평가항목 : o 제안요청내용 - -			
:				

필수 제안사항에 대한 반영 여부 표기가 사실과 다르지 않음을 확약합니다. 만약 제안서에 반영된 내용과 다르거나 허위인 것이 확인될 경우 이에 대한 귀 기관의 조치를 따를 것을 확약합니다.

년 월 일

입찰참가자 또는 입찰참가대리인

회사명 : (직인)

직 위 :

성 명 :

조달청장 귀하

③ 평가집행자는 입찰참가업체가 제2항의 '필수 제안 확인표'를 제출하지 않았을 경우 동 사실을 제안서 평가 시 평가위원들에게 공지한다.

④ 평가위원장은 제안서 검토시간 내에 평가위원 간 협의를 통해 2개 이상의 공통 질문사항을 확정하고 입찰참가업체의 제안내용 발표 후 질의응답 시간에 공통 질문사항을 질의하여야 한다.

(16) 정보기술 심사분야 투입인력 등의 적정성 평가

① 수요기관은 "수행조직, 투입인력의 적정성 등"(이하 "투입인력의 적정성"이라 한다)에 대해 평가하고자 하는 경우에는 투입인력의 평가내용, 평가기준 등을 제안요청서에 명시하여야 한다.
② 투입인력의 적정성 평가 심사기준일은 입찰서 제출마감일 전일로 하고 입찰서 제출마감일 이후 발생, 신고 또는 수정된 자료는 평가에서 제외한다.
③ 입찰자(공동수급체 구성원 포함)는 제1항에 따라 "투입인력의 적정성"에 대한 제안서류는 다음 각 호의 서류를 포함하여 제출한다. 단, 입찰공고, 제안요청서 등에 달리 정한 경우에는 그에 따른다.
1. 수행조직 및 수행조직별 분장사무
2. 일정별 인력투입계획
3. 입찰자 소속 투입인력의 총괄표
4. 입찰자 소속 투입인력의 이력사항
5. 입찰자 소속 투입인력에 대한 증빙서류(재직증명서, 경력증명서, 4대보험 가입확인서 등)
6. 입찰자가 하도급 계약할 경우 하도급예정자의 기술자등급별 인원 현황

(17) 평가실시

① 입찰참가업체로부터 제안서를 접수한 날로부터 가급적 7일 이내에 제안서 평가를 실시하여야 한다. 다만, 수요기관이 사업시기 등을 고려하여 평가일을 연기요청하는 경우에는 그러하지 아니하다.
② 입찰참가업체는 평가집행자의 허락을 얻어 제안서 평가장소에 입실한다.
③ 평가위원들이 평가자료를 사전에 검토할 수 있도록 평가일 이전에 제안서를 배포할 수 있다. 이때 평가집행자는 제안서 배포 전에 해당 평가위원에게 '제안서 평가위원 유의사항'을 공지하고, '평가위원 평가지침 준수각서'를 제출받아야 한다.
④ 수요기관 담당자는 평가 일시·장소에서 평가위원의 제안서 검토 중 평가위원장이 지정한 시간에 평가위원을 대상으로 사업특성 등을 설명하여야 한다.
⑤ 평가집행자는 수요기관의 요청에 따라 평가의 효율성 및 신속성을 위하여 입찰참가자에게 제안설명회를 실시할 수 있으며 입찰참가자에게 공통으로 필요한 제안설명회 일시·장소 및 준비사항 등을 사전에 공지하여야 한다.
⑥ 계약담당공무원은 필요한 경우 사업관리자(PM)가 제안서 발표를 하도록 입찰공고에 규정할 수 있으며, 입찰참가업체는 제안서에 사업관리자(PM)를

명시하여 평가집행자가 이를 확인할 수 있도록 하여야 한다. 이 경우 사업관리자(PM)는 입찰공고일 전부터 입찰참가업체에 재직 중인 자에 한한다.

⑦ 제안서에 명시된 사업관리자(PM)가 발표를 하지 못하거나 제안서에 사업관리자(PM)가 명시되어 있지 않은 경우에는 평가위원이 서면으로 평가한다.

⑧ 평가집행자는 평가시간 동안 평가장소에서 보안 및 질서를 유지하여야 한다.

⑨ 평가집행자는 다음 각 호의 사항을 확인한 후 제안서 평가를 종료하여야 한다.

1. 온라인평가의 경우 각 평가위원별로 시스템을 통한 평가표 제출 여부
2. 오프라인 평가의 경우 각 평가위원별로 '평가표'에 서명·날인한 후 제출 여부

⑩ 부득이한 사유로 사업설명을 실시 할 수 없는 수요기관은 평가일 전일까지 그 사유와 사업설명서를 제출하여야 하며, 동 서류 배포로 사업설명을 갈음할 수 있나.

⑪ 평가집행자는 사전설명의 공정성을 위해 수요기관의 편파적 발언 등을 제지 하여야 한다.

(18) 제안서 평가과정 공개

① 평가집행자는 제안서를 오프라인평가(물품 제외)하는 경우 CCTV 등 외부에 평가장면과 음성을 공개할 수 있는 설비를 갖춘 장소에서 평가를 실시한다. 다만, 불가피한 사정이 있는 경우에는 다른 평가장소에서 평가를 실시할 수 있다.

② 평가집행자는 제1항 본문에 따라 외부에 정보를 공개할 수 있는 설비를 갖춘 장소에서 평가를 실시하는 경우 제안서 평가장면과 음성을 외부에 공개한다. 다만, 공통질의 도출, 평가위원의 질의 및 제안사의 답변 등 공정한 평가를 저해하거나, 기업의 정당한 이익을 현저히 해칠 우려가 있다고 인정되는 경우에는 비공개할 수 있다.

(19) 평가점수 산출

① 평가위원은 제안서를 제출한 입찰자의 수에 따라 제안서 평가를 실시한다.

② 평가한 결과 입찰자별로 평가위원의 평가점수 중 최저와 최고점수를 제외(최저 또는 최고 점수가 2개 이상일 때에는 이중 하나만 제외)한 후 나머지 평가점수를 산술평균하여 최종 평가점수를 부여한다. 단, 평가점수가 소수점 이하가 있는 경우에는 소수점 다섯째 자리에서 반올림 한다.

〈표 3-14〉 평가점수 산출

1. 입찰자의 수가 3개사 이하인 경우
   가. 각 평가위원은 시스템을 통해 입찰자별, 평가항목별로 5단계 등급(매우우수 · 우수 · 보통 · 미흡 · 매우미흡) 중 해당되는 등급을 부여한다.
   나. '가'호에 따라 평가위원이 부여한 등급은 다음과 같이 시스템에 의해 평가점수를 부여한다. 다만, 계약담당 공무원이 필요하다고 인정되는 경우에는 입찰공고 등에 등급별 점수를 달리 정할 수 있다.

등급	매우우수	우수	보통	미흡	매우미흡
점수	배점의 100%	배점의 90%	배점의 80%	배점의 70%	배점의 60%

   다. 평가위원이 제출한 평가부문별 평가점수가 해당 평가부문별 평균점수보다 배점한도의 10%를 초과하거나 미달하는 경우 해당 평가위원은 자신의 평가점수를 조정할 수 있으며, 조정하지 아니한 경우에는 [별표 6] 기술능력평가의견서에 따라 1차 평가점수 부여 및 조정하지 아니한 사유를 제출하여야 한다.
   라. '가'호 내지 '다'호에 따라 평가위원의 평가부문별 평가점수에 따라 입찰자의 순위를 정하고 1순위자의 점수를 기준으로 2순위자 이하에 다음과 같이 점수를 부여한다.

순 위	평가부문별 조정조건	부여방법
1순위자	해당사항 없음	A= 1순위자 평가점수
2순위자	[(1순위자 평가점수 - 2순위자 평가점수) 〉 평가부문 배점 × "조정계수"] 인 경우	B = A - (A × "조정계수")
	[(1순위자 평가점수 - 2순위자 평가점수) ≦ 평가부문 배점 × "조정계수"] 인 경우	B = 2순위자 평가점수
3순위자	[(2순위자 평가점수 - 3순위자 평가점수) 〉 평가부문 배점 × "조정계수"] 인 경우	C = B - (A × "조정계수")
	[(2순위자 평가점수 - 3순위자 평가점수) ≦ 평가부문 배점 × "조정계수"] 인 경우	C = 3순위자 평가점수

   단, '가'호 내지 '다'호에 따른 입찰자의 평가점수가 기술능력분야 배점한도의 85% 미만인 경우에는 '라'호 적용을 배제한다.
   마. '라'호의 "조정계수"는 원칙적으로 0.05로 하되, 오프라인 평가시 평가위원 전원 합의로 또는 계약담당공무원이 필요하다고 인정되는 경우에는 0.05~0.1 범위 내에서 조정계수를 조정하여 적용할 수 있다. 단, 계약담당공무원이 필요하다고 인정되어 조정계수를 조정하고자 하는 경우에는 입찰공고에 해당 조정계수를 명시하여야 한다.
2. 입찰자 수가 4개사 이상인 경우에는 2단계로 평가한다. 1단계는 [입찰자 수에 따른 평가등급별 입찰자 배정표]에 따라 입찰자별로 등급을 결정하고, 2단계는 해당 등급별 배점한도 내에서 평가위원별로 평가점수를 부여한다.
   가. 위원장은 평가위원회 토론을 거쳐 1단계의 등급선정 순서를 결정한다.
   나. 입찰자별 평가등급은 투표를 통해 과반수 이상 득표를 얻은 자 중에서 다득표 업체

순으로 순차적으로 등급을 부여한다. 다만, 입찰자가 얻은 득표수가 2개사 이상이 동수일 때에는 위원장은 순위가 결정될 때까지 의결에 부친다.

다. 평가위원은 "나"호에 따라 결정된 등급에 따라 아래와 같이 평가등급별 배점범위 내에서 최종 평가점수를 부여한다.

〈평가등급별 정성평가 배점범위〉

구분	상	중	하
배점 비율	배점의 94% 이상	배점의 94% 미만 ~ 88% 이상	배점의 88% 미만

※ 평가등급병 배점범위는 정량평가 배점을 차감한 정성평가 배점에 평가등급별 배점비율을 곱하여 산정한다.

등급 입찰자 수	상	중	하	비고
4개사	2	2	-	
5개사	3	2	-	
6개사	3	3	-	
7개사	3	3	1	
8개사	3	3	2	
9개사	3	3	3	
10개사	3	4	3	
11개사	4	4	3	
12개사	4	4	4	
13개사	4	5	4	
14개사	5	5	4	
15개사	5	5	5	
16개사	5	6	5	
17개사	6	6	5	
18개사	6	6	6	
19개사	6	7	6	
20개사	7	7	6	

(19) 평가점수 통보

평가집행자는 제안서 평가점수와 평가위원이 제출한 [서식 2-3]의 "기술능력 평가의견서"를 평가일로부터 3일 이내에 해당 수요기관에 송부하여야 한다.

[서식 3-3]

기술능력 평가의견서

※ 과업내용에 포함될 수 있도록 구체적으로 작성하여 주시기 바랍니다.

구 분	내 용
평가점수 부여 사유(업체명)	
조정하지 아니한 사유	

평가위원 소속 : 직위 : 성명 : (인)

(20) 협상의 내용과 범위

① 수요기관은 제안서평가 결과를 접수한 때에는 15일 이내에 협상대상자와 협상을 실시하고 협상 결과를 계약담당자에게 통지하여야 한다.

② 수요기관은 협상을 정한 기간 내에 협상이 이루어지지 않은 경우에는 10일의 범위 내에서 연장할 수 있으며, 미리 계약담당공무원에게 연장 이유와 기간 등을 통지하여야 한다.

③ 수요기관은 협상을 정한 기간 내에 협상을 실시한 결과 「협상에 의한 계약체결기준」에 따라 제안서의 내용이 조정된 경우에는 가감 내용에 상당하는 금액을 예정가격 범위 내에서 계약담당자와 협의를 거쳐 조정할 수 있다.

④ 협상이 불성립될 경우 「협상에 의한 계약체결기준」 제10조 제2항에 따라 동일한 기준과 절차에 따라 순차적으로 차순위 협상적격자와 협상을 실시한다. 단, 협상이 불성립될 경우 계약담당자는 소속 업무심의회 심의 등을 거쳐 재협상이 필요하다고 인정하는 경우 수요기관에 재협상을 요구할 수 있다.

(21) 제안서평가위원의 평가

① 평가집행자는 각각의 제안서평가시 평가위원을 평가하여야 하며 평가위원이 평가 시 평가지침을 위반하였을 경우에는 해당과(팀)장에게 보고하여야 한다.

1. 평가집행자는 평가위원이 제안서 평가위원 유의사항을 위반할 경우 즉시 시정요구를 할 수 있다.
2. 평가집행자는 평가위원이 시정요구에 불응하고, 평가의 공정성을 저해할 가능성이 있는 경우 해당 평가위원에게 평가장 퇴실을 요구할 수 있다.

② 평가집행자는 제안서 평가시 평가위원이 평가지침을 위반 하였을 경우에는 지체없이 따라 평가위원선정교섭시스템에 위반사항을 등록하여야 한다.

③ 평가집행자는 평가위원에 대한 평가 위반내용을 교섭시스템에 그 기록을 유지 · 관리한다.

[서식 3-4]

제안서 평가위원 평가서

○ 사 업 명 :

○ 평 가 일 자 :

○ 평가 집행자 :

< 평 가 결 과 >

평가항목	위반/결여 정도	위반/결여 사유	벌점	평가위원 성명
공정성	심각한 위반			
	경미한 위반			
성실성	심각한 위반			
	경미한 위반			
전문성				

[서식 3-5]

제안서 평가위원 평가 집계표

해당 청명	담당 과	수요 기관명	사업 명	평가 위원명	평가 일자	평가 담당자명	평가 항목	위반/ 결여정도	벌 점	누계 벌점

④ 감사담당관은 평가위원별 누적벌점이 50점 이상일 경우에는 3개월간 평가위원 교섭·선정을 중지하고, 「기술 평가위원 규정」 평가위원을 퇴출시키고 교섭시스템의 전문인력 명부에서 삭제처리 한다.

⑤ 감사담당관은 교섭시스템의 전문인력명부에서 삭제된 평가위원의 경우 삭제일로부터 향후 2년 이내에는 「기술 평가위원 규정」에 따라 전문인력 모집 및 명부에 등재를 제한하여야 한다.

(22) 평가위원 사전접촉 입찰자에 대한 감점

① 입찰공고일부터 제안서 평가일까지 입찰자(공동수급체 구성원 포함) 및 당해 입찰과 관련하여 입찰자와 이해관계를 같이 하는 자(제안서에 명시된 하도급자, 협력업체)의 소속 임·직원이 당해 입찰과 관련하여 평가위원(전문인력 명부 또는 전문 평가위원 명부에 등재된 자 포함)을 사전 접촉('접촉'은 SNS, 문자, e-메일 등을 활용하여 의도적으로 평가위원에게 입찰자를 인식시키는 행위를 의미한다.)한 것이 사실로 확인된 경우 당해 제안서 평가 종합점수(기술점수와 가격점수를 합산한 총점 100점 만점 기준)에서 5점을 감점 처리한다.

② 평가집행자는 사전 접촉 행위의 유무를 조사하기 위해 서식 1에 따른 확인(신고)서를 징구(접수)하고, 사전접촉 사실을 확인(신고)한 평가위원도 평가에 참여한다.

③ 평가집행자는 사전접촉 행위가 확인(신고)된 경우 사실관계를 지체없이 조사하여야 하며, 소속 업무심의회 심의를 통해 감점여부를 확정한다.

④ 평가집행자는 업무심의회 심의결과를 사전접촉여부 확인(신고)서 등을 첨부하여 소속 계약과(팀)장에게 통보(보고)하여야 한다.

⑤ 감점 사항에 대해서는 입찰공고에 명시하여야 한다.

⑥ 감점은 당해 입찰에 한하여 적용하며, 사전접촉여부 확인(신고)서 접수 및 사실 조사, 감점 여부에 대한 결정 및 감점처리는 계약체결 전에 이루어져야 한다.

⑦ 입찰자가 허위로 신고하여 다른 입찰자의 입찰참가를 방해한 경우에는 「국가를 당사자로 하는 계약에 관한 법률 시행령」 등 관련 법령에 따라 처리한다.

(23) 제안서 평가수당 지급

① 해당 수요기관은 내에서 평가위원 수당을 지급하여야 한다.

② 평가집행자는 제안서 평가완료일로부터 3일 이내에 제안서 평가수당 내역서를 해당 수요기관에 통보하여야 한다.

③ 계약담당공무원은 제안서의 난이도, 해당 수요기관의 사업예산, 평가대상 업체수, 평가에 소요된 시간 등을 고려하여 평가수당을 달리 정할 수 있다.

④ 평가위원이 제안서평가를 위해 위원회에 참석하였으나 「기술 평가위원 규정」에 따라 평가위원 정족수 미달로 평가가 연기되거나, 기피 · 제척사유에 해당되어 제안서평가를 하지 않은 평가위원에게는 제15조 제1항 내지 제3항에 따라 5만원을 지급하고 "오프라인평가"의 가산금을 추가 지급할 수 있다.

〈표2-15〉 제안서 평가위원 수당

<table>
<tr><th rowspan="2">구분</th><th rowspan="2">온라인평가</th><th colspan="4">오프라인평가</th></tr>
<tr><th colspan="3">일반평가</th><th>전문평가</th></tr>
<tr><td rowspan="2">기본수당</td><td rowspan="2">20만원</td><td>90분 미만</td><td>90~120분</td><td>2시간~</td><td rowspan="2">50만원</td></tr>
<tr><td>20만원</td><td>25만원</td><td>30만원</td></tr>
<tr><td>가산금</td><td>• 사전 검토시간이 50분 이상 5만원
• 제안사가 3개사 초과 시 1개사마다 1만원</td><td colspan="4">• 평가시간이 3시간을 초과할 경우 1시간 초과 시마다 5만원
• 평가위원(기관 소재)이 다른 권역(강원, 충청, 전라, 경상 등)에 소재할 경우 5만원, 제주도 등 도서지역인 경우 10만원
• 숙박 시 공무원여비규정에 따른 숙박비</td></tr>
<tr><td>상한금액</td><td>30만원</td><td>50만원</td><td>55만원</td><td>60만원</td><td>100만원</td></tr>
</table>

* 단, 제안서평가 기간이 1일을 초과할 경우 1일 초과 시마다 상한금액의 50% 가산한 금액을 상한금액으로 본다.

(24) 제안서 평가결과 공개

① 평가집행자는 입찰자의 정당한 요청이 있거나 필요하다고 인정되는 경우에는 개인정보, 영업비밀, 기타 다른 법령에 따라 공개가 제한되는 정보 등을 제외한 범위 내에서 제안서 평가결과를 공개할 수 있다.

② 평가집행자는 제안서 평가 종료 후 3일 이내에 국가종합전자조달시스템을 이용하여 [서식 3-6]와 같이 평가위원별, 평가부문별 점수를 공개하되, 평가위원실명은 비공개로 한다. 다만, 제3조의2에 해당되는 대형 소프트웨어사업 등은 평가위원실명을 공개한다.

[서식 3-6]

OO 사업 제안서평가 결과

o 평가위원 : 실명은 비공개
o 평가점수

평가부문*	입찰참가 업체명				비고
	A	B	C	....	
xx 부문					
:					
:					
:					
YY부문					
합계					

* 전략및 방법론, 기술및 기능, 성능 및 품질, 프로젝트 관리, 상생협력 등

(25) 입찰공고에 별도로 반영 집행

계약담당공무원은 이 세부기준에 정하지 아니한 사항에 대하여는 「협상에 의한 계약체결기준」 등 관련 계약예규 등을 적용하며 물품·일반용역의 특성에 따라 이 세부기준을 적용하기 곤란하다고 인정되는 사항에 대하여는 입찰공고에 별도로 반영하여 집행할 수 있다.

4. 가격평가 및 대상자 선정

(1) 가격평점 산식

1) 「협상에 의한 계약체결 기준」에 따라 평가점수를 산출

- 입찰가격이 추정가격의 80% 이상인 경우 : 최저입찰가격은 입찰업체의 입찰가격 중 최저가격

$$평점 = 입찰가격평가\ 배점한도 \times \left(\frac{최저입찰가격}{당해입찰가격}\right)$$

- 입찰가격이 추정가격의 80% 미만인 경우

$$평점 = 입찰가격이\ 추정가격의\ 80\%일\ 경우의\ 평점$$

$$+2 \times \left(\frac{추정가격의\ 80\%\ 상당가격 - 당해입찰가격}{추정가격의\ 80\%\ 상당가격 - 추정가격의\ 60\%\ 상당가격}\right)$$

※ 1. 다만, 입찰가격이 추정가격의 100분의 60 미만일 경우에는 100분의 60으로 계산
2. 예정가격을 작성한 경우에는 추정가격을 예정가격으로 적용

(2) 조달청의 우선협상 대상자 선정

① 조달청은 기술 및 가격에 대한 종합적인 제안 평가결과에 따라서 협상 및 계약을 위한 우선협상대상자를 선정
② 「협상에 의한 계약체결 기준」을 적용하여 기술능력평가 80%, 입찰가격평가 20% 방법으로 종합평가점수(기술능력평가와 입찰가격평가 합산)를 산정
③ 기술능력평가 배점한도 85% 이상인 자를 협상적격자로 선정
④ 최고 점수를 얻은 자를 우선 협상 대상자로 지정하고 다른 협상 적격자에 우선하여 협상을 실시
⑤ 종합 평가점수가 동일한 경우 기술능력평가점수가 높은 제안자를 선 순위자로 한다.
⑥ 기술능력평가 점수가 동일한 경우에는 기술능력의 세부평가항목 중 배점이 큰 평가항목에서 높은 점수를 얻은 자를 선순위자로 한다.

(3) 협 상

① 협상근거 : 「협상에 의한 계약체결 기준」
발주자는 기술능력 및 입찰가격평가에 의하여 협상적격자 및 협상순위가 결정된 경우
② 지체 없이 협상적격자에게 협상순위, 협상적격자 모두의 기술능력과 입찰가격 평가점수와 합산점수 및 협상일정을 통보
③ 협상순위에 따라 협상적격자와 기술 및 가격협상을 진행

(4) 기술 및 가격협상

발주자는 우선협상대상자와 기술 및 가격협상을 수행한다..

① 협상내용과 범위 : 발주자는 제안서의 내용 전반에 대한 검토와 협상대상자의 기술적 이행사항을 확인
  - 협상대상자가 제안한 사업내용, 이행방법, 이행일정, 제안가격등의 제안서 내용을 대상으로 협상을 한다.
  - 협상대상자와 협상을 통해 그 내용의 일부를 조정할 수 있다.

② 가격협상 기준금액 : 가격협상 기준금액은 협상 대상자가 제안한 가격이 기준가격이 된다.
  - 협상대상자가 제안한 가격이 예정가격(또는 사업예산) 이상인 경우 : 예정가격 이하로 가격을 조정할 수 있다.
  - 협상대상자가 제안한 내용을 가감하는 경우 : 가감내용에 상당하는 금액을 예정가격 범위 내에서 조정 가능
  - 제안요청 시 포함되지 않았으나 주관부서의 협상 요구에 의하여 증가되는 사업범위에 대해서는 이에 해당 하는 원가반영 가능

③ 협상절차
  - 우선협상대상자가 협상내용에 대하여 합의할 경우 차순위 협상대상자와 협상을 생략
  - 우선협상대상자와의 협상이 결렬되면 동일한 기준과 절차에 따라 차순위 협상대상자와 협상을 실시하고, 이 경우에도 협상이 결렬되면 순차적으로 차순위 협상대상자와 협상을 실시
  - 모든 협상대상자와 협상이 결렬된 때에는 재공고입찰

④ 협상기간 : 협상기간은 협상개시를 통보한 날로부터 10일 이내
  - 당해 사업의 규모, 특수성, 난이도 등에 따라 협상대상자와의 협의에 의하여 3일의 범위 내 에서 조정 가능

⑤ 협상결과의 통보 : 주관기관의 계약 협상이 성립되면 협상 결과를 조달청으로 통보

5. 사업자 선정 단계 및 절차

사업자선정 단계는 다음 〈표 3-16〉과 같다.

〈표 3-16〉 사업자 선정을 하는 단계와 절차

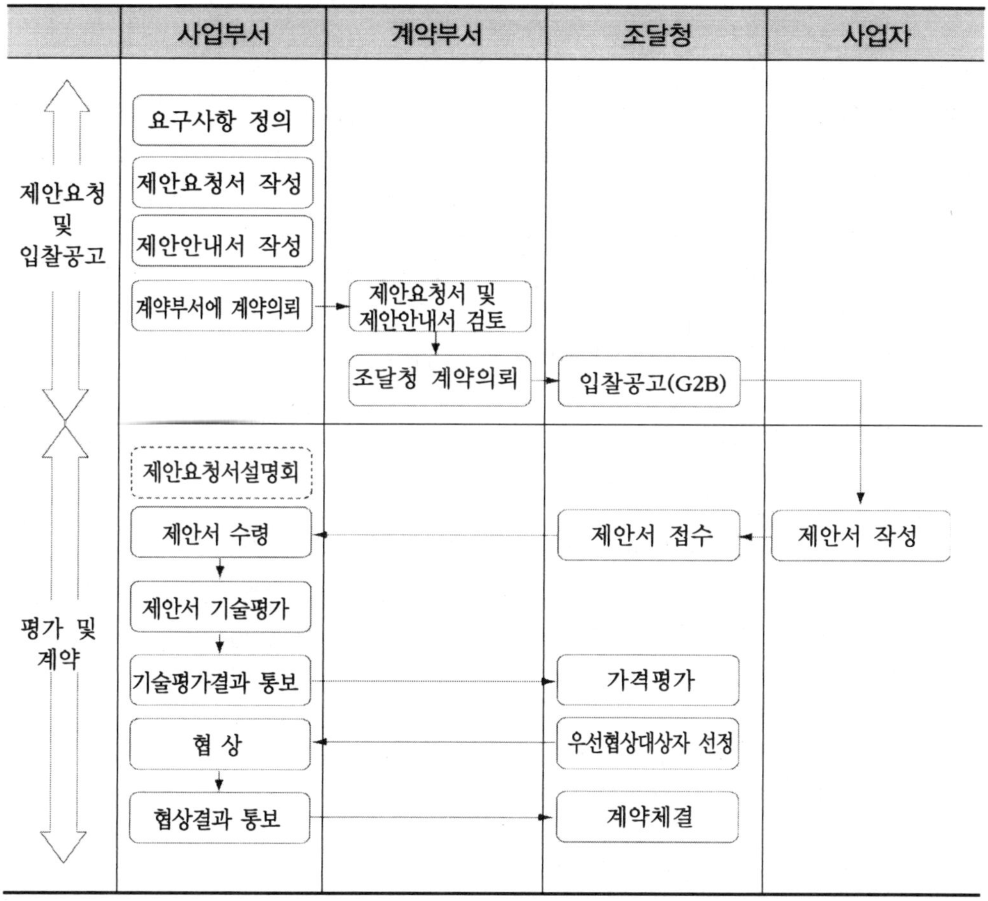

6. 계약과 사업관리

(1) 계약문서 작성

- 제안요청서에 근거하여 제안서의 내용을 검토 및 평가하여 결정된 사업자와 계약을 체결하며, 조달청에서 운영하는 전자조달시스템(G2B)에서 전자적으로 마무리(근거 : 「용역계약일반조건」)
- 발주자와 사업자의 협상이 완료되면 조달청은 계약의 목적 및 내용을 분명히 하여 분쟁이 발생하지 않도록 계약문서 작성
- 계약문서는 기술용역계약서, 입찰유의서, 용역일반계약조건, 용역계약특수조건, 과업내용서, 산출내역서, 공동수급협정서 등으로 구성되며 상호 보완의

효력 있다.
- 산출내역서는 계약금액의 조정 및 기성부분에 대한 대가의 지급시 적용 할 기준으로 계약문서로서의 효력 있다.

(2) 계약체결

- 계약은 일반경쟁입찰과 협상에 의한 계약방식으로 체결하며, 사업자 확정 통보를 받은 날로부터 10일 이내에 계약을 체결
- 계약체결의 경우 계약관련 규정에 의한 계약의 일반조건과 특수조건 등의 일반원칙에 따름
- 계약체결 이후 제안서 평가결과의 세부내용과 협상결과는 비공개

(3) 발주처 사업 담당부서 분석

- 사업의 내용이 너무 추상적인 내용으로 사업과제를 만들어서 담당자도 잘 모르는 사업을 발주 한 사례
- 사업의 기술적 내용을 구현하려면 사업기간보다 더 많은 일정으로 개발이나 제조를 하여야 하는데 일정검토가 부정확한 상태에서 발주한 사례
- 적절한 예산이 아닌 적은 금액으로 입찰을 실시하고 기업은 수주에 몰두한 사례
- 사업발주를 실시하여 충분한 검토와 사업 수행 중 발생할 문제점을 사전에 예방하지 못 하고 발주한 사례

(4) 사업수행 업체 분석

- 사업수행과정에 입찰서의 사업내용을 이해하지 못하고 입찰과 계약을 위주로 수주만 하고 발주부서에 문의만하고 지연하는 사례
- 사업수행자의 기술력 부족으로 사업초기부터 공정지연 발생 사례
- 이행 내용 점검결과 미 이행하여 담당감독에게 불신 발생 사례
- 사업수행자(계약자)의 해석과 발주처의 해석이 서로 다른 사례
- 완료계를 제출하고 검사 과정에서 보완조치 지연으로 분쟁 사례
- 기업 내부 분석 실시
  ① 수주실적이 있어야 다음의 사업을 수주 할 수 있다는 계약위주의 사업추진으로 실행에 문제 발생 사례
  ② 기업내부 기술력이 부족한데도 수주 후 인력을 보강하였으나 보강 인력이 사업수행을 잘 못하는 사례

③ 계약자가 자체인력으로 해결하는 사업이 아니고 협력사와 공동 수행하면서 협력사와 관계가 악화되어 사업수행 중 불규칙한 일정으로 사업 수행하는 사례

④ 사업수행 중 개발인력의 이동으로 본 사업 담당자의 변경으로 발주처에 사업성과를 지연시키는 사례.

⑤ 사업완료 후 하자나 장애 발생 시 개발자의 퇴사, 협력사의 기술자 퇴사, 협력사와 사업종결로 지속적인 기술지원이 되지 않는 사례.

7. 제안입찰 효율적 업무처리 방안

① 발주자는 입찰공고시 계약자의 사업수행 내용을 구체적이고 상세하게 기술공고

② 계약자는 사업수행계획서를 구체적으로 작성하여 발주처의 승인을 받는다.

③ 계약자에게 사업수행계획 설명회를 실시하여 협력사를 포함한 관련 기술자 모두 분야별 설명을 실시하여 예상문제점과 이행계획을 설명

④ 계약자는 사업모델 현장을 만들어 발주처와 사업자간 이해의 폭을 넓혀서 사업수행계획서의 일정표와 일치하게 협력으로 사업추진

〈표 3-17〉 발주자와 계약자간 협력관계도

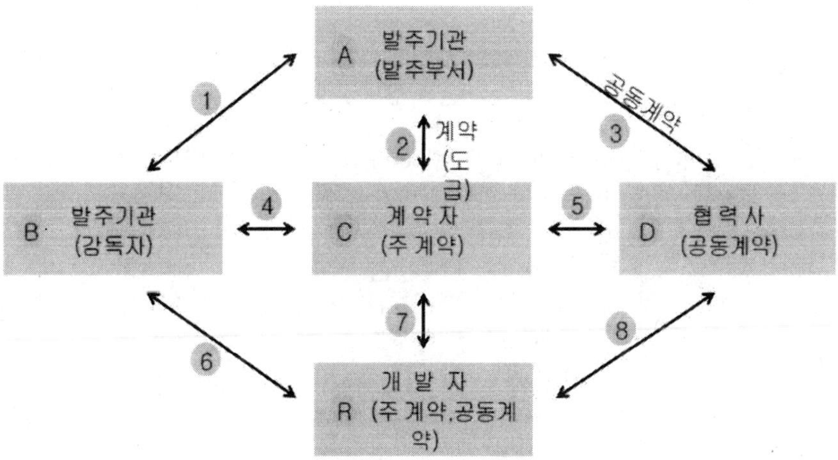

8. ICT장비 구매기술 평가항목 사례

정보통신산업진흥원에서 권고하는 정보통신장비 구매시 평가 〈표 3-18〉 ICT 장비 구매기술 평가항목 사례를 참조하여 평가한다(출처 : 정보통신산업진흥원 발간, 공공부문 ICT장비 구매제안 요청서 작성가이드 110페이지).

〈표 3-18〉 ICT장비 구매기술 평가항목 사례

평가부문	평가항목	평가기준	배점
제안업체 및 사업관리 일반(10)	제안 업체의 일반사항	제안사의 일반현황은 주요 연혁, 조직, 인력구성과 일반적인 재무상태를 평가한다.	2
	제안 조직 역량	프로젝트 수행 조직 및 인력의 전문성, 규모를 평가한다. 프로젝트 지원 체계를 평가한다.	5
	신뢰성	설치 및 시험방안, 프로젝트 관리방안에 대하여 평가한다.	3
기술부분 (30)	정보통신 설계	정보통신 설계도서(도면 및 내역서, 설명서 등)가 프로젝트의 목적에 적합한지를 평가한다. 구내통신망(Core, Sub_network, 게이트웨이, 라우터, 스위치, 교환장비), 보안장비(F/W, DDoS, IPS, IDS) 무선망과 가입자망, 전송망, 교환망 등의 설계방안에 대하여 평가한다.	10
	정보통신 장비구성 방안 및 성능사양	장비선정 배경, 장비구성 방안, 제안 장비 설명에 대하여 평가한다. 장비구성은 백본, 서브, 엑서스, 정보통신망에 적용되는 유무선 전송장비, 교환장비, 접속장비 단국장비, 다중화장비, 스위칭장비, 라우팅장비, 보안장비의 사양과 기능을 평가한다(제안요구 규격대비 적합성 여부/별첨 제안요구 규격 대비표 참조).	10
	표준 준수성	제안요청서에서 요구하는 규제 또는 표준을 준수하여 개발하였는지 여부를 평가한다.	2
	참여기술자	참여기술자가 제안요청서에 제시된 조건(기술분야와 자격등급)에 부합하는지를 평가한다.	3
	상호운용성	기존 정보통신망 및 장비와의 접속 호환성 여부를 평가한다.	3
	보안성	정보자산 및 정보텅신망의 보안목표에 따라 보안정책이 적절히 선정되었는지를 평가한다. 보안정책에 적절한 정보통신 보안장비가 제안되었는지를 평가한다.	2

평가부문	평가항목	평가기준	배점
운영 관리 용이성 (25)	문제진단 및 해결지원	오류가 발생했능 경우 오류를 해결할 수 있는 진단 기능 및 F/T(Fault-Tolerant)기능, Hot-Swap기능이 제공되는지 여부를 평가한다.	5
	기능학습 용이성	도움말, 매뉴얼 등을 통해 제품 기능 정보를 제공하여 학습이 용이한지 여부를 평가 한다.	4
	관리 용이성	표준관리체계가 프로젝트 수준에 적합한지 여부를 평가한다.	4
	환경설정 용이성	정보통신망 확장 또는 효율적 운영을 위한 환경설정이 편리하고 다양한지 여부를 평가한다.	4
	업그레이드 용이성	장비의 기능 및 성능향상을 위한 업그레이드, 재구성, 하드웨어 변경 등이 편리한지를 평가한다.	4
	백업/복구 용이성	장비 구성요소(Configuration 등)에 대하여 사용자가 원하는 시점에 장비환경파일을 백업하고 필요 시 복구 할 수 있는지 여부를 평가한다.	4
신뢰성 (20)	운용 안정성	정보통신장비의 장시간 운용 시 안정적으로 동작하는지 여부를 평가한다.	5
	장애복구 용이성	정보통신장비 장애 발생 시 복구가 용이하고 정상적으로 기능이 동작하는지 여부를 평가한다.	5
	서비스 지속성	정보통신장비 장애 발생 시에도 지속적인 서비스가 가능한지 여부를 평가한다.	5
	성능시험 여부	국가공인 인증기관으로부터 성능시험 혹은 인증을 받은 제품인지 평가한다.	5
공급업체 지원 (15)	유지보수 지원	제품 사용상 문제가 발생하거나 제품 업그레이드 필요 시 이를 지원할 수 있는 유지 보수 내용, 프로세스, 지원체계, 조직 및 인력 구성(기술자격 및 능력). 대체장비, 유지보수기간과 제안요구사항을 충족시킬 수 있는지 평가한다.	3
	교육훈련 지원	장비의 사용 및 관리 방법과 관련되 사용자와 관리자에 대해 지원되는 교육훈련 과징 및 교육 선남 인력 지원 여부를 평가한다.	2
	상생협력 기여도	해당제품을 도입함으로서 국내 생산 유발, 인력고용창출, 기술격차 해소 등 상생협력에 기여도를 평가한다.	5
	직접생산 여부	단독 또는 공동수급체 구성을 통한 입찰참가시, 입찰참가자가 중소사업자이며 「중소기업제품 구매촉진 및 판로지원에 관한 법률」에 따른 직접생산확인증명서를 제출한 경우 최고 점수를 부여한다.	5
합 계			

제 3 장

정보통신장비 구매품질관리

3-1 정보통신장비 구매품질 관리업무

1. 품질관리 근거 규정

공공기관에서 발주하는 네트워크장비 구매의 경우 기획재정부 계약예규「물품구매(제조)계약 일반조건」행정자치부 예규「지방자치단체 입찰 및 계약집행기준,「물품구매(제조)계약 특수조건」및「다수공급자물품 구매계약 특수조건」에서 정하는 규정에 따라 품질관리 업무를 수행한다.

2. 용어의 이해

(1) 품질관리

계약상대자의 생산공정 점검, 물품검사, 품질점검 및 사후관리(A/S) 등 조달물품의 품질확보를 위해 필요한 모든 일련의 활동을 말한다.

(2) 검 사

계약목적물이 관련법령에 적합하고 구매규격·시방서대로 제조·설치되어 있는지 여부를 검사공무원이 확인하는 것을 말한다.

(3) 시 험

계약목적물의 물리적인 기능·성능·특성 또는 화학적인 변화·반응 등을 해당 시험기관에서 측정·분석하는 것을 말하며 그 시험성적은 제2호의 검사에 활용한다.

(4) 검 수

검사에 합격한 계약목적물이 손상 또는 훼손 품이 없고 계약서 또는 납품서류상의 수량대로 납품되었는지 여부를 물품출납공무원이 확인하는 것을 말한다.

(5) 검사공무원

조달물자 구매계약서(계약조건, 규격서, 시방서, 도면 등을 포함한다. 납품요구서에 정한 바에 따라 물품을 직접 검사하는 공무원을 말한다. 다만 조달청장으로부터 전문검사기관으로 지정되어 해당계약건의 검사를 시행하는 경우 동 검사기관에서 검사담당자로 지정한 임직원은 검사공무원으로 본다.

(6) 조달청검사

조달청공무원이 검사현장을 직접 방문하여 표본(샘플링) 또는 전수에 대한 관능검사를 실시하고, 표본채취기준(샘플링검사방식)에 따라 표본(시료)을 채취하여 그 표본(시료)에 대한 시험을 자체적으로 하거나 외부 전문시험기관에 의뢰하여 그 결과에 따라 합격 또는 불합격 여부를 조달청장이 판정하는 것을 말한다.

(7) 전문기관검사

「조달물품 전문기관검사 업무규정」 제8조(전문검사기관의 지정 등)에 따라 전문검사기관으로 지정된 공인검사기관의 검사담당자가 검사현장을 직접 방문하여 검사를 실시하고 합격 또는 불합격 여부를 판정하는 것을 말한다.

(8) 품질점검

점검공무원이 제조현장, 수요기관 납품장소 등을 직접 방문하여 표본 또는 전수에 대한 관능검사를 실시하고, 계약상대자와 상호협의된 기준에 따라 시료를 채취하여 그 시료에 대한 시험결과에 따라 적·부를 판정하는 것을 말한다.

(9) 점검공무원

제8호의 점검을 수행하는 공무원을 말한다.

(10) 단가계약

「국가를 당사자로 하는 계약에 관한 법률」제22조,「지방자치단체를 당사자로 하는 계약에 관한 법률」제25조,「조달사업에 관한 법률 시행령」제7조 및 제7조의2에 따른 계약을 말한다.

(11) 자가품질보증물품

「자가품질보증물품 지정·관리규정」제15조에 따라 지정된 물품을 말한다.

(12) 결함의 정도

다음 각 목의 결함을 말한다.

① 경결함 : 물품의 실용성 또는 유효한 사용, 조작 등에는 거의 지장이 없다고 예상되는 부적합
② 중결함 : 물품의 실용성을 실질적으로 저하시키고, 초기의 목적을 달성하는 것이 곤란하다고 예상되는 부적합
③ 치명결함 : 물품을 사용, 유지 혹은 보관하고 있는 사람에게 위험이 미치거나, 안전하지 않은 상황을 초래할 것으로 예상되는 부적합 및 최종물품의 기본적 기능에 중대한 영향을 미칠 것으로 예상되는 부적합

3. 계약상대자의 품질관리 의무

계약상대자는 물품의 품질을 확보하고 계약상의 품질조건을 충족하는 물품을 납품할 수 있도록 다음의 사항을 이행한다.

① 다수공급자 계약 등 계약상대자가 규격을 제시하는 경우에는 한국산업표준, 국제표준 등에 적합하도록 정한다.

② 관계법령, 공고서, 구매계약서, 납품요구서 등에 따라 정해진 규격에 일치하는 물품 납품 및 계약 체결된 물품의 성실한 품질 관리
③ 계약의 제반조건을 충족시키는 제품에 대하여만 수요기관에 인수 요청
④ 원재료, 부품, 구성품, 반조립품 등의 공급자들이 기준에 맞는 품질관리를 하고 있다는 것을 확인하고, 확인된 제품만 사용
⑤ 계약에 따라 필요한 경우 공급물품이 계약의 제반조건에 일치한다는 것을 입증하는 서류를 보관하고, 발주처에서 요구할 경우 제출

계약상대자는 특별한 사유가 없는 한 수요기관 또는 전문기관과의 분쟁발생시 발주처의 조정결정에 따라야 하며, 나라장터 조달품질신문고나 고객평가결과에 따른 조달청장의 시정 요구사항을 성실히 이행하여야 한다.

발주자는 계약상대자로 하여금 계약이행에 필요한 검사 및 품질관리체제를 유지하도록 계약상대자에게 요구할 수 있다. 이 경우 계약상대자는 특별한 사유가 없는 한 이에 응하여야 한다.

계약상대자는 이 조건에서 규정한 검사 및 품질점검 등이 이상 없이 완료되었다 할지라도 관련 계약상의 제반 의무로부터 면제되는 것은 아니다.

4. 원산지 표시

계약상대자는 수입물품의 경우「대외무역법」제3장의2에서에서 정한 방법에 따라 계약물품에 원산지 표시를 하여야 하며, 수요기관이 요청하는 경우 '원산지증명서'를 납품시 수요기관에 제출하여야 한다.

5. 정부의 물품검사 권한

검사담당자는 계약상의 모든 물품에 대하여 물품인수 이전에 시험하고 검사할 권한을 가진다.

발주처 검사담당자가 시험이나 검사를 하는 경우 계약상대자는 이들 임무의 안전하고 용이한 수행에 필요한 시설의 제공 등 모든 지원을 하여야 한다.

6. 시험 · 검사 비용의 부담

계약의 이행과 관련하여 이루어지는 모든 시험 및 검사에 소요되는 제비용은

계약상대자의 부담으로 한다.

7. 검사의 종류

계약된 물품의 인수를 위한 검사는 조달청검사, 전문기관검사, 수요기관검사 등으로 구분한다.

- 조달청검사 : 계약상대자는 조달청검사로 계약이 체결된 경우에는 조달청 품질관리단 또는 지방조달청에 검사를 요청하고, 검사가 완료되면 납품기한 내에 지정된 납품장소에서 수요기관에 검수요청을 하여야 한다.
- 전문기관검사 : 계약상대자는 전문기관검사로 계약이 체결된 경우 지정된 전문검사기관에 검사를 요청하고, 검사가 완료되면 납품기한 내에 지정된 납품장소에서 수요기관에 검수요청을 하여야 한다.
- 수요기관검사 : 계약상대자는 수요기관 검사로 계약이 체결된 경우 수요기관에 검사 및 검수를 요청하여야 하고 수요기관에서 별도로 정한 기준이 있으면 그 기준에 따른다.

8. 검사 및 검수

계약상대자는 납품이행을 완료한 때에는 납품하는 물품이 관계법령, 공고서, 구매계약서, 납품요구서 등에 적합하다는 것을 확인하기 위해 검사기관에 검사를 요청하여야 한다. 다만, 구매계약서 또는 납품요구서에서 지정한 납품장소가 아닌 장소(계약상대자의 생산공장 또는 기타 장소)에서 검사하여 줄 것을 요청한 경우에는 납품에 필요한 제반사항의 준비를 완료한 후 검사를 요청하고 검사에 합격한 경우 납품기한 내에 지정된 납품장소에서 검수를 요청하여야 한다.

시운전조건부계약은 별도로 정하는 조건에 따른다.

계약상대자는 수 개의 수요기관에 분할 납품하는 조건으로 계약 또는 납품요구 하였을 경우에 검사기관에 일괄하여 검사를 요청할 수 있다. 이 경우 계약상대자는 각 개별 수요기관의 지정된 납품장소에서 납품기한 내에 검수를 요청하여야 한다.

검사 또는 검수를 요청한 경우의 납품일자는 다음과 같다.

- 구매계약서의 납품일자
  - 납품기한 내에 검사 요청을 하고 검사에 합격한 경우에는 검사요청일
  - 납품기한 내에 검사요청을 하였으나 납품기한 이후에 검사 불합격 등에

따른 시정조치를 한 경우에는 최종적으로 검사에 합격한 날
- 납품기한을 경과하여 검사요청을 한 경우에는 최종적으로 검사에 합격한 날
• 분할 납품하는 조건으로 계약 또는 납품의 경우 납품일자는 검수를 요청한 날

사 및 시험방법, 등에 대한 사항은 구매계약서 또는 납품요구서에 따른다. 다만, 구매계약서 또는 납품요구서에 검사 및 시험방법 등의 사항이 명시되지 않았을 때는 한국산업표준 또는 국제표준 등을 적용하여 검사할 수 있다.

9. 제품검사의 면제

「자가품질보증물품 지정·관리규정」에 따라 지정된 자가품질보증물품에 대하여는 그 유효기간 동안 조달청검사, 전문기관검사를 면제할 수 있다.

10. 검정, 승인, 인증서 등의 제출

계약상대자는 관계법령, 계약서, 납품요구서에 따라 검정, 승인, 인증 등을 거쳐야하는 물품에 대해서는 물품납품 시에 해당 서류 및 자료 등을 검사기관에 제출하여야 한다.

11. 시제품 교정

시제품제출 조건으로 계약이 체결되었을 경우 계약상대자는 시제품을 제작하여 수요기관 및 검사기관의 사전 교정을 받은 후 제조에 착수하여야 한다.

12. 검사 불합격품의 처리

계약상대자는 검사결과 불합격된 물품은 조달청장이 지정한 장소에서 검사공무원이 봉인한 후 보관한다.

검사담당자는 불합격된 물품이 보수, 개조 또는 선별하여 납품하여도 품질면에서나 본래의 사용목적에 지장이 없고 경제적으로 유리하다고 판단되는 물품일 경우에는 계약상대자로부터 동 불합격품에 대한 보수, 개조 또는 선별계획서를 제출받아 검토한 후 물품의 봉인을 해제하고 계약상대자로 하여금 보

수, 개조 또는 선별한 후 재검사 요청토록 조치한다.

계약상대자는 검사결과 불합격된 물품이나 대체 납품요구에 따라 교체된 물품을 처분하고자 할 때에는 조달청의 수요기관 이외의 자에 한하여 처분하고 물품 또는 포장에 표시된 정부물품이라는 표시를 반드시 제거하고 처분하여야 한다.

13. 단가계약 물품 검사 불합격에 대한 처리

단가계약 물품 중 조달청검사 및 전문기관 검사 결과 불합격이 발생하면 결함의 정도(경결함, 중결함, 치명결함)를 포함하여 판정하여야 하고, 계약상대자의 해당 세부품명(물품분류번호 10자리, 이하 "해당 세부품명"이라 한다)에 대하여 다음과 같이 조치한다.

- 1회 불합격
  - 경결합 불합격 : 경고
  - 중·치명결함 불합격 : 쇼핑몰 3개월 이내 거래정지 또는 배정중지
- 2회 불합격 : 쇼핑몰 3개월에서 6개월 이내 거래정지 또는 배정중지
- 3회 불합격 : 쇼핑몰 6개월에서 12개월 이내 거래정지 또는 배정중지

종전계약에서 제1항에 따른 거래정지(또는 배정중지) 조치를 받은 해당 세부품명에 대하여는 계약기간 만료로 인해 거래정지(배정중지) 기간이 남아있는 경우 종전계약의 조치사항(거래정지 등)을 당해계약에도 연속하여 적용한다.

조합과 계약 체결한 해당 세부품명에 에 대하여는 조합원사별로 상기 조건을 적용한다.

불합격의 검사횟수에 대한 횟수산정은 조달청에 통보된 동일계약번호(수정계약 포함)의 납품 건에 한하며, 누적하여 산정한다.

14. 품질 점검

조달청장은 조달물자의 품질을 확보하기 위하여 구매계약 또는 납품요구된 물품에 대하여 제조현장이나 수요기관 납품장소 등에서 품질점검을 할 수 있다. 품질점검 방법 및 절차 등은「조달물자 품질점검 업무규정」에 고시한 내용에 따라 처리한다.

15. 품질점검결과 조치

발주처 점검담당자는 품질점검결과 규격미달이 발생하면 결함의 정도(경결함, 중결함, 치명결함)에 따라 계약상대자의 해당 세부품명에 대하여 다음과 같이 조치한다.

- 경결함 규격미달 : 경고
- 중·치명결함 규격미달 : 쇼핑몰 3개월 이내 거래정지 또는 배정중지
- 연속하여 2회 규격미달 : 쇼핑몰 3개월에서 6개월 이내 거래정지 또는 배정중지
- 연속하여 3회 규격미달 : 쇼핑몰 12개월 거래정지 또는 배정중지

종전계약에서 거래정지 또는 배정중지 조치를 받은 해당세부품명에 대하여는 계약기간 만료로 인해 거래정지(배정중지) 기간이 남아있는 경우 종전계약의 조치사항(거래정지 등)을 당해 계약에도 연속하여 적용한다.

규격미달이 납품이후 발생한 경우에는 다음에 따라 조치를 한다.

① 계약상대자는 해당 납품요구 건의 세부품명 전체를 즉시 계약규격에 적합한 물품으로 대체납품하고 그 결과를 조달청 품질관리단과 수요기관에 통보하여야 한다.

② 환수, 대체납품 등 계약상대자의 후속조치 이행여부를 감안하여 다음 에 따라 조치한다.
  - 환수, 대체납품 등 후속조치를 성실히 이행한 경우 : 3개월 범위 내에서 쇼핑몰 거래정지(또는 배정중지)
  - 환수, 대체납품 등 후속조치를 성실하게 이행하지 않은 경우 : 쇼핑몰 6개월 거래정지(또는 배정중지)

규격미달횟수는 동일계약자가 해당 세부품명으로 계약한 종전계약을 포함하되 그 누적횟수는 3년으로 한다.

16. 물품검사 및 품질점검시 시료훼손 등 부정행위에 대한조치

계약담당자 또는 검사자는 계약상대자(대리인, 지배인 등을 포함)가 물품검사 또는 품질점검에 따라 채취된 시료를 점검(검사)담당공무원의 승인 없이 교체하거나 시료에 표기된 서명 또는 인장을 위조하는 등 부정행위를 한 사실이 확인된 경우에는 해당 세부품명에 대하여 쇼핑몰 12개월 이내 거래정지 또는 배정

중지 조치를 한다.

17. 하자보수

계약상대자는 납품일(시운전조건부계약인 경우에는 시운전이 완료된 날)로부터 계약서 특기사항에 명시된 기간(하자기간이 다른 복수물품은 품명별 하자기간) 동안(이하 "하자담보책임기간"이라 한다) 납품한 물품의 하자에 대한 보수책임이 있다. 다만, 하자담보책임기간이 경과되었을지라도 그 기간 내에 하자보수를 요청한 경우에는 수요기관에서 하자보수가 완료되었음을 확인한 날에 하자담보책임기간이 종료된다.

계약상대자는 자신의 고의 또는 중과실로 하자가 발생한 경우에는 하자담보책임기간과 관계없이 하자보수 하여야 한다.

계약담당자 또는 품질관리단장은 납품한 물품의 규격과 품질이 계약내용과 상이함을 발견한 때에는 그 사실을 계약상대자에게 통지하고 해당물품의 대체납품 또는 물품대금을 반환하도록 청구할 수 있다.

계약상대자는 하자보수 등을 통지 받은 때에는 즉시 보수작업을 하거나 대체납품하여야 하며 이에 따라 발생되는 제 경비는 계약상대자의 부담으로 한다.

계약상대자는 계약담당자 또는 품질관리단장이 요구한 하자보수를 거부하거나, 하자보수 등의 통지를 받은 후 소정의 기일 내에 하자보수 또는 물품의 대체납품을 완료하지 못할 때에는 해당 물품대금을 수요기관에 반납하여야 한다.

18. 하자보수보증금 납부

계약상대자는 하자보수를 보증하기 위하여 계약금액의 100분의 5 (지방계약법을 적용할 경우「지방계약법시행규칙」제70조제1항에서 정한 금액)에 해당하는 금액(이하 "하자보수보증금"이라 한다)을 현금 또는「국가를 당사자로 하는 계약에 관한 법률 시행령」제37조제2항 각 호의 보증서 등으로 납품검사 완료일까지 수요기관에 납부하여야 한다(시운전조건부계약인 경우에는 시운전 완료일까지 납부하여야 한다). 다만, 성능보험가입 제품의 성능인증 내용 및 보험기간이 구매계약조건 및 하자담보책임 기간을 포함하고 있을 경우에는 성능보험가입으로 하자보수보증금 납부를 면제할 수 있다.

하자보수보증금의 전부 또는 일부를 면제하는 경우 계약상대자는 국고귀속사유가 발생한 때에 해당 하자보수보증금을 현금으로 납입할 것을 확약하는 하자보수보증금지급각서를 반드시 제출하여야 한다.

계약상대자가 하자담보책임기간 중 수요기관으로부터 하자보수 요구를 받고도 정당한 이유 없이 이에 불응한 경우에는 하자보수보증금을 국고에 귀속한다. 하자보수보증 정한 기간이 종료된 후 계약상대자의 청구에 따라 반환한다.

수요기관과 계약상대자는 하자담보책임기간 동안 하자가 발생하였을 경우 그 내용을 조달청에 통보하여야 한다.

하자담보책임기간이 1년인 물품에 대하여는 제1항부터 제5항을 적용하지 아니할 수 있다. 다만 각 중앙관서의 장으로부터 부정당업자 제재 처분을 받아 나라장터에 부정당업자로 등록·확인된 자로서 제재기간 종료일이 계약체결일로부터 최근 2년 이내인 자는 제외한다.

단가계약 체결 건에 관하여 계약상대자가 원하는 경우 하자보수보증금을 일괄하여 납부하게 할 수 있다.

19. 사후관리

계약상대자는 물품을 납품하거나 설치 완료한 날로부터 제18조의 하자담보책임기간 동안 무상으로 사후관리(이하 "A/S"라 한다)를 하여야 한다.

계약상대자는 수요기관으로부터 A/S 요청을 받은 경우, A/S 요청을 받은 후 24시간 이내에 A/S를 완료하여야 하며, 부득이한 사정으로 24시간 이내에 A/S를 완료할 수 없는 경우 수요기관과 협의하여 그 기간을 조정할 수 있다.

하자담보책임기간 중에 3회 이상 동일한 하자가 발생한 경우 계약상대자는 그 하자물품을 수요기관의 요청에 따라 신품으로 교체하여야 한다.

계약상대자는 납품기종의 생산이 중단된 이후에도 「물품관리법」 제16조의2 및 동법 시행령 제18조에 따라 정해진 내용년수 이상 유지보수에 차질이 없도록 주요 부품을 사전 확보하여야 한다.

계약상대자는 A/S에 관한 다음 사항을 표시한 스티커를 납품하는 물품에 부착하여야 한다. 다만 물품에 부착하는 것이 불가능할 때에는 인쇄물로 대신할 수 있다.

20. 종합낙찰된 물품의 사후관리

종합낙찰제에 따라 계약을 체결한 계약상대자는 계약물품 납품 시 대한민국 소재 국가공인 시험기관 또는 수요기관이 인정하는 국제공인 시험기관의 시험에서 합격하였음을 증명하는 시험성적서 또는 증명서류를 수요기관에 제출하여야 한다.

수요기관은 제출한 증명자료 등을 확인한 결과 계약상대자가 입찰시 제출한 품질 등의 표시서 또는 성능평가표시서 및 환경평가표시서(이하 "표시서 등"이라 한다)에서 명시한 내용에 미달하는 경우에는 납품한 물품을 인수하여서는 아니 된다. 다만, 표시서 등에서 명시한 내용에 미달함에도 불구하고 인수하여야 할 불가피한 사유가 있어 인수하는 경우에는 그 내용을 조달청에 통보하여야 한다.

계약담당공무원은 표시서 등에서 명시한 내용에 미달함에도 불구하고 인수하여야 할 불가피한 사유가 있어 인수하는 경우 해당계약의 입찰당시 최저가격으로 입찰한자의 입찰금액과 계약금액과의 차액을 계약금액에서 감액하여야 한다.

계약담당공무원은 계약상대자가 제출한 표시서 등에서 명시한 내용이 허위 또는 사실과 상이한 것으로 판명된 경우 또는 납품한 물품의 시험결과 품질이 표시서상의 품질에 미달되어 납품기한 내 시험 합격품을 납품할 가능성이 없음이 명백하다고 인정되는 경우에는 계약의 전부 또는 일부를 해제 또는 해지할 수 있다.

21. 리콜제 적용

계약상대자는 나라장터 종합쇼핑몰에 등재된 물품의 중대한 하자로 인하여 A/S 등을 실시한 후에도 하자가 치유되지 않고 그러한 하자로 인하여 생명·신체의 위해가 발생할 우려가 있거나 제품본래의 기능을 발휘할 수 없어 목적 달성이 곤란한 경우 리콜 하여야 한다.

리콜 요청기간은 수요기관에서 물품을 인수한 날로부터 1년으로 한다.

리콜방법은 리콜심의결과 리콜대상으로 결정되면 계약상대자는 리콜결정일로부터 2주일이내에 수요기관에 이미 납품된 해당 불량품을 수거한 후 보완 또는 대체 납품하거나 물품대금을 반환하여야 하며, 리콜완료 즉시 수요기관 및 조달청에 통보하여야 한다.

계약기간 중 품질불량으로 인한 반품사례가 빈번하게 발생되어 계약의 목적이 달성될 수 없다고 인정되는 경우에는 계약의 전부 또는 일부를 해지할 수 있다.

22. 제조물책임

계약상대자는 수요기관에 납품한 물품으로 인해 제조물책임이 발생하지 않도록 사용설명서 제공, 주의·경고 표시, 기타 제반의 노력을 다하여야 한다. 특히, 계약상대자는 납품 시 계약물품에 제조업체 및 공급업체를 명확히 표기하여야 한다.

계약상대자가 제조 또는 공급한 제조물로 인해 피해가 발생하였다는 주장이 제기된 제조물책임 사고에 대하여 계약상대자는 그 클레임 및 소송을 방어해야 하며 그로 인한 모든 책임을 부담하여야 한다. 또한 계약상대자는 수요기관 또는 조달청(이하 "수요기관 등"이라 한다)이 제공한 규격·사양 등에 이상이 있음을 알았을 경우에는 이 사실을 수요기관 등에 고지하여야 하며, 규격·사양 등과 관련한 수요기관 등의 제조물책임 여부에 대한 입증책임은 계약상대자에게 있다.

계약상대자는「제조물책임법」에 따라 책임을 부담할 자가 따로 있는 경우에는 그 사유 및 책임질 자에 대한 관련내용을 수요기관 등에 통보하여야 한다.

23. 안전인증과 적합성평가

계약상대자는 가스 및 스팀기구는 가스안전공사에서 발행하는 제품검사필증, 에너지관리공단에서 발행하는 구조 및 용접 검사필증, 설치완성 검사필증을 납품시 수요기관에 제출하여야 한다.

전기용품은 「전기용품안전관리법」 제3조의 규정에 의한 '안전인증'을 받은 제품을 납품하여야 한다.

방송통신기자재와 전자파 장해를 주거나 전자파로부터 영향을 받는 기자재(이하 "방송통신기자재등"이라 한다)는「전파법」제58조의2조(방송통신기자재 등의 적합성평가)에 따라 방송통신위원회로부터 적합성평가(적합인증, 적합등록, 잠정인증)를 받은 방송통신기자재를 납품하여야 한다(정보통신기기를 인증 받지 않고 수입·제작·판매하는 경우 3년 이하의 징역 또는 2천만원 이하의 벌금형(전파법제84조)을 받게 됨).

계약상대자는「품질경영 및 공산품안전관리법」등 기타 관련법령에서 안전검사, 적합성평가, 인증 등을 받도록 한 경우에는 합격증서, 인증서 등의 사본을 납품 시 제출하여야 한다.

24. 사용자 불만신고

조달물품에 대한 사용자불만에 대해서는「조달물품 하자처리 등 사후품질관리 규정」에 따라 처리한다.

25. 품질검사 결과의 공개

조달청장은 조달물품의 품질을 향상시키기 위하여 납품검사, 시제품 검사, 품질점검등의 과정에서 발생한 불합격(규격미달 포함) 물품에 대한 자료를 수집하여 데이터베이스화할 수 있다.

조달청장은 불합격(규격미달 포함) 물품에 관한 계약상대자, 제작자, 불합격 사유, 불합격 횟수 등의 정보를 종합하여 정기적으로 조달청 홈페이지와 나라장터에 게시할 수 있다.

동일한 사유에 따른 검사 불합격을 예방하고 관련 업계를 지원하기 위하여 조달청장은 제1항의 불합격 물품에 관한 정보를 유형별 또는 사유나 원인별로 분석하여 관련업계에 제공, 설명할 수 있다.

26. 준용규정

조달청 검사 및 이화학 시험업무 규정」,「조달물품 전문기관 검사 업무규정」,「조달물품 하자처리 등 사후품질관리 규정」 중 이 조건에 반하지 않는 검사 및 시험 등에 관한 규정은 이 조건의 일부가 된다.

계약상대자가 납품하는 물자를 검사한 결과 규격조건과 상이한 물품을 납품하게 하는 계약조건이 있는 경우 조달청「감가규정」을 준용한다.

27. 계약해석의 우선순위

계약내용에 대한 해석의 우선순위는 다음 각 호의 순으로 한다. 다만, 계약서류에 명시되어 있지 않거나「국가를 당사자로 하는 계약에 관한 법률」, 시행령, 같은 법 시행규칙 및「특정조달을 위한 국가를 당사자로 하는 계약에 관한 법률 시행령 특례규정」, 같은 법 시행특례규칙 등 관계법령 상의 규정에 저촉되는 사항에 대하여는 그 관련 규정을 적용한다.

- 계약서(갑・을지)
- 물품구매(제조)계약 추가특수조건 또는 다수공급자물품 구매계약 추가특수조건
- 물품구매계약 품질관리 특수조건
- 물품구매(제조)계약 특수조건 또는 다수공급자물품 구매계약 특수조건
- 물품구매 규격서(시방서 및 보완규격 포함)
- 물품구매(제조)계약 일반조건

28. 정보통신장비의 운영적 품질관리 종류

(1) 안정적 운영

장비가 안정적으로 운영이 되는 장비를 구축하여야 유지비용의 지출을 예방할 수 있고 통신망의 단절이 없다.

(2) 연동성

다른 통신장비와 송신과 수신의 통신방식은 표준화된 장비를 구축하고 서로 연동이 되어야한다.

(3) 운영편리성

운영 매뉴얼 내용은 쉽고 체계적으로 설명을 하고 운영의 절차가 복잡하거나 불편하면 장비의 활용도가 떨어진다.

(4) 유지보수 용이성

통신장비의 장애가 발생하면 장애처리 방법을 쉽게 할 수 있도록 개발된 장비를 구축한다.

29. 정보통신장비의 품질 요구사항

(1) 구매를 발주한 발주처의 요구사항

최소한의 비용으로 품질 좋은 장비를 구축하여 유지보수비용 지출을 줄이려

고 한다.

잦은 장애가 발생하고 운영자가 직접 장애처리가 안되고 장애처리를 하는데 많은 기간이 필요한 경우 구매당시의 충분한 검토 여부를 따지는 사례가 많다.

(2) 단말기 사용자의 요구사항

단말기의 기능과 신뢰도 편리성이 있는지를 요구하기 때문에 단말기의 품질도 매우 중요하다.

(3) 장비의 유지보수 담당자 요구사항

오류나 장애가 발생하면 수정작업과 변경 작업이 쉬워야하며 유지 보수가 편리한 장비를 요구한다.

(4) 정보통신장비 품질의 요소

① 정확성 : 주장치의 가동의 정확성: 주장치와 단말기의 프로그램이 정확하게 가동하여 통신이 되어야한다.
② 신뢰성 : 장비의 프로그램이 안정적으로 기능을 수행하는 정도
③ 효율성 : 프로그램으로 수행하는데 요구되는 시간과 각종코드의 양
④ 무결성 : 운영자가 아닌 사람이 통신장비의 소프트웨어에 접근을 시도할 때 접근을 제어하는 정도
⑤ 유용성 : 운영자가 프로그램운영 교육을 받고 작동을 하며 통신장비에 각종 입력 자료를 입력하고 프로그램의 출력을 판독하는데 요구되는 정도
⑥ 유지보수성 : 통신장비의 프로그램오류를 찾아내고 장애처리를 해결하는데 요구 되어지는 정도
⑦ 유연성 : 통신장비에 사용되는 프로그램 수정하는데 요구되는 정도
⑧ 시험성 : 통신장비를 시험하는데 요구 되는 정도
⑨ 이식성 : 통신장비 프로그램이 다른 환경으로 전이시키는데 요구되는 정도
⑩ 재사용성 : 통신장비 프로그램의 전체나 일부가 다른 응용의 목적으로 사용할 수 있는 정도
⑪ 상호운영성 : 기존 통신장비를 다른 통신장비에 결합시키는데 요구되는 정
⑫ 보안성 : 통신장비의 프로그램과 자료를 제어하거나 보호하는 장비능력
⑬ 호환성 : 표준 인터페이스, 표준 프로토콜, 표준 송·수신방식 등 다른 장비와 호환이 잘 되는 정도

30. 정보통신장비 품질시험의 종류

① 모듈시험 : 장비에 실장 된 각 모듈의 시험
② 본체시험 : 모듈들을 실장한 상태에서 본체가 성능과 기능을 하닌지에 대한 시험
③ 연동시험 : 다른 장비와 연동이 잘 되는지에 대한시험
④ 설치시험 : 현장에 설치를 하여 가동 하면서 시험
⑤ 변동적응시험 : 장비의 내부와 외부의 온도, 습도, 먼지, 진동, 전압의 변동, 장비 전원의 단전과 수전, 데이터 유지와 복구 등 외부 변화에 적응 정도에 대한 시험

31. 시운전조건부계약 추가특수조건 이해

(1) 적용 대상

이 조건은 계약물품을 인도조건대로 납품하고, 시운전을 실시하여 성능을 입증하는 물품구매(제조)계약("시운전조건부 계약"이라 한다)에 적용한다.

(2) 검 사

① 시운전조건부계약의 검사는『물품구매(제조)계약 품질관리 특수조건』제11조 제2항에 따른 검사와 성능을 입증하는 시운전을 실시한다.
② 시운전은 계약상대자가 시운전에 필요한 소요 자재, 인력, 경비 등을 부담하며, 검사공무원 입회하에 계약상대자의 책임으로 실시한다.

(3) 납품기한과 시운전기간

계약서상의 납품기한은 계약물품을 납품장소에 납품하는 기한이며, 시운전기간은 시방서에서 정한 기간을 말한다. 다만, 계약서에 별도 명기가 있는 경우 그 기간으로 한다.

(4) 납품과 납품영수

① 계약상대자는 계약물품을 납품하기 전에 수요기관과 납품예정일, 시운전 계획 등을 협의하여야 한다.
② 수요기관은 검사에 합격한 경우 물품 및 납품영수증을 발행한다. 다만, 시

운전기간이 1월 미만으로서 검사와 동시에 시운전을 실시하는 경우에는 시운전 완료시에 발행한다.

(5) 시운전

① 계약상대자는 납품한 물품의 성능을 시운전으로 입증하며, 시운전은 납품검사 완료 후 실시한다.
② 수요기관의 불가피한 사정으로 시운전이 연기되는 경우에는 수요기관과 계약상대자가 합의하여 정한 날에 실시한다.
③ 계약상대자는 시운전 결과 성능이 미달되는 경우에는 시운전에 합격될 때까지 이에 따른 조치를 하여야 한다.

(6) 시운전 성능이행 보증

① 계약상대자는 시운전 합격 시까지 납품한 물품의 성능을 보증하여야 한다. 단, 제4조제2항 단서의 경우를 제외한다.
② 계약상대자는 성능을 보증하기 위하여 계약금액의 15%범위 이내에 해당하는 금액(이하 "시운전 성능이행 보증금"이라 한다)을 계약예규「정부 입찰·계약 집행기준」제35조 또는 「지방자치단체 입찰 및 계약 집행기준 제6장 선금·대가지급요령 제2절 제4호에 따른 증권 또는 보증서를 납품영수증 발행 시까지 수요기관에 제출하여야 한다. 다만, 계약상대자가 원할 경우 이를 현금으로 제출하게 할 수 있다.
③ 제2항의 성능이행보증금은 특수조건 제19조제2항 및 제4항을 준용하며, 보증기간은 납품검사 완료일부터 시운전기간 만료일까지로 한다.
④ 제2항 및 제3항의 성능이행보증금은 계약상대자와 수요기관이 협의하여 정한다.
⑤ 수요기관은 계약상대자가 다음 각 호의 어느 하나에 해당하는 경우 성능이행보증금을 수요기관에 귀속시켜야 한다. 이 경우 계약상대자는 이에 대하여 이의를 제기할 수 없다.
   1. 계약상대자의 부도 또는 파산 등으로 시운전이 불가능한 경우
   2. 시운전 요구에 불응하거나, 완료하지 않을 경우
   3. 시운전이 연기되어 보증기간 연장요청에 불응할 경우
   4. 시운전 결과 성능이 미달한 경우로서 이에 대한 조치를 하지 않을 경우

제 4 장

정보통신장비 구매사업 평가업무

4-1 정보통신장비 구매사업 계획평가

1. 계획서 평가의 개요

정보통신장비 구매사업의 평가를 하도록 하는 기준은 없으나 사업의 종료 시점에서 시행계획을 차질 없이 수행확인과 수행 중 보완 할 사항은 어떤 것이 있는지와 향후 유사한 사업에도 평가결과의 기초자료를 반영을 하여 성공적인 사업을 할 수 있다.

① 사업발주기관은 정보화사업에서 소프트웨어를 개발하고자 하는 경우 다음 각 호의 제품을 확인하고 적용가능성을 검토하여 특별한 사유(개발 대비 비용이 높거나, 기능구현 또는 유지보수의 어려움 등)가 없으면 해당 제품을 도입 확인
- 소프트웨어산업 진흥법 제13조에 따른 품질인증(GS인증) 제품
- 산업기술혁신촉진법 제16조에 따른 신제품인증(NEP) 제품
- 산업기술혁신촉진법 제15조의2에 따른 신기술인증(NET) 제품

② 사업발주기관은 제품 도입 시 중소기업자가 개발한 제품을 우선적으로 구매할 수 있도록 제안서 기술평가기준에 평가항목으로 반영 확인
- 용어정의 : "제안서"란 입찰에 참가하고자 하는 자가 제안요청서 또는 입찰공고에 따라 작성하여 행정기관 등의 장에게 제출하는 서류를 말한다.

2. 기술적용계획 수립 및 기술평가

① 사업발주기관은 사업계획서 및 제안요청서 작성 시 기술규격표 작성
② 사업발주기관은 사업을 추진하며 사업계획서 수행하였는지 평가
③ 사업발주기관은 품질인증(GS인증) 제품, 산업기술혁신촉진법 제16조에 따른 신제품인증(NEP)제품, 산업기술혁신촉진법 제15조의2에 따른 신기술인증(NET) 제품적용 가능성을 검토결과에 반영하여 사업계획서 및 제안요청서 여부 확인
④ 사업발주기은 사업자에게 기술규격서가 포함된 제안서 및 사업수행계획서를 제출받아 사업수행 여부

- 용어정의 : "제안요청서"란 행정기관등의 장이 입찰에 참가하고자 하는 자에게 제안서의 제출을 요청하기 위하여 교부하는 서류를 말한다.
  "기술규격서"란 네트워크장비에서 업무를 지원하는 기능을 구현하기 위하여 필요한 기술 및 표준을 분류하고 정의한 체계를 말한다.
  "사업계획서"란 사업을 추진하기 위해 사업개요, 대상업무현황, 사업추진계획, 사업내용, 소요예산 등을 구체화한 문서를 말한다.

3. 정보통신장비의 기술 규격서 평가

기술적 요구사항 정의의 적절성 확인서 [서식 4-1]를 작성한다.

[서식 4-1]

기술적 요구사항 정의의 적절성 확인

세부평가항목	결과	비고
해당 사업을 계획하게 된 배경 및 목적을 기술하였는가?		
문제점 및 기술적 개선방향을 기술하였는가?		
현행시스템 통신망도를 최신버전으로 기술하였는가?		
한국네트워크산업협회 제공의 네트워크구축 참조 모델를 적용하여 기술하였는가?		
신규구축 또는 개선될 장비의 기능/비 기능(업무절차, 응용서비스, DB, 성능, 보안, 품질 및 전환계획 등에 대한 시스템 요구사항) 내역을 기술하였는가?		
개념도를 기술하였는가?		
통신장비의 기술표준을 기술하였는가?		

다른 정보통신장비와 연계성 [서식 4-2]를 작성한다.

[서식 4-2]

다른 정보통신장비와 연계성 확인

평가항목 결과확인	결과	비고
다른 통신장비의 연계목적 및 필요성을 기술하였는가?		
연계대상 기관, 연계대상 통신장비를 기술하였는가?		
연계대상 통신장비의 연계 기능 및 해당 정보를 기술하였는가?		
연계대상 통신장비의 처리 방식 및 처리 절차를 기술하였는가?		

정보통신장비의 운영 및 유지보수 [서식 4-3]을 작성한다.

[서식 4-3]

정보통신장비의 운영 및 유지보수 평가서식

세부 평가항목	결과	비고
운영관리 및 유지보수에 필요한 절차, 조직, 계획 및 지침 등을 기술하였는가?		
유지보수를 위한 기술이전 방안을 기술하였는가?		
정보통신장비의 구축 후 무상 유지보수 기간 및 범위를 기술하였는가?		
저작권 귀속, 양도, 이용허락 등 관련 권리관계를 구체적으로 기술하였는가?		
향후 증설, 인원 및 통신데이터 증가에 따른 업그레이드의 용이성을 기술하였는가?		
공급 업체의 최신 패치 제공방안 및 적용방안의 용이성을 기술하였는가?		

4. 보안성 검토 및 보안관리 평가

① 공공기관이 정보통신장비를 신·증설할 때 "국가 정보보안 기본지침" 제26조, 제27조에 따라 국가정보원장, 시, 도지사, 자체검토 등 보안성 검토를 하였는가?

② 사업 발주, 관리, 운영 등에 필요한 사항을 포함한 보안대책을 강구하고, 사업자가 준수하도록 하였는가?

1. 외부업체의 노트북 등에 대해 반입·반출을 제한
2. 정보통신장비와 다른 통신시스템을 별도로 운영
3. 정보통신장비 접근에 필요한 작업용PC를 별도로 마련하여 외부업체의 작업자가 내부 정보통신장비와 접근을 제한
4. 외부 업체의 인터넷 사용 및 인가되지 않은 USB 등 휴대용 저장매체 사용을 제한
5. 기타 발주기관의 장이 보안관리가 필요하다고 판단되는 사항

③ 사업발주기관의 장은 개인정보를 수집·처리·활용하여 시스템의 구축 또는 운영, 유지보수 등의 사업을 추진할 경우에는 개인정보가 분실·도난·누출·변조 또는 훼손되지 않도록 안전성 확보에 필요한 조치를 강구하여야 한다.

5. 요구사항 정의의 명확한 확인 여부

제안요청서를 작성한 경우 사업관리 감독에 관한 계약규정에 따라 요구사항을 상세하게 작성하고 사업을 하였는가?

6. 제안요청서 작성 평가

① 사업발주기관의 장은 사업자를 선정하기 위하여 제안요청서를 작성을 구체적으로 작성하였는가?

② 제안요청서에는 다음의 사항을 명시하였는가?

- 과업내용, 요구사항
- 계약조건
- 평가요소, 평가방법
- 제안서의 규격·제출방법·제본형태
- 제안서 보상에 관한 사항
- 사업자가 준수해야 하는 사항 확인
  - 하도급을 할 경우에는 사전에 발주기관으로부터 승인을 받고 하도급을

하여야하고 승인을 받으면 하도급 대금지급 규정을 준수하여야 한다.
- 미래창조과학부장관이 고시한 "소프트웨어사업 하도급계약의 적정성 판단기준"에 따른 하도급 계약 승인 절차 및 하도급 계약 적정성 판단 기준을 적용하였는가?
- 네트워크장비의 기술표준 적용.
- 소프트웨어 보안원칙, 보안약점 진단기준을 적용한다.

7. 제안요청서 보안사항 시행 평가

제안요청서를 통해 공개될 경우 보안침해 사고 등이 우려되는 다음에 관한 사항이 제안요청서에서 제외될 수 있도록 조치하였는가?

① 정보통신장비의 내 · 외부 IP 주소 현황
② 정보통신장비의 제조사, 제품버전 등 도입현황 및 구성도
③ 정보통신장비의 환경파일 등 구성 정보
④ 사용자 계정 및 패스워드 등 시스템 접근권한 정보
⑤ 정보통신장비의 취약점분석 결과물
⑥ 방화벽 · 침입방지시스템(IPS) 등 정보보호제품, 라우터 · 스위치 등 네트워크 장비 도입현황 및 설정 정보
⑦「공공기관의 정보공개에 관한 법률」제9조제1항 단서에서 정한 비공개 대상
⑧「개인정보 보호법」제2조제1호에 따른 개인정보
⑨「보안업무규정」제4조의 비밀, 동 시행규칙 제7조제3항의 대외비
⑩ 그 밖에 행정기관 등의 장이 공개가 불가하다고 판단한 자료

8. 제안서 기술평가

① 제안서 기술평가를 위한 평가항목 및 배점한도, 평가방법 등은 미래창조과학부장관이 고시한 "소프트웨어 기술성 평가기준"을 적용하여 평가하였는가?
② 사업발주기관은 제안서 기술평가시 품질보증 방안이 해당 사업의 수행에 적합한지, 소프트웨어산업 진흥법 규정에 따른 소프트웨어프로세스 품질인증 등 대외적으로 인정받을 만한 품질보증 관련 인증을 획득한 사례가 있는지를 "품질보증" 평가항목에 따라 평가하였는가?
③ 사업발주기관은 기술평가 변별력이 확보되도록 사업의 특성을 고려하여 최소 6개 이상의 평가항목을 상대평가 항목으로 지정하였는가?

9. 평가위원회 구성 평가

① 사업자를 선정하기 위해 제안서 기술평가가 필요한 경우 제안서평가위원회 구성은 적절 했는가?
② 기술제안서의 내용 및 기타 평가사항의 심사를 위하여 공무원, 산업계·학계·연구계 등의 해당분야 전문가로 구성된 평가위원회를 사업규모에 따른 인원으로 구성·운영하였는가?

10. 기술 및 가격협상 절차 평가

① 협상적격자 및 협상순위의 선정, 협상적격자에 대한 통지, 협상절차, 협상내용과 범위, 협상기간, 가격의 협상, 협상결과대로 수행 하였는지 평가
② 사업자는 기술협상 시 과업내용의 변경으로 인해 하도급 대금 지급비율 변경이 필요한 경우 그 사유를 명시하여 발주기관의 장에게 승인을 요청여부 확인평가
③ 사업자가 제출한 하도급자와 제조사의 기술 또는 판매와 관련된 증명의 적정성을 검토했는지 평가

11. 하도급승인 신청확인 철저 평가

하도급 승인에 관한 절차 준수평가는 다음과 같다.

① 소프트웨어산업 진흥법 시행규칙 별지 서식에 따른 "소프트웨어사업 하도급·재하도급 계약승인신청서"
② 하도급거래 공정화에 관한 법률 규정에 의한 "소프트웨어사업 표준하도급 계약서(안)"와 하도급되는 부문의 세부 산출내역서
③ 하도급 사업수행계획서(세부 사업추진일정표 포함)
④ 미래창조과학부장관이 고시한 "소프트웨어사업 하도급 계약의 적정성 판단기준" 서식에서 정한 자기평가표 및 해당 증빙서류

12. 하도급 승인의 평가

① 하도급거래 공정화에 관한 법률 규정에 의한 "소프트웨어사업 표준하도급 계약서(안)"와 하도급되는 부문의 세부 산출내역서)세부 산출내역서의 하도급 대금 지급비율이 확인 여부

② 하도급 계약의 승인을 신청하는 사업자에 따른 신청을 받은 사업발주기관의 장은 미래창조과학부장관이 고시한 "소프트웨어사업 하도급 계약의 적정성 판단기준"에 따라 하도급 또는 재하도급 계약의 적정성 여부를 검토하여 14일 이내에 그 승인 여부를 사업자에게 알렸는지 여부

13. 착수 및 보고 준수

① 계약체결 후 10일 이내에 착수계를 접수받아 처리 여부
② 착수계는 제안요청서와 제안서, 기술협상 등을 근거로 작성하되 사업자의 의견이 있는 경우 공공기관의 장과 사전협의를 통하여 반영되었는지 여부.
③ 착수계를 검토하고, 제안요청서 및 계약서의 내용에 부합하지 않을 경우 보완을 요구한 경우 시행여부와 사업자는 보완을 지시하고 그날로부터 7일 이내에 보완하여 제출받았는지 확인 평가
④ 사업발주기관은 사업자가 제안한 사업내용, 이행방법, 이행일정 등에 대하여 착수보고회 개최 시행 여부

14. 하도급 관리 평가

① 사업발주기관은 소프트웨어산업 진흥법 시행규칙규정에 따라서 하도급 또는 재하도급 계약의 준수여부를 확인과 하도급 또는 재하도급을 승인받은 자로 하여금 소프트웨어산업 진흥법 시행규칙의 "소프트웨어사업 하도급계약 준수실태 보고서"에 따라 그 준수여부를 보고 받았는지?
② 사업발주기관의 장은 승인 없이 하도급을 하거나, 하도급조건을 하도급자에게 불리하게 변경한 것은 없는지?

15. 기술적용 계획 준수

사업자는 기술적용계획표를 준수하여 사업을 추진하고, 사업검사 및 최종감리 수행 시 기술적용결과표를 작성하여 제출한다.

16. 감리시행 평가

감리수행 결과보고서를 접수받아 감리용역 계약서 실행과 감리회사에 요구한 과업지시서 실행 여부 확인용 체크리스트 확인한다.

17. 검사 평가

검사의 통지, 기한, 시정조치, 재검사 등에 관한 사항은 기획재정부 계약예규 "구매계약 일반조건", 행정자치부예규 "구매계약 일반조건"에서 정한 규정준수 평가한다.

18. 인 수

사업발주기관은 당해용역의 특성상 계약목적물의 인수를 요하는 경우에는 기획재정부 계약예규 "구매계약 일반조건", 행정자치부 예규 "구매계약 일반조건"에서 정한 바에 따라 사업을 시행하였는가?

19. 운영 및 유지보수 평가

① 사업발주기관은 네트워크장비의 운영, 유지보수 등으로 인해 변경이 발생하는 경우 일관성이 유지되도록 관리하도록 조치하였는가?
② 사업자는 운영 및 유지보수를 수행하면서 반복적으로 수행하는 사항을 매뉴얼로 작성·관리할 수 있도록 요구하였는지 여부

20. 정보통신장비의 지식재산권 귀속 및 기술자료 임치 확인

① 정보통신장비의 지식재산권 귀속 등에 관한 사항을 확인 하였는지?
② 정보통신장비의 각종 프로그램과 기능, 보안 설정 등 특허권, 사용권, 발주기관에서 사용에 문제가 없도록 조치를 하였는지 여부

21. 정보통신장비 구매사업 관리평가

(1) 평가 목적

① 사업을 종료하고 평가를 함으로써 다음 사업수행에서 문제점의 반복을 줄여 예산의 낭비요소 제거와 정보통신사업의 부실을 예방
② 평가 시기 : 사업종료단계 10일 이내에 평가가 적절한 시기
③ 평가 자료 : 설계 성과품, 감리보고서, 시공결과서, 시정조치보고서 등의 자료를 기준

(2) 사업관리 평가결과표를 작성

〈표 4-1〉 사업관리 평가결과표

평가일자 : 　　년, 　　월, 　　일

평가기준		평가항목	배점	점수
대분류	중분류			
1. 규정 준수성 (30)	법준수	1.1 관련법, 기술기준, 감리기준, 계약법 등을 위반한 사항은 없었는가?	10	
	사업 관리	1.2 사업기간 동안 계획된 투입인력 공수가 충족되었는가?	5	
		1.3 제안요청서, 제안서, 기술협상서에서 제시된 과업이 충분하게 이행되었는가?	5	
		1.4 사업일정 등 변경관리가 정상적으로 처리되었는가?	5	
		1.5 주요 문서 제출기한은 지켰는가?	5	
2. 성실성 (25)	사업 계획	2.1 설계, 시공, 감리 계획서가 충실히 작성되었는가?	5	
		2.2 사업추진 중 이행점검 항목대로 실행 되었는가?	5	
	사업 시행	2.3 성실하게 사업을 수행하였는가?	5	
		2.4 개선권고사항에 대하여 발주처와 충분히 의사소통을 하였으며, 종료회의에서 각종보고서의 내용을 충실히 발표하고, 질의에 성실히 응하였는가?	10	
3. 보고서 충실성 (30)	문제점 처리 결과	3.1 설계, 시공, 감리사업자가 종사들에게 사업의 내용을 충분히 이해하도록 교육하고 적극적으로 문제점일 처리하려고 노력하였는가?	5	
		3.2 안전관리 계획을 수행 하였는가?	5	
		3.3 점검항목과 개선권고사항이 신속히 조치되었는가?	5	
		3.4 개선권고 사항이 시의 적절하게 처리되었는가?	5	
		3.5 지적한 문제점에 대하여 구체적인 처리를 하였는가?	5	
		3.6 개선방향은 실현가능한 해결방안으로 구체적으로 제시하였는가?	5	
4. 발주자 만족도(15)		4.1 기술자의 역량에 대한 만족도	5	
		4.2 설계, 시공, 감리업무에 대한 만족도	10	
합　계			100	

소 속		평 가 자	(인)

제 5 장

공공기관 네트워크장비 구매발주사례

5-1 네트워크장비 구매발주업무 순서

1. 발주기관 내부 세출예산 설명

- 발주기관장까지 세출예산 설명
- 예산 담당부서에 세출예산 설명
- 지방의회에 세출예산 설명

2. 예산의 성립(지방의회 본예산 의결 매년12월)

- 구매예산 배정요청(수신 : 예산과)
- 구매예산 배정접수(정보통신과)

3. 보안심의 실시

- 기관 자체 보안심의 의뢰(수신 : 구청 총무과장)
- 광역시에 보안심의 의뢰(수신 : 광역시장)
- 보안심의 통보 접수(정보통신과)

4. 일상감사 요청

- 일상감사 요청(수신 : 구청 감사실)

- 일상감사 결과통보 접수(정보통신과)
- 일상감사 보안사항 통보(수신 : 구청 감사실)

5. 구매요구

- 계약부서장 앞으로 구매 요구 공문 발송
- 조달구매(입찰, 다수공급자 구매, 3억원이상 기술평가와 가격평가의 협상계약)

6. 보안심사업무

구청 자체 보안심사 사례 공문은 다음과 같다.

[서식 5-1]

구청자체 보안심사 사례 공문

제목: 네트워크(L2)스위치 구입에 따른 보안심의 의뢰

00광역시 00구 보안업무 시행요강 제5조와 관련하여 「네트워크(L2)스위치 구입」에 따른 보안심의를 의뢰합니다.

붙임 : 네트워크스위치 구입 보안심의 자료 1부. 끝.

[서식 5-2]

네트워크스위치 구입보안심의 서식

네트워크(L2)스위치 구입보안심의

년. 월. 일

00광역시 00구

목 차

[서식 5-3]

네트워크스위치 구입계획서 작성사례

가. 사업계획서

네트워크(L2)스위치 구입계획서

노후하여 성능이 저하된 네트워크스위치를 교체하여 안정적인 정보통신망을 운영하고 소음이 적은 장비로 교체하여 쾌적한 환경을 구축하고자 함.

1 추 진 배 경

○ 본청7층, 의회동 층간통신실 및 동사무소의 네트워크스위치 노후로 통신속도 저하 및 장애 발생으로 교체 필요
○ 동사무소 네트워크스위치 사용자 포트 부족으로 증설 필요
○ 구청 사무실 내 네트워크스위치는 소음이 심하여 교체 필요

2 추 진 방 향

○ 층간통신실 및 동사무소의 네트워크스위치는 데이터 처리, 속도가 빠른 장비로 교체
○ 동사무소의 네트워크장비 포트 부족으로 인한 네트워크스위치 증설
○ 본청 사무실내 네트워크스위치는 팬이 없는 저발열 네트워크 스위치로 교체하여 사무실 소음 방지

3 사 업 개 요

○ 사업기간 : 00년 3월 ~ 4월
○ 구입내역

(1) 구매 내역

품 명	규 격	단 가	수 량	설치장소	비고
합 계					

(2) 구매 계획서

○ 소요예산 : 31,000천원정도
- 통신실용 스위치 : 1,100,000원 x 20대 = 22,000,000원
- 사무실용 스위치 : 600,000원 x 13대 = 7,800,000원
- 조달수수료 : 29,800,000원 x 0.54% = 160,000원

○ 지출과목 : 정보통신과, 전자군정 구현, 정보통신시설 첨단화, 정보통신시설 개선 및 확충, 자산취득비(405-01)

○ 구매방법 : 조달구매(3자단가)

○ 추진일정
- 보안심의 및 보안성검토 의뢰 : 00년. 3월
- 일상감사 : 00년. 3월
- 장비 도입 발주 및 설치 : 00년. 3 ~ 4월
- 시험 운영 및 정상가동 : 0000년. 4월

4 기 대 효 과

○ 노후 네트워크스위치 교체로 통신속도개선과 사용자 포트 확보로 안정적인 정보통신망 운영
○ 사무실내 네트워크스위치 소음 제거로 쾌적한 환경 구성

나. 정보통신망 구성도(보안 규정상 생략 함)

다. 네트워크장비 구입 자체보안대책

1. 보안성 검토 대상
○ 네트워크스위치 33대

2. 보안관리 수행체계(조직, 인원)
○ 보안담당관 : 행정국장
○ 정보통신보안담당관 : 정보통신과장, 부담당관 : 통신팀장
○ 관리자 : 업무담당자

3. 네트워크스위치 설치 장소의 보안통제 대책
○ 보호구역(제한구역)으로 지정된 층간통신실 내에 설치
○ 사무실내 네트워크스위치는 통신랙에 설치하고 잠금장치 설치
○ 업무담당자의 입회하에 네트워크스위치 설치
○ 층간통신실 출입문 잠금으로 출입 통제

4. 네트워크스위치 설치 및 운용방안
○ 외부망과 분리된 내부 행정망 연결용으로 사용
○ 네트워크스위치 관리책임자 지정 운영
○ 설치업체 대표자 및 장비 설치 작업자 대상으로 보안서약서 징구
○ 일일 및 월간 점검으로 시스템의 이상유무 확인하여 장애 예방에 철저

5. 네트워크스위치 요소별 기술적 보안대책
○ 네트워크스위치의 패스워드 설정 및 분기별로 패스워드를 주기적으로 변경하여 비인가지 접속 차단
○ 업무적 사유가 있는 장비관리자만 접근허용

6. 재난복구계획
○ 네트워크스위치의 설치시 시스템의 결함, 오작동에 의한 장애복구를 대비하여 장비config자료를 백업후 작업
○ 안정적 전원공급을 위하여 무정전전원장치 (UPS) 운영
○ 장애발생시 하자보수 계약에 의한 1시간 이내 복구완료하고 만일 4시간 이상 지체 시 대체 장비로 통신망을 운영

8. 광역시 보안성검토 의뢰 사례

[서식 5-4]

보안성검토 서식 사례

보안성검토 의뢰

수신: 00광역시장

제목: 보안성 검토 의뢰(네트워크(L2)스위치 구입)

대구광역시 정보통신보안업무규정 제103조(보안성 검토)에 의거「네트워크스위치 구입」에 따른 보안성 검토를 붙임과 같이 의뢰합니다.

붙임 1. 보안심사위원회 심의결정서 1부.
2. 보안성 검토(구청 자체 보안심의 내용 첨부) 1부. 끝.

9. 자체 보안심의 내용

[서식 5-5]

네트워크스위치 구입보안심의 서식

네트워크(L2)스위치 구입보안심의

년. 월. 일

00광역시 00구

목 차

10. 보안심사위원회 심의결정 사례

[서식 5-6]

보안심사위원회 심의결정서

보안심사위원회 심의결정서

(의안번호제 000호)

개최일시	년, 월, 일
장소	서면 의뢰
안건	네트워크스위치 구입에 따른 보안심의 의뢰
회부 부서	정보통신과
결정 주문	원안과 같이 의결함
결정 이유	노후 네트워크 스위치를 교체 하여 구내통신망을 증설하여 컴퓨터 설치를 확대 하고자함

위 주문과 같이 심의 결정함

년 월 일

위 원 장 00국장 성명 : 000 서명
부위원장 00국장 성명 : 000 서명
위 원 00국장 싱명 : 000 서명
위 원 00국장 성명 : 000 서명
위 원 00국장 성명 : 000 서명

원본 대조필 : (인)

11. 일상감사 실시

[서식 5-7]

일상감사요청 문서작성 사례

수신 : 감사실장
제목 : 일상감사요청(네트워크(L2)스위치 구입)

00광역시 00구 일상감사 규정 제7조(일상감사의 의뢰)에 의거 「네트워크(L2)스위치 구입」 관련 일상감사를 요청하오니 처리하여 주시기 바랍니다.

붙임 1. 일상감사 요청서 1부.
2. 네트워크스위치 규격 및 구매내역 1부.
3. 네트워크(L2)스위치 구입 계획 1부. 끝.

[서식 5-8 00광역시 00구 일상감사 규정(별지 제1호)]

일상감사 요청서 작성

구 분	[ ] 주요정책 집행업무 [◯] 계약업무 [ ] 예산관리 업무 [ ] 기타업무			요청부서	정보통신과
건 명	네트워크(L2)스위치 구입				
예산현황	합계	국비	시비	자부담	기타
	31,900,000			31,900,000	
예산과목	정보통신과. 전자구정 구현. 정보통신시설 첨단화. 정보통신시설 개선 및 확충. 자산취득비(405-01)				
집행부서	담당자 성명 : 000 (전화번호) 00-000-0000				
개 요	☐ 사 업 명 : 네트워크(L2)스위치 구입 ☐ 소요금액 : 29,960,000원 ☐ 계약방법 : 조달구매(제3자 단가계약) ☐ 구매내용 - 통신실용 스위치 (주)00 T52240 24PORT : 20대 - 사무실용 스위치 (주)00 T32240 24PORT : 13대				
기대효과	☐ 노후네트워크스위치 교체로 장애요인 제거 및 통신속도 향상과 예비포트 확보로 단말기 증가 시 신속한 통신망 설치				
※ 첨부서류 1. 사업계획서 1부.					

210mm×297mm [일반용지60g(재활용품)]

[서식 5-9]

네트워크스위치 규격 및 구매내역 1부

(1) 네트워크스위치 규격

A형 사례 : 10/100/Mbps

성능	사무실용 네트워크스위치
하드웨어	1) 10/100/Mbps Ethernet Port 24개 이상 지원 2) 2개 이상의 SFP를 통한 1G Uplink 지원 3) 스위치용량 8.8Gbps이상 3) 처리용량 6.5Mpps이상 4) 메인메모리가 256MB SDRAM 이상 5) 플래시메모리가 32MB 이상
기능	1) MAC Address table 8,000개 지원 2) MAC Address, IP 패킷 필터링 및 IP 확인 제어 3) 포트 트래픽 제어 및 차단 4) 하드웨어 기반의 IPv6 지원

B형 사례 : 10/100/1000Mbps

성능	구청 통신실용 네트워크스위치
성능	1) 10/100/1000Mbps Ethernet Port 24개 이상 지원 2) 2개 이상의 SFP를 통한 1G Uplink 지원 3) 스위치용량 52Gbps이상 3) 처리용량 38Mpps이상 4) 메인메모리가 256MB SDRAM 이상 5) 플래시메모리가 32MB 이상
기능	1) MAC Address table 8,000개 지원 2) MAC Address, IP 패킷 필터링 및 IP 확인 제어 3) 포트 트래픽 제어 및 차단 4) 하드웨어 기반의 IPv6 지원

(2) 구매 내역

품 명	규 격	단 가	수 량	설치 장소	비고
합 계					

(3) 조달구매 사이트 제조사 규격서, 사용설명서, 단가표 복사 첨부

- 사업계획서(기관장 까지 결재 받은 당초 계획서 1부 첨부)

[서식 5-10]

네트워크스위치 구입계획서 작성 사례

네트워크(L2)스위치 구입계획서

노후하여 성능이 저하된 네트워크스위치를 교체하여 안정적인 정보통신망을 운영하고 소음이 적은 장비로 교체하여 쾌적한 환경을 구축하고자 함.

1 추 진 배 경

○ 본청7층, 의회동 층간통신실 및 동사무소의 네트워크스위치 노후로 통신속도 저하 및 장애 발생으로 교체 필요
○ 동사무소 네트워크스위치 사용자 포트 부족으로 증설 필요
○ 구청 사무실 내 네트워크스위치는 소음이 심하여 교체 필요

2 추 진 방 향

○ 층간통신실 및 동사무소의 네트워크스위치는 데이터 처리, 속도가 빠른 장비로 교체
○ 동사무소의 네트워크장비 포트 부족으로 인한 네트워크스위치 증설
○ 본청 사무실내 네트워크스위치는 팬이 없는 저발열 네트워크 스위치로 교체하여 사무실 소음 방지

3 사 업 개 요

○ 사업기간 : 00년 3월 ~ 4월
○ 구입내역
○ 구매내역

품 명	규 격	단 가	수 량	설치 장소	비고
합 계					

• 구매 계획서
○ 소요예산 : 31,000천원정도
- 통신실용 스위치 : 1,100,000원 x 20대 = 22,000,000원
- 사무실용 스위치 : 600,000원 x 13대 = 7,800,000원
- 조달수수료 : 29,800,000원 x 0.54% = 160,000원
○ 지출과목 : 정보통신과, 전자군정 구현, 정보통신시설 첨단화, 정보통신시설 개선 및 확충, 자산취득비(405-01).
○ 구매방법 : 조달구매(3자단가)
○ 추진일정
- 보안심의 및 보안성검토 의뢰 : 00년. 3월
- 일상감사 : 00년. 3월

- 장비 도입 발주 및 설치 : 00년. 3 ~ 4월
- 시험 운영 및 정상가동 : 0000년. 4월

4 기 대 효 과

○ 노후 네트워크스위치 교체로 통신속도 개선과 사용자 포트 확보로 안정적인 정보통신망 운영

○ 사무실내 네트워크스위치 소음 제거로 쾌적한 환경 구성

• 구매의뢰 공문작성 사례

[서식 5-11]

구매의뢰 공문작성 사례

수신 : 계약과장
제목 : 네트워크(L2)스위치 구입의뢰

정보통신과-000(년.월.일)호에 의거 안정적인 정보통신망 운영을 위하여 네트워크스위치를 구입하고자 합니다.

1. 구입금액 : 금29,960,920원(금이천구백구십육만구백이십원)
2, 구입내역 및 산출기초

(단위 : 원)

품 명	규 격	수량	단 가	금 액	나라장터 식별번호
네트워크스위치	E5224D 24PORT	20	1,100,000	22,000,000	00013419
	E3224D 24PORT	13	600,000	7,800,000	00013420
소 계				29,800,000	
조 달 수 수 료(0.54%)				160,920	
합 계				29,960,920	

3. 구입방법 : 조달구입(제3자 단가계약)
4. 납품기한 : 계약일로부터 60일
5. 지출과목 : 정보통신과. 전자군정 구현. 정보통신시설 첨단화. 정보통신시설 개선 및 확충. 자산취득비. 자산 및 물품취득비(405-01)

붙임 : 1. 네트워크(L2)스위치 구입 계획 1부.
2. 일상감사의견서 1부.
3. 일상감사 조치결과 통보서 1부. 끝.

- 네트워크 스위치 구입계획서 : 1부(사업계획서와 같음)
- 일상감사 의견서 : 1부

[서식 5-12]

일상감사 의견서 사례

수신 : 계약과장

제목 : 네트워크(L2)스위치 구입의뢰

정보통신과-000(년.월.일)호에 의거 안정적인 정보통신망 운영을 위하여 네트워크스위치를 구입하고자 합니다.

1. 구입금액 : 금29,960,920원(금이천구백구십육만구백이십원)
2, 구입내역 및 산출기초

(단위 : 원)

품 명	규 격	수량	단 가	금 액	나라장터 식별번호
네트워크 스위치	E5224D 24PORT	20	1,100,000	22,000,000	00013419
	E3224D 24PORT	13	600,000	7,800,000	00013420
소 계				29,800,000	
조 달 수 수 료(0.54%)				160,920	
합 계				29,960,920	

3. 구입방법 : 조달구입(제3자 단가계약)
4. 납품기한 : 계약일로부터 60일
5. 지출과목 : 정보통신과. 전자군정 구현. 정보통신시설 첨단화. 정보통신시설 개선 및 확충. 자산취득비. 자산 및 물품취득비(405-01)

붙임 : 1. 네트워크(L2)스위치 구입 계획 1부.
2. 일상감사의견서 1부.
3. 일상감사 조치결과 통보서 1부. 끝.

[서식 5-13]

일상감사 의견서 사례

☐ 건 명 : 네크워크(L2) 스위치 구입

○ 개 요

위 치	본청 및 동사무소
개 요	• 구매내용 - 통신실용 스위치 (주)00 T5224D 24PORT : 20대 - 사무실용 스위치 (주)00 T3224D 24PORT: 13대 • 계약방법 : 조달구매(제3자 단가계약)
사업비	• 예산액 : 31,900천원 • 요청금액 : 29,960천원

○ 감사의견

주요항목	감사결과 및 의견	비 고
일상감사 (계약업무)	설치 후 자체 매일 점검과 하자점검 대책을 마련하기 바람. ※ 점검기간, 하자발생시 처리 방안 등	

※ 감사자 : 00급 성명 : 000

• 일상감사 조치 결과 통보서 사례

[서식 5-14 00광역시 00구 일상감사 규정(별지 제3호)]

일상감사 조치결과 통보서

발신 : 정보통신과장

수신 : 감사실장

☐ 건 명 : 네트워크(L2)스위치 구입

항목	감사결과(의견)	조치내용	비고
일상 감사 (계약 업무)	일일 점검과 하자점검 대책을 제출해 주시기 바랍니다. ※ 점검기간, 하자발생시 처리방안 등	2. 하자와 관련하여 물품구매계약 품질관리 특수조건(구매과-2423, 20 .8.27)호 제18조(하자보수)에 관련 내용이 있으며 하자보증기간은 나라장터 종합쇼핑몰에 1년으로 명시되어있습니다. 구매하고자는 네트워크스위치는 일일점검 대장을 운영하여 하자발생시 즉시 조치하겠음.	

210mm×297mm 〔일반용지60g(재활용품)

연습문제

1. 정보통신장비의 구매업무와 구매설치업무의 차이를 설명하시오.

2. 정보통신장비 구매업무 단계별 처리절차를 설명하시오.

3. 수의계약의 참가자격 기준에 대하여 설명하시오.

4. 경쟁계약의 종류와 계약방법에 대하여 설명하시오.

5. 정보통신장비 구매협상에 의한 방식의 업무수행순서를 설명하시오.

6. 입찰공고문 주요내용에 대하여 설명하시오.

7. 제안요구서 항목에 포함되는 내용을 설명하시오.

8. 제안서 평가항목에는 어떤 내용을 포함하여야 하는지 설명하시오.

9. 정보통신장비의 운영적 품질관리 종류를 설명하시오.

10. 정보통신장비 품질의 요소에 대하여 설명하시오.

11. 정보통신장비 품질시험의 종류에 대하여 설명하시오.

12. 사업 발주, 관리, 운영 등에 필요한 사항을 포함한 보안대책을 강구하고, 사업자가 준수하도록 하여야 하는 애용을 설명하시오.

13. 사업발주기관의 장은 사업자를 선정하기 위하여 제안요청서를 작성방법을 설명하시오.

14. 보안침해 사고 등이 우려되는 사항이 제외될 수 있도록 조치하는 내용을 설명하시오.

15. 사업관리 평가결과표의 주요내용을 설명하시오.

제 Ⅳ 편

정보통신장비 설치공사의 관리업무

제 1 장

정보통신장비 구축계획

1-1 정보통신공사의 관리순서

1. 정보통신공사 관리 이해

정보통신공사의 착공, 공사감독, 하도급관리, 대가의 지급, 기성 및 준공검사 등 현장을 관리하는 업무이다.

(1) 시공발주의 종류

① 시공을 별도 도급계약방식
② 설계와 시공 업무를 동시에 일괄도급 계약(turnkey contract) 턴키공사 방식

(2) 공사의 활동

설계도서에 따라 시공계획을 세우고 기술자의 인력 수급, 자재 수급, 공사용 장비동원, 각종계측기 동원 등 자원조달 및 운용, 시공감독, 공정관리, 원가관리, 품질관리, 안전관리 등의 업무를 수행한다.

(3) 정보통신장비 설치공사의 업무흐름도

〈표 1-1〉 정보통신장비 설치공사의 업무흐름도

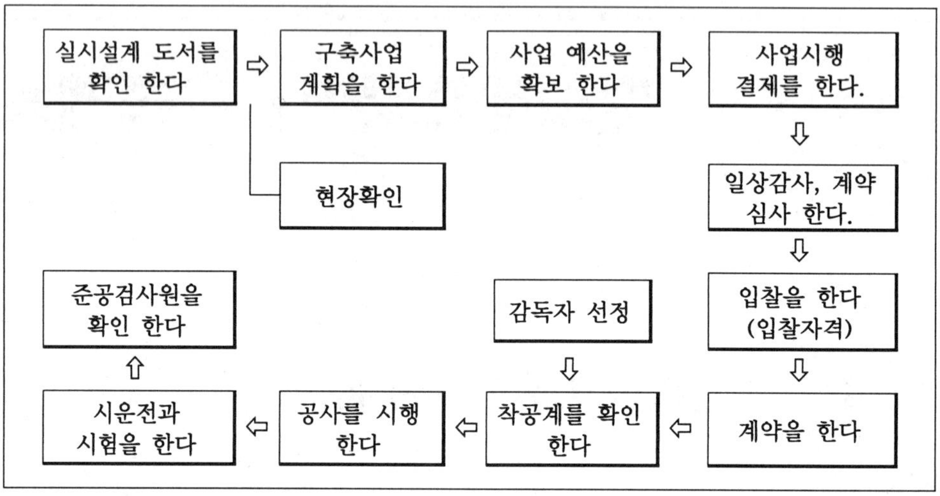

(4) 정보통신공사의 자재업무 수행순서

〈표 1-2〉 정보통신공사의 자재(통신장비)구매업무 수행순서

NO	업무순서	계약자	발주자	영업자
01	공사 실시예산 요구		◎	
02	공사 예산제안 설명회(의회)		◎	
03	공사 예산성립		◎	
04	공사 사업시행 계획		◎	
05	공사 내역서 작성(자재 규격서 포함)		◎	
06	공사 입찰공고, 입찰참가		◎	◎
07	공사 계약	◎	◎	
08	공사 착공	◎		
09	자재승인 요청	◎		
10	자재승인 통보		◎	
11	공사 시행	◎		
12	공사 예비준공 검사 요청	◎		
13	공사 준공계 제출	◎		
14	준공검사 실시		◎	
15	준공처리		◎	

(5) 정보통신장비 구매설치 업무흐름도

〈표 1-3〉 정보통신장비 구매설치 업무흐름도

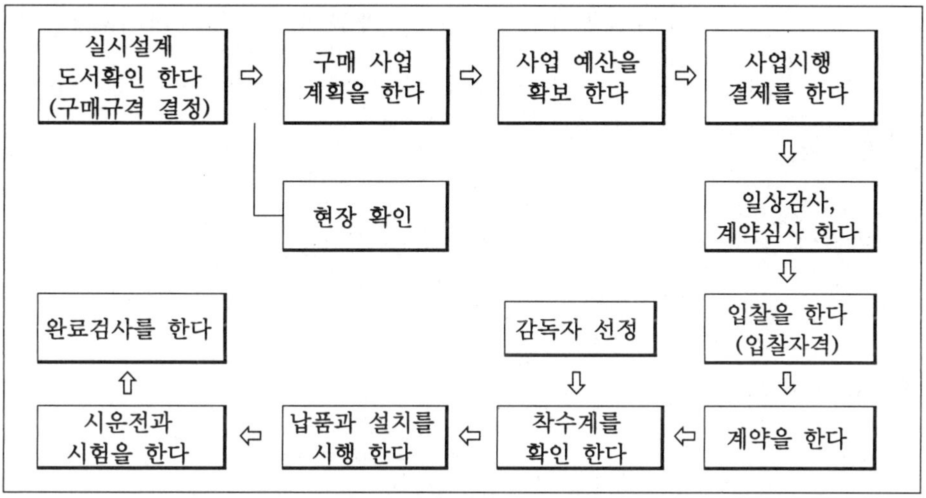

2. 정보통신장비설치공사의 사업절차 이해

(1) 건축물 신축공사와 정보통신공사와 연계하여 발주

건축물 신축 공사와 함께 시행되는 경우의 정보통신장비를 설치하는 공사의 절차는 〈표 1-4〉와 같다.

〈표 1-4〉 정보통신장비를 설치하는 공사의 절차표

설계용역 발주 계획 수립	계획수립 사전 검토	○설계용역 발주계획 수립 전 기본계획·관계법령·사업비확보(계략 공사비용) 투융자심사 등 검토
		○방침서 결재(설계용역 비용산출) • 설계용역업자 선정방법(입찰 또는 설계경기), 제한경쟁, 입찰 등 설계발주는 건축, 소방, 전기, 통신을 통합 공동수급체 설계발주, 용역감독지정
	입찰방법심의	○건축 대형공사(300억이상 등) 입찰방법 : 지방건설기술심의위원회 심의
과업지시서 작성		- 공사분야별 설계용역감독이 과업지시서 작성
	건설기술심의 일상감사/계약심사	○ 용역비: 2억 이상 - 감사지적사항 보완조치 실시

설계용역 발주		
	입찰공고/입찰 계약	○ 10일 이내 계약
착수		- 설계용역감독이 공사분야별 설계용역사 착수계확인 - 설계용역사 기술자소집 설계방향과 설비규모 회의
	설계용역 시행 설계보고회/ 자문회의	○ 설계보고회 ○ 건축위원회 자문회의(통신설계 자문위원회 실시 포함) - 보완조치 실시
용역 시행		
	협의/공고	○ 관련부서협의, 실시계획인가 전 열람공고 등
	수정, 보완	○ 협의·열람공고 결과 반영·보완
완료/검사		○ 14일 이내 완료검사
	기술기준적합 협의	○ 기술기준적합설계 협의 확인
	건설기술심의	○ 건설기술심의 : 총공사비 100억 이상
	일상감사/계약심사	- 보완조치 실시
보완/수정납품		○ 일상감사 결과 반영·보완조치 확인
	공사발주 전 검토	○ 입찰/수의계약 대상 ○ PQ대상, 제한경쟁 대상 ○ 계약심의위원회 심의대상 ○ 조달청 공사원가 사전검토/공사계약요청 대상
공사발주계획 수립		○ 방침서 결재 • 자체발주/조달발주 • 공사업자 선정방법(입찰, 수의계약), 제한경쟁 등
공사발주		○ 발주에 따른 공사종류별 시공시 유의사항 내용 확인
	입찰공고	○ 시공기간 설정, 시공자격
입찰/계약		○ 낙찰자 결정통지 후 10일 이내 계약
착공		○ 착공서류 접수, 자체감독, 감리용역 결정
	선금지급	○ 선금지급 금액범위 확인 ○ 선금사용내역서 확인
공사시행		
	기성금지급/ 설계변경	○ 기성검사원 접수, 기성검사실시 ○ 14일 이내 기성검사실시
준공검사원제출/ (예비준공검사 및 준공검사		○ 예비준공검사실시, 준공검사원접수, 준공검사실시 ○ 14일 이내 준공검사, 공사대금과 감리용역대금지급
	시설물 인계	

3. 관리대상의 정보통신공사 범위

(1) 공사의 범위

- 정보통신공사업법시행령제2조(공사의 범위)

① 「정보통신공사업법」 제2조제2호에 따른 정보통신설비의 설치 및 유지·보수에 관한 공사와 이에 따른 부대공사는 다음 각 호와 같다.

1. 전기통신관계법령 및 전파관계법령에 따른 통신설비공사
2. 「방송법」 등 방송관계법령에 따른 방송설비공사
3. 정보통신관계법령에 따라 정보통신설비를 이용하여 정보를 제어·저장 및 처리하는 정보설비공사
4. 수전설비를 제외한 정보통신전용 전기시설설비공사 등 그 밖의 설비공사
5. 제1호부터 제4호까지의 규정에 따른 공사의 부대공사
6. 제1호부터 제5호까지의 규정에 따른 공사의 유지·보수공사

② 제1항에 따른 공사의 종류는 [별표 1]과 같다.

(2) 공사제한의 예외

- 정보통신공사업법시행령제4조(공사제한의 예외)

① 정보통신공사업법 제3조제2호에 따라 정보통신공사업자(이하 "공사업자"라 한다) 외의 자가 시공할 수 있는 경미한 공사의 범위는 다음 각 호와 같다.

1. 간이무선국·아마추어국 및 실험국의 무선설비설치공사
2. 연면적(둘 이상의 건축물에 설비를 연결하여 설치하는 경우에는 각 건축물의 연면적 합계를 말한다. 이하 같다) 1천 제곱미터 이하의 건축물의 자가유선방송설비·구내방송설비 및 폐쇄회로텔레비젼의 설비공사
3. 건축물에 설치되는 5회선 이하의 구내통신선로 설비공사
4. 라우터 또는 허브의 증설을 수반하지 아니하는 5회선 이하의 근거리통신망(LAN)선로의 증설공사
5. 다음 각 목의 공사로서 「소프트웨어산업 진흥법」 제24조의2제2항에 따라 중소 소프트웨어사업자만 참여하는 공사(6회선 이상의 근거리통신망(LAN)선로설비공사는 제외)
   가. 서버·백업장비·주변기기 등 전산장비(이하 "전산장비"라 한다)의 설치공사 및 유지보수
   나. 전산장비의 대·개체공사
   다. 주 전산장치의 성능향상을 위한 주변기기의 설치공사
   라. 연면적 1천 제곱미터 이하의 건축물에 설치되는 공사로서 구내통신선로설비·방송설비·경비보안설비와 연계되지 아니하는 정보시스템 구축공사

[별표 1] 〈개정 2008.12.31〉

공사의 종류(제2조제2항 관련)

구분	공사의 종류	공사의 예시
통신설비공사	통신선로설비공사	통신구설비, 통신관로설비, 통신케이블(광섬유 및 동축케이블·전주·지지철물·케이블방재·철탑·배관·단자함 등을 포함한다)설비 등의 공사
	교환설비공사	전자식교환(ISDN 및 전전자를 포함한다)설비, 자동식교환설비, 비동기식교환(ATM)설비, 가입자선로집중운용보전시스템설비, 집단전화교환설비, 자동호분배장치설비, 중앙과금장치설비, 신호망설비, 지능망설비, 통신처리장치설비, 사설교환(PBX·CBX)설비 등의 공사
	전송설비공사	전송단국(FLC·PCM·PDH·SDH·DACS·SONET·WDM)설비, 송·수신설비, 중계설비, 다중화설비, 분배설비, 전력선반송설비, 종합유선방송(CATV)전송설비 등의 공사
	구내통신설비공사	구내통신선로·이동통신구내선로·방송공동수신설비, 전화설비, 방범설비, 방송설비, 방재설비중 정보통신설비, 수직·수평배관 및 배선설비, 주장비실설비, 층장비실설비, 장애자용음향통신설비, 키폰전화설비 등의 공사
	이동통신설비공사	개인이동통신(PCS)설비, 휴대용이동전화(셀룰라)설비, 주파수공용통신(TRS)설비, 무선데이터통신설비, 무선호출설비, 아이엠티2000(IMT-2000)설비, 위성이동휴대전화(GMPCS)설비, 시티폰설비 등의 공사
	위성통신설비공사	위성송·수신국설비, 위성체설비, 지상관제소설비, 발사체설비, 위성측위시스템(GPS)설비, 소형위성지구국(VSAT)설비, 위성뉴스중계(SNG)설비 등의 공사
	고정무선통신설비공사	무선CATV(MMDS·LMDS)설비, 방송통신융합시스템(LMCS)설비, 무선가입자망(WLL)설비, 마이크로웨이브(M/W)설비, 무선적외선설비 등의 공사
방송설비공사	방송국설비공사	영상·음향설비, 송출설비, 방송관리시스템설비 등의 공사
	방송전송·선로설비공사	방송관로설비, 방송케이블(전주·철탑·배관·단자함 등을 포함한다)설비, 전송단국설비, 송·수신설비, 중계설비, 다중화설비, 분배설비, 구내전송선로설비, 위성방송수신설비 등의 공사
정보설비공사	정보제어·보안설비공사	인공지능빌딩시스템(IBS)설비, 관제(항공·교통·기상·주차)설비, 원격조정·자동제어(SCADA, TM/TC, 공장자동화 등의 정보통신설비를 포함한다)설비, 정보시스템관리설비, 방향탐지설비, 위치측정설비, 전자신호제어설비, 폐쇄회로텔레비전(CCTV)설비, 경비보안설비, 터널군관리(TGMS)설비, 수계통합자동제어설비, 수문제어설비, 홍수예경보설비, 민방공경보설비, 수도시설제어설비, 재해방지설비, 수처리(상수·하수 및 폐수 등을 포함한다)계측제어설비, 긴급구조시스템설비, 텔레메틱스(Telematics)설비 등의 공사

구분	공사의 종류	공사의 예시
정보설비공사	정보망 설비공사	근거리통신망(이더넷LAN · ATM-LAN · 기가비트LAN 등을 포함한다)설비, 부가가치통신망(VAN)설비, 광역통신망(WAN)설비, 정보시스템망관리(TMN)설비, 무선통신망설비, 전산시스템(CPU · C/S · 제어장치 등을 포함한다)설비, 인터넷(인트라넷 · 엑스트라넷 · 방화벽 등을 포함한다)설비, 멀티미디어설비, 컴퓨터 · 통신통합(CTI)설비, 종합정보통신망(ISDN)설비, 초고속정보망(xDSL · 케이블모뎀 등을 포함한다)설비, 판매시점관리시스템(POS), 유비쿼터스설비 등의 공사
	정보매체 설비공사	화상(영상)회의시스템설비, 홈뱅킹시스템설비, 원격의료시스템설비, 원격교육시스템설비, 주문대응형비디오시스템(VOD)설비, 홈오토메이션시스템설비, 전자식전광판설비, 지리정보시스템(GIS)설비, 원격자동검침(AMR)설비, 홈네트워크(디지털홈)시스템설비, 동시통역시스템설비, 도시정보체계(UIS)설비, 공간영상정보시스템(SIIS)설비, 객실관리시스템설비 등의 공사
	항공 · 항만통신설비공사	무지향표식(NDB)설비, 전방향표식(VOR)설비, 거리측정(DME)설비, 계기착륙(ILS)설비, 로란 및 레이다(ASDE · ASR · MSR)설비, 전술항행(TACAN)설비, 위성항행(CNS/ATM)설비, 위성항법시스템(GNSS)설비, 위성항법보정시스템(DGPS)설비, 항공운항정보(FIS)설비, 저고도돌풍경보장치(LLWAS), 소음측정시스템, 셀프이용안내(KIOSK)설비, 이동지역관리시스템(MAMS)설비, 종합정보통신시스템설비, 일반공중통신시스템설비, 통신자동화시스템설비, 통합경비보안시스템설비, 해안무선(VTS 및 해안지역 각종 통신시설)설비 등의 공사
	선박의 통신 · 항해 · 어로 설비공사	선박통신설비(GMDSS, 조난구조장치, MF · HF · VHF · SSB의 송수신기, 전파수신기, 위성통신기, SSAS, 선내지령장치 등), 선박항해설비(RADAR, 기상수신기, GPS, 전자해도장치, RDF, 측심기, NAVTEX, AIS, VDR, 풍속계, 선속계, 콤파스, 자동조타장치 등), 선박어로설비(어군탐지장치, 어망감시장치, 수온측정장치, 조류계 등) 등의 공사
	철도통신 · 신호 설비공사	역무자동화(AFC)설비, 토크백설비, 연선전화설비, 열차무선설비, 사령전화설비, 자동안내방송설비, 전자시계설비, 복합통신설비, 행선안내게시기설비, 도관전선관(HP)설비, 통신 및 신호용트로프설비, 자동열차정지장치설비, 열차집중제어장치설비, 전자식신호제어설비, 열차내이동무선공중전화설비, 여객자동안내장치설비 등의 공사
기타설비공사	정보통신 전용전기 시설설비 공사	정보통신전기공급설비, 전기부식방지설비, 전력 · 전철유도방지설비, 무정전전원장치(UPS)설비, 충방전 · 전압조정설비, 전동발전기설비, 접지설비, 서지설비, 낙뢰방지설비, 잡음 · 전자파(EMI · EMC · EMS 등을 포함한다)방지설비 등의 공사

마. 하드웨어구입비를 제외한 전체사업비 중 소프트웨어관련비(소프트웨어개발비 · 소프트웨어유지보수비 · 데이터베이스구축비 등)의 비중이 80퍼센트 이상인 정보시스템 구축공사

6. 군 및 경찰의 긴급작전을 위한 공사로서 미래창조과학부장관이 관계 중앙행정기관의 장과 협의하여 정하는 공사
7. 다음 각 목의 공사로서 미래창조과학부장관이 정하여 고시하는 공사
   가. 정보통신설비의 단말기, 차량용 전화 등의 설치 또는 증설공사
   나. 무선통신설비의 이전 · 변경 · 증설 또는 대체 등의 공사
8. 제1호부터 제4호까지, 제7호 가목 및 나목의 공사와 유사한 기술수준의 공사로서 미래창조과학부장관이 정하여 고시하는 공사

② 법 제3조제3호에서 "대통령령으로 정하는 바에 따라 도급받거나 시공하는 경우"란 다음 각 호의 자가 단독으로 또는 공사업자와 공동으로 공사를 도급받거나 시공하는 경우를 말한다.

1. 통신구설비공사의 경우 「건설산업기본법」 제9조에 따라 토목공사업 또는 토목건축공사업의 등록을 한 자
2. 도로공사에 부수되어 그와 동시에 시공되는 정보통신 지하관로설공사의 경우 해당 도로의 공사를 도급받아 시공하는 자

4. 정보통신장비설치 관리

정보통신장비설치 정보통신공사 준공을 목표로 필요한 자재조달과 현장에 투입할 기술자의 확보를 비롯하여 공정관리를 차질 없이 수행하여 공사기간 내에 사업을 마무리하는 관리업무를 하여야한다.

(1) 설치공사의 일반적인 사항

모든 공사는 도면 및 시방에 명시되어 있는 제반설비가 기술기준에 적합하고 기능을 발휘하도록 설계도서 · 공정표 · 시공계획서 · 제작도 등에 따라 시공한다. 또한 모든 통신설비는 도면대로 시공한다.

(2) 착공 서류 검토 시공계획서 검토

① 계약자가 감독관(감리원)에게 제출한 서류 검토

- 착공계
- 현장대리인계, 현장대리인 재직증명서, 현장대리인 자격증 사본
- 계약내역서

• 예정공정표
• 안전관리계획서
• 시공계획서

② 계약자는 시공계획서 등을 제출하고 감독관(감리원)의 승인을 받고 공정표에 변경이 생긴 경우에는 변경공정표를 지체 없이 제출하여 감독관(감리원)의 승인

③ 각 공사의 세부공정표 및 세부시공계획서를 작성하여 감독관(감리원)의 승인

(3) 제작도 및 시공도 검토

계약자는 기기제작 및 시공 상 필요한 도면 또는 견본을 제시하여 감독관(감리원)의 승인한다.

감독관(감리원)이 필요하다고 인정하여 시공상세도를 요구하는 경우에는 시공상세도를 작성하여 감독관(감리원)의 승인을 얻은 후 시공한다.

(4) 공사보고서 검토

① 공사에 관한 상황, 작업내용, 자재의 반입 및 반출, 기후조건, 그밖의 필요한 사항을 기재한 공사보고서를 제출하여 감독관(감리원)의 승인

② 계약자는 감독관(감리원)이 공사 진행상 필요한 서류 요구 시 제출

③ 계약자는 다음 사항의 공사업무 기록서를 감독관(감리원)에게 제출

• 감독관(감리원)의 지시사항에 대한 조치결과
• 공사 진도 보고서
• 기타 감독관(감리원)이 요구하는 사항

(5) 별도 발주공사와의 관계

공사 진행상 관계되는 별도 발주공사와의 협의가 필요할 때에는 감독관(감리원)의 입회하에 해당 공사관계자와 협의 하에 진행한다. 또한 정보통신공사로 인하여 건축 구조적으로 천공작업과 결함을 발생시킬 작업이 있거나 마감과 관계되는 공사가 통신공사로 인하여 다른 계약자에게 피해 유발 방지한다.

(6) 매몰부분과 공정별 사진촬영

공사완공 후 용이하게 공사점검을 할 수 없는 설비, 건축 구조물에 통신자재가 매몰이 되는 현장, 감독관(감리원)이 필요하다고 인정하는 설비는 사진을 촬

영하여 사진첩 등 에 설명을 기입 정리한다.

시공 중 촬영하는 경우에는 공사의 시행과정과 품질을 판별하기 용이하도록 촬영하고, 촬영된 사진은 공정순서대로 사진첩 등에 설명을 기입하여 정리한다.

(7) 시공 중 자재검사 및 확인

시공자재를 중간검사 하여 승인받은 자재를 사용하는지 확인하고, 주요자재는 착공당시 자재승인 받은 자재의 품질이 중간정도 공정에서도 처음의 품질을 유지하는지 중간검사 필요하다.

(8) 유지보수 관리를 위한 표시 확인

① 각종 단자함 · IDF · MDF · 단자반 · 접속함 등에는 도면에 명기된 해당 기기의 기호를 표시
② 각종 배선이 공동구와 층간 통신실(PIT)에 설치된 것은 분배반의 회로번호를 명기하여 공동구와 PIT 등의 개구부나 입구, 매 20m 이내 간격마다 표시판을 설치
③ 케이블가닥 수가 5개 이상의 경우에는 전선을 찾기 용이하도록 전선번호를 박스 · 연결박스 등이나 단자함 내에 설치
④ 각종 기호와 표시는 준공도면에 반드시 표시

(9) 준공도면 검토

① 계약자는 공사시공중 도면 등과 다르게 시공한 부분은 즉시 현장 보관도면에 기재
- 배선 경로의 변경, 각종 기계 기구장치 등의 위치변경, 단말기 위치의 변경, 도면 등의 기재사항과 다른 것을 포함하여 작성
- 준공 시 준공도면을 작성하는 데 이용

② 계약자는 공사 준공검사를 필한 후에 수정을 요하는 사항을 수정한 후 감독관(감리원)이 지시하는 기일 내에 수정을 요하는 사항이 완전히 수정되었는지의 여부를 확인받아 준공 원도와 복사된 도면을 준공서류와 함께 감독관(감리원)에게 제출

(10) 안전보건 관리

① 모든 공사는 산업안전보건법에 준용하여 산업재해 예방을 위한 기준을 준수
② 공사현장의 안전 · 보건을 유지하기 위하여 안전보건 관리체제를 구성

- 안전보건 관리방법을 작성하고 감독관(감리원)에게 제출하여 승인
- 작업 전 재해 방지에 필요한 교육을 실시하고 안전관리에 유의

③ 하도급공사 계약을 체결할 때에는 산업재해 예방을 위한 표준안전관리비를 공사현장의 재해 방지 및 근로자의 보건관리에 사용

(11) 준공검사 및 공사인도

① 준공검사 : 공사가 완료되었을 때에는 발주처에 준공검사원을 제출
- 정보통신공사 사용전검사 대상 여부를 확인하고 발주자가 사용전검사를 시, 군, 구청장에게 신청 하도록 지원

② 공사 준공 관련자료
- 공사 준공 : 각종 기기장치의 제작도, 카탈로그, 결선도, 제품의 운영관리를 위한 운전지침, 제작자의 주소와 전화번호, 필요한 보수 부품의 구입처, 하자보수기간, 각종 기기의 시험성적서 등 유지보수에 필요한 자료를 감독관(감리원)에게 준공서류와 함께 제출
- 부품관리 : 납품된 부품 등은 명세서와 함께 현품을 감독관(감리원)에게 인계
- 교육실시 : 공사가 준공된 후 감독관(감리원)이 지정하는 적절한 시기에 통신설비운영자에게 통신설비에 대한 교육 실시
- 교육내용 : 각종 시설물의 설치위치, 배선경로, 각종 기기의 조작방법, 조작상의 주의사항, 조작순서 등 시설물을 운전하는데 필요한 전반적 사항을 포함

5. 시공사의 공사관리 업무

(1) 시공사의 공사관리 업무

시공사의 공사관리업무란 정보통신공사가 성공적으로 시행될 수 있도록 시공 전 계획조사로부터 공사가 준공되어 인도될 때까지 사업시행절차에 따라 공사업무의 전반에 대한 운영일정을 세우고, 모든 업무가 예정된 일정대로 진행되도록 지원하고 관리하는 업무이다.

① 시공계획

계약서와 설계도서에 따라 시설물을 시공 할 수 있는 시공방법을 결정해서 계획하고, 안전과 품질기준을 지키면서 예정된 공사기간 내에 경제적으로 시공할 수 있는 다음의 방침을 결정한다.

- 시공 방법 : 주요 공종에 대한 공법과 시공공정
- 단말기의 배치
- 주요 자재의 선정
- 전체 공사일정 계획
- 공사 운영방침 : 현장조직, 하도급 및 외주 결정

(2) 공정관리

시공계획을 기초로 하여 공정계획과 조달계획을 세우고 공사목표가 달성될 수 있도록 공정을 통제하고 관리하는 활동이다.

① 1단계 : 계획단계
  - 공정계획 : 상세공사 일정
  - 조달계획 : 인력확보, 자재확보, 각종 계측기 등

② 2단계 : 실시단계
  - 공정계획에 따라 작업지시 및 감독
  - 조달계획에 따라 자재 · 인력 · 계측기 동원
  - 공종별로 실적자료를 기록 · 정리하여 계획과 실적을 비교 · 분석
  - 공정 촉진, 작업개선, 안전관리 등

③ 공정관리 업무 : 시공자가 공사의 준공이 예정된 준공 일을 넘겨 지연이 되면 공사비가 증가하게 되고, 시공사는 계약위반으로 상당한 지체보상금을 지불해야 하는 결과가 되며, 부과되는 제재와 신용의 실추로 시공회사의 영업에 큰 손실 발생
  - 정보통신공사는 특정한 사업주의 주문 또는 경우에 따라 공사를 수행하는 주문 생산 활동이므로 모든 공사는 같은 것이 없고, 내용이 다른 넓은 다양성을 지니고, 경험을 반복해서 활용할 수 없다.
  - 정보통신공사는 공사를 구성하는 통신설비가 여러 가지가 시공되므로 시공감독과 공정관리에 어려움이 많다.
  - 정보통신공사는 각각의 통신설비가 기술적인 내용이 다르고 광범위한 전문지식과 경험, 그리고 철저한 사전 시공계획이 있어야 원활하게 공사를 수행할 수 있다.

(3) 시공품질관리업무

1) 시공 품질관리

설계도면과 공사시방서 등 설계도서는 수행해야 할 공사의 내용을 명시하는 시방이므로 공사시공을 시방서에 따라 정확하게 수행함으로써 완성된 공사가

제 기능을 다하여 운영을 할 수 있다.

공사시공 중의 시공 상태의 확인과 시험, 검사를 철저히 하여 품질결손이나 하자를 이유로 완성된 공사를 철거하여 재시공하고, 이 때문에 공사원가가 증대하고 공사 준공이 지연되는 결과가 발생해서는 아니 된다.

2) 현장설치 자재의 승인 업무

정보통신공사와 정보통신 기자재 구매업무 등 공사의 착공계, 물품(기자재)의 구매설치의 착수계를 제출하고 현장에 공사시작이 되기 전에 사용할 자재의 사전승인을 발주자로부터 결정을 받고 현장에 설치한다.

- 자재승인 요청 방법 : 시공자(설치자)는 사전에 각종 자재의 재품설명서, 시험성적서, 규격서, 카탈로그 등을 준비하여 '자재승인요청서'를 작성하여 A사, B사 비교하여 납품코자 하는 A사를 표기한 후에 문서로 발주처(감리나 감독)에게 제출하면 발주처에서는 발주 당시의 규격과 일치하는지 확인 후에 시공자(설치자)나 납품자에게 통보하는 방법을 취한다.

6. 안전관리계획서 작성

안전관리계획서는 총괄 안전관리계획과 공종별 안전관리계획으로 작성 제출한다.

(1) 총괄 안전관리계획

① 공사의 개요 : 공사전반에 대한 개략을 파악하기 위한 위치도 · 공사개요 · 전체공정표 및 설계도 서는 당해 공사를 인가 · 허가 또는 승인한 행정기관 등에 이미 제출된 경우는 제외한다.
② 인진관리조직 : 공사관리조직 및 임무에 관한 사항으로서 시설물의 시공안전 및 공사장 주변안전에 대한 점검 · 확인 등을 위한 관리조직표
③ 공정별 안전점검계획 : 자체안전점검, 정기안전점검 시기 · 내용, 안전점검 공정표 등 실시계획 및 점검결과에 따른 조치계획에 관한 사항
④ 공사장 주변 안전관리계획 : 공사 중 지하매설물의 방호, 인접시설물의 보호 등 공사장 및 공사현장 주변에 대한 안전관리에 관한 사항
⑤ 통행안전시설 설치 및 교통소통계획 : 공사장 주변의 교통소통대책, 교통안전시설물, 교통사고 예방대책 등 교통안전관리에 관한 사항
⑥ 안전관리비 집행계획 : 안전관리비 계상액, 산정내역, 사용계획 등에 관한 사항
⑦ 안전교육계획 : 안전교육계획표, 교육의 종류 · 내용 및 교육관리에 관한 사항

⑧ 비상시 긴급조치계획 : 공사현장에서의 비상사태에 대비한 비상연락망, 비상동원조직, 경보체제, 응급조치 및 복구 등에 관한 사항

(2) 공종별 안전관리계획

① 통신토목공사
- 도로의 굴착, 관로시설에 따른 교통대책
- 가설구조물 설치개요
- 시공상세도면
- 안전시공 절차 및 안전점검표

② 노출전선관 배관공사
- 추락 방지대책
- 전선관의 하중감안 시공 시 안전대책

③ 통신케이블 포설공사
- 케이블 드럼의 운반시 안전대책
- 케이블 포설시 안전대책
- 케이블 시공 중 추락 안전대책

④ 통신장비(네트워크장비) 설치공사
- 통신시스템 운반시 안전대책
- 통신시스템의 설치시 안전대책

⑤ 통신용 전원공사
- 통신장비 전원공급 전의 전기안전대책

⑥ 매입전선관 배관공사
- 건축공사장의 배관작업자의 안전대책
- 전선관 운반시 안전대책

7. 착공단계 관리

(1) 공사의 일반적인 사항

① 공사는 도면 및 시방에 명시되어 있는 제반설비가 충분하고 만족스러운 기능을 발휘하도록 설계도서 · 공정표 · 시공계획서 · 제작도 등에 따라 시공
② 통신의 기술기준에 적합하게 설치

(2) 계약 후 착공서류제출

① 계약자는 공사 착공 시에 다음 사항을 감독관(감리원)에게 검토를 받은 후

제출
- 착공계
- 현장배치 정보통신기술자(현장대리인계), 현장대리인 재직증명서, 현장대리인 자격증 사본
- 계약내역서
- 예정공정표
- 안전관리계획서
- 시공계획서
- 공사업등록증 사본

(3) 정보통신공사업 등록 확인

① 공사업등록의 근거 : 정보통신공사업법제14조(공사업의 등록 등)
- 공사업을 경영하려는 자는 대통령령으로 정하는 바에 따라 특별시장 · 광역시장 · 특별자치시장 · 도지사 또는 특별자치도지사에게 등록하여야 한다.
- 시 · 도지사는 등록을 받았을 때에는 등록증과 등록수첩을 발급한다.

② 정보통신공사업법시행령제21조 [별표 3]의 등록기준은 다음과 같다.

[별표 3]

정보통신공사업의 등록기준(제21조관련)

자본금(개인인 경우에는 자산평가액을 말한다. 이하 같다)	기술능력	사무실
1억5천만원 이상	1. 기술계 정보통신기술자 3명 이상(3명 중 1명은 중급 기술자 이상이어야 한다) 2. 기능계 정보통신기술자 1명 이상(기능계 정보통신기술자는 기술계 정보통신기술자로 대체할 수 있다)	정보통신기술자 등이 항상 이용 가능하고 필요한 사무장비를 갖출 수 있는 공간이 확보된 사무실

[비고]
1. 자본금
   가. 자본금은 공사업을 위한 자본금으로 공사업 외의 자본금을 제외하며, 주식회사 외의 법인의 경우 "자본금"은 "출자금"으로 한다.
   나. 법인의 경우 납입자본금과 실질자본금이 각각 등록기준의 자본금 이상이어야 한다. 다만, 외국법인(외국의 법령에 따라 설립된 법인 또는 외국법인이 자본금의 100분의 50 이상을 출자하였거나 임원수의 2분의 1 이상이 외국인인 법인을 말한다)이 지사를 설치하여 공사업을 신청한 때의 자본금은 국내지사설립자본금(주된 영업소의 자본금을 말한다)을 기준으로 한다.
2. 정보통신기술자는 별표 6에 따른 정보통신기술자를 말하며, 정보통신기술자는 상근임원이나 직원의 신분으로 소속되어 있어야 한다.

③ 정보통신공사업등록증 : 정보통신공사업법 시행규칙 제2조(공사업의 등록 관련 서식)② 영 제18조제1항 전단에 따른 정보통신공사업등록증 및 정보통신공사업등록수첩은 각각 [별지 제2호서식] 과 같다.

[별지 제2호서식]

정보통신공사업법 시행규칙

제 호

정보통신공사업등록증

상 호:
대 표 자 :
생년월일(법인등록번호):
영업소 소재지 :
등록연월일 년 월 일

정보통신공사업법제14조에 따라 정보통신공사업을 등록하였음을 증명합니다.

년 월 일

시 · 도지사 직인

---

(4) 정보통신기술자의 배치

1) 근거 규정

- 정보통신공사업법제33조(정보통신기술자의 배치)

① 공사업자는 공사의 시공관리와 그 밖의 기술상의 관리를 하기 위하여 대통령령으로 정하는 바에 따라 공사 현장에 정보통신기술자 1명 이상을 배치하고, 이를 그 공사의 발주자에게 알려야 한다.

② 제1항에 따라 배치된 정보통신기술자는 해당 공사의 발주자의 승낙을 받지 아니하고는 정당한 사유 없이 그 공사 현장을 이탈하여서는 아니 된다.

③ 발주자는 제1항에 따라 배치된 정보통신기술자가 업무수행의 능력이 현저히 부족하다고 인정되는 경우에는 수급인에게 정보통신기술자의 교체를 요청할 수 있다. 이 경우 수급인은 정당한 사유가 없으면 이에 따라야 한다.

2) 정보통신기술자의 자격기준

- 정보통신공사업법시행령제40조(정보통신기술자의 자격기준 등)

① 법 제39조제2항에 따른 정보통신기술자의 자격기준은 등급별로 구분하여 정하며, 등급별 세부기준은 [별표 6]과 같다.

[별표 6]

정보통신기술자의 자격(제40조1항 관련)

1. 기술계 정보통신기술자의 등급 및 인정범위

등급	기술자격자	학력ㆍ경력자	경력자
특급 기술자	기술사		
고급 기술자	1. 기사자격(기능장을 포함한다. 이하 같다)을 취득한 후 5년 이상 공사업무를 수행한 자 2. 산업기사자격을 취득한 후 8년 이상 공사 업무를 수행한 자 3. 기능사자격을 취득한 후 13년 이상 공사업무를 수행한 자		
중급 기술자	1. 기사자격을 취득한 후 2년 이상 공사업무를 수행한 자 2. 산업기사자격을 취득한후 5년 이상 공사업무를 수행한 자 3. 기능사자격을 취득한 후 10년 이상 공사업무를 수행한 자		
초급 기술자	1. 산업기사 이상의 자격을 취득한 자 2. 기능사자격을 취득한 후 4년 이상 공사업무를 수행한 자	1. 학사학위 이상의 학위를 취득한 자 2. 전문대학을 졸업한 후 2년(3년제 전문대학의 경우에는 1년) 이상 공사업무를 수행한 자 3. 고등학교를 졸업한 후 4년 이상 공사업무를 수행한 자 4. 「근로자직업능력 개발법」에 따른 직업능력개발훈련시설에서 1년 이상 관련 분야의 과정을 이수하고 4년 이상 공사업무를 수행한 자 또는 2년 이상 관련분야의 과정을 이수하고 2년 이상 공사업무를 수행한 자	1. 학사학위 이상의 학위를 취득한 후 3년 이상 공사업무를 수행한 자 2. 전문대학을 졸업한 후 5년(3년제 전문대학의 경우에는 4년) 이상 공사업무를 수행한 자 3. 고등학교를 졸업한 후 7년 이상 공사업무를 수행한 자 4. 공사업무를 10년 이상 수행한 자

[비 고]

1. 위 표에서 "기술자격자"란 「국가기술자격법」에 따른 기술자격종목 중 아래의 기술 자격을 취득한 자로서 법 제39조 및 이 영 제39조에 따라 학력·경력 등의 관리에 필요한 사항을 제출한 자를 말하며, 경력인정방법은 미래창조과학부장관이 정하여 고시한다.
   가. 기술사 : 정보통신, 산업계측제어, 전자응용, 전자계산기, 정보관리, 전자계산조직 응용, 토목구조, 토목시공 또는 철도신호
   나. 기능장 : 통신설비 또는 전자기기
   다. 기사 : 정보통신, 전파통신, 전파전자, 무선설비, 방송통신, 전자, 전자계산기, 반도체설계, 정보처리, 전자계산기조직응용, 토목 또는 철도신호
   라. 산업기사 : 정보통신, 전파통신, 전파전자, 무선설비, 통신선로, 사무자동화, 방송통신, 전자, 전자계산기, 전자회로설계, 디지털제어, 반도체설계, 정보처리, 토목 또는 철도신호
   마. 기능사 : 통신기기, 통신선로, 정보기기운용, 전파통신, 전파전자, 무선설비, 방송통신, 전자기기, 전자계산기, 전자캐드, 정보처리 또는 철도신호
2. 위 표에서 "학력·경력자"란 「초·중등교육법」 또는 「고등교육법」에 따른 해당 학교에서 통신·전자·정보처리기술관련 학과의 소정의 과정을 이수하고 졸업하거나 국내 또는 외국에서 이와 동등 이상의 학력이 있다고 인정되는 자와 「근로자직업능력 개발법」에 따른 직업능력개발훈련시설에서 1년 이상 통신·전자·정보처리기술관련 분야의 과정을 이수한 자로서 법 제39조 및 이 영 제39조에 따라 학력·경력 등의 관리에 필요한 사항을 제출한 자를 말하며, 해당 전공학과의 범위와 경력인정방법은 미래창조과학부장관이 정하여 고시한다.
3. 위 표에서 "경력자"란 통신·전자·정보처리기술관련 학과 외의 학과를 졸업하고, 공사업무를 수행한 자로서 법 제39조 및 이 영 제39조에 따라 학력·경력 등의 관리에 필요한 사항을 제출한 자를 말하며, 경력인정방법은 미래창조과학부장관이 정하여 고시한다.
4. 위 표에서 "공사업무를 수행한 자"란 정보통신공사 관련 해당 분야(토목관련 기술자격자의 경우에는 별표 1의 선로설비분야만 해당한다)에서 계획·설계·시공·시험·공사감독·감리·유지관리 또는 연구업무를 수행한 자와 통신·전자·전산관련 병과 또는 주특기를 부여받고 군복무한 자를 말한다.
5. 외국인기술자에 대한 기술자격의 인정범위는 외국인 기술자의 기술자격 또는 학력·경력에 따라 인정하되, 그 인정기준에 관하여는 제1호부터 제4호까지의 규정을 준용한다.

2. 기능계 정보통신기술자의 인정범위

기술 자격자	인정기술자	
	학력·경력자	경력자
기능사 자격을 취득한 사람	가. 고등학교를 졸업한 후 공사업무를 1년 이상 수행한 사람 나. 「근로자직업능력 개발법」에 따른 직업능력개발훈련시설에서 관련 분야의 과정을 1년 이상 이수한 후 공사업무를 1년 이상 수행한 사람	가. 고등학교를 졸업한 후 공사업무를 1년 이상 수행한 사람 나. 공사업무를 5년 이상 수행한 사람

[비 고]

1. 위 표에서 "기술자격자"란 「국가기술자격법」에 따른 기술자격종목 중 아래의 기술자격을 취득한 자로서 법 제39조 및 이 영 제39조에 따라 학력·경력 등의 관리에 필요한 사항을 제출한 자를 말하며, 경력인정방법은 기술계 정보통신기술자에 관한 기준을 준용한다.
   기능사: 통신기기, 통신선로, 정보기기운용, 전파통신, 전파전자, 무선설비, 방송통신, 전자기기, 전자계산기, 전자캐드, 정보처리 또는 철도신호

2. 위 표에서 "학력 · 경력자"란 「초 · 중등교육법」 또는 「고등교육법」에 따른 해당 학교에서 통신 · 전자 · 정보처리기술관련 학과의 소정의 과정을 이수하고 졸업하거나 국내 또는 외국에서 이와 동등 이상의 학력이 있다고 인정되는 자와 「근로자직업능력 개발법」에 따른 직업능력개발훈련시설에서 1년 이상 통신 · 전자 · 정보처리기술관련 분야의 과정을 이수한 자로서 법 제39조 및 이 영 제39조에 따라 학력 · 경력 등의 관리에 필요한 사항을 제출한 자를 말하며, 해당 전공학과의 범위와 경력인정방법은 기술계 정보통신기술자에 관한 기준을 준용한다.
3. 위 표에서 "경력자"란 통신 · 전자 · 정보처리기술관련 학과 외의 학과를 졸업하고, 공사업무를 수행한 자로서 법 제39조 및 이 영 제39조에 따라 학력 · 경력 등의 관리에 필요한 사항을 제출한 자를 말하며, 경력인정방법은 기술계 정보통신기술자에 관한 기준을 준용한다.
4. 위 표에서 "공사업무를 수행한 자"란 정보통신공사 관련 해당 분야(토목관련 기술자격자의 경우에는 별표 1의 선로설비분야만 해당한다)에서 계획 · 설계 · 시공 · 시험 · 공사감독 · 감리 · 유지관리 또는 연구업무를 수행한 자와 통신 · 전자 · 전산관련 병과 또는 주특기를 부여받고 군복무한 자를 말한다.
5. 외국인기술자에 대한 기술자격의 인정범위는 외국인 기술자의 기술자격 또는 학력 · 경력에 따라 인정하되, 그 인정기준에 관하여는 제1호부터 제4호까지의 규정을 준용한다.

---

② 미래창조과학부장관은 법 제39조제2항에 따라 정보통신기술자로 인정한 자의 등급 및 경력 등에 관한 기록을 유지 · 관리하여야 한다.

(3) 정보통신기술자의 현장배치기준

- 정보통신공사업법시행령 제34조(정보통신기술자의 현장배치기준 등)

① 정보통신공사업법법 제33조제1항에 따라 공사의 현장에 배치하여야 하는 정보통신기술자는 해당 공사의 종류에 상응하는 정보통신기술자이어야 한다.

② 공사업자는 공사가 시공 중인 때에는 다음 각 호의 구분에 따라 정보통신기술자를 현장에 상주하게 하여 공사관리를 하여야 한다. 다만, 공사가 중단된 기간은 그러하지 아니하다.

1. 도급금액이 5억원 이상의 공사 : 중급기술자 이상인 정보통신기술자
2. 도급금액이 5천만원 이상 5억원 미만인 공사 : 초급기술자 이상인 정보통신기술자

③ 공사현장에 배치된 정보통신기술자는 공사에 따른 위험 및 장해가 발생하지 아니하도록 모든 안전조치를 강구하여야 하며, 관계법령에 따라 그 업무를 성실히 수행하여야 한다.

④ 공사업자는 다음 각 호의 어느 하나에 해당하는 경우에는 발주자의 승낙을 얻어 1명의 정보통신기술자에게 2개의 공사를 관리하게 할 수 있다.

1. 도급금액이 1억원 미만의 공사로서 동일한 시(특별시 · 광역시 및 특별자치시를 포함한다) · 군에서 행하여지는 동일한 종류의 공사
2. 이미 시공 중에 있는 공사의 현장에서 새로이 행하여지는 동일한 종류의 공사

(4) 정보통신기술자 경력수첩

- 정보통신공사업법 시행에 관한 규정 제11조(정보통신기술자의 인정신청관련 서식) ③ 정보통신공사업법 제39조제3항 및 영 제39조제4항에 따른 정보통신기술자 경력수첩은 [별지 제31호서식]과 같다.

[별지 제31호서식]

정보통신공사업법 시행에 관한 규정

(표지)

정보통신기술자경력수첩

미래창조과학부

○○정보통신공사협회

145mm × 90mm[보존용지(1종) 120g/㎡]

(제2쪽)

정보통신기술자경력수첩

발 급 번 호 :
등 급 :
성 명 :
생 년 월 일 :
주 소 :

사 진
(2.5㎝×3㎝)

「정보통신공사업법 시행령」 제39조에 따라 정보통신기술자경력수첩을 교부합니다.

년 월 일

○○정보통신공사협회장 직인

---

② 계약자는 시공계획서 등을 제출하고 감독관(감리원)의 승인을 받고 공정표에 변경이 생긴 경우에는 변경공정표를 지체없이 제출하여 감독관(감리원)의 승인

③ 각 공사의 세부공정표 및 세부시공계획서를 작성하여 감독관(감리원)의 승인

(5) 시공사의 공사관리의 업무

1) 시공사의 시공계획

시공사는 계약서와 설계도서에 따라 시설물을 시공 할 수 있는 시공방법을 결정해서 계획하고, 안전과 품질기준을 지키면서 예정된 공사기간 내에 경제적으로 시공하여 준공하는 것이 목표이다.

- 시공 방법 : 주요 공종에 대한 공법과 시공공정
- 단말기의 배치
- 주요 자재의 선정
- 전체 공사일정 계획
- 공사 운영방침 : 현장조직, 하도급 및 외주 결정
- 시공목표설정 : 목적을 설정하는 데는 업무에 관련되는 정보를 수집 · 정리해서 분석하고, 분석결과에 따라 업무를 수행하는 방침과 실행기준 정해둔다.
- 목적을 달성하는 방법 결정 : 목적을 달성하는 데는 여러 가지 대안방법과 설정된 방침에 가장 적합한 대안을 상세하게 검토해서 계획을 세우고, 구체적인 기준 · 방법 및 순서 등 실행 지침을 정해서 시행

2) 시공기술자 교육훈련

시공업무에 참여할 모든 요원에게 업무의 목적을 알리고 계획의 내용과 지침을 충분히 교육 · 훈련시켜서 업무가 계획대로 실시되도록 훈련한다.

3) 계획대로 시공업무를 실시

시공업무를 수행하는 데는 필요한 수단을 필요한 대로 적기에 공급하고, 수행과정을 관리해서 업무가 계획에 따라 수행되도록 한다.

4) 시공업무가 계획대로 실시되고 있는지 검토

시공계획에 못 미치는 원인을 실시과정에서 검토해가는 방법과 실시된 결과를 계획과 비교해서 검토하는 방법이 있다.

- 시공에 관련된 모든 요인을 기록하고 비교 · 분석하여 분석결과와 필요한 시

정방법을 보고하는 절차 필요

5) 시정조치

- 시공 시행결과가 계획에 못 미치는 경우에는 계획대로 되지 않는 원인을 제거할 수 있는 시정조치를 취하여 조치의 결과는 점검해서 확인하는 것이 중요
- 시공 과정에 실행지침이 지켜지는지 아니면 지침에 결함이 있는지도 검토해야 하고, 필요하면 지침을 포함하여 계획할 필요
- 시공 관리도 순환과정으로 반복되는 "계획－실시－검토－조치"의 활동을 계속하면서 효과적으로 이행
- 시공의 목표를 효과적으로 달성하기 위해서는 공사관리업무는 4단계로 이행

① 1단계 : 안전 · 품질 · 공기 및 원가의 목표를 만족시킬 수 있는 공사의 실행계획과 지침을 결정

② 2단계 : 시공 계획과 지침에 따라 공사를 지휘 · 감독하면서 실시

③ 3단계 : 시공된 결과를 계획 및 지침과 비교해서 공사의 실시상황을 검토 · 분석

④ 4단계 : 시공 결과가 목표를 만족시킬 수 있도록 조치

(4) 현장설치 자재의 승인 요청

정보통신공사와 통신 기자재 구매업무 등 공사의 착공계, 물품(기자재)의 구매설치의 착수계를 제출하고 현장에 공사시작이 되기 전에 사용할 자재의 사전 승인을 발주자로부터 결정을 받고 현장에 설치한다.

- 자재승인 요청 방법 : 시공자(설치자)는 사전에 각종 자재의 재품설명서, 시험성적서, 규격서, 카탈로그 등을 준비하여 '자재승인요청서'를 작성하여 A사, B사 비교하여 납품코자 하는 A사를 표기한 후에 문서로 발주처(감리나 감독)에게 제출하면 발주처에서는 발주 당시의 규격과 일치하는지 확인 후에 시공자(설치자)나 납품자에게 통보하는 방법을 취한다.

(6) 안전관리

1) 보건관리

① 모든 공사는 산업안전보건법에 준용하여 산업재해 예방을 위한 기준을 준수

② 공사현장의 안전 · 보건을 유지하기 위하여 안전보건 관리체제를 구성

- 안전보건 관리방법을 작성하고 감독관(감리원)에게 제출하여 승인

- 작업 전 재해 방지에 필요한 교육을 실시하고 안전관리에 유의

③ 하도급공사 계약을 체결할 때에는 산업재해 예방을 위한 표준안전관리비를 공사현장의 재해 방지 및 근로자의 보건관리에 사용

2) 설비의 안전관리

- 시공되는 설비는 사용 중 인 통신망에 연결하여 하는 작업의 경우는 모든 이용자에게 통신망이 안정되어야 한다.
- 신설하는 현장의 설비가 타 설비에 끼치는 장애예방 시공 중 안전사고가 발생된 경우 에는 법규에 따라 제재가 부과될 뿐 아니라 사업주와 시공자의 대외신용에 큰 손실 발생

3) 현장 안전관리

시공되는 통신설비는 사용 중 인 통신망에 연결하여 하는 작업의 경우는 모든 이용자에게 통신망이 안정되어야 한다. 신설하는 현장의 통신설비가 타 설비에 끼치는 장애를 예방해야 한다.

시공 중 안전사고가 발생된 경우에는 법규에 따라 제재가 부과될 뿐 아니라 사업주와 시공자의 대외신용에 큰 손실 발생 수 있다.

(7) 공정관리

시공계획을 기초로 하여 공정계획과 조달계획을 세우고 공사목표가 달성될 수 있도록 공정을 통제하고 관리하는 활동이다.

정보통신공사 준공을 목표로 필요한 자재조달과 현장에 투입할 기술자의 확보를 비롯하여 공정관리를 차질 없이 수행하여 공사기간 내에 사업을 마무리하는 관리업무를 하여야한다.

① 1단계 : 계획단계
- 공정계획 : 상세공사 일정
- 조달계획 : 인력확보, 자재확보, 각종 계측기 등

② 2단계 : 실시단계
- 공정계획에 따라 작업지시 및 감독
- 조달계획에 따라 자재 · 인력 · 계측기 동원
- 공종별로 실적자료를 기록 · 정리하여 계획과 실적을 비교 · 분석
- 공정 촉진, 작업개선, 등

③ 공정관리 중요성 : 시공자가 공사의 준공이 예정된 준공일을 넘겨 지연이 되면 공사비가 증가하게 되고, 시공사는 계약위반으로 상당한 지체보상금

을 지불해야 하는 결과가 되며, 부과되는 제재와 신용의 실추로 시공회사의 영업에 큰 손실 발생한다.
- 통신공사는 특정한 사업주의 주문 또는 경우에 따라 공사를 수행하는 주문생산 활동이므로 모든 공사는 같은 것이 없고, 내용이 다른 넓은 다양성을 지니고, 경험을 반복해서 활용할 수 없다.
- 공사를 구성하는 설비가 여러 가지가 시공되므로 시공감독과 공정관리에 어려움이 많다.
- 공사는 각각의 설비가 기술적인 내용이 다르고 광범위한 전문지식과 경험, 그리고 철저한 사전 시공계획이 있어야 원활하게 공사를 수행할 수 있다.

(8) 원가관리와 조달관리

1) 원가관리

공사수행은 도급금액 또는 실행예산의 한도 내에서 완료되어야 한다.

공사가 완벽하게 수행될 수 있도록 실행예산서를 작성하고, 이에 따라 원가를 통제하고, 나아가서 원가를 절감할 수 있도록 관리하는 활동이다.

① 1단계 : 계획단계
- 원가계획 : 실행예산서 작성
- 원가회계 체계의 정립 : 시공비용 절감 조사, 분석

② 2단계 : 실시단계
- 자재비 · 노무비 · 장비비 · 외주비 · 경비 등 비용의 기록 · 정리 및 분석
- 원가절감 조치(주기적으로 현장에 투입되는 자재와 인력 점검과 관리)

2) 조달관리업무

정보통신공사는 공사의 시공안전과 시공품질이 보장되는 시공공정(방법)을 세워서 시공 작업을 운영하고, 공정의 진행에 따라 필요한 시기에 질적 · 양적으로 적합한 자재 · 인력 · 및 자금을 공급하는 업무

- 현장인력, 장비관리, 자재수급관리업무
- 안전과 품질은 시공방법과 작업관리 수준을 높이면 원가를 높이고 공기가 지연
- 공사기간을 단축시키면 부실시공으로 안전과 품질에 문제 발생
- 시공계획을 세워서 운영하고 관리하여 공사목표 달성
- 공사기간 · 원가 · 품질, 안전, 조달관리를 잘하여야 수익성이 높은 공사 가능

(9) 감리와 관계 업무

1) 감리와 협조

- 시공자(발주자)가 감리용역을 통하여 시공감리를 담당하게 한 감리자는 공사 현장에서 사업시행자(발주자)를 대리하여 시공자의 시공을 감독하고, 확인·검사하며, 공사의 중간 기성과 준공 검사와 감리결과를 발주자에게 보고를 하기 때문에 감리와 긴밀한 협조가 필요하다.
- 시공 업무를 수행하는 과정에 공사의 변경이나 공사비용 및 공사기간 변동 시 부실 공사 예방을 위한 기술검토와 공사가 설계도서에 따라 정확하게 시공하여야한다.

2) 시공 품질관리 업무

① 시공 품질관리
- 설계도면과 공사시방서 등 설계도서에 따라 정확하게 수행
- 시공 중의 시공 상태의 확인과 시험, 검사를 철저히 하여 품질의 하자를 이유로 완성된 공사를 철거하여 재시공하는 등 공사원가가 증대하고 공사 준공이 지연되는 결과가 발생해서는 아니 된다.

3) 제작도 및 시공도 작성

① 시공자는 네트워크장비생산 및 시공 상 필요한 도면 또는 견본을 제시하여 감독관(감리원)의 승인을 요청한다.
② 감독관(감리원) 시공 상세도를 요구하는 경우에는 시공 상세도를 작성하여 감독관(감리원)의 승인을 얻은 후 시공한다.

4) 공사 진행 보고

① 공사에 관한 상황, 작업내용, 자재의 반입 및 반출, 기후조건, 그 밖의 필요한 사항을 기재한 공사보고서를 제출하여 감독관(감리원)의 승인을 받는다.
② 시공자는 감독관(감리원)이 공사 진행상 필요한 서류 요구 시 제출
③ 시공자는 다음 사항의 공사업무 기록서를 감독관(감리원)에게 제출
- 감독관(감리원)의 지시사항에 대한 조치결과
- 공사 진행 보고서
- 기타 감독관(감리원)이 요구하는 사항

5) 공정별 사진촬영

① 공사완공 후 편리하게 점검을 할 수 있도록 하고 자재 매몰 현장사진 촬영

② 공사의 시행과정과 품질을 판별하기 용이하도록 촬영
③ 촬영된 사진은 공정순서대로 사진첩 등에 설명을 기입하여 정리

6) 시공 중 자재검사 및 확인

① 시공자재를 중간검사 하여 승인받은 자재를 사용
② 주요자재는 착공당시 자재승인 받은 자재의 품질이 중간정도 공정에서도 처음의 품질을 유지

7) 유지보수 관리를 위한 표시

① 각종 단자함 · IDF · MDF · 단자반 · 접속함 등에는 도면에 명기된 해당 기기의 기호를 표시한다.
② 각종 배선이 공동구와 층간 통신실(PIT)에 설치된 것은 분배반의 회로번호를 명기하여 공동구와 PIT 등의 개구부나 입구, 매 20m 이내 간격마다 표시판을 설치한다.
③ 케이블가닥 수가 5개 이상의 경우에는 전선을 찾기 용이하도록 전선번호를 박스 · 연결박스 등이나 단자함 내에 설치한다.
④ 각종 기호와 표시는 준공도면에 반드시 표시한다.

8) 준공 업무

① 시공자는 공사시공중 도면 등과 다르게 시공한 부분은 즉시 현장 보관도면에 기재
- 배선 경로의 변경, 각종 기계 기구장치 등의 위치변경, 단말기 위치의 변경, 도면 등의 기재사항을 포함하여 작성한다.

② 시공자는 공사 준공검사를 필한 후에 수정을 요하는 사항을 수정한 후 감독관(감리원)이 지시하는 기일 내에 수정을 요하는 사항이 완전히 수정되었는지의 여부를 확인받아 준공 원도와 복사된 도면을 준공서류와 함께 감독관(감리원)에게 제출한다.

9) 준공검사 및 공사인도

① 준공검사 : 공사가 완료되었을 때에는 발주처에 준공검사원을 제출한다.
② 공사 준공 관련자료
- 공사 준공 : 각종 기기장치의 제작도, 카탈로그, 결선도, 제품의 운영관리를 위한 운전지침, 제작자의 주소와 전화번호, 필요한 보수 부품의 구입처, 하자보수기간, 각종 기기의 시험성적서 등 유지보수에 필요한 자료를 감독관(감리원)에게 준공서류와 함께 제출한다.

- 부품관리 : 납품된 부품 등은 명세서와 함께 현품을 감독관(감리원)에게 인계한다.
- 교육 실시 : 공사가 준공된 후 감독관(감리원)이 지정하는 적절한 시기에 통신설비운영자에게 통신설비에 대한 교육을 지원 한다.
- 교육내용 : 각종 정보통신설비의 설치위치, 배선경로, 각종 기기의 조작방법, 조작상의 주의사항, 조작순서 등 시설물을 운전하는 데 필요한 전반적 사항을 포함

8. 검측 및 작업승인서 작성

(1) 검측 개요

정보통신공사용 자재를 현장에 투입하여 도면과 시방서를 기준으로 작업한 부분을 공정표의 일정에 맞추어 수시로 도면과 같이 작업을 시행했는지 여부를 확인하는 것을 검측이라 한다.

(2) 검측 대상

건축공사 콘크리트 타설시 통신용 전선관이 매립되고, 매몰되면 나중에는 그 속 내부를 볼 수 없기 때문에 콘크리트를 투입하기 전에 통신용 전선관이 도면대로 시공했는지 여부를 검사 및 확인하고 사진촬영 등 그 근거를 남겨두어야 한다.

- 향후 케이블 배선작업이나 유지보수 시에 배관과 케이블의 경로를 알 수 있다.
- 검측 및 작업승인을 현장 시공사에서 감독자에게 요청하면 감독은 현장에서 검측을 시행한 결과 및 후속작업을 통보해준다.

9. 정보통신공사 현장 자재반입 신청서 작성

공사현장에 각종 자재를 반입하고 작업을 할 때는 사전에 공사감독관에게 반입자재 검사신청서를 작성한다.

반입할 자재의 규격 · 시험품은 시험성적서 등을 첨부하여 제출하고 검사를 받아야 한다.

10. 시공사의 공사작업일지 작성

시공사가 작성하는 공사작업일지를 기록할 때는 착공계를 제출할 때 제시한 공사 예정공정표에 준하여 그 일정대로 현장에 시공이 되어야 하고, 공사일지도 금일 작업한 내용을 기록 유지한다.

① 공사일지의 기록내용 : 그날의 시공내용과 투입되는 인력 수, 그리고 투입되는 자재량을 기록한다.
② 장기공사인 경우는 주간 및 월간공정을 감독자에게 보고해야 하므로 공정률을 기록 한다.
③ 장기공사일 때는 몇 차례의 시공실적을 기준으로 하여 기성준공을 실시하고 기성금을 청구하여 발주처로부터 시공실적만큼의 공사대금을 받기 때문에 그 일의 근거와 실적은 예정공정표의 기준이 된다.
④ 공사일지 양식이나 내용 : 어떤 규정에 준하기보다는 공사현장과 감독부서의 현장관리에 적합한 방향에서 회사의 준이나 규정을 따라 표준화된 양식을 활용하면 편리하다.
⑤ 공사일지에 기록하는 인력이나 자재의 수량기입은 설계시에 산출한 인력산출서와 자재산출서를 기준으로 층별로 나누어 기록하며, 자재의 투입은 현장에 반입하는 과정의 감독자로부터 검사받은 자재에 한하여 기록하여야 한다.
⑥ 공사일지 작성 방법
- 공정률을 기준으로 작업내용이 일치되게 작성 [서식 2-1]과 같이 공사 일지를 작성한다.

[서식 2-1]

공 사 일 지

공 사 명: ( )정보통신공사 년 월 일

공종 품명			설계량	투입량	투입량	투입량	투입량
자재 및 인력	자재 투입량	16C전선관	2,600m				
		22C전선관	1,200m				
	인력 투입량	통신내선공(인)	180				
		케이블공(인)	220				
		보통인부(인)	140				
현장(도면)				지상1층	지상2층	지상3층	지상4층

• 자재투입량

공 종	품 명	설계량	지하 1층	지상 1층	지상 2층	지상 3층	지상 4층
구내통신선로 설비공사	16C전선관	300m	80				
	22C전선관	200m	20				
정보통신장비 설치공사	16C전선관	1000m	100				
	22C전선관	400m	40				
계	16C전선관	1300m	80				
	22C전선관	600m	60				

• 인력투입량

공 종	품 명	설계량	지하 1층	지상 1층	지상 2층	지상 3층	지상 4층
구내통신선로 설비공사	통신내선공	50명	5				
	케이블공	60명	6				
	보통인부	30명	3				
정보통신장비 설치공사	통신내선공	40명	4				
	케이블공	50명	5				
	보통인부	40명	4				
계	통신내선공	90명	9				
	케이블공	110명	11				
	보통인부	70명	7				

1-2 정보통신장비 설치공사 공정관리업무

1. 공정관리 분석

(1) 공사기간과 공사비의 관계

정보통신공사 시공은 안전과 품질이 보장되는 시공방법으로 예정된 공기 내에 가장적은 비용으로 수행하는 것이 시공관리의 목표이다.

① 공사기간은 정상적인 시공속도를 기준으로 결정하고 있다.

② 공기가 과도하게 단축되는 지급시공에서는 시공의 안전과 품질이 저하되고, 안전과 품질을 기준 이상으로 유지하는 경우에는 비용이 크게 증대한다.

③ 주어진 공기에 비용을 과도하게 줄이면 시공일정을 유지하기 위해서 시공의 안전과 품질이 크게 저하된다.

④ 공사비는 시공에 직접 관련되는 재료비 · 노무비 · 장비비 · 경비 등의 직접비용과 현장의 관리요원에 대한 인건비 · 현장운영경비 · 보험료 등의 간접비로 구분된다.

⑤ 간접비의 대부분은 공기와 함께 비례해서 증가하는 변동비이다. 공기를 정상공기에서 단축하는 데는 작업시간을 늘리거나 자재 등을 추가로 활용해야 함으로서 모두 추가비용이 지출 된다.

⑥ 시공자가 공기를 지연시키면 계약 공기를 초과했을 때 계약조건에 따라 지연에 대한 지체보상금이 지출된다.

⑦ 발주자가 공기를 연장하면 시공자가 다른 현장이 없을 때 추가적 인건비용 지출로 적자 발생을 예방하여야 한다. 다행히 다른 현장이 있을 때는 인력에게 중복업무를 부여함으로서 양쪽 현장에 시공 품질이 낮아 질 수 있고 적자 발생이 일어나기 쉽다.

(2) 수익률 비교표 설명

〈표 1-5〉 수익률 비교표

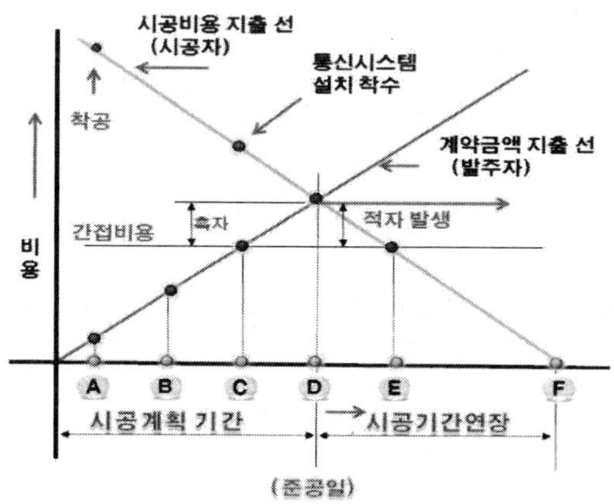

(시공기간과 수익률 비교표)

- A지점은 착공일, C지점은 관급자재설치, D지점은 준공일, F지점은 시공기간 전장 준공일
- 간접비용은 착공부터 준공까지 평균적으로 지출 발생
- C-D구간은 흑자발생

- D-E구간은 적자발생
- 발주자의 계약금액은 A지점에서 D까지 꾸준히 상승하며 지출(시공자는 입금액 증가)
- 시공자는 A 지점에부터 D지점가지 지출발생
- 계약된 기간 내에 정상적으로 준공을 하여야 C-D구간에 흑자가 발생하는 결과를 〈표 1-5〉 수익률 비교표에서 확인할 수 있다.
- 공사기간을 연기 할 때는 통신장비설치 일정을 연기하여 연기된 기간에 설비를 투입하여 자금투입 일정은 적자 발생이 없도록 한다.

(3) 공사기간 계획

① 공사기간 설정 : 공사기간은 예정공사기간 또는 도급공사의 계약기간이 되겠지만 시공계획에서는 기본방침으로 이 기간의 범위 내에서 정할 수 있다. 전체 공사기간을 고정 해두고 세부 공정계획은 공사기간 중에 조정하는 공기는 시공자가 시공목표로 정한다

② 공사기간단축 : 공사기간의 과도한 단축은 공정의 진행과 시공수단의 운용에 무리가 따르므로 공사비를 증대시키게 된다는 것을 유의.

(4) 공정계획의 필요성

공정계획은 채택된 시공방법에 따라 공사시공을 착수해서 완공할 때까지 각 공종에 대한 일정계획을 세워 시공 중 시공현황을 평가하고 통제하는 시공 관리의 지침과 척도를 제공한다.

공사의 공종별 비중을 나타내기도 하고, 일정기간별 공사추진 공정률을 정확히 나타내므로 기성준공 처리나 물가변동에 따른 품목조정을 실시하여 잔여공기에 대한 금액변동만큼 공사대금을 청구할 수 있는 등 공사추진 예정공정표는 그만큼 중요하다.

1) 공정계획 작성 순서

① 공종에 따라 활동을 분류하고, 각 활동의 진행순서(시공공정)를 결정한다.

② 각 활동의 시공에 소요되는 작업 기간을 결정한다.

③ 전체 공사가 예정된 공기 내에 완료될 수 있도록 모든 활동을 진행순서(시공공정)에 따라 배열하고 시간축척 위에서 조정한다.

④ 공사기간을 통해서 인력 · 자재 · 장비 · 자금 등의 소요량이 과도하게 집중하거나 필요 없는 대기시간이 발생하지 않도록 일정을 조정한다.

⑤ 작성된 공사공정표를 기초로 공사에 관련되는 인력 · 자재 · 장비 · 자금 등

모든 활동에 대한 공정표를 작성한다.

공사공정표가 작성되고 여러 활동에 대한 일정이 결정되면 자원의 시간적인 분포가 나타나게 된다.

유사한 공종이 같은 시기에 중첩되는 경우 인력·자재·장비·자금 등의 자원이 과도하게 집중될 수 있으므로 자원배당 및 관련되는 공종의 조정을 조정하여(시공순서·시공시기) 집중을 완화시킬 수 있다.

(5) 공정계획표 종류

① 전체 공정계획표 : 전체 공사공정계획은 기본계획단계에서 시설물 단위의 공정을 활동으로 분류하고, 각 활동에 대하여 작업기간을 추정하여 실시할 순서에 따라 시간축척 위에 막대기로 활동의 시작과 종료시각을 연결하는 직선을 그어 막대도표의 형식으로 공정표를 작성

- 막대도표 위에는 공정의 이정표가 되는 중간(부분)공기를 유지
- 자원부하가 동원한도 내에서 평준화되도록 조정하는 것이 필요하다.
- 작성된 상세공사공정표는 시공작업 공정관리와 조달계획과 함께 공사관리업무계획을 작성하는 기준이 된다.

② 상세 공정계획표 : 상세계획단계에서 작성하는 상세공사공정계획은 작업공종 또는 한 작업공종에 대하여 공정통제와 자원조달 관리에 필요한 수준까지 세분된 활동으로 분할하고, 각 활동의 작업기간을 추정하여 실시할 순서에 따라 연결한 네트워크로 작성한다.

- 개별 활동의 시작 및 종료시각을 분석하는 데는 전체 공사공정표에 나타낸 착공·준공시점과 중간(부분)공기를 유지하고, 자원부하가 동원한도 내에서 평준화되도록 조정하는 것이 필요하다.
- 작성된 상세공사공정표는 시공작업 공정관리와 조달계획과 함께 공사관리업무 계획을 작성하는 기준이 된다.

2. 공정계획표 작성실무

공정계획표는 공정계획의 결과를 종합해서 나타내므로 공정관리에 필수적인 자료이며, 공정에 관한 정보를 제공할 뿐 아니라 공정을 검토하고 개선하는 수단이 된다.

공정표는 공사의 성격, 공정관리의 목적에 따라 여러 형식으로 작성된다.

막대 공정계획표는 정보통신공사에서 널리 사용되고 있다.

(1) 막대공정표 단점

① 종 방향으로 공종 사이에 점선으로 관계되는 시점을 연결하여 상호 관계를 나타낼 수 있지만 공종이 많은 경우에는 복잡하고 식별이 어렵다.
② 공종 사이의 선 후 관계를 표현할 수 없는 것이 결점이다.
③ 막대도표는 활동의 상호 연관 관계를 나타내지 못한다.
④ 한계활동을 식별 하거나 활동의 여유시간을 알아낼 수 없다.

(2) 막대공정표 장점

① 공사시공 대상이 되는 공종을 분류해서 열거하고, 각 공종의 실시시간을 횡축의 월·일 단위 시간축척에 맞추어 시작시점과 종료시점은 막대의 양단에서 읽을 수 있다.
② 각 공종의 계획과 실적을 함께 평행한 막대기로 나타내면 시공 진척현황을 파악하는데 편리하다.
③ 시공 중 부도가 발생하면 공정의 성과에 대한 대금지불과 잔여공기에 대한 공정표작성이 정확하여 공사 중지 이후에 기성공사 대금청구금액이 정확할 수가 있다.
④ 막대도표는 활동을 도표 상에서 작업일 또는 일력 시간축척을 갖는 막대기로 나타내고 있다.
⑤ 활동의 예정된 시점 및 종료시점을 포함한 공사일정 자료를 명료하고 간결하게 나타내는 수단이다.
⑥ 작업진도의 기록과 관리에 편리하다.

3. 정보통신장비 설치공사 공정관리 평가업무

(1) 공정관리 평가

정보통신공사를 공정도표대로 실행하면서 일정대로 공정이 일치하는 경우 정해진 공사 준공일 기준에 완성이 될 수 있으나 일치하지 않는 경우에는 주요작업에 대하여 발주처, 시공사, 감리원 합동으로 일정을 조정하는데 준공일자를 넘기는 경우는 없어야 한다.

① 인력투입과 자재 및 장비의 소요량은 여러 요소작업에 대하여 불균형이나 수요의 상충이 최소가 되도록 조정하여 담당자는 각 작업 활동의 시작시기

와 종료 시기에 대한 일정을 결정한다.

② 작성된 공사일정은 공사기간중 공사 관리 기준이 되며 필요하면 공사 진행 과정에 수정과 보완을 하게 된다.

(2) 정보통신공사의 막대공정표 작성 사례

[서식 1-2]

정보통신공사의 막대공정표

--계획, ==실행

공 종	100 %	공 사 일 정(주 간)												
		세부공종	1	2	3	4	5	6	7	8	9	10	~	52
구내통신선로 설비공사	10%	배관 및 배선공사	계 획-- 실 행==	--- ===	--- ===	--- ===	--- ===	--- ===	---	---	---	---		
		실행 지연 발생 시 그 이유 기록												
네트워크장비 구매설치공사	30%	기기설치, 시험	계 획-- 실 행==											
음향장비구매 설치공사	20%	기기설치, 시험	계 획-- 실 행==											
CCTV설비구매 설치공사	10%	기기설치, 시험	계 획-- 실 행==											
전화교환설비 설치공사	20%	기기설치, 시험	계 획-- 실 행==											
보안장비구매 설치공사	10%	기기설치, 시험	계 획-- 실 행==											
공정률	계획 공정		100%	4%	5%	6%	8%	10%	15%	18%	19%	22%	~	100%
	실행 공정		100%											100%
	누계 공정													100%

③ 정보통신공사 일정에서 정해진 일정에 따라 실시되어야 하고, 공정관리는 공사가 진행됨에 따라 주기적으로 진도를 측정하여 분석·보고하고, 공사 일정으로 부터 이탈하는 작업이 지적되면 필요한 시정조치를 취하고 공사 일정을 수정 한다.

④ 정보통신공사 공정관리를 위한 진도측정은 개별 작업에 대한 일정을 기준으로 시작 일자와 종료 일자를 기준으로 완성된 작업을 확인하고, 진행 중인 작업에 대해서는 잔여부분을 완성하는데 소요되는 기간을 추정하여 예정종료 시기를 결정한다.

⑤ 예정일정과 비교하여 각 작업 활동에 대한 공정의 지연이 발생하면 시공관리자와 감리원은 선행공사인 건축, 전기 분야의 문제점이 발생하였는지 아니면 정보통신공사업자의 시공지연인지를 확인하여 지연발생 공사에 대한 원인분석을 하고 내부보고를 실시 후 지연공정에 대한 대책을 수립한다.

4. 구매설치공사 발주

(1) 구매설치 공사발주 구분

1) 직영공사방식

직영공사방식은 발주자가 직접 인력을 동원하고, 자재를 조달하여 작업을 감독하면서 공사를 수행한다.

2) 도급공사방식

발주자가 시공자와 공사도급계약을 체결하여 시공한다.

(2) 공사의 시공능력 평가

공사 입찰을 실시하면 입찰자 중 1순위에 대하여 계약을 하기 전 시공능력을 평가하며 그 평가의 기준은 정보통신공사업시행령 제27조(시공능력의 평가)기준을 활용한다.

① 정보통신공사업법 제27조제2항에 따라 시공능력을 평가하는 경우의 평가방법은 [별표 4]와 같다.

② 제1항에 따라 시공능력의 평가를 하는 경우 다음 각 호의 어느 하나에 해당하는 때에는 종전 공사업자의 공사업 영위기간 및 공사실적을 합산한다.

1. 공사업자인 법인이 분할 또는 분할합병되어 설립되거나 존속하는 법인에 공사업의 전부를 양도하는 경우
2. 개인이 영위하던 공사업을 법인사업으로 전환하기 위하여 공사업을 양도하는 경우(공사업의 등록을 한 개인이 법인을 설립하여 해당 법인의 대표자가 되는 경우에만 해당한다)
3. 공사업지인 법인을 합명회사 또는 합자회사에서 유한회사 또는 주식회사로 전환하기 위하여 공사업을 양도하는 경우
4. 공사업자인 법인간에 합병을 하는 경우 또는 공사업자인 법인과 공사업자가 아닌 법인이 합병을 하는 경우

③ 제1항에 따라 평가된 시공능력은 그 공시일(따로 공시의 효력발생시기를 정한 경우에는 그 시기를 말한다. 이하 이 조에서 같다)부터 1년 이내의 기간동안 공사업자가 시공할 수 있는 1건 공사의 도급금액을 말한다. 다만, 다음 각 호의 어느 하나에 해당하는 사유로 평가된 시공능력은 해당 시공능력의 공시일부터 다음 연도 공시일의 전날까지 공사업자가 시공할 수 있는 1건 공사의 도급금액을 말한다.

[별표 4]

시공능력의 평가방법(제27조제1항 관련)

정보통신공사업자의 시공능력평가는 다음 산식에 의하여 산정한다. 다만, 10만원 미만의 숫자는 떼어버린다.

시공능력평가액 = 실적평가액 + 자본금평가액 + 기술력평가액 + 경력평가액 ± 신인도 평가액

1. 실적평가액은 다음 산식에 의하여 산정한다.

실적평가액 = 연평균공사실적액

가. 공사실적액(발주자가 공급하는 자재비를 제외한다)은 당해 공사업자의 수급금액에서 하수급금액은 포함하고 하도급금액은 제외한다.

나. 공사업을 영위한 기간이 평가를 하는 해의 전년도 말일을 기준으로 3년 이상인 경우에는 최근 3년간의 공사실적을 합산하여 3으로 나눈 금액을 연평균공사실적액으로 한다.

다. 공사업을 영위한 기간이 평가를 하는 해의 전년도 말일을 기준으로 1년 이상 3년 미만인 경우에는 당해 기간의 공사실적을 합산한 금액을 당해 기간의 월수로 나눈 금액에 12를 곱한 금액을 연평균공사실적액으로 한다.

라. 공사업을 영위한 기간이 평가를 하는 해의 전년도 말일을 기준으로 1년 미만인 경우에는 당해 기간의 공사실적액을 연평균공사실적액으로 한다.

2. 자본금평가액은 다음 산식에 의하여 산정한다.

자본금평가액 = (실질자본금 × 경영평점 + 법 제15조제2호에 따른 현금예치 또는 출자금액) × 50/100

가. 실질자본금은 해당 공사업자의 최근 결산일 현재(새로 등록을 한 자는 등록을 위한 기업진단기준일 현재)의 총자산에서 총부채를 뺀 금액을 말하며, 정보통신공사업 외의 업을 겸업하는 자인 경우에는 실질자본금에서 겸업비율에 해당하는 금액을 공제하고, 그 실질자본금이 15억원을 초과하는 경우의 산정에 있어서는 실질자본금을 15억원으로 하여 산정한다. 다만, 실질자본금이 0 이하인 경우와 경영평가액 산정자료 미제출시의 실질자본금은 0으로 하고, 공사업을 영위한 기간이 1년 미만인 경우로서 최근 결산서가 없는 경우에는 산정일 현재 등록수첩에 기재된 자본금을 실질자본금으로 할 수 있다.

나. 경영평점은 다음의 산식에 의하여 산정한다.

경영평점 = (부채비율평점 + 유동비율평점 + 매출액순이익률평점) /3

1) 부채비율평점은 법 제27조제3항에 따른 자본금에 관한 서류를 기초로 하여 해당 공사업자의 부채비율(타인자본/자기자본)을 공사업계 전체평균부채비율로 나눈 값이 0.5 미만인 경우에는 5로, 0.5 이상 0.75 미만인 경우에는 4로, 0.75이상 1.25 미만인 경우에는 3으로, 1.25 이상인 경우에는 2로 한다.

2) 유동비율평점은 법 제27조제3항에 따른 자본금에 관한 서류를 기초로 하여 해당 공사업자의 유동비율(유동자산/유동부채)을 공사업계 전체 평균유동비율로 나눈 값이 1.2 이상인 경우에는 5로, 0.9 이상 1.2 미만인 경우에는 4로, 0.7 이상 0.9 미만인 경우에는 3으로, 0.7 미만인 경우에는 2로 한다.

3) 매출액순이익률평점은 법 제27조제3항에 따른 자본금에 관한 서류를 기초로 하여 해당 공사업자의 매출액순이익률(법인세 또는 소득세 차감 전 순이익/매출액)을 공사업계 전체 평균매출액순이익률로 나눈 값이 1.5 이상인 경우에는 2.5로, 0.4 이상 1.5 미만인 경우에는 2로, 0.1 이상 0.4 미만인 경우에는 1.5로, 0.1 미만인 경우에는 1로 한다.

다. 조합출자금액은 신청일 현재 출자한 좌수에 해당 조합이 평가한 지분액을 곱한 금액으로 한다.

3. 기술력평가액은 다음 산식에 의하여 산정한다.

기술력평가액 = 전년도 공사업계의 기술자 1인당 평균생산액 × 보유기술인력가중치합계 × 30/100 + 전년도 기술개발투자액

가. 전년도 공사업계의 기술자 1명당 평균생산액은 공사업계의 국내 총기성액을 공사업계에 종사하는 기술자의 총수로 나눈 금액으로 하되, 이 경우 국내 총기성액 및 기술자 총수는 제53조제2항제3호에 따라 협회가 관리하고 있는 정보를 기준으로 한다(전년도 공사업계 기술자 1명당 평균생산액이 산출되지 아니하는 경우에는 전전년도 공사업계 기술자 1명당 평균생산액을 적용한다).

나. 보유기술인력가중치는 산정일 현재의 정보통신기술자의 등급별 기준으로 하여 다음 표에 의하며, 보유기술인력(등록수첩에 등재된 정보통신기술자만 해당한다)은 해당 공사업체에 소속되어 6개월 이상 근무한 자(신규등록 · 신규양도 · 합병 후 공사업 영위기간이 6개월 미만의 경우에는 신규등록 · 신규양도 · 합병 신고 시에 등록수첩에 등재된 정보통신기술자로 한다)에 한한다.

보유기술 인력	기술사	특급 기술자	고급 기술자	중급 기술자	초급 기술자	기능계 정보통신 기술자
가중치	2.5	2	1.5	1	0.5	0.25

다. 전년도 기술개발투자액은 「조세특례제한법 시행령」 별표 6에 규정된 비용 중 정보통신공사업분야에 실제로 사용된 금액으로 한다.

4. 경력평가액은 다음 산식에 의하여 산정한다.

경력평가액 = 실적평가액 × 공사업영위기간 평점 × 20/100

가. 공사업영위기간은 등록을 한 날 · 양도신고를 한 날 또는 합병신고를 한 날부터 평가를 신청하는 날까지로 한다.

나. 공사업영위기간 평점은 다음 표에 의한다.

공사업 영위기간	1년 미만	1년 이상 2년 미만	2년 이상 3년 미만	3년 이상 4년 미만	4년 이상 5년 미만
평점	1.0	1.1	1.2	1.3	1.4

5년 이상 6년 미만	6년 이상 7년 미만	7년 이상 8년 미만	8년 이상 9년 미만	9년 이상 10년 미만	10년 이상
1.5	1.6	1.7	1.8	1.9	2.0

5. 신인도평가액은 다음 산식에 의하여 산정한다. 다만, 신인도평가액은 실적평가액 · 자본금평가액 · 기술평가액 · 경력평가액의 합계액의 ±10퍼센트의 범위를 초과할 수 없으며, 가점요소와 감점요소가 있는 경우에는 이를 상계한다.

신인도평가액 = (실적평가액 + 자본금평가액 + 기술력평가액 + 경력평가액) × 신인도반영비율합계

가. 신인도반영비율 가점요소는 다음과 같다.
 1) 최근 1년간 국가기관 · 지방자치단체, 「공공기관의 운영에 관한 법률」 제4조에 따른 공공기관 및 「전기통신사업법」에 따른 기간통신사업자로부터 우수시공업자로 선정된 자의 경우(+3퍼센트)
 2) 「비상대비자원 관리법」 제11조에 따라 지정된 중점관리대상 업체로서 미래창조과학부장관으로부터 정보통신공사업자로 임무고지된 업체의 경우(+3퍼센트)
 3) 공사업자의 공사시공상 환경관리 및 공사폐기물의 처리실태가 우수하여 환경부장관으로부터 시공능력의 증액의 요청이 있는 자의 경우(+2퍼센트)
 4) 정보통신공사업에 관한 국제품질인증(ISO)을 받은 자의 경우(+2퍼센트)

나. 신인도반영비율 감점요소는 다음과 같다.
 1) 최근 1년간 국가기관 · 지방자치단체 · 공공기관 및 「전기통신사업법」에 따른 기간통신사업자로부터 부정당업자로 제재처분을 받은 사실이 있는 자의 경우(-3퍼센트)
 2) 최근 1년간 부도가 발생된 사실이 있는 자의 경우(-2퍼센트)
 3) 최근 1년간 법 제66조제12호에 해당하는 사유로 영업정지처분을 받은 사실이 있는 자의 경우(-3퍼센트)
 4) 최근 1년간 법 제66조제12호 외에 해당하는 사유로 3개월 이상의 영업정지처분을 받은 사실이 있는 자의 경우(-2퍼센트)
 5) 최근 1년간 법 제 78조에 위반하여 과태료처분을 받은 사실이 있는 자의 경우(-2퍼센트)
 6) 최근 1년간 환경관리법령에 따른 과태료 이상의 처분을 받은 사실이 있는 자의 경우(-2퍼센트)
 7) 전년도 시공능력평가에서 신규등록 · 양도 · 합병 후 공사업영위기간이 6개월 미만인 경우로 평가받은 자로서 보유기술인력가중치 합계가 전년도 보유기술인력가중치 합계의 50퍼센트 이하인 자의 경우(-3퍼센트)

---

1. 정보통신공사업법 제14조에 따라 공사업의 등록을 한 경우
2. 정보통신공사업법 제17조제1항에 따라 공사업의 양도 또는 합병을 한 경우
3. 정보통신공사업법 제27조제3항에 따른 서류를 허위로 제출하여 평가받은 시공능력을 다시 평가한 경우

④ 미래창조과학부장관은 제1항에 따라 평가한 시공능력을 해당 공사업자의 등록수첩에 적어 발급하고, 매년 7월 31일까지 각 공사업자의 시공능력을 신문 또는 전산망을 통하여 공시한다. 다만, 제3항 각 호의 경우에는 시공능력을 평가한 때에 전산망을 통하여 공시한다.

제 2 장

정보통신장비 설치공사 감리용역

2-1 정보통신장비 설치공사 감리용역업무

1. 정보통신장비 도입 감리용역업무의 흐름도

(1) 정보통신장비 도입 감리용역업무의 흐름도

〈표 2-1〉 정보통신장비 도입 감리용역업무의 흐름도

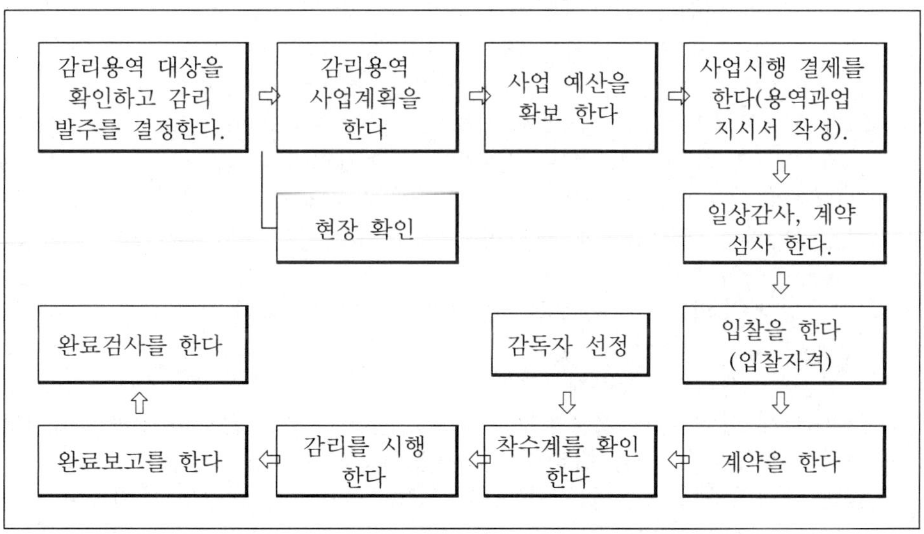

(2) 용역업자에게 공사의 감리 발주

- 정보통신공사업제8조(감리 등)

① 발주자는 용역업자에게 공사의 감리를 발주하여야 한다.

(3) 감리대상인 공사의 범위

- 정보통신공사업법시행령제8조(감리대상인 공사의 범위)

① 법 제8조에 따라 용역업자에게 감리를 발주하여야 하는 공사는 제6조제1항 각 호의 공사 및 다음 각 호의 어느 하나에 해당하는 공사를 제외한 공사로 한다.

1. 「전기통신사업법」에 따른 전기통신사업자가 전기통신역무를 제공하기 위한 공사로서 총공사금액이 1억원 미만인 공사
2. 철도, 도시철도, 도로, 방송, 항만, 항공, 송유관, 가스관, 상·하수도 설비의 정보제어 등 안전·재해예방 및 운용·관리를 위한 공사로서 총공사금액이 1억원 미만인 공사
3. 6층 미만으로서 연면적 5천 제곱미터 미만의 건축물에 설치되는 정보통신설비의 설치공사. 다만, 「전기통신사업법」에 따른 전기통신사업자가 전기통신역무를 제공하기 위한 공사 또는 철도·도시철도·도로·방송·항만·항공·송유관·가스관·상하수도 설비의 정보제어 등 안전·재해예방 및 운용·관리를 위한 공사로서 총공사금액이 1억원 이상인 공사는 제외한다.
4. 대·개체되는 기존 설비 외의 신설 부분이 제4조제1항에 따른 경미한 공사의 범위에 해당되는 공사
5. 그 밖에 공중의 통신에 영향을 미치지 아니하는 정보통신설비의 설치공사로서 미래창조과학부장관이 정하여 고시하는 공사

② 제1항에도 불구하고 제6조제2항제1호 및 제2호에 따른 공사로서 별표 2에 따른 감리원 자격이 있는 발주자의 소속직원이 관계법령에 따라 감리하는 공사의 경우에는 용역업자에게 발주하지 아니할 수 있되, 그 소속직원은 감리하려는 공사규모에 해당하는 제11조제1항에 따른 적합한 기술등급을 보유하여야 한다.

③ 제1항제3호의 경우 정보통신설비가 설치되지 아니하는 지하층·축사·창고·차고 등은 건축물의 층수 및 연면적의 계산에 포함하지 아니한다. 정보통신공사업법시행령제11조(감리원의 배치기준 등) ① 정보통신공사업법 제8조제7항에 따라 용역업자는 해당 공사의 규모 및 공사의 종류에 적합하다고 인정되는 자를 감리원으로 현장에 상주시키되, 해당 공사 전반에 관한 감리업무를 총괄하는 자를 다음 각 호의 기준에 따라 배치하여야 한다. 다만, 공사가 중단된 기간은 그러하지 아니하다.

1. 총공사금액 100억원 이상 공사 : 기술사

2. 총공사금액 70억원 이상 100억원 미만인 공사 : 특급감리원
3. 총공사금액 30억원 이상 70억원 미만인 공사 : 고급감리원 이상의 감리원
4. 총공사금액 5억원 이상 30억원 미만인 공사 : 중급감리원 이상의 감리원
5. 총공사금액 5억원 미만의 공사 : 초급감리원 이상의 감리원

② 용역업자는 제1항에 따라 감리원을 배치한 때에는 그 배치내용을 해당 공사의 발주자에게 통지하여야 하며, 배치된 감리원을 교체하려는 경우에는 미리 발주자의 승인을 받아야 한다.

③ 용역업자는 1명의 감리원에게 2 이상의 공사를 감리하게 하여서는 아니 된다. 다만, 다음 각 호의 어느 하나에 해당하는 공사로서 발주자의 승낙을 얻은 경우에는 그러하지 아니하다.

1. 총공사금액이 2억원 미만의 공사로서 동일한 시(특별시·광역시 및 특별자치시를 포함한다)·군에서 행하여지는 동일한 종류의 공사
2. 이미 시공 중에 있는 공사의 현장에서 새로이 행하여지는 동일한 종류의 공사

④ 용역업자는 감리원이 감리업무의 수행기간 중 관계법령에 따른 교육을 받거나 질병 또는 유급휴가로 현장을 이탈하게 되는 경우에는 감리업무에 지장이 없도록 필요한 조치를 하여야 한다.

(4) 정보통신감리원의 업무 범위

- 정보통신공사업법시행령제12조(감리원의 업무범위) 법 제8조제7항에 따른 감리원의 업무범위는 다음 각 호와 같다.

1. 공사계획 및 공정표의 검토
2. 공사업자가 작성한 시공상세도면의 검토·확인
3. 설계도서와 시공도면의 내용이 현장조건에 적합한지 여부와 시공가능성 등에 관한 사전검토
4. 공사가 설계도서 및 관련 규정에 적합하게 행하여지고 있는지에 대한 확인
5. 공사 진척부분에 대한 조사 및 검사
6. 사용자재의 규격 및 적합성에 관한 검토·확인
7. 재해예방대책 및 안전관리의 확인
8. 설계변경에 관한 사항의 검토·확인
9. 하도급에 대한 타당성 검토
10. 준공도서의 검토 및 준공확인

(5) 정보통신감리원 자격증

- 정보통신공사업법 시행에 관한 규정 제2조(감리원의 인정신청관련 서식)③ 법 제8조제5항 및 영 제9조제4항에 따른 감리원자격증은 [별지 제3호서식]과 같다.

[별지 제3호서식]

정보통신 감리원자격증

(표지)

감 리 원 자 격 증

미래창조과학부

○○정보통신공사협회

145mm×90mm[보존용지(1종) 120g/㎡]

(제2쪽)

감 리 원 자 격 증

발 급 번 호 :
등 급 :
성 명 :
생 년 월 일 :
주 소 :

사 진
(2.5㎝×3㎝)

「정보통신공사업법」 제8조 및 같은 법 시행령 제9조에 따라 감리원 자격증을 교부합니다.

년 월 일

○○정보통신공사협회장 직인

(6) 정보통신감리원의 자격

정보통신공사업법시행령 제10조(감리원의 자격기준 등) ① 정보통신공사업법 제8조제4항에 따른 감리원의 자격기준은 등급으로 구분하여 정하며, 등급별 세부기준은 [별표 2]와 같다.

[별표 2]

감리원의 자격(제10조제1항 관련)

등급	기술자격자	학력 · 경력자	경력자
특급 감리원	기술사		
고급 감리원	1. 기사자격(기능장을 포함한다. 이하 같다)을 취득한 후 6년 이상 공사업무를 수행한 자 2. 산업기사자격을 취득한 후 9년 이상 공사업무를 수행한 자 3. 기능사자격을 취득한 후 14년 이상 공사업무를 수행한 자		
중급 감리원	1. 기사자격을 취득한 후 3년 이상 공사업무를 수행한 자 2. 산업기사자격을 취득한 후 6년 이상 공사업무를 수행한 자 3. 기능사자격을 취득한 후 12년 이상 공사업무를 수행한 자		
초급 감리원	1. 산업기사 이상의 자격을 취득한 자 2. 기능사자격을 취득한 후 6년 이상 공사업무를 수행한 자	1. 학사학위 이상의 학위를 취득한 후 1년 이상 공사업무를 수행한 자 2. 전문대학을 졸업한 후 3년(3년제 전문대학의 경우에는 2년) 이상 공사업무를 수행한 자 3. 고등학교를 졸업한 후 6년 이상 공사업무를 수행한 자 4. 「근로자직업능력 개발법」에 따른 직업능력개발훈련시설에서 1년 이상 관련 분야의 과정을 이수하고 6년 이상 공사업무를 수행한 자 또는 2년 이상 관련분야의 과정을 이수하고 3년 이상 공사업무를 수행한 자	1. 학사학위 이상의 학위를 취득한 후 3년 이상 공사업무를 수행한 자 2. 전문대학을 졸업한 후 5년(3년제 전문대학의 경우에는 4년) 이상 공사업무를 수행한 자 3. 공사업무를 10년 이상 수행한 자

[비 고]

1. 위 표에서 "기술자격자"란 「국가기술자격법」의 기술자격종목 중 아래의 기술자격을 취득한 자로서 법 제8조제3항 및 이 영 제9조에 따라 학력 · 경력 등의 관리에 필요한 사항을 제출한 자를 말하며, 경력인정방법은 기술계 정보통신기술자에 관한 기준을 준용한다.

가. 기술사 : 정보통신, 산업계측제어, 전자응용, 전자계산기, 정보관리, 전자계산조직응용, 토목구조, 토목시공 또는 철도신호
나. 기능장 : 통신설비 또는 전자기기
다. 기사 : 정보통신, 전파통신, 전파전자, 무선설비, 방송통신, 전자, 전자계산기, 반도체 설계, 정보처리, 전자계산기조직응용, 토목 또는 철도신호
라. 산업기사 : 정보통신, 전파통신, 전파전자, 무선설비, 통신선로, 사무자동화, 방송통신, 전자, 전자계산기, 전자회로설계, 디지털제어, 반도체설계, 정보처리, 토목 또는 철도신호
마. 기능사 : 통신기기, 통신선로, 정보기기운용, 전파통신, 전파전자, 무선설비, 방송통신, 전자기기, 전자계산기, 전자캐드, 정보처리 또는 철도신호

2. 위 표에서 "학력·경력자"란 「초·중등교육법」 또는 「고등교육법」에 따른 해당 학교에서 통신·전자·정보처리기술관련 학과의 소정의 과정을 이수하고 졸업하거나 국내 또는 외국에서 이와 동등 이상의 학력이 있다고 인정되는 자와 「근로자직업능력개발법」에 따른 직업능력개발훈련시설에서 1년 이상 통신·전자·정보처리기술관련 분야의 과정을 이수한 자로서 법 제8조제3항 및 이 영 제9조에 따라 학력·경력 등의 관리에 필요한 사항을 제출한 자를 말하며, 해당 전공학과의 범위와 경력인정방법은 기술계 정보통신기술자에 관한 기준을 준용한다.
3. 위 표에서 "경력자"란 통신·전자·정보처리기술관련 학과 외의 학과를 졸업하고, 공사업무를 수행한 자로서 법 제8조제3항 및 이 영 제9조에 따라 학력·경력 등의 관리에 필요한 사항을 제출한 자를 말하며, 경력인정방법은 기술계 정보통신기술자에 관한 기준을 준용한다.
4. 위 표에서 "공사업무를 수행한 자"란 정보통신공사 관련 해당 분야(토목관련 기술자격자의 경우에는 별표 1의 선로설비분야에 한정한다)에서 계획·설계·시공·시험·공사감독·감리·유지관리 또는 연구업무를 수행한 자와 통신·전자·전산관련 병과 또는 주특기를 부여받고 군복무한 자를 말한다.
5. 외국인기술자에 대한 기술자격의 인정범위는 외국인 기술자의 기술자격 또는 학력·경력에 따라 인정하되, 그 인정기준에 관하여는 제1호부터 제4호까지의 규정을 준용한다.

(7) 감리용역업자의 자격

- 엔지니어링산업 진흥법 제2조에서 사용하는 용어의 뜻
  1. "엔지니어링활동"이란 과학기술의 지식을 응용하여 수행하는 사업이나 시설물에 관한 다음 각 목의 활동을 말한다.
     가. 연구, 기획, 타당성 조사, 설계, 분석, 계약, 구매, 조달, 시험, 감리, 시험운전, 평가, 검사, 안전성 검토, 관리, 매뉴얼 작성, 자문, 지도, 유지 또는 보수
     나. 가목의 활동에 대한 사업관리
     다. 가목 및 나목에 준하는 것으로서 대통령령으로 정하는 활동
  2. "엔지니어링산업"이란 엔지니어링활동을 통하여 경제적 또는 사회적 부가가치를 창출하는 산업을 말한다.
  3. "엔지니어링사업"이란 엔지니어링활동을 수행하는 사업을 말한다.
  4. "엔지니어링사업자"란 엔지니어링활동을 영업의 수단으로 하려는 자로서 제21조에 따라 산업통상자원부장관에게 신고한 자를 말한다.

5. “엔지니어링기술”이란 엔지니어링활동에 관한 과학기술로서 대통령령으로 정하는 것을 말한다.
6. “엔지니어링기술자”란 엔지니어링기술에 관하여 「국가기술자격법」에 따른 국가기술자격을 취득한 사람 또는 엔지니어링기술 관련 학력이나 경력을 가진 사람으로서 대통령령으로 정하는 사람을 말한다.

(8) 감리용역업자의 신고 방법

- 제21조(엔지니어링사업자의 신고 등) ① 엔지니어링활동을 영업의 수단으로 하려는 자는 기술인력 등 대통령령으로 정하는 요건을 갖추고 산업통상자원부장관에게 신고하여야 한다. 이 경우 산업통상자원부장관은 신고한 자에게 산업통상자원부령으로 정하는 바에 따라 신고증을 교부하여야 한다.

(9) 감리업 엔지니어링사업자 신고증

[별지 제9호서식]

엔지니어링산업진흥법 시행규칙(제7조제2항)

엔지니어링사업자 신고증				
명 칭				
대표자성명			생년월일	
소 재 지			전화번호(FAX, E-mail)	
엔지니어링업	신고번호	제 호		
	기술부문	등 개 부문		
	전문분야	등 개 분야		
엔지니어링 컨설팅업	신고번호	제 호		
	기술부문	등 개 부문		
	전문분야	등 개 분야		
신고연월일	년 월 일			

「엔지니어링산업 진흥법」 제21조제1항 및 같은법 시행규칙 제7조에 따라 위와 같이 신고하였음을 증명합니다.

년 월 일

협회장 직인

210㎜×297㎜[보존용지(1종) 120g/㎡]

2. 정보통신공사의 감독자 현장관리

〈표 2-2〉 정보통신공사의 감독자 현장관리 흐름도

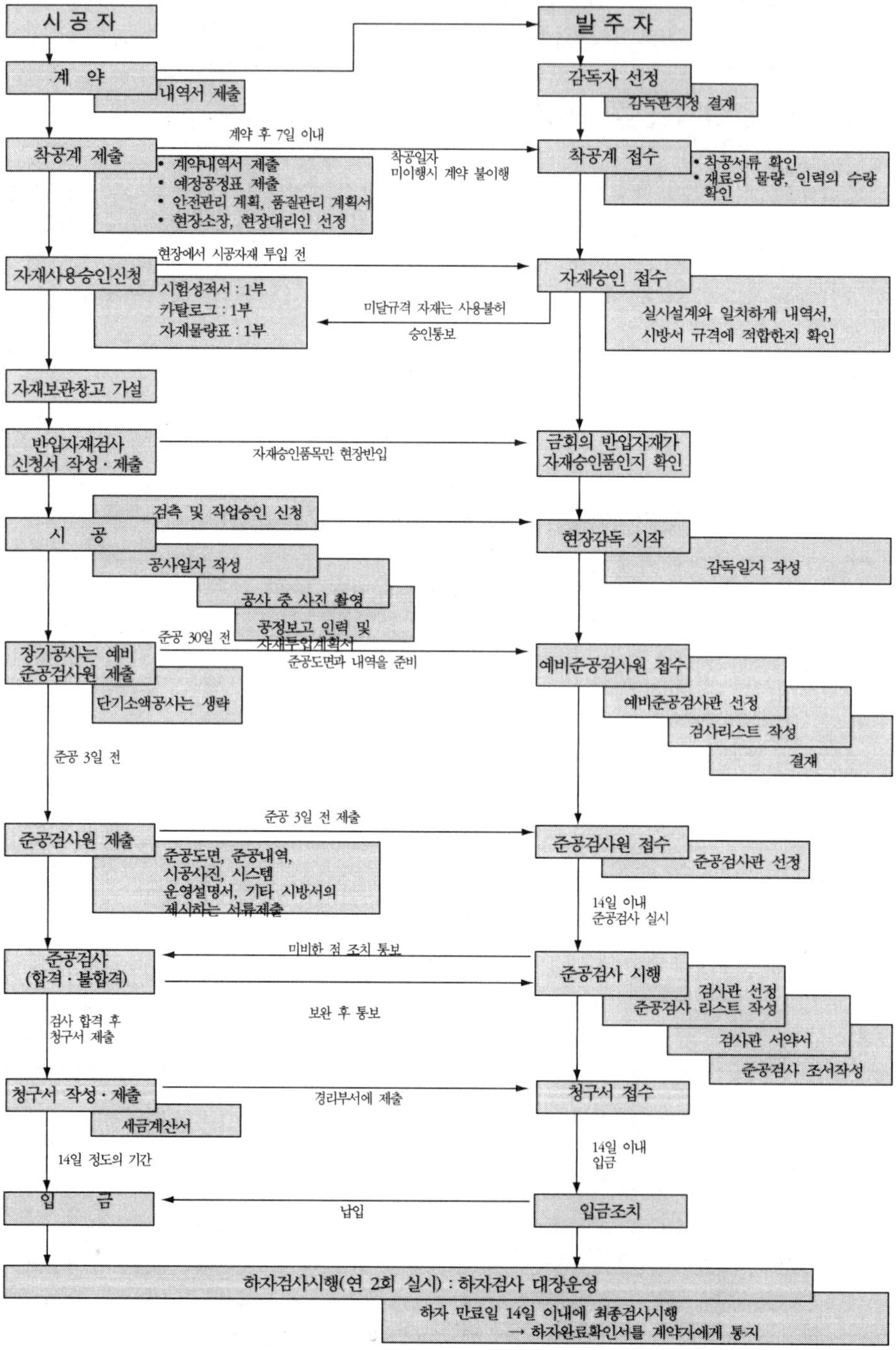

3. 공사감독일지 작성

(1) 공사감리일지 작성

공사의 현장감독(감리)이 기록하는 공사감독일지에는 그날 공사의 시공내용과 인력 및 자재의 수급사항을 기록한다.

① 현장에서 기록하는 공사일지와 작업내용이 일치되게 기록되어야 하며, 추진공정률도 기성금 청구를 해올 경우를 대비하여 정확히 기록하여야 한다.
② 공사발주처에서는 공사추진 사항을 보고하고, 그에 대한 문제점을 분석하는 등 타업무와 연관된 통신공사의 진행 일정이 관련되는 경우가 많기 때문에 감독일지는 정확히 기록한다.
③ 청사의 이전계획, 신축건물의 개통식 등 건축공사와 기계설비, 소방공사, 전기공사 등 선행공정의 공사추진일정에 잘 맞추어서 감독이 수행되어야 한다.
④ 공사감독일지는 설계 시 층별로 산출한 소요인력 산출서, 수급자재의 산출서 그리고 반입자재 검사신청서와 일치여부를 확인하면서 기록 및 결재를 시행한다.

(2) 설계도서 확인

① 공사 일부분의 시공상세도면을 계약상대자가 작성토록 설계서에 명시된 경우 계약상대자는 필요한 시공상세도면·계산서 등을 작성 제출하여 당해 공종의 착공전까지 공사감독관의 확인을 받아야 한다.
② 계약상대자는 시공상세도면 등에 대하여 공사감독관의 서면 승인을 받기 전까지는 당해 공종을 착수하여서는 아니된다. 시공상세도면 등에 대한 공사감독관의 승인은 계약상대자의 책임을 감면시키지 아니한다.
③ 공사감독관은 공사전·공사중 또는 준공여부와 관계없이 계약상대자가 제공한 시공상세도면 등의 결함을 발견한 경우에는 그의 시공상세도면 등을 변경·수정토록 하고 그에 따라 시공토록 지시할 수 있다.

4. 공사감독의 각종 서류 확인과 관리

공사감독은 다음의 각종 서류를 확인하고 관리를 한다.

(1) 착공계 서식

[서식 2-1]

착 공 계

1. 공 사 명 :
2. 공사 현장 :
3. 계약금액 : 원정(₩)
4. 계약 일자 : 년 월 일
5. 착 공 일 : 년 월 일
6. 준공예정일 : 년 월 일

상기와 같이(공사, 구매설치) 착공하였기에 별첨 서류를 첨부하여 착공계를 제출하오니 승인하여 주시기 바랍니다.

년 월 일

감독 경유

별 첨: 예정공정표 1부.
현장대리인계 1부.
국가기술자격증사본 1부.
총괄내역서 1부(계약시 내역).
현장대리인 재직증명서 1부.
안전관리, 재해예방 계획서각 1부.
정부기관은 보안각서 1부(현장기술자 각각 작성).

장 귀하

계약자 주 소 :
회사명 :
대표자 :

(2) 예정공정표

[서식 2-2]

예 정 공 정 표

1. 사 업 명 : ○○통신 자재구매 설치
2. 납품 설치기간 :

공 정	일 정														비고
	○월		○월				○월					○월			
	○/○	○/○	○/○	○/○	○/○	○/○	○/○	○/○	○/○	○/○	○/○	○/○	○/○	○/○	
1. 설계규격 확인 (현장실사포함)															
2. 안전관리 계획															
3. 자재의 카탈로그 확인															
4. 현장입고															
5. 현장설치															
6. 시운전															
7. 검사실시															
8. 통신설비 인계															

자재구매와 구매설치 차이점 :

1) 구매는 설치인건비가 없고 물품을 현장에 도착만 시키고 납품영수증에 확인을 받는 것으로 종료가 된다(구입비만 집행).
2) 구매설치는 자재설치 인건비가 내역서에 계상이 되어 설치를 하고 시운전을 거치고 감독(담당자)이 검사를 하는 과정이 요구된다(구입비·시설비 모두가능).

(3) 현장대리인 선임계

[서식 2-3]

현장대리인 선임계

성　　명 :　　　　　　(인)
생년월일 :
근무부서 :
기술자격증 종류 :
자격증 번호 :

상기인을 금번 ○○○에서 발주한 ○○○ 정보통신공사, ○○ 구매설치건의 계약 수행에 있어서 현장대리인으로 선임하고, 성실히 수행할 것을 약속하며 현장대리인 선임계를 제출합니다.

년　　월　　일

· 별 첨 : 기술자격증사본 1부
　　　　　재직증명서 1부

발주처 :　　　　　　　　　　　　장 귀하

회사주소 :
○○○ 주식회사
대표이사 ○○○ (인)

(4) 감리 착수계

[서식 2-4]

감 리 착 수 계

1. 용 역 명 : ○○신축정보통신공사의 정보통신 감리용역
2. 계약금액 :
3. 계약년월일 : 년 월 일
4. 착수년월일 : 년 월 일
5. 준공년월일 : 년 월 일 (○○일간)

상기 감리용역을 첨부의 내용과 같이 시행하고자 감리착수계를 제출하오니 승인하여 주시기 바랍니다.

년 월 일

경유	발주자 업무담당

계약자 주 소 :

상 호 : ○ ○ ○ ○ ○

성 명 : ○ ○ ○ (인)

첨부 : 1. 감리용역 책임자 선인계(자격증사본) 1부
2. 예정공정표 1부
3. 감리원인감계 1부
4. 도급내역서 1부
5. 예정공정표 1부
6. 보안각서 1부

○○시장 귀하

(5) 자재구매 설치 착수계

[서식 2-5]

자재구매 설치 착수계

1. 사 업 명 : ㅇㅇ통신자재구매설치
2. 계약금액 :
3. 계약일자 : 년 월 일
4. 착수일자 : 년 월 일
5. 납품완료일 : 년 월 일 (00일간)
6. 계약번호 :

ㅇㅇ통신자재 납품 설치를 첨부의 내용과 같이 시행하고자 착수계를 제출하오니 승인하여 주시기 바랍니다.

첨부 : 1. 계약서 사본 - 1부
2. 계약내역서 사본 - 1부
3. 설치예정공정표 - 1부
4. 보안각서(현장기술자별) - 각 1부

년 월 일

계약자 : OO통신(주)
주 소 :
대표자 : ㅇ ㅇ ㅇ (인)

ㅇㅇ시장 귀하

(6) 자재승인 요청서 공문 서식 사례

[서식 2-6]

00정보통신(주)

우 700-200 / 00광역시 00구 00동 123 / TEL (053)000-1234(代) / Fax (053)000-1235)

문서번호 : 00통신 08-01호
시행일자 : 2008. 01. 01.
수　　신 : 시, 군 구청장 00감리단장
참　　조 :

<table>
<tr><td>선 결</td><td colspan="2"></td><td></td><td rowspan="3">결재(공람)</td><td></td><td></td></tr>
<tr><td rowspan="2">접수 일시</td><td rowspan="2">200 . . 시 분</td><td rowspan="2">번 호</td><td rowspan="2"></td><td></td><td></td></tr>
<tr><td></td><td></td></tr>
<tr><td>처리과</td><td colspan="2"></td><td></td><td></td><td></td><td></td></tr>
</table>

제　　목 : (　　　　　사업) 자재 승인 요청

1. 귀 사의 무궁한 발전을 기원합니다.
2. 　년 　월 　일 00광역시 00구청장과 계약 체결한 (　　　　사업)의 자재승인 요청서를 붙임과 같이 제출하오니 승인 후 통보해 주시기 바랍니다.

붙임 : 1) 자재승인요청서 1부.
　　　2) 자재카탈로그 및 자재의 품질확인 자료 포함 1부.　　끝.

업무담당 감독관경유
000 (인)

00정보통신(주)
주소 :
대표이사 000(인)

시, 군, 구청장 (00감리단장) 귀하

(7) 자재승인 요청서 첨부 서식 사례

[서식 2-7]

사업명 : (   ) 자재승인 요청서

카탈로그 NO	품명	규격	설계량	승인요청		단위	시공사의 승인요청 자재			
				금회	잔량		A사	모델	B사	모델
1. 옥외 인입 통신 공사										
1.01	HI-PVC 전선관-지중	HI-PVC 36C	99			M				
1.02	케이블표시시트	200X250	22			M				
1.03	맨홀뚜껑	철제주물	1			EA				
1.04	맨홀(기성품)	450×950×700	1			EA				
2. 구내 통신 선로설비 공사										
2.01	HI-PVC 전선관	HI-PVC 16C	130			M				
2.02	HI-PVC 전선관	HI-PVC 22C	2			M				
2.03	접지용전선	F-GV 10mm^2	11			M				
2.04	UTP CABLE	CAT'5E 4P 0.5mm	239			M				
2.05	PVC 박스(카바부)	S/W용	3			EA				
2.06	모듈러잭	8PIN 2구	3			EA				
2.07	접지동봉	16Φ×1800mm ×3ea	1			EA				
2.08	외함(전비 SUS)	500×600×150	7			EA				
2.09	UTP 단자대	25P	7			EA				
2.10	PATCH PANEL	12PORT	7			EA				
2.11	외함(전비 SUS)	500×600×150	1			EA				
2.12	전화 단자대	110 BLOCK	1			EA				
2.13	피뢰보안기	10P	1			EA				
3. LAN설비 공사										
3.01	HI-PVC 전선관	HI-PVC 16C	111			M				
3.02	HI-PVC 전선관	HI-PVC 22C	137			M				

(8) 공정현황 보고

[서식 2-8]

공정현황 보고

문서번호 :
공 사 명 :
수 신 :

년 월 일부터 년 월 일까지 공사추진현황을 다음과 같이 보고합니다.

현장대리인 ○○○ (인)

1. 공정현황 총괄

장 소	공 종	보 합(%)	기성률(%)		예정률(%)	공사추진 내용
			금 회	누 계		

2. 추진현황

장 소	관리항목	실착일수	공사진행일수	관리일	완료예정일	지연사유

(9) 반입자재 검사부

[서식 2-9]

반입자재 검사부

품 명 : 규 격 : 착공일 : 년 월 일
공사명 : 착공일 : 년 월 일

월 일	설계량	반입수량	합격수량	불합격수량	반입자	검수자	적 요

(10) 관급자재 수불부

[서식 2-10]

관급자재 수불부

시공회사명 : 발주기관 :
공사명 : 착공일 : 년 월 일
품 명 : 규 격 : 착공일 : 년 월 일

월 일	설계량	인수량	출고량	잔 량	공급자확인	인수자확인

(11) 반입자재 검사신청서

[서식 2-11]

반입자재 검사신청서

일련번호 : 　　　　　　　　　　　　　　신청일자 : 　년　월　일

공사명					
자재명		규 격			
설계수량		기검사수량		금회검사신청수량	
잔 량		시방서 및 도면번호, 관련규정			
거래명세표번호		제조회사		납품일자	
시험성적서	발행처			발행일자	

상기와 같이 반입자재를 검사·신청하니 검사하여 주시기 바랍니다.

(　　　)통신공사 현장대리인 : 　　　(인)

금회검사신청수량	합격수량	불합격수량	입고수량	잔고수량
불합격 판정 이유				
검사결과 의견				

검사자(감독관) : 　　　　(인)
검사일자 : 　년　월　일

(12) 공사일지

[서식 2-12]

공 사 일 지

공 사 명 :

<table>
<tr><td colspan="5">200 년 월 일</td><td>현장대리</td><td>소 장</td><td>사 장</td></tr>
<tr><td rowspan="7">금일시공내용</td><td colspan="2">요 일</td><td colspan="2">날씨 :</td><td rowspan="2"></td><td rowspan="2"></td><td rowspan="2"></td></tr>
<tr><td colspan="2">주간공정률(%)</td><td colspan="2">공정누계 %</td></tr>
<tr><td colspan="7"></td></tr>
<tr><td colspan="7"></td></tr>
<tr><td colspan="7"></td></tr>
<tr><td colspan="7"></td></tr>
<tr><td colspan="7"></td></tr>
<tr><td rowspan="9">출역사항</td><td>직종/인원</td><td>출역인원</td><td colspan="2">누 계</td><td>직종/인원</td><td>출역인원</td><td>누 계</td></tr>
<tr><td>현장대리인</td><td></td><td colspan="2"></td><td>내선전공</td><td></td><td></td></tr>
<tr><td>통신외선공</td><td></td><td colspan="2"></td><td>기사1급</td><td></td><td></td></tr>
<tr><td>통신설비공</td><td></td><td colspan="2"></td><td>기사2급</td><td></td><td></td></tr>
<tr><td>통신내선공</td><td></td><td colspan="2"></td><td>H/W기사</td><td></td><td></td></tr>
<tr><td>통신케이블공</td><td></td><td colspan="2"></td><td>S/W기사</td><td></td><td></td></tr>
<tr><td>무선안테나공</td><td></td><td colspan="2"></td><td>보통인부</td><td></td><td></td></tr>
<tr><td>플랜트 전공</td><td></td><td colspan="2"></td><td>누 계</td><td></td><td></td></tr>
<tr><td rowspan="6">금일수급자재</td><td>재료명</td><td>설계량</td><td colspan="2">인수량</td><td>사용량</td><td>잔 량</td><td>비 고</td></tr>
<tr><td></td><td></td><td colspan="2"></td><td></td><td></td><td></td></tr>
<tr><td></td><td></td><td colspan="2"></td><td></td><td></td><td></td></tr>
<tr><td></td><td></td><td colspan="2"></td><td></td><td></td><td></td></tr>
<tr><td></td><td></td><td colspan="2"></td><td></td><td></td><td></td></tr>
<tr><td></td><td></td><td colspan="2"></td><td></td><td></td><td></td></tr>
<tr><td rowspan="2">시공사항</td><td colspan="3">금일 시공 보고사항</td><td colspan="4">내일 시공 계획</td></tr>
<tr><td colspan="3"></td><td colspan="4"></td></tr>
</table>

(13) 공사감독 일지

[서식 2-13]

공사감독 일지

공 사 명 :

<table>
<tr><td colspan="5">년 월 일</td><td>감 독</td><td>정보통신담당</td><td>과 장</td></tr>
<tr><td rowspan="7">공
사
시
공
사
항</td><td colspan="2">요 일</td><td colspan="2">날씨 :</td><td rowspan="2"></td><td rowspan="2"></td><td rowspan="2"></td></tr>
<tr><td colspan="2">주간공정률(%)</td><td colspan="2">공정누계 %</td></tr>
<tr><td colspan="7"></td></tr>
<tr><td colspan="7"></td></tr>
<tr><td colspan="7"></td></tr>
<tr><td colspan="7"></td></tr>
<tr><td colspan="7"></td></tr>
<tr><td rowspan="8">출
역
사
항</td><td>직종/인원</td><td>출역인원</td><td>누 계</td><td>직종/직원</td><td>출역인원</td><td colspan="2">누 계</td></tr>
<tr><td>현장대리인</td><td></td><td></td><td>내선전공</td><td></td><td colspan="2"></td></tr>
<tr><td>통신외선공</td><td></td><td></td><td>기사1급</td><td></td><td colspan="2"></td></tr>
<tr><td>통신설비공</td><td></td><td></td><td>기사2급</td><td></td><td colspan="2"></td></tr>
<tr><td>통신내선공</td><td></td><td></td><td>H/W기사</td><td></td><td colspan="2"></td></tr>
<tr><td>통신케이블공</td><td></td><td></td><td>S/W기사</td><td></td><td colspan="2"></td></tr>
<tr><td>무선안테나공</td><td></td><td></td><td>보통인부</td><td></td><td colspan="2"></td></tr>
<tr><td>플랜트 전공</td><td></td><td></td><td>누 계</td><td></td><td colspan="2"></td></tr>
<tr><td rowspan="6">수
급
자
재</td><td>재료명</td><td>설계량</td><td>인수량</td><td>사용량</td><td>잔 량</td><td colspan="2">비 고</td></tr>
<tr><td></td><td></td><td></td><td></td><td></td><td colspan="2"></td></tr>
<tr><td></td><td></td><td></td><td></td><td></td><td colspan="2"></td></tr>
<tr><td></td><td></td><td></td><td></td><td></td><td colspan="2"></td></tr>
<tr><td></td><td></td><td></td><td></td><td></td><td colspan="2"></td></tr>
<tr><td></td><td></td><td></td><td></td><td></td><td colspan="2"></td></tr>
<tr><td>비
고</td><td colspan="7"></td></tr>
</table>

(14) 감리용역 완료계 서식

[서식 2-14]

감리용역 완료계

1. 사 업 명 : ○○정보통신공사 감리용역
2. 계약금액 :
3. 계약일자 : 년 월 일
4. 착수일자 : 년 월 일
5. 납품완료일 : 년 월 일 (00일간)
6. 계약번호 :

○○정보통신공사 감리용역을 첨부의 내용과 같이 완료하고 완료계를 제출하오니 승인하여 주시기 바랍니다.

첨부 : 감리결과 보고서 - 1부

년 월 일

OO 통신감리단
주 소 :
대표자 : ○ ○ ○ (인)

○○시장 귀하

(15) 자재구매 설치 완료계 서식

[서식 2-15]

자재구매 설치 완료계

1. 계약건명 : ㅇㅇ통신자재구매설치
2. 계약금액 :
3. 계약일자 : 년 월 일
4. 착수일자 : 년 월 일
5. 납품완료일 : 년 월 일
6. 계약번호 :
7. 납품기한 : 년 월 일

ㅇㅇ통신자재 납품 설치를 첨부의 내용과 같이 완료하여 완료계를 제출하오니 승인, 검수하여 주시기 바랍니다.

첨부 : 1. 설치 현장별 사진-각 1부
2. 사용설명서(운영매뉴얼)
3. 납품내역서-1부

년 월 일

계약자 : OO 통신(주)
주 소 :
대표자 : ㅇ ㅇ ㅇ (인)

(16) 준공검사원 서식

[서식 2-16]

준공검사원(준공계)

공사감독 경유 (인)

1. 공 사 명 :
2. 공사 위치 :
3. 계약금액 :
4. 계약 연월일 :
5. 착공 연월일 :
6. 준공기한 :
7. 실지준공 연월일 :
8. 첨부서류 : 준공사진, 준공내역서, 준공도면

위 공사의 도급시행에 있어서 공사전반에 걸쳐 공사설계도서, 제시방서, 품질관리기준 및 기타 약정대로 어김없이 준공하였음을 확인하오며, 만약 하자책임기간 내에 공사의 시공·감독 및 검사에 관하여 하자가 발견시는 즉시 실액변상 또는 재시공할 것을 서약하고 이에 준공검사원(준공계)을 제출합니다.

년 월 일

주 소
상 호
성 명 (인)

귀하

연습문제

1. 정보통신장비 설치공사의 업무의 흐름도를 작성하고 설명하시오.

2. 공사의 종류를 설명하시오.

3. 정보통신공사업자 외의 자가 시공할 수 있는 경미한 공사의 범위는 어떤 것이 있는지 설명하시오.

4. 계약자가 감독관(감리원)에게 착공서류를 제출하는데 그 서류의 종류와 기록하는 내용을 설명하시오.

5. 시공사의 공사관리업무의 종류와 하는 일에 대하여 설명하시오.

6. 기술계 정보통신기술자의 등급을 구분하여 작성하시오.

7. 정보통신공사의 도급기준에 따른 정보통신기술자의 현장배치기준에 대하여 설명하시오.

8. 현장 설치 자재승인 요청방법을 설명하시오.

9. 공사기간과 공사비의 관계를 설명하시오.

10. 정보통신장비 도입 감리용역업무의 흐름도를 설명하시오.

11. 감리대상인 공사의 범위에 대하여 설명하시오.

12. 정보통신공사의 규모에 따른 감리원의 배치기준에 대하여 설명하시오.

13. 정보통신감리원의 업무범위에 대하여 설명하시오.

14. 정보통신공사의 감독자 현장관리 업무순서를 설명하시오.

15. 정보통신공사의 조달관리업무는 어떤 업무를 하는지 설명하시오.

제 V 편

정보통신장비운영과 기술영업실무

제 1 장

정보통신장비 운영유지보수 용역업무

1-1 정보통신장비 운영유지보수 용역의 법률적 근거

1. 유지보수의 자격

(1) 유지보수 자격은 두가지 법령에서 규정

1) 정보통신공사업법에서 유지보수의 관련공사로 규정

> 정보통신공사업법 제2조(정의) 2. “정보통신공사”란 정보통신설비의 설치 및 유지·보수에 관한 공사와 이에 따르는 부대공사(附帶工事)로서 대통령령으로 정하는 공사를 말한다.

2) 엔지니어링산업 진흥법에서 유지보수용역의 자격

- 엔지니어링산업 진흥법 제2조(정의)
  1. “엔지니어링활동”이란 과학기술의 지식을 응용하여 수행하는 사업이나 시설물에 관한 다음 각 목의 활동을 말한다.
     가. 연구, 기획, 타당성 조사, 설계, 분석, 계약, 구매, 조달, 시험, 감리, 시험운전, 평가, 검사, 안전성 검토, 관리, 매뉴얼 작성, 자문, 지도, 유지 또는 보수
     나. 가목의 활동에 대한 사업관리
     다. 가목 및 나목에 준하는 것으로서 대통령령으로 정하는 활동

(2) 엔지니어링사업자의 신고

- 엔지니어링산업 진흥법제21조(엔지니어링사업자의 신고 등)

① 엔지니어링활동을 영업의 수단으로 하려는 자는 기술인력 등 대통령령으로 정하는 요건을 갖추고 산업통상자원부장관에게 신고하여야 한다. 이 경우 산업통상자원부장관은 신고한 자에게 산업통상자원부령으로 정하는 바에 따라 신고증을 교부하여야 한다.

- 엔지니어링산업진흥법시행규칙 제7조 제2항 [별지 제9호서식]과 같다.

[별지 제9호서식]

<u>엔지니어링사업자 신고증</u>(엔지니어링산업진흥법시행규칙 제7조제2항)

엔지니어링사업자 신고증			
명 칭			
대표자성명		생년월일	
소 재 지		전화번호(FAX, E-mail)	
엔지니어링업	신고번호	제 호	
	기술부문	등 개 부문	
	전문분야	등 개 분야	
엔지니어링 컨설팅업	신고번호	제 호	
	기술부문	등 개 부문	
	전문분야	등 개 분야	
신고연월일	년 월 일		

「엔지니어링산업 진흥법」 제21조제1항 및 같은 법 시행규칙 제7조에 따라 위와 같이 신고하였음을 증명합니다.

년 월 일

협회장 직인

210㎜×297㎜[보존용지(1종) 120g/㎡]

(3) 정보통신장비 운영유지보수 용역업무의 흐름도

〈표 1-1〉 유지보수 용역업무의 흐름도

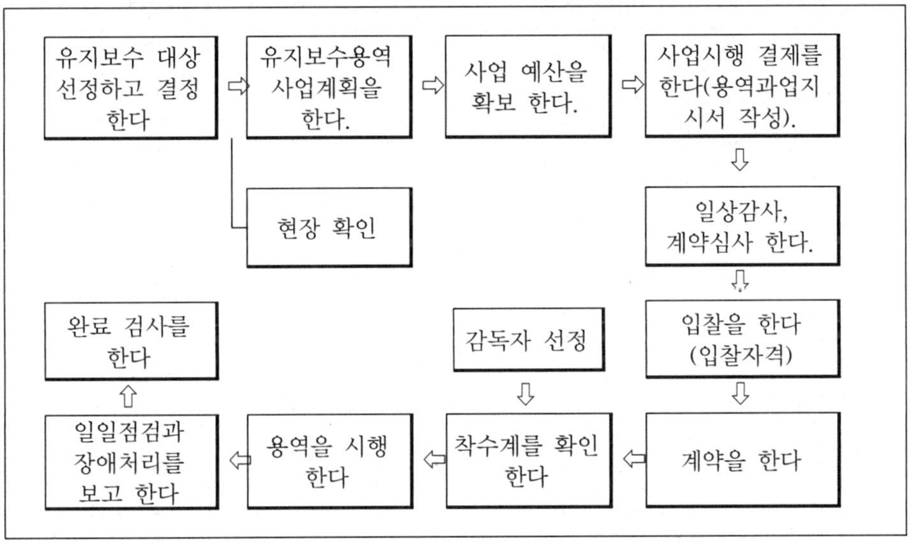

(4) 정보통신장비 운영유지보수 용역 제안입찰 수행 순서

〈표 1-2〉 운영유지보수 용역 제안입찰 업무수행 순서표

NO	업무순서	계약자	발주자	영업자
01	유지보수 예산 요구		◎	
02	유지보수 예산 제안 설명회(의회)		◎	
03	유지보수 예산 성립		◎	
04	유지보수 사업시행 계획		◎	
05	유지보수 제안요청서 작성		◎	
06	유지보수 입찰공고, 입찰참가		◎	◎
07	제안서 제출			◎
08	제안서 평가		◎	
09	협상 및 계약	◎	◎	
10	유지보수 착수계 제출	◎		
08	유지보수 계획서 제출	◎		
09	유지보수 시행	◎		
10	유지보수 완료계 제출	◎		
11	유지보수 완료		◎	

(5) 운영유지보수 용역 일반입찰 업무수행 순서

〈표 1-3〉 운영유지보수 용역 일반입찰 업무수행 순서표

NO	업무 순서	계약자	발주자	영업자
01	유지보수 예산 요구		◎	
02	유지보수 예산 제안 설명회(의회)		◎	
03	유지보수 예산 성립		◎	
04	유지보수 사업시행 계획		◎	
05	유지보수 과업지시서 작성		◎	
06	유지보수 입찰공고, 입찰참가		◎	◎
07	유지보수 계약	◎	◎	
08	유지보수 착수계 제출	◎		
09	유지보수 계획서 제출	◎		
10	유지보수 시행	◎		
11	유지보수 완료계 제출	◎		
12	유지보수 완료		◎	

1-2 정보통신장비 운영담당자의 확인업무

1. 정보통신장비 운영담당자 확인업무

① 장비의 데이터 송수신의 안정성을 확인 한다.
② 분산처리의 정도를 확인 한다.
③ 처리속도를 확인 한다.
④ 사용빈도가 높을 때 장애발생 예방에 대하여 확인 한다.
⑤ 주장치의 처리율에 대하여 확인 한다.
⑥ 내부망에서 자료입력이 쉬운지에 대하여 확인 한다.
⑦ 처리의 단순성으로 운영이 되는지에 대하여 확인 한다.
⑧ 운영자가 편리하게 운영을 할 수 있는지 확인한다.

⑨ 다른 프로그램을 설치할 수 있고 호환성이 되는지 확인 한다.
⑩ 주장치 설치가 용이한지 확인 한다.

2. 정보통신장비 유지보수의 문제점 확인

① 정보통신장비를 제조한 회사가 유지 보수에 관련한 기술을 개방하지 않고 장애가 발생하면 개발 회사로 수리 하도록 하는 경우가 있다.
② 정보통신장비가 비표준화로 개발한 통신장비의 경우 장애가 발생하여 장애처리가 어려울 때는 개발 당시의 기술자외의 자가 처리를 못하는 사례가 발생한다.
③ 운영자가 맡은 장비에 대한 운영기술에 대한 이해력 학습에 소홀히 하여 반복되는 장애 처리도 못하는 사례가 발생하기도 한다.
④ 제조사는 유지보수 계약 회사에게 기술지원이 잘 되지 않아서 입찰과정에 제조회사의 기술지원 확약서 제출 방법제도가 오히려 제조회사가 부당한 금액을 요구하는 사례도 있다.
⑤ 기술지원 확약서 제출제도가 반대로 활용이 되어 입찰참가자 제한의 사례가 되어 입찰제도에 문제가 되기도 한다.
⑥ 장애가 발생하면 유지보수 감독업무 담당자의 기술력이 낮아 외부 기업체의 기술에 의존 하고 장애에 대한 이해를 못하며 정확한 원인을 모르고 유지보수업체 의견에 따라 유지비용 지불과 기술의존 현상이 발생하기도 한다.
⑦ 입찰공고 건의 정보통신장비 유지보수를 할 수 없으면서 실적을 만들기 위한 입찰에 참가하여 계약 이후에 장애처리를 못하고 하도급승인 요구와 계약포기 등 발주처 운영에 차질을 발생하는 경우도 있다.
⑧ 유지보수비용의 산출방식이 아직 까지도 정부에서는 표준화를 제시하지 못하고 있으며 입찰공고 기관마다 다른 금액을 제시하고 있다.
⑨ 통신장비에 너무 많은 프로그램들을 설치하여 경로가 복잡하고 소프트웨어 전개를 추적하는데 어려움이 많고 수정 한 내용을 남기지 않는 등 유지보수에 어려움이 많이 발생
⑩ 통신장비의 유지보수에 대하여 기관장이나 관리자들이 유지보수에 대한 관심도가 낮고 별로 중요하게 생각하지 않아 유지보수비용 예산요구에 협조가 잘 되지 않는 경우가 있다.
⑪ 여러 사람이 프로그램을 수정하고 문서화 되지 않는 코드를 많이 남겨두면 심각한 문제가 발생하기도 한다.
⑫ 문서화를 하더라도 문서화 인식이 잘 되어야하고 원시코드와 일치를 하지 않는 사례가 있다.
⑬ 장비 개발 당시에 소프트웨어 변경을 예상하지 않고 설계 개발하여 보수작업 중에 복잡해지고 소프트웨어 변경 비용이 과다 발생한다.

⑭ 유지보수 이력이나 그 과장에 대한 정보가 관리 되지 않고 있어서 입찰과정에 회사가 바뀌고 유지보수 담당자가 바뀌는 경우 유지보수 작업에 일관성이 없고 시간이 많이 소요되어 비용이 과다 발생한다.

⑮ 유지보수자에게 통신장비의 프로그램 잦은 변경요구와 낮에 일어나는 업무가 운영 중인 장비에 대한 작업이 어려워 야간작업이 많고 유지보수 담당자가 과로하기 쉽다.

3. 유지보수의 문제점에 대한 대책수립

① 정보통신장비를 활용한 온라인 업무의 증가로 장비의 설치 수량의 확대로 장애발생 건의 증가와 비례하여 유지보수비용이 점점 증가하고 이에 대한 경제적인 대책이 필요하다.

② 정보통신장비의 운영 매뉴얼이 쉽게 작성이 되고 활용도가 높으면 유지보수 비용의 절감 효과가 있다.

③ 새로운 정보통신장비의 소프트웨어의 기술 발전으로 용역개발 보다는 패키지의 구매가 더 값이 저렴하고 안정적인 장점이 있으나 사용자 환경에 맞도록 프로그램 변경이 어려워 요구에 만족시키지 못하며 기존의 기능으로만 사용해야하는 불편이 있다.

④ 정보통신장비 운영 담당자의 기술이해력 향상을 위한 노력으로 자체 장애처리 능력 향상이 운영비용 절감에 기여할 수 있다.

⑤ 정보통신장비의 개발(제조)의 표준화를 통하여 장애발생 건수가 줄어들고 유지보수의 표준화가 필요하다.

4. 정보통신장비 유지보수의 종류

(1) 시간에 의한 점검과 보수

① 계획보수 : 정기적인 보수 계획을 정하여 계획적으로 프로그램의 점검

② 예방보수 : 매일 오전에 정한 시간에 장비를 점검 및 보수

③ 응급보수 : 운영중에 오류나 장애가 발생하여 시행하는 보수

④ 지연보수 : 프로그램 변경이 필요하지만 현재는 단말기를 비롯하여 연결 상태를 유지 하여야 하고 통신망 단절이 어려울 때는 퇴근 이후나 공휴일 등 나중에 보수가 필요한 경우

(2) 대상에 의한 점검과 보수

① 프로그램 보수 : 프로그램 변경을 해야 하는 경우

② 자료의 보수 : 입력된 자료를 통하여 통신장비가 운영이 될 때 입력 자료값의 변경과 보수를 해야 하는 경우
③ 장비 본체 보수 : 전원부의 장애, 통신모듈의 보수 등
④ 통신배선의 보수 : 통신장비의 모듈 이외 서로 연결되는 통신 배선의 노후 등 배선 보수

(3) 사유에 의한 점검과 보수

① 프로그램 수정을 해야 하는 사유
② 기능 개선 보수 : 장비의 기능을 신설하기 위한 보수
③ 성능 개선 보수 : 장비의 처리속도 향상 등 성능을 높이기 위한 보수
④ 환경 보수 : 장비 내부의 청소, 과열의 발생 등

5. 관리적 측면의 유지보수비용의 분석

① 통신장비에 대한 이해 : 운영자가 통신장비에 대한 기술적 내용을 이해를 잘하고 있으면 유지보수 비용은 감소한다.
② 유지보수 담당자 개발경력 : 통신장비 개발에 참여 한 개발자가 직접 유지보수를 담당하면 유지보수비용은 낮아진다.
③ 프로그램의 사용연도 : 통신장비의 소프트웨어가 오랜 기간 사용이 되어도 변경 없이 사용 할수록 유지보수비용은 낮아진다.
④ 제도 변경에 의한 유지보수 : 정부정책, 기관장의 정책에 따라 통신장비에 해당되는 프로그램 변경을 실시하면 유지비용이 증가한다.
⑤ 통신장비 본체의 하드웨어 변경 : 내부 방열로 인한 속도 저하, 사용연도가 길수록 기계적인 특성의 저하로 하드웨어를 개체하는 사례가 발생하여 유지비용이 증가한다.

6. 기술적 측면의 유지보수비용의 분석

① 모듈의 독립적 생산 : 다른 모듈에 영향을 미치지 않으면서 수정이나 변경을 쉽게 할 수 있도록 개발하여 모듈의 독립성이 높으면 비용은 적게 소요된다.
② 프로그레밍 언어 : 고급언어일수록 유지보수가 용이하다.
③ 프로그레밍 형태 : 프로그램이 작성된 스타일에 따라 원시코드의 독해와 이해가 높은 운영자 일수록 유지보수 업무를 빨리 처리한다.
④ 품질 : 정보통신장비의 표준화된시험과 정밀한 계측장비의 활용 등으로 시

험을 정확히 하고 각종 소프트웨어와 하드웨어까지 품질 검사를 철저히 실시하면 유지비용을 감소시킨다.

⑤ 운영 매뉴얼의 문서화 : 운영 매뉴얼의 체계적 정리와 이해가 쉽도록 작성이 되어야 하고 장애발생 형태별 처리 방법을 해설하여 운영자가 쉽게 처리할 수 있도록 만든 문서화는 유지보수작업이 편리하고 비용절감이 된다.

1-3 정보통신장비의 유지보수비용의 산출업무

정보통신 표준품셈 유지보수에서 네트워크 장비 점검을 하고 유지보수비용산출을 한다. 네트워크장비 점검 표준품셈은 〈표 1-4〉와 같다.

1. 네트워크장비의 점검과 유지보수 비용산출방법

① 네트워크 장비를 점검하고 비용을 지불 할 경우의 계산
- 점검대상 : 백본장비
- 점검 내용 : S/W와 H/W를 점검 하려고 한다.
- 점검 기술자 : S/W시험사와 H/W시험사가 점검하여야 한다.

② 점검 대상의 백본 장비 수량 : 2대

③ 계산방법
- 1대의 백본 H/W시험 비용 계산
  H/W시험사(0.58)×노임단다(221,946원)=128,728원×2대=257,456원
- 1대의 백본 S/W시험 비용 계산
  S/W시험사(0.58)×노임단다(240,506원)=139,493원×2대=278,986원

④ 2016년 노임단가표 (2016년 상반기) 노임단가를 기준으로 계산한다.
- H/W시험사 : 1일 노임단가(221,946)
- S/W시험사 : 1일 노임단가(240,506원)

〈표 1-4〉 네트워크장비 점검 표준품셈

공정별	규격		단위	S/W시험사	H/W시험사
서버			대	0.61	0.61
라우터	백본		대	0.58	0.58
	Access		대	0.48	0.48
스위치	백본	이더넷	대	0.49	0.49
		ATM	대	0.49	0.49
	WORK		대	0.41	0.41
	LINE		대	0.33	0.33
허브	DUMMY		대	0.10	0.10
	INTELLIGENT (스위칭)		대	0.14	0.14
모뎀	DSU	DSU	대	0.10	0.10
		FDSU	대	0.12	0.12
		T3DSU	대	0.14	0.14
	CSU		대	0.11	0.11
PC			대	0.05	0.05
트랜시버			대	0.13	0.13
REPEATER			대	0.19	0.19
BRIDGE			대	0.19	0.19
공유기			대	0.11	0.11
분배기			대	0.11	0.11
패치판넬			24포트	-	0.10
프린터			대	0.16	0.10

[해 설]
① 본 품셈은 1회 정기점검 기준이며, 단, 부품교체 및 수리는 별도 계상.
② 서버, 라우터, 스위치는 샷시(슬롯)기준이며, 박스는 본 품셈의 70% 적용.
③ 서버는 유닉스(리눅스)기준이며 NT는 본 품셈의 80% 적용.
④ DSU, CSU는 단독형기준이며, 집합형은 본 품셈의 120% 적용.
⑤ 허브는 8포트기준이며 12포트이상시 본 품셈의 120% 적용.
⑥ 외장형 및 내장형 모뎀은 PC품셈 적용.
⑦ PC, 외장형 및 내장형 모뎀은 20대이상 기준이며, 20대 미만시 본 품셈 의 150% 적용

제 2 장 네트워크장비와 보안장비의 보안대책

2-1 네트워크장비와 보안장비의 보안대책방법

1. 보안대책과 점검

① 정보보호제품(가상화시스템, 방화벽, 네트워크(통신) 장비 등)은 CC인증(EAL2이상) 제품 도입, 그 외의 제품은 보안적합성 검증을 통해 안정성 확인 점검을 한다.
② 정보보호시스템 로그를 주기적으로 분석하여 해킹시도 등 비정상 접속여부 점검한다.
③ 악성코드 유입 및 해커 침입방지를 위해 망 경계간 유해트래픽 차단, 침입차단 등 보안시스템 구축을 한다.
④ 취합서버에서 게시판으로 단방향 통신만 구축한다(게시판에서 취합서버 등 통신은 불가).
⑤ 비인가자, 비인가 장비의 접근 및 접속 차단 대책 마련한다.
⑥ 게시판 관리 및 운영 PC는 비밀번호 등을 통해 접근을 통제한다. 인터넷 등 외부망과의 연결을 차단하며, 백신 S/W 설치 및 휴대형 저장매체 통제 등 보안조치 수행 및 관리를 철저히 한다. 또한 방화벽을 이용하여 VPN서비스 포트를 제외하고 나머지는 차단한다.
⑦ 인구수 외에 자료가 전송되지 않도록 내부서버 등 수시점검 및 보안관리 철저히 한다.
⑧ 시스템개발 시 독립 개발시설 확보 및 비인가자 접근통제를 한다.
⑨ 개발시스템과 운영시스템의 물리적 분리를 한다. 기관 내에서 사용하는 개

발시스템과 운영시스템이 네트워크로 연결되어 있을 수 있으므로 물리적인 분리가 이루어졌는지 확인을 한다.

⑩ 개발소프트웨어 보안관리을 한다. 요구사항 분석, 시스템 설계, 프로그램 설계.구현, 테스트, 유지보수 등 개발 전과정 및 배포와 관련한 현황을 문서화하여 보안문제 발생 대비 및 업그레이드 활용한다.

⑪ 개발프로그램 소스코드 보안관리을 한다(가급적 프로그램 소스 및 라이브러리들은 운영시스템 내에 보관하지 않도록 조치).

⑫ 외부 인력에 대한 접근 제한 및 변경 이력관리를 한다.

⑬ 관리자 기능은 일반 사용자 접근을 차단하고 지정된 IP에서만 접근토록 보안설정을 한다.

⑭ 네트워크 장비에서 MAC 주소 필터링 기능을 사용하여 확인된 시스템만 접근허용을 한다.

⑮ 시스템 로그 및 이벤트 서상 6개월 이상 보관을 한다.

⑯ 비인가된 관리계정 없도록 주기적인 확인 및 제거를 한다.

⑰ 도입장비 환경 설정 시 보안취약점 사전 제거를 한다. 불필요한 서비스 계정 제거 및 보안관련 구성 설정 확인하고, 제품설치 시 생성되는 기본(Default) 계정을 삭제 또는 변경한다. 또한 초기 제조사 패스워드 또는 취약한 패스워드 설정 금지하고, 사용자 비밀번호 설정 시 특수문자를 포함한 9자을 한다.

⑱ 사용자 계정은 해당 업무와 관련된 정보시스템, 응용시스템 및 정보에 대해서만 접근할 수 있도록 직위 및 임무에 따라 접근권한 제한을 한다.

⑲ 시스템의 설치나 장애처리 등으로 업체망과 원격접속 불가하도록 한다.

⑲ 보안(통제, 제어, 탐지 등) 규칙 설정 및 제품 엔진에 대한 정기적 업데이트 수행을 한다.

㉑ 운영체제, 응용프로그램에 대한 적시 보안대책 반영을 한다.

㉒ 장비의 물리적 보안을 위해 장비들은 물리적 접근 통제가 가능한 통제구역(정보통신실 등)내에 보관을 한다.

㉓ 네트워크 가용성 확보 방안을 강구 한다. 장비 신규 도입. 구축으로 기존 시스템의 변화로 인한 장애발생 등의 문제 발생 소지에 대한 보안대책 마련 후 진행을 한다.

㉔ 신규장비도입에 따른 구장비 폐기 및 교체 시 저장자료 완전 삭제 조치를 한다.

㉕ 기관의 정보 보호 정책에 맞게 룰 설정을 한다.

㉖ 네트워크에서의 위치 적절성 고려한다.

㉗ 발생 이벤트들에 대한 상시 모니터링 및 긴급 대응을 한다.

㉘ 가용성을 위해 이중화 적용 권고를 한다.

㉙ 가상 사설망 클라이언트 이용 시 계정관리 지침작성 및 관리를 철저하게 한다.

㉚ 안전한 KEY 교환주기 설정을 한다.
㉛ 방화벽와 물리적으로 분리된 VPN장비 사용 시 VPN위치는 방화벽 앞단에 위치에 연결한다.
㉜ 검증필 암호모듈 사용을 한다.
㉝ 연동 시에는 업무서버영역과 직접 연결하지 말고 별도 연계서버를 활용을 한다.
㉞ 연계서버와 업무 서버영역 간에는 침입차단시스템 등 보안기능이 있는 장비를 활용, 사전 정해진 데이터 형식만 전달토록 구성을 한다.
㉟ 연계서버 ↔ 유관기관 간 소통자료 보호를 위해 VPN 등 활용, 암호화를 한다.
㊱ 백업, 비상복구, 변경관리, 침해 사고대응 등 정보통신시스템 운영의 전반적인 절차에 관한 표준 운용절차 마련 수립. 시행을 한다.
㊲ 개인정보보호법 및 개인정보처리방침을 준수를 한다.
㊳ 시스템관리자 기능은 특정 IP와 MAC주소가 부여된 단말기에 제한적 사용을 한다.
㊴ 서버 인터넷 및 Telnet, FTP 등 불필요한 원격관리서비스 차단을 한다.
㊵ 시스템의 사용자계정, 비밀번호 등 시스템 인증대책을 강구하고 허용된 특정 IP에서만 접속을 허용하는 등 비인가자의 침입에 대비한 통제대책 강구를 한다.
㊶ 보안취약성 해소를 위하여 보안도구를 이용하여 수시점검 및 주기적인 취약점 점검 및 제거한다.
㊷ 관리로그인페이지 SSL을 적용하고, 비밀번호 전송 시 암호화를 한다.

2. CC인증 제품명 및 세부버전 확인방법

① CC인증 제품을 도입할 경우 해당기관은 아래와 같은 절차를 수행하여 CC인증 제품명 및 세부버전을 확인한다.
② 도입한 제품마다 제품명 및 세부버전 확인절차는 상이할 수 있으나, 기본적으로 제품도입 시 준비절차서 또는 설치지침서, 관리자 설명서, 사용자 설명서 등 '가이드 문서'가 제품구매 시 함께 제공됨으로 제품구매 시 제공된 가이드 문서를 참고하여 제품명 및 버전을 확인한다.
③ 만약 제품과 함께 받은 가이드 문서에 해당 절차가 서술되어 있지 않은 경우, 개발사에 문의하여 'CC인증 제품명 및 세부버전 확인 절차'가 기재된 가이드 문서가 무엇인지 문의하여 확인한다.

④ 우리나라에서 CC인증 받은 제품을 설치한다.

- 인증기관인 IT보안인증사무국 홈페이지(http://itscc.kr)로 접속한 후 상단 메뉴에서 '인증제품 목록'을 클릭한다.
- '인증제품 명칭'으로 기관 내 도입한 CC인증 제품을 검색한다(예시 : 'SecureGuard VPN V1.0' 제품을 검색하면 다음과 같이 출력되는 것을 확인 한다.
  - CC인증 제품의 경우 아래와 같이 제품명을 클릭하면 '최초 CC인증'에 대한 인증보고서를 다운로드 받아 확인 한다(인증보고서 내부에 'TOE 구성요소'표를 보면 제품 구성요소에 대한 이름 및 세부 버전(식별자)을 확인한다).
  - 최신 패치된 버전(인증효력유지 제품)에 대한 '인증효력유지 결과보고서'를 다운로드 받는다.
  - '준비 절차서'를 참고하여 도입 제품에 접속, 'CC인증 제품명 및 세부 버전'을 확인한다.
  - '인증보고서'에 기재된 제품명, 세부버전과 ③에서 확인한 내용을 비교하여 CC인증 받은 제품인지 여부를 판단한다(본 예시에서는 제품 구성요소의 일부인 Windows Client만 다루며, 다른 구성요소도 본 가이드를 참조하여 확인 한다).
- '인증보고서(인증효력유지 결과보고서)'에 기재된 제품명, 세부버전을 확인한다(최신 패치된 '인증효력유지' 이력이 존재하므로, '인증효력유지 결과보고서'를 참조하여 확인한다).
- 도입 제품에 접속하여 'CC인증 제품명 및 세부버전'을 확인한다.

⑤ 해외에서 CC인증 받은 제품인 경우 확인한다.

- 해외에서 CC인증 받은 제품일 경우 CCRA portal 홈페이지에 Certified Products (http://www.commoncriteriaportal.org/products)에서 expand/collapse all categories를 클릭하거나 해당 제품 유형을 클릭한다.

* 일부 국가에서 인증받은 제품의 경우 해당 국가의 인증기관 홈페이지에서만 확인이 가능하므로 CCRA 홈페이지에서 HOME에 있는 해당국가의 인증기관 홈페이지 링크로 접속하여 확인한다.

- CTL+F 후 '인증제품 명칭'으로 검색하거나 업체명, 인증번호 등을 이용해서 기관 내 도입한 CC인증 제품을 검색한다.
  - CTL+F 후 'Firewall'로 방화벽 제품을 검색한다.
  - 리스트에서 해당 방화벽에 적용된 보호프로파일인 PP(Protection Profile)를 확인하면 방화벽 기능(Stateful Traffic Filter Firewall Extended Package for Network Device Protection Profile)이 적용된 것을 확인한다.

• 'Certification Report' 혹은 'Security Target'에서 TOE에 기재된 제품명과 세부버전을 비교하여 CC인증 받은 제품인지 확인한다(〈Certification Report 내 인증제품 모델명〉, 〈Security Target내 인증제품 모델명〉).

2-2 네트워크장비 도입과 운용시 보안기능 확인업무

1. 네트워크장비 보안기능 이해

국가사이버안전센터(2016.05.19.) 권고내용을 기준으로 확인한다. 네트워크장비 검증·운용 가이드의 보안기능별 설정운용 권고내용은 〈표 2-1〉 시험 완료 후 조치사항에 따라 확인을 하고 네트워크장비를 운용한다.

〈표 2-1〉 시험완료 후 조치사항

구분	세부 항목	확인
테스트용 계정, 비밀번호, 설정값 삭제	1. 테스트용으로 생성한 모든 계정 및 비밀번호 삭제	□
	2. 별도 인증서버 사용시, 테스트용으로 생성한 인증계정 및 비밀번호 삭제 후 운용	□
	3. 테스트용으로 생성한 SNMP V3 계정, 인증비밀번호, 암호화 비밀번호 삭제 후 운용	□
	4. 테스트용으로 설정한 원격관리 서비스용도 IP주소를 삭제 후 관리자 PC에 대해서만 지정하여 운용	□
	5. 테스트용으로 설정한 운영모드 변경용 비밀번호를 재설정하여 운용	□
불필요 기능 비 활성화	6. 인증서버를 사용하지 않을 경우, 인증서버 연동기능을 비활성화	□
	7. 사용하지 않는 원격서비스(SNMP, SFTP)를 비활성화	□
	8. 사용하지 않는 원격관리서비스(SSH, HTTPS 등)를 비활성화	□
	9. 펌웨어 업데이트 및 설정파일 백업이 FTP/TFTP로만 가능한 경우는 펌웨어 업데이트 및 설정파일 백업 후 비활성화 또는(기능을 제공하지 않는 경우) ACL 정책으로 IN/OUT BOUND에 대해 차단 설정 - (네트워크장비가 FTP/TFTP 클라이언트인 경우) 해당 관리자 PC에서 FTP서버 운용시, 해당 네트워크 장비의 IP만 허용하여 설정파일 백업 및 펌웨어 업데이트 수행 - (네트워크장비가 FTP/TFTP 서버인 경우) 기본 비활성화 운용, 설정파일 백업 및 펌웨어 업데이트시 관리자 PC의 IP만 허용하여 설정파일 백업 및 펌웨어 업데이트 수행	□
암호 알고리즘 및 암호통신 프로토콜 적용	10. 비밀번호 저장 등에 보안강도가 112 bit 이상을 만족하는 암호 알고리즘을 설정하여 운용	□
	11. 별도 서버(인증서버, 로그서버)와 원격으로 장비 연동시, 암호통신 프로토콜을 이용한 신뢰된 채널을 설정하여 운용	□
	12. 암호화되지 않는 원격관리 서비스(TELNET, HTTP, FTP/TFTP) 비활성화	□
	13. HTTPS 프로토콜 사용시 TLS 1.2 사용	□
	14. SSH 프로토콜 사용시 SSH V2 사용	□
	15. SNMP V1, V2 비활성화	□

구분	세부 항목	확인
권고 설정값 으로 재설정	16. 테스트용으로 설정된 인증 실패 횟수 및 장비 접속 제한 시간을 권고값(횟수 5회 이하, 제한시간 5분 이상)으로 설정하여 운용	□
	17. 테스트용으로 설정한 세션 잠금 또는 종료 시간을 권고 값(10분 이하)으로 설정하여 운용	□
	18. 테스트용으로 설정한 동시 접속 세션수를 1개로 설정 또는 (기능 미제공시 또는 기관 필요시) 기관 보안정책에 따라 설정하여 운용	□
	19. 관리자 업무별 계정을 분리하고 필요한 최소 권한으로 설정하여 운용	□
	20. 장비상태를 변경하는 중요 명령에 대해서는 로컬콘솔로 제한, 설정하여 운용	□
	21. 감사데이터 생성 기능을 활성화하여 운용	□
	22. 기관의 보안정책에 따라 감사증적 크기 초과시 통보 및 알림기준을 설정하여 운용	□
	23. 테스트용으로 설정한 감사데이터에 접근 권한을 초기화한 후, 기관 보안정책에 따라 재설정하여 운용	□
불필요 정책 삭제	24. 테스트용으로 설정한 ACL 정책 삭제 후, 필요한 ACL 정책만을 설정하여 운용	□
	25. 테스트용으로 설정한 VLAN 및 VLAN ACL 정책을 삭제 후, 필요한 VLAN 및 VLAN ACL 정책만을 설정하여 운용	□

2-3 정보통신장비의 유지보수와 하자관리

1. 근거 규정

(1) 담보책임 존속기간

- 지방자치단체를 당사자로 하는 계약에 관한 법률 시행령제69조(담보책임의 존속기간)
  ① 법 제20조제1항에 따른 공사의 도급계약에 대한 담보책임의 존속 기간은 전체 목적물을 인수한 날과 제64조제1항에 따른 검사를 완료한 날 중에서 먼저 도래한 날부터 1년 이상 10년 이하의 범위에서 안전행정부령으로 정하는 기간으로 한다. 다만, 공사의 성질상 하자보수가 필요하

지 아니한 경우로서 안전행정부령으로 정하는 경우에는 그러하지 아니하다.

② 지방자치단체를 당사자로 하는 계약에 관한 법률 제20조제2항에 따른 물품 및 용역 등의 계약에 대한 담보책임의 존속기간은 전체 목적물을 인수한 날과 제64조제1항에 따른 검사를 완료한 날 중에서 먼저 도래한 날부터 목적물의 성질에 따라 하자담보가 필요한 기간으로 한다.

③ 장기계속계약에 대한 담보책임의 존속기간은 연차계약별로 제1항 및 제2항에 따른 담보책임의 존속기간으로 한다. 다만, 연차계약별로 담보책임을 구분할 수 없는 경우에는 제1차 계약을 체결할 때에 전체 계약목적물에 대하여 정한다.

(2) 하자검사 기간

- 지방자치단체를 당사자로하는 계약에관한법률시행령제69조제70조(하자검사)

① 지방자치단체의 장 또는 계약담당자는 지방자치단체를 당사자로 하는 계약에 관한 법률 시행령 제69조에 따른 담보책임의 존속 기간 중 연 2회 이상 정기적으로 하자를 검사하거나 소속 공무원에게 그 사무를 위임하여 검사하게 하여야 한다.

② 하자검사 및 지방자치단체를 당사자로 하는 계약에 관한 법률 시행령 제71조의3에 따른 하자보수에 필요한 금액의 산정이 특히 전문적인 지식 또는 기술을 필요로 하거나 예정가격의 100분의 86 미만으로 낙찰된 공사로서「시설물의 안전관리에 관한 특별법」제2조제1호에 따른 시설물에 대한 것인 경우에는 지방자치단체장 또는 계약담당자는 전문기관에 의뢰하여 필요한 검사를 하여야 한다.

③ 하자를 검사하는 자는 하자검사조서를 작성하여야 한다. 다만, 계약금액이 3천만원 이하인 계약의 경우에는 하자검사조서의 작성을 생략할 수 있다.

(3) 하자 검사의 기록 유지

- 지방자치단체를 당사자로 하는 계약에 관한 법률 시행규칙제69조(하자 검사)

① 지방자치단체를 당사자로 하는 계약에 관한 법률 시행령 제70조에 따라 하자검사를 하는 자는 지방자치단체를 당사자로 하는 계약에 관한 법률 시행규칙제68조에 따른 담보책임의 존속기간 중 연 2회 이상 정기적으로 하자 검사를 하여야 하며, 담보책임의 존속기간이 만료되는 경우에는 안전행정부장관이 정하는 바에 따라 지체 없이 따로 검사를 하여야 한다.

② 지방자치단체의 장 또는 계약담당자는 지방자치단체를 당사자로 하는 계약에 관한 법률 시행령 제70조제2항에 따라 하자 검사를 전문기관에 의뢰하는 경우에는 그 결과를 문서로 통보받아 확인하여야 한다.
③ 지방자치단체의 장 또는 계약담당자는 하자 검사의 결과 하자가 발견된 경우에는 지체 없이 필요한 조치를 하여야 한다.
④ 지방자치단체의 장 또는 계약담당자는 하자 검사를 하는 경우에는 해당 공사에 대한 하자보수관리부를 갖추어 두고 다음 각 호의 사항을 기록·유지하여야 한다.

1. 공사명 및 계약금액
2. 계약상대자
3. 준공연월일
4. 하자발생내용 및 처리사항
5. 그 밖의 참고사항

(4) 하자의 최종검사

- 지방자치단체 공사계약일반조건(행정자치부 예규 제21호) 지방자치단체 공사계약일반조건 제10절 공사목적물의 하자 제3호 (하자검사)

3. 하자검사

가. 계약담당자는 하자담보책임기간 중 연 2회 이상 정기적으로 하자를 검사해야 한다.

나. 계약담당자는 하자담보책임기간이 만료되기 14일 전부터 만료일까지의 기간 중에 따로 최종검사를 해야 하며, 최종검사를 완료한 때에는 즉시 하자보수완료확인서를 계약상대자에게 발급해야 한다. 이 경우 최종검사에서 발견되는 하자사항은 이 확인서가 발급되기 전까지 계약상대자가 자신의 부담으로 보수해야 한다.

다. 계약상대자는 하자검사에 입회해야 한다. 다만, 계약상대자가 입회를 거부하는 경우에는 계약담당자는 일방적으로 검사를 할 수 있으며 검사결과에 대하여 계약상대자가 동의한 것으로 본다.

라. 계약상대자의 책임과 의무는 하자보수완료확인서의 발급일로부터 소멸한다.

(5) 하자보수 검사조서 작성

[서식 2-1]

하자보수 검사조서 서식

<table>
<tr><td colspan="6">하자(보수)검사조서</td></tr>
<tr><td>① 공사명</td><td colspan="5"></td></tr>
<tr><td>② 시설물 운용과</td><td colspan="5"></td></tr>
<tr><td>③ 계약자(보수자)</td><td colspan="5"></td></tr>
<tr><td>④ 준공검사일</td><td colspan="2">20 . . .</td><td colspan="2">⑤ 하자보수책임기한</td><td>20 . . .(년)</td></tr>
<tr><td>⑥ 하자발생일</td><td colspan="2">20 . . .</td><td colspan="2">⑦ 하자 보수 완료일</td><td>20 . . .</td></tr>
<tr><td>⑧ 하자(보수)검사일</td><td colspan="5">20 . . .</td></tr>
<tr><td colspan="6">하자 검사사항</td></tr>
<tr><td colspan="2">⑨ 검사내용</td><td colspan="3">⑩ 적요(보수방법)</td><td>⑪ 비 고</td></tr>
<tr><td colspan="2"></td><td colspan="3"></td><td></td></tr>
<tr><td colspan="6">상기공사에 대하여 하자(보수)검사를 실지 검사한 결과 검사사항과 상위 없음.

20 년 월 일

검사자 소속 :
직급 :
성명 : (인)

입회원 소속 :
직급 :
성명 : (인)</td></tr>
</table>

(6) 하자보수관리부 운영

[서식 2-2]

하자보수관리부

<table>
<tr><td colspan="2">공 사 명</td><td></td><td rowspan="3">도급현황</td><td>계 약 자</td><td colspan="4"></td></tr>
<tr><td colspan="2">계 약 금 액</td><td></td><td>주 소</td><td colspan="4"></td></tr>
<tr><td rowspan="3">계약내용</td><td>계 약 일</td><td></td><td>전화번호</td><td colspan="4"></td></tr>
<tr><td>준 공 일</td><td></td><td>하자보증금</td><td>유형</td><td>현금, 보증서, 기타</td><td>금액</td><td colspan="2"></td></tr>
<tr><td>준공검사일</td><td></td><td>하 자 기 간</td><td colspan="5"></td></tr>
<tr><td colspan="2">준 공 검 사 자</td><td></td><td>하자준공검사</td><td>년월일</td><td></td><td>검사자</td><td colspan="2"></td></tr>
</table>

<table>
<tr><td colspan="4">하 자 유 무 순 회 점 검 확 인 사 항</td><td colspan="3">결 재</td></tr>
<tr><td>구분</td><td>점검 년 월 일</td><td>점검확인 내용</td><td>조치사항</td><td>담당자</td><td>담당</td><td>과장</td></tr>
<tr><td>1차</td><td></td><td></td><td></td><td></td><td></td><td></td></tr>
<tr><td>2차</td><td></td><td></td><td></td><td></td><td></td><td></td></tr>
<tr><td>3차</td><td></td><td></td><td></td><td></td><td></td><td></td></tr>
<tr><td>4차</td><td></td><td></td><td></td><td></td><td></td><td></td></tr>
<tr><td>5차</td><td></td><td></td><td></td><td></td><td></td><td></td></tr>
<tr><td>6차</td><td></td><td></td><td></td><td></td><td></td><td></td></tr>
<tr><td>최종</td><td></td><td></td><td></td><td></td><td></td><td></td></tr>
</table>

2. 정보통신장비의 관리

(1) 물품의 정수관리

조달청장이나 물품관리관이 정수관리 대상물품을 지정하거나 정수를 정할 때에는 해당 물품의 물품분류번호, 품명, 품목, 수량 및 금액, 그 밖에 필요한 사항을 명백히 하여야 한다.

(2) 물품의 내용연수

조달청장이나 각 중앙관서의 장은 물품의 내용연수를 정할 때에는 해당 물품의 물품분류번호, 품명, 그 밖에 필요한 사항을 명백히 하여야 한다.

(3) 재물조사

① 기관의 장은 물품관리관이나 물품출납공무원이 교체되었을 때에는 그 소관 물품에 대하여 재물조사를 실시하게 하여야 한다.
② 기관의 장은 그 소관 물품에 대한 재물조사를 실시할 때에는 물품관리에 직접 관련되지 아니하는 공무원을 재물조사요원으로 임명하여야 한다.
③ 기관의 장은 재물조사를 실시할 때에는 분류기준에 따라 그 상태를 분류하여야 한다. 물품의 상태를 분류하는 경우에는 관능검사(官能檢査)의 방법으로 하되, 관능검사로 물품의 상태를 분류하기 어려울 때에는 이화학시험 등의 방법으로 할 수 있다.
④ 불용 결정 및 폐기처분
불용의 결정을 할 수 있는 물품은 다음과 같다.
- 사용할 필요가 없게 된 물품으로서 앞으로도 사용할 전망이 없는 물품
- 정수를 초과하는 물품과 예측할 수 있는 일정기간의 수요를 초과하여 재고로 보유하고 있는 물품
- 원장비(原裝備)의 사용이 불가능하거나 원장비가 없어진 경우로서 이를 새로 취득할 필요성이나 가능성이 없는 경우의 그 부속품
- 규격 또는 모형이 달라져 수리가 곤란하거나 수리하여도 본래의 목적에 사용할 수 없는 물품
- 시설물에서 제거된 물품으로서 활용할 수 없는 물품
- 훼손되거나 마모되어 수리하여도 본래의 목적에 사용할 수 없는 물품
- 수선이 필요한 물품으로서 수선을 하는 것이 비경제적인 물품
- 제1호부터 제7호까지의 규정에 준하는 사유가 있다고 각 기관의 장이 인정하는 물품

[서식 2-3]

물품관리대장

기본사항

① 관리번호		② 중앙관서명		③ 물품관리관	
④ 분임물품관리관		⑤ 물품운용관		⑥ 최종반납부서	
⑦ 회계 · 계정		⑧ 회계 · 계정코드		⑨ 10품종	
⑩ 물품분류번호		⑪ 물품식별번호		⑫ 품명	
⑬ 품목		⑭ 내용연수		⑮ 정수	
⑯ 단위					

정리사항

번호	정리일	사유	증명서 번호	수량	단가	금액	재고량	재고금액

210mm×297mm[일반용지 60g/㎡(재활용품)]

부대품 명세

번호	정리일	물품분류번호	품명	수량	단가	금액	비고

수리 명세

번호	수리일자	수리 명세	금액	비고

주 : 1. 분임물품관리관이 없는 경우 "④ 분임물품관리관"은 기재하지 말 것

2. "① 관리번호(현 디지털예산 · 회계시스템의 자산번호를 '10.12.31.까지 함께 사용)"와 "⑨ 10품종", "⑭ 내용연수", "⑮ 정수", 제2쪽의 "부대품 명세"와 "수리 명세"는 비소모품만 기재(소모품은 제2쪽의 양식을 갖추어 두지 않아도 됨)

3. 「국가회계법」 제11조에 따른 국가회계기준에서 정한 바에 따라 가격평가를 한 경우에는 "단가" 및 "(재고)금액"란에 표시

4. 10품종의 구분 : 1. 전기 · 통신기기, 2. 사무용기기, 3. 사무용집기, 4. 운반 · 건설기계 · 차량, 5. 기계요소 · 공작기계, 6. 산업기계, 7. 의료 · 화학분석기기, 8. 물리시험 · 측정기기, 9. 기타 실험장비, 10. 기타 잡기기

3. 정보통신장비 운영관리대장을 운영

정보통신장비의 설치와 유지보수를 기록하는 관리대장을 운영한다.

정보통신장비 운영관리대장

관리번호 10 - 0001

<table>
<tr><td>설 치 현 장</td><td colspan="2"></td><td>사 업 명</td><td colspan="2"></td></tr>
<tr><td>통신장비 명칭</td><td colspan="2"></td><td>규 격</td><td colspan="2"></td></tr>
<tr><td>설 치 일 자</td><td colspan="2"></td><td>제 조 사</td><td colspan="2"></td></tr>
<tr><td>계 약 자</td><td></td><td>제조사
담당자</td><td></td><td>설 치
담당자</td><td></td></tr>
<tr><td>연 락 처</td><td></td><td>연락처</td><td></td><td>연락처</td><td></td></tr>
<tr><td>발 주 근 거</td><td colspan="2">발주공문 근거</td><td>폐기 년도</td><td colspan="2"></td></tr>
<tr><td>계 약 금 액</td><td colspan="2"></td><td>감 독 자</td><td colspan="2"></td></tr>
</table>

<table>
<tr><td rowspan="5">운영자
변동사항</td><td></td><td>부 서</td><td>담당자</td><td>전 화</td><td>변동일자</td></tr>
<tr><td>1</td><td></td><td></td><td></td><td></td></tr>
<tr><td>2</td><td></td><td></td><td></td><td></td></tr>
<tr><td>3</td><td></td><td></td><td></td><td></td></tr>
<tr><td>4</td><td></td><td></td><td></td><td></td></tr>
</table>

<table>
<tr><td rowspan="13">부 속 품
(부 가 장 비)

유지보수 내용</td><td></td><td>명 칭</td><td>규 격</td><td>수 량</td><td>단 위</td><td>비 고</td></tr>
<tr><td></td><td></td><td></td><td></td><td></td><td></td></tr>
<tr><td></td><td></td><td></td><td></td><td></td><td></td></tr>
<tr><td></td><td></td><td></td><td></td><td></td><td></td></tr>
<tr><td></td><td></td><td></td><td></td><td></td><td></td></tr>
<tr><td colspan="6">주요 장애처리 유지 보수 내용</td></tr>
<tr><td colspan="6"></td></tr>
<tr><td colspan="6"></td></tr>
<tr><td colspan="6"></td></tr>
<tr><td colspan="6"></td></tr>
<tr><td colspan="6"></td></tr>
<tr><td colspan="6"></td></tr>
<tr><td colspan="6"></td></tr>
</table>

4. 정보통신장비의 운영점검표 작성

네트워크장비 운영 점검표

○ 점검일자 : 년 월 일

점검자 소속 : 직급 : 성명 : (서명)
확인자 소속 : 직급 : 성명 : (서명)

점검항목	점 검 대 상			
	Server Farm (Switch)	Main B/B 1 (Switch)	Main B/B 2 (Switch)	Middle B/B 1층 IDF실(Switch)
시스템 청결 및 케이블 정돈 상태				
전원 연결 상태				
Routing 상태				
Port Speed 및 Dupulex 설정상태				
포트링크상태				
각 Module 상태				
저장로그 이상 유무				
CPU 상태				
Memory 상태				
장애내역 및 조치사항				
시스템 변경사항				

점검항목	점 검 대 상		
	Middle B/B 4층 IDF실(Switch)	Middle B/B 6층 IDF실(Switch)	Middle B/B 8층 IDF실(Switch)
시스템 청결 및 케이블 정돈 상태			
전원 연결 상태			
Routing 상태			
Port Speed 및 Dupulex 설정상태			

포트링크상태			
각 Module 상태			
저장로그 이상 유무			
CPU 상태			
Memory 상태			
장애내역 및 조치사항			
시스템 변경사항			

점검대상	점검항목	점검내용	점검결과
본청 (통신실 IDF실) 배선상태 점검	광케이블	- QDF, IDF 광케이블 접속 상태 - 광케이블 단선유무 확인	
	RACK	- RACK주위 청결상태 확인 - 함체 및 강화유리 파손 확인	
	Patch Panel	- UTP케이블과 접속 상태 확인 - 스위치와의 접속 상태 확인	
	110 Block	- UTP케이블과 접속 상태 확인 - 단자 핀 파손유무 확인 - 먼지 등의 이물질 유무 확인	
	점프 케이블	- 점프케이블 정리 상태 확인 - 패치패널과의 고정상태 확인	
	국선 보안기	- 피뢰기 연결 상태 확인 - 접지케이블 연결 상태 확인	
장애내역 및 조치사항			
시스템 변경사항			

제 3 장

정보통신 신사업 기술영업실무

3-1 정보통신장비도입 신사업 기술영업실무

1. 신사업제안서 설명을 위한 대상기관 선정

① 신사업제안서 설명대상기관을 방문한다. 국가기관, 광역지방자치단체, 기초지방자치단체, 국가투자기관, 지방투자기관, 기업체, 교육기관 등
② 신사업제안서 설명대상기관을 대상으로 업무 형태별, 기관의 특징 등 제안을 위한 기초자료를 수집한다.

2. 신사업제안서 설명대상기관의 장비구축 사업여부

① 금년 예산확보 여부를 확인
② 추가경정예산 확보 계획을 확인
③ 내년도 예산요구계획 여부를 확인

3. 사업에 필요한 예산의 지원 확인

① 자체예산 여부를 확인
② 정부지원예산 여부를 확인

4. 사업추진에 대한 계획의 결정 확인

① 장기적 사업예산 여부(사업기간이 12개월 이내)
② 단기적 사업예산 여부(사업기간이 12개월 이상)

5. 사업추진 방법에 대한 자료수집

① 기본계획용역, 기본설계용역, 실시설계 용역을 따로 발주하며 사업을 추진을 하는 사례
② 기본설계용역, 실시설계 용역을 따로 발주하며 사업을 추진하는 사례
③ 기본설계용역과 실시설계 용역을 동시에 발주하며 사업을 추진하는 사례
④ 실시설계 용역만 발주하며 사업을 추진하는 사례
⑤ 기술영업 회사의 직원에게 실시설계를 의뢰하여 사업을 추진하는 사례
⑥ 담당자가 직접 실시설계를 하여 사업을 추진하는 사례

6. 사업비용의 산출방법에 대한 자료수집

① 설계용역사가 사업비용을 산출하는 사례
② 기술영업 회사의 직원에게 견적을 받아서 사업비용을 산출하는 사례
③ 발주처 담당자가 직접 물가정보지를 활용하여 사업비용을 산출하는 사례
④ 발주처 담당자가 직접 조달청 단가를 활용하여 사업비용을 산출하는 사례
⑤ 과거 사업의 단가를 적용하여 사업비용을 산출하는 사례

7. 도입하려는 제품의 품질 조사

도입하려는 제품의 품질 조사를 통항 규격서 적용 실태자료를 수집 한다.

① 설계용역사가 제품의 품질을 조사하여 규격서에 적용하는 사례
② 기술영업 회사의 직원에게 제품을 추천 받아 품질을 조사하여 규격서에 적용하는 사례
③ 발주처 담당자가 직접 물가정보지를 활용하여 품질을 조사하여 규격서에 적용하는 사례
④ 발주처 담당자가 직접 조달청 제품의 품질을 조사하여 규격서에 적용하는 사례
⑤ 과거 사업의 제품의 품질을 조사하여 규격서에 적용하는 사례

8. 우수 제품 소개

① 특허 제품으로 소개(국제특허, 국내특허)한다.
② 신기술 제품으로 소개(NET,NEP)한다.
③ 품질우수 제품(GS)으로 소개한다.
④ 중소기업 우수 제품으로 소개한다.
⑤ 정부지원 단체의 우선구매 제품으로 소개한다.
⑥ 국내표준 제품, 국제표준 제품으로 소개한다.
⑦ 정부 시험기관의 인증제품(방송통신기가제 승인품 KC)한다.

9. 제품 소개의 시기

① 기본계획용역, 기본설계용역, 실시설계 용역 회사가 제품소개 의뢰를 하는 사례
② 발주처 담당자가 기술영업 회사의 직원에게 제품소개 의뢰를 하는 사례
③ 발주처 담당자가 직접 물가정보지를 활용하여 제품소개 의뢰를 하는 사례
④ 발주처 담당자가 직접 조달청 사이트에 제품을 검색하여 제품의 성능과 기능 등에 대하여 이해를 하는 사례

10. 제품을 소개 방법

① 기존장비와 호환성의 제품으로 소개한다.
② 기존장비에 프로그램 업그레이드 가능 제품으로 소개한다.

11. 기술영업 대상기관의 사업에 적합성에 대한 설명

① 기술영업대상기관의 사업을 모두 이해하고 그 사업에 가장 적합한 장비
② 기술영업 대상기관의 업무개선책으로 가장 적합한 장비란 것을 설명한다.
③ 기술영업 대상기관의 사업비를 초과하지 않는 장비란 것을 설명한다.
④ 기술영업 대상기관의 운영자가 쉽게 조작이 가능함을 설명한다.
⑤ 기술영업 대상기관의 단말기 사용자가 쉽게 편리한 제품이란 것을 설명한다.
⑥ 운영인력의 수를 줄일 수 있는 제품이란 것을 설명한다.
⑦ 관리가 편리하여 원격관리 기능, 프린팅기능, 검색기능, 장애 처리가 쉽고 장애내용의 저장과 기록, 유지의 기능 등

12. 현재 운영 중인 장비의 사용연도 조사

① 현재 장비의 도입연도 자료수집한다.
② 현재 장비의 장애 발생 정보를 요청한다.
③ 현재 장비의 장애처리 실태를 요청한다.
④ 현재 장비의 운영비용 자료수집(유지비, 수리비)요청 한다.

13. 추전 제품 구매결정을 위한 노력

① 장비의 성능과 기능에 대한 설명을 한다.
② 에너지 절감 정도에 대한 설명(소비전력)을 한다.
③ 설치 후 정기점검을 실시를 약속한다.
④ 운영자 상담센터, 운영자 교육센터, 운영자 세미나실시를 소개한다.
⑤ 제품에 대한 무상지원(무상 업그레이드 기간)설명을 한다.
⑥ 운영 유지관리에 대한 지원 범위(장애 복구, 무상 수리)설명을 한다.
⑦ 장애발생시 신속 복구 및 장비 교체 지원 설명을 한다.
⑧ 현장을 방문하여 정보통신장비 설치공사에 대한 무상 설계지원 설명을 한다.
⑨ 장비설치 현장에 방문하여 장비의 성능과 기능분야에 대한 검사지원 설명을 한다.
⑩ 발주처가 희망하는 장비의 규격으로 제안을 한다.

14. 신사업결정 이후의 발주자업무

사업비가 만히 소요되는 경우에는 신사업 성공여부가 불명확 할 때는 타당성 용역발주를 하는데 그 순서는 다음과 같다.

〈표 3-1〉 타당성용역 발주순서

NO	업무순서	계약자	발주자	담당자
01	신사업 발굴(정책, 시책, 자체 발굴)		◎	
02	신사업 제안서 작성			◎
03	신사업 제안서 설명회(전시회)			◎
04	신사업추진의 기획		◎	
05	신사업 타당성 용역 계획		◎	
06	신사업 타당성 용역 예산확보		◎	
07	신사업 타당성 용역 입찰공고, 입찰참가		◎	◎

08	신사업 타당성 용역 계약	◎	◎	
09	신사업 타당성 용역 착수 보고	◎		
10	신사업 타당성 용역 시행	◎		◎
11	신사업 타당성 용역 완료 보고	◎		
12	신사업 타당성 용역 완료 처리		◎	
13	신사업 결정		◎	

새로운 정보통신장비를 개발 용역을 할 경우 업무처리 순서는 다음과 같다.

〈표 3-2〉 정보통신장비를 개발용역 발주순서

NO	업무순서	계약자	발주자	영업담당자
01	개발 예산 요구		◎	
02	개발 예산 제안 설명회(의회)		◎	
03	개발 예산 성립		◎	
04	개발 사업시행 계획		◎	
05	개발 제안요청서 작성		◎	
06	개발 입찰공고, 입찰참가		◎	◎
07	제안서 작성과 제출			◎
08	제안서 접수		◎	
09	제안서 평가		◎	
10	협상 및 계약	◎	◎	
11	개발 착수계 제출 및 착수 보고	◎		
12	개발승인 요청과 승인 통보	◎	◎	
13	개발 시행	◎		
14	시운전 실시			
15	검사 실시			
16	개발 완료 보고회(자문위원회)	◎		
17	개발 완료		◎	

제 4 장
정보통신장비 신사업 제안서 작성실무

4-1 정보통신장비 신사업 제안서 작성

기술영업 담당자가 신사업 제안서를 작성하여 새로운 사업이 필요가 예상되는 수요처의 담당자에게 제안을 하기위한 사업 설명서로서 기술영업담당자가 직접 작성하여 사업의 시작부터 완료까지 모든 과정을 설명하는 제안서이다.

1. 신사업의 제목 작성

① 신사업의 제목과 사업 내용을 명시한다. 사업의 내용을 쉽게 이해하도록 사업 제목과 내용을 명시한다.
② 장기 사업과 단기사업의 여부를 작성한다.

2. 추진목표 및 방향 설정

(1) 추진목표

① 신사업을 추진하는 사업목표(기본목표)와 단계별 추진목표를 기술하고, 당해 연도의 구축사업의 추진목표를 기술한다.
② 작년의 목표 달성 결과와 사업완료 연도까지의 연차별 목표를 명시한다.

③ 사업를 착수 하기전의 현장을 파악하고, 사업완료시 추진성과에 대한 분석 자료로 활용할 수 있도록 목표를 계량화하여 기술한다.

(2) 추진방향

①1) 신사업목표를 효과적으로 달성하기 위한 추진방향을 기술한다.
②2) 개념적인 내용은 피하고 실현 가능한 추진방향 설정한다.

(3) 장기사업이 필요할 경우 사업 목표설정

① 추진 목표 : 내년도의 사업추진 목표를 기술한다.
② 추진 방향
- 내민서비스 개선 및 업무생산성 향상
- 업무처리절차 개선
- 조직혁신
- 기술적 문제점 개선 등 사업의 효과성
- 기술성 향상이나 사업추진체계
- 사업관리, 법・제도개선 및 표준화
- 사업추진과정상의 개선사항을 기술한다.

③ 문제점 및 개선방향
- 수요처의 문제점들을 세부 항목별로 기술한다.
- 실질적으로 사업추진에 반영할 수 있도록 개선방향을 작성한다.
- 사회적 이슈와 문제점을 작성한다.

④ 필요성
- 신사업이 왜 필요한지를 설명한다.
- 관련법과・제도에서 신사업을 하여야하는 내용을 설명한다.
- 정부의 정책 방향이 있으면 구체적으로 기술한다.

(4) 소요예산 설명

① 내역서를 작성하여 설명한다.
② 산출서 원가계산서를 작성하여 설명한다.

(5) 새로운 사업추진 시 협력 할 사항

① 사업추진시 수요처의 다른 부서로부터 협력을 받을 분야를 기술한다.
② 추진 부서가 다른 부서에 협조해 주어야 할 사항을 기술한다.

(6) 당해 연도 사업추진 계획

1) 대상 업무 분석 및 추진체계

① 개요 작성
- 업무명 : 업무명은 해당 사업내의 업무설명 작성
- 내 용 : 제공될 서비스의 대상·내용·방법 등을 구체적으로 제시
- 수행기관 : 업무를 직접 수행하는 기관
- 관련기관 : 업무의 수행과 관련된 기관
- 관련법 · 제도 : 업무 수행과 관련된 법령, 고시, 지침, 예규.
- 규정 · 구매 방법 : 입찰, 조달구매

② 구축대상 업무를 중심으로 작성
- 현행 업무처리절차 및 법 · 제도적, 조직상 문제점
- 표준화와 관련된 문제점
- 개선방향 제시
- 실현가능성
- 효과성 등을 객관적으로 분석하여 검토결과를 사업계획에 반영

(7) 업무처리절차

현행 업무처리절차의 문제점을 기초로 하여 기술영업 하려는 통신장비 도입 이후 효율성이 극대화할 수 있도록 업무처리절차를 제시한다.

(8) 통신망 연계 방안

① 다른 부서나 기관과 연계를 함으로서 업무의 생산성과 효율성을 증대를 위해 관련 기관 간 통신망연계를 실시하는 방법을 도출한다.
② 공동 활용이 필요한 대상 업무에 대하여 업무관련 기관과의 상호연결을 할 수 있는 방법을 도출한다.
③ 도출된 상호 연결 대상 업무별로 공동 활용이 가능한 자료명 등 통신망연결에 필요한 내용을 상세히 기술한다.
④ 통신망 연결과 관련된 기관간의 역할 분담과 연계방안에 대하여 일정을 기술한다.

업무명	통신망 공동활용 여부	주요 업무	상위측	하위측	속도

(9) 장비의 표준규격 준수사항

① 타 장비와 연계활용 및 연계의 효율을 높이기 위해 필요한 업무
② 정보통신장비가 표준화된 내용을 기술한다.

구분	표준화대상	표준화 내용	표준화 방안

(10) 신사업의 규모와 필요장비 및 구성도와 운영방안을 작성

① 신사업의 규모를 작성한다.
② 투입 예상 물량표를 작성한다.
③ 필요시 도면을 작성한다.
④ 기술동향과 도입의 필요성을 설명한다.
⑤ 사용자, 수행기관, 관련기관, 통신망, 하드웨어 등을 포함하여 구축하고자 하는 통신시스템의 당해 연도의 정보통신장비 구성도를 작성한다.
⑥ 통신망, 표준화, DB구축, 보안측면을 고려하여 시스템 구축방안을 작성한다.
⑦ 장비 구축 후 운영 및 관리를 위한 통신실, 인력, 운영형태 등을 기술 한다.
- 통신실 : 신설, 확충, 기존으로 표기
- 운영형태 : 자체, 외주로 표기

업 무 명	서비스시기	운영인력		통신실	운영형태
		기존	향후		

(11) 추진일정

신사업을 수행할 세부추진 내용을 종합하여 업무처리절차 개선, 장비구축, 통신망의 연계 및 표준화 추진 측면 등으로 나누어 구체적인 추진내역 및 일정을 기술한다.

(13) 기대효과

① 기대효과를 단말기 사용자에 대한 서비스 개선

② 업무처리 효율화 및 예산절감, 업무혁신
③ 조직혁신 측면에서 가능한 한 계량화하여 기술한다.
④ 예상되는 파급효과와 직·간접 기대효과를 모두 기술한다.
⑤ 계량화가 어려운 경우에는 기대효과를 설득력 있게 기술한다.

3. 정보통신장비에 대한설명

(1) 정보통신장비의 규격서 설명

① 표준화 규격 적용 개발 설명
② 설치조건 설명한다.
③ 기능을 설명한다.
④ 특성을 설명한다.
⑤ 현장 설비 조건을 설명한다.
⑥ 현장에 본 장비가 설치되면 타 장비와 연계성에 문제가 없는지 설명한다.
⑦ 장비의 보안기능을 설명한다.
⑧ 장비의 유지보수기능을 설명한다.
⑨ 원격관리기능과 저장기능 프린트기능을 설명한다.
⑩ 장비의 소프웨어기술에 대하여 설명한다.
⑪ 장비의 하드웨어기술에 대하여 설명한다.

(2) 장비의 운영 매뉴얼에 대하여 설명

① 설치자에게 필요한 설치자 메뉴얼을 설명한다.
② 운영자에게 필요한 운영자 메뉴얼을 설명한다.
③ 장애처리를 위한 유지보수 매뉴얼을 설명한다.

(3) 정보통신장비의 설치현장에 방문을 요청하여 현장 설명회

① 공장에 설치 현장에서 설명 하는 방법
② 세미나에서 설명 하는 방법
③ 어느 기관에 설치하여 설명 하는 방법
④ 수요자가 지정하는 현장에 설치하여 설명 하는 방법
⑤ 타 기관에서 운영하는 현정에서 설명 하는 방법

제 5 장
사업수주를 위한 기업수행능력 향상업무

5-1 사업수주 기업내부 평가

1. 사원의 기술력 향상

(1) 사원의 기술 능력

1) 기술이해 능력

소프트웨어 기술과 하드웨어 기술을 이해하는 기술자가 있어야하며 개인적인 능력에 따라 기업이 수주한 이후 수익성이 많이 나타날 수 있다.

2) 사원의 기술교육

기업은 사원의 기술능력 향상을 위한 사원에게 기회 부여와 투자가 지속되어야할 것이다.

2. 기업 내부 의사전달 체계 개선

① 수주를 한 이후 기업내부 의사전달 체계에 문자 있어 수행 과정에 일정상 문제가 많이 발생한다.
② 발주처의 요구사항을 즉시 보고하고 이행하여야 함에도 늦게 보고가 되는가 하면 적절한 조치시기를 놓치는 등 상호 작용이 복잡 해지지 않아야한다.

3. 우수한 품질의 장비 생산과 판매

① 응용 프로그램의 우수성
② 시스템 프로그램의 우수성
③ 장비의 안정도
④ 유지보수성
⑤ 호환성
⑥ 각종기능의 우수성
⑦ 각종 성능의 우수성

4. 우수기업 인증

① 자본의 유동성
② 우수한 기술자 모유
③ 이행 실적 보유
④ 국가와 지방자치단체를 당사자로 하는 계약에 관한 법률에서 계약입찰 규정에서 수행능력 평가에 규정한 평가 항목에 우수한 기업

5. 문제 해결 능력

① 문제의 원인 파악
② 문제 해결의 범위 설정
③ 문제 해결의 목표 수립

6. 자료와 정보수집 능력

① 각종 법규와 규정의 수집능력
② 타 재품과 기업의 기술동향 수집능력
③ 수요예측기관의 사업계획서 수집능력
④ 수요예측기관의 사업예산서 수집능력
⑤ 수요예측기관의 업무 내용 수집능력
⑥ 정보통신분야 정부 정책의 자료수집능력
⑦ 신문, 방송, 인터넷에서 이슈가 되는 자료수집 능력
⑧ 해외의 기술동향과 이슈에 관한 자료수집능력
⑨ 취급하고 있는 정보통신장비의 판매 전략에 유익한 자료수집 능력
⑩ 타 제품의 경쟁력에 관련한 자료수집 능력
⑪ 타 기업보다 앞서가기 위한 정보수집 능력

7. 분석능력

① 사업 수주전 수익성 분석능력
② 입찰공고의 각종 자료의 분석능력
③ 현장의 문제점 분석능력
④ 통신장비의 기술 분석능력
⑤ 원가계산의 분석능력(수익, 적자)
⑥ 현장에 설치시 발생할 문제점 분석능력
⑦ 안전사고 예방
⑧ 타 장비와 연동이 되지 않을 때 타 장비와 본 장비의 해결하는 능력

8. 정보통신장비를 구입하기 위한 분석업무

(1) 제품의 속성 분석

① 소프트웨어의 신뢰도
② 데이터베이스의 크기
③ 제품의 복잡도

(2) 장비의 속성 분석

① 실행시간
② 주기억장치
③ 장비의 안정성
④ 요구한 응답시간

(3) 기술 영업담당자의 설명 능력

① 적용 기술의 설명 능력
② 응용 기능의 설명 능력
③ 수요자가 이해하기 쉽도록 언어 표현능력
④ 통신분야 기초기술의 설명능력
⑤ 취급 장비의 카달로그 설명능력

(4) 설치 이후 향후대책에 대한 설명능력

① 유지보수 지원 대책 설명

② 반복적 장애에 대한 대책 설명
③ 향후 기술지원 범위에 대한 설명

5-2 입찰 요구사항 분석업무

1. 입찰의 요구사항분석의 필요성

입찰에서 요구사항은 발주자의 입장에서 요구를 하는 내용인지만 수주를 하려는 입장에서 그 요구를 수용할 수 있는가에 대한 분석은 반드시 필요하다.

발주자의 요구사항의 근본은 어디에서 발생 하였는가 분석한다.

① 정부가 규정한 법률, 규정, 지침이라면 수주하기 이전에 그 내용을 수집하여 분석하여야한다.
② 사업의 규모가 작은데 큰 사업의 규모로 요구를 하고 있지는 않는지 분석하여야한다.
③ 발주처 담당자가가 유사한 다른 사업의 현장 자료를 복사하여 요구를 하지는 않는지 분석하여야한다.
④ 사업을 위한 각종 설계서 단가가 적당한 단가가 아님에도 불구하고 사업을 추진하여 저가 사업은 아닌지 분석 하여야한다.
⑤ 이행이 불가능 함에도 요구한 사업은 아닌지 분석 하여야한다.
⑥ 사업의 모든 책임을 사업 수주자에게 넘기는 책임의 범위와 한계가 어디까지 인지를 분석 하여야한다.

2. 요구사항의 분석

① 기술적 요구사항 분석을 한다.
- 장비의 기능에 대한 요구가 실행 가능한가?
- 명령어의 실행 문제점
- 소프웨어의 결함 발생 우려
- 하드웨어의 결함 발생 우려
- 자료출력 요구사항을 한다.

② 운영적 요구사항 분석

- 성능의 요구 : 응답시간 , 데이터 처리량에 대한 분석
- 보안성 : 불법적 접근시 금지 기능, 장비의 보안 유지사항
- 유지보수 요구사항 : 유지보수에 따른 요구 내용 분석
- 신뢰성 : 소프트웨어와 하드웨어의 정확성 , 견고성, 완벽성
- 운영성 : 장비를 운영함에 있어 요구한 내용 분석

③ 입찰 요구의 분석표를 작성하여 요구에 대한 관련자 합동 회의를 한다.

요구 항목	제안요청서 수용 조건	기업이 수행하기 어려운 내용	타 기업과 협력 할 내용

④ 요구사항의 문제점 분석을 한다.

- 사업수행 중 부정확한 요구 발생 사전에 찾는 업무
  - 사업의 종료 단계에서 요구사항에 없던 내용을 구두로 추가요구 발생 가능성 찾기
  - 장비의 실행에 문제가 없도록 해달라며 문제점 보완을 요구하고 그 요구대로 실행이 되어야 대가를 지불한다는 조건부 요구발생 분석
- 요구사항의 계속적 변경에 대처 하는 방안을 마련한다.
  - 발주처의 담당자가 혹시 상상을 한 내용을 요구사항에 기록하여 요구하였다가 실행 불가하여 요구사항 변경
  - 다른 기업체의 실행 사항을 입찰 요구서에 적용하였다가 그 제품과 똑같이 요구하가다 사업수행기간에 타사 제품에 결함이 발생하면 본 사업의 수행 요구사항을 변경 해 달라는 요구사례
  - 발주처의 담당자가 소프트웨어에 대한 기술지식 부족으로 요구를 하였다가 이해가 되어 변경하는 사례
  - 사업추진중에 타 현장에서 새로운 기능으로 운영 중인 것을 확인 하고 본 사업에 타 현장과 동일한 기능으로 변경 요구하는 사례
  - 본 사업과 연계된 장비가 이미 타 현장에 운영 중인데도 그 장비에 관련한 연계성, 호환성을 사전에 확인하지도 않고 그에 따른 경비 지급 예산을 확보 하여야 함에도 확인을 하지 않고 발주 한 사례
  - 본 사업과 연계된 장비가 이미 타 현장에 운영 중이고 향후에 연계성, 호환성을 하려면 발주처에서 힘든 분야가 발생할 우려가 있어 본 사업 계약자에게 그 분야를 떠넘기는 시방서(규격서)를 작성하여 입창 요청서를 작성하여 발주 한 사례
  - 사업 종료 단계에서 타 현장의 장비와 연계가 안 된다면 연계가 되도록 요구하여 타 장비 회사에서 과다한 기술료를 유구하여 사업종료 단계에서 미완성으로 결정하고 대금을 지불하지 않아 법적 분쟁이 발생한 사례

제 6 장

신사업 수주 전략업무

6-1 신사업 수주를 위한 전략의 종류

1. 신사업 수주 분석업무

① 현장을 방문하여 통신장비 종류별 조사를 협조한다.
② 현장 담당자와 인터뷰를 한다.
③ 사업의 규모를 조사한다.
④ 입찰 내용을 기준으로 설계의 적정성 조사를 한다.

2. 기업 내부 회의

① 사업 수주의 타당성 조사내용을 발표한다.
- 경제적 타당성 조사(수익성, 자금지원 등)
- 기술적 타당성 조사
- 수주 이후 실행 일정의 타당성
- 요구조건의 법률적 타당성
- 기술이행 능력 타당성
- 기업의 수행능력 타당성

3. 유사사업 현장과 비교 분석

① 타 기관의 시행 이후의 문제점과 본 사업 수행시 문제점
② 타 현장의 사업비와 본 사업의 사업비 비교 분석
③ 타 현장의 사업 입찰 요구사항의 비교

4. 요구사항 내용 분석

① 특정 프로그램 구매 요청인 경우 납품 가능 여부
② 특수한 특허기술, 해외기술을 요구한 여부
③ 요구사항이 실현 가능한지 분석

5. 수주 기업의 실행 능력 분석

① 수주하면 재직자가 실행 할 수 있는지?
② 자금 투입 시기와 자금 회전 능력

6. 입찰 자격 확인

① 입찰 자격이 되는지?
② 입찰하기 위하여 타 회사와 공동 계약이 되는지?
③ 요구사항 분석을 통하여 실행 가능한지?

7. 위험 분석

① 현장은 안전사고 발생 우려 현장은 아닌지?
② 수주 이후 부도의 위험은 없는지?
③ 기술력이 부족하여 사업 수행중 발주기관에 기존 통신장비에 장애를 일으킬 우려는 없는지?
④ 발주자의 요구사항이 부당 함에도 계약을 강행한 사업수주 는 아닌지?
⑤ 실적을 만들기 위하여 입찰에 참가하여 수행 중도에 포기할 사업은 아닌지?
⑥ 실적을 만들기 위하여 사전에 하도급을 염두에 두고 입찰하여 계약 규정 위반 위험 발생 가능성은 아닌지?
⑦ 사업시행중 타 장비의 개발 회사와 본 사업과 분쟁 발생 우려가 없는지 분석
⑧ 성능과 기능을 실현 못하여 사업 중도 포기 우려는 없는지?

8. 설계도서를 분석

① 설계량의 부족 발생에 대한 설계도서 검토
② 기능 요구사항의 적절성 검토
③ 성능요구사항의 적절성 검토
④ 특정기술 적용하여 실행이 불가능 할 우려 검토

9. 사업수주 유익성 분석

① 사업 수행실적을 통한 다른 사업 수주 입찰참가 자격이 발생한다.
② 기술력이 확보 된다.
③ 기술자들의 기술력이 향상된다.
④ 미래 사업과 연계성이 아주 깊다.
⑤ 사업이 종료된 이후 유지보수 입찰참가 자격을 얻는다.
⑥ 다른 사업과 연계가 되어 영업에 큰 도움이 된다.
⑦ 본 사업의 기술력은 새로운 장비 개발과 생산에 유익하다.
⑧ 사원의 업무가 연계가 되어 공백 없는 업무 부여가 된다.
⑨ 유사 사업을 수행하는 사업자와 협력 사업을 할 수 있다.

10. 수요자 지원을 위한 홈페이지 운영

① 수요자가 정보통신장비를 쉽게 이해를 할 수 있도록 현장 종류별 통신망도를 작성하고 통신장비의 내역과 성능표(우수제품인증서 첨부 등)을 표기하여 설명을 한다.
② 취급 장비의 종류별 규격서를 한글 파일로 저장하여 누구나 쉽게 다운로드 받아서 소요 예산서 작성과 구매 규격서 작성, 구매 제안요청서에 활용 할 수 있도록 지원을 한다.
③ 구매상담 부서, 지역별 협력회사, 지역별 기술지원팀, 장애처리 기동팀 등의 연락처를 알린다.

6-2 정보통신장비 설명서 작성실무

1. 정보통신장비 설명서 작성의 순서

기술영업 담당자가 직접 정보통신장비 설명서를 작성하면 설명을 쉽게 할 수 있으며 설명서 작성 순서는 다음과 같이 작성을 한다.

① 정보통신장비의 필요성을 설명한다.
② 정보통신장비가 필요한 현장에 대한 설명한다.

③ 기존의 정보통신장비와 현재 설명하고자 하는 정보통신장비의 차이점을 설명한다.
④ 정보통신장비에 채택한 신기술, 특허 새로운 기능을 소개한다.
⑤ 기존의 정보통신장비의 문제점, 불편한 점, 개선이 필요한 내용을 설명한다.
⑥ 설명 대상의 정보통신장비가 고객 현장에 적합한 통신망도를 설명한다.
- 통신망도에 대한 A와 B의 관계 망을 구체적으로 설명을 한다.

⑦ 설명 대상의 정보통신장비의 내부 계통도를 설명한다.
- 각 구성 보드에 대한 계통도를 구체적으로 설명을 한다.
- 내부 계통도에 대한 송신과 수신의 관계 설명과 주장치를 통하 여 각 경로별 설명을 한다.

⑧ 설명 대상의 정보통신장비 설치에 필요한 각종 자재를 설명한다.
⑨ 정보통신장비구매 내역서를 설명한다.
⑩ 정보통신장비설치 시방서를 설명한다.
⑪ 정보통신장비 규격서를 설명한다.
- 성능, 기능, 특성에 대한 설명과 기타 기술적인 분야 설명

⑫ 정보통신장비 구매 방법 설명
- 조달 우수제품, 신기술제품, 우선구매 대상제품 등 조달구매, 일반입찰 구매, 제안 입찰 구매(협상에 의한 구매)등 구매하는 방법을 설명한다.

⑬ 정보통신장비설치 사례와 고객의 현장에 적합여부를 설명한다.
- 타 현장별 문제점, 해결방법, 해결 내용 등 문제점을 어떻게 해결하고 설치를 하였는지 설명한다.

⑭ 납품 현장 목록을 제시하고 설명한다.
⑮ 고객의 현장에 필요한 추가 제안을 설명한다.
⑯ 고객에게 충분하게 설명을 하려고 하였으나 충분한 설명이 되지 못하는 경우 정보통신장비 동영상 설명서를 제작하여 컴퓨터나 휴대전화기를 활용하여 설명한다.
⑰ 다른 현장의 운영 내용에 대한 설명을 동영상으로 제작하여 고객에게 설명을 한다.
⑱ 정보통신장비를 활용하여 운영현장의 업무처리 형태별 편리한 점을 설명하는 상세설명서를 작성한다.
- 활용적 분야 : 온라인 업무, 원격관리업무, 고객의 편리성
- 운영적 분야 : 운영자의 편리성, 장애처리의 신속성, 장애예방

제 7 장

정보통신장비 구매입찰 시방서 분석기술영업

7-1 정보통신장비 구매입찰 시방서 분석실습

1. 정보통신장비구매 규격서 분석

다음의 정보통신장비 구매발주사례 내용을 참조하여 입찰에 참가하기 위하여 준비할 업무는 어떤 것이 있는지 분석한다.

정보통신장비 구매시방서

Ⅰ. 일 반 사 항

Ⅱ. 물품내역서

Ⅲ. 구입장비 세부규격서

※ 별첨 : 외주 용역사업 보안특약

년 월 일

00 광역시

Ⅰ. 일 반 사 항

1. **건명** : 정보통신장비(백본, L3 스위치)구매
2. **목적** : 본 시방서는 00광역시의 『정보통신장비(백본, L3스위치)구매』 사업에 관하여 00광역시(이하 "발주기관"이라 한다)가 계약자에게 요구하는 네트워크장비설치에 대한 규정을 목적으로 한다.
3. **사업개요**
   가. 사 업 명 : 『 정보통신장비 구매 설치』
   나. 사업기간 : 계약 체결 후 60일 이내
   다. 납품 및 설치 장소 : 00시청 통신실
   라. 구입내역 : 납품내역 및 세부규격 참조
   마. 무상 유지보수기간 : 검수 합격일로 부터 1년간
4. **네트워크 현황**
   네트워크 및 보안장비 운영현황 등 상세한 자료는 공개하지 아니하며, 방문시 세부정보가 필요한 자료는 열람 가능함(현장 확인을 하지 않고 입찰을 한 이후 발생된 사항은 계약자에게 책임이 있음)
5. **입찰참가자격**
   가. 지방자치단체를 당사자로 하는 계약에 관한 법률 시행령 제13조 및 동법 시행규칙 제14조에 의한 자격을 갖추고, 00광역시에 주된 영업소를 둔 업체
   나. 네트워크스위치(G2B물품분류번호 : 4322261201)로 입찰참가 등록한 업체로 입찰 참가 자격을 등록한 업체, 정보통신공사업 등록업체
6. **납품·설치 기한** : 계약일로부터 20일 이내
7. **하자보수 기간** : 무상 하자 유지보수 기간은 검수일로부터 1년으로 한다.
8. **납품 방법**
   가. "물품 및 기술지원 공급 확약서"는 낙찰자 결정 후 10일 이내에 제출한다.
   나. 계약체결 후 7일 이내 다음의 서류를 제출하여야 한다.
      (1) 장비 납품계획서(납품장비 세부규격 포함) 1부
      (2) 제조사 「정품인증 보증 서류」 원본 1부
      (3) 보호구역 출입자 명단 및 보안서약서(대표자 보안서약서 포함)
      (4) 작업자 보안서약서 1부
      (5) 기술요원 명단(비상연락망).
   다. 본 시방서에 명시되지 아니한 사항은 "지방자치단체를 당사자로 하는 계약에 관한 법률·동시행령·동시행규칙" 및 관련 회계예규 등 계약관련 규범에 의하되, 동 법규 등에 명시하지 않은 사항에 대해서는 우리시의 견해에 따른다.
   라. 계약자는 시방서에 명시된 물품 일체를 일괄 공급방식으로 납품·설치하여야 하며, 납품하는 물품은 입찰등록 마감일을 기준으로 제조사가 단종하는 기종이어서는 아니 된다.
   마. 장비의 납품과 설치 중 제반 안전사고 및 납품 과정에서 발생하는 행정

적, 기술적 제반 비용과 그 문제 처리는 계약자 부담하며, 세부규격에 명시된 품목 외에 추가적인 품목과 비용이 요구될 경우 해당 품목과 비용이 이미 포함된 것으로 본다.

바. 장비납품 시 파손이나 시험운영중 장애가 발생하였을 경우 계약한 제품으로 교체하여야 한다.

사. 본 장비 납품·설치 결과가 본 시방서에서 요구하는 성능, 사양 등을 만족할 수 없다고 판단되면 납품·설치의 변경을 요구할 수 있으며, 계약자는 이에 응하여야 한다.

아. 설치되는 시스템은 본 사양서를 100% 만족시키는 정품, 완제품, 신품으로 공급되어야 하며, 주요 구성품 및 부품 또한 반드시 제조사의 정품과 인증된 제품만을 공급하여야 한다.

자. 공급되어지는 모든 소프트웨어는 최신 S/W로 하며 라이센스(저작권)가 있을 경우, 원 소유자의 저작권을 침해하지 않는 제품으로 제공하여야 하며, 공급되는 S/W는 발주자의 소유로 한다.

9. 물품의 품질

가. “계약자”는 공급하는 물품의 제조사가 아닐 경우 계약물품의 정상제품 납품과 기존 시스템과의 연동 등 최상의 시스템 환경구축을 위한 품질보증을 위하여 해당 장비 및 SW 등 제조사(외산의 경우 해당 국내사)로부터 정품인증 보증 서류를 제출하여야 한다.

나. “계약자”는 장비납품과 관련하여 장비설치, 네트워크 연결 등이 “발주기관”의 완전한 목적수행에 지장이 없도록 품질의 신뢰성, 제품의 안정성, 시스템 간 호환성 및 연계성을 가져야 한다.

다. 주요 구성품, 부품 등을 포함한 HW는 최신규격의 완제품을 공급하여야 하며, 반드시 제조사의 정품을 사용하여야 한다.

라. 납품 설치되는 품목은 구입장비 내역의 세부규격과 동일한 제품으로 납품하여야 하며 요구 규격과 내용이 상이할 경우 “발주기관”은 계약을 파기 할 수 있고, “계약업체”는 이에 응하여야 한다.

마. 납품하는 장비는 정품 및 최신 버전이어야 한다.

바. 보안 및 네트워크자원의 가용성을 극대화하고 네트워크 트래픽 부하을 고려하여 장비를 적절히 배치하고 기존장비는 재배치 등 최적 환경으로 조정하여야 한다.

사. 납품과 설치하는 보안장비, 네트워크장비, 근거리통신망(LAN) 연결 등이 “발주기관”의 완전한 목적수행에 전혀 지장이 없도록 하여야 하며, 품질의 신뢰성, 제품의 안정성과 "발주기관"의 기존 시스템과의 호환성에 아무런 문제가 없도록 일괄 납품, 설치 및 최적화하여야 한다.

아. 금회 납품되는 모든 물품은 우리시 구내정보통신망 기존장비와 100% 호환이 되어야 하며 기존 장비의 각종 관리 소프트웨어를 통해 운영 관리되어야 한다.

자. 금회 납품되는 모든 물품은 차세대 인터넷 주소체계 전환계획에 따라 IPv6를 지원하여야 하며, 우리시 요청에 의한 업그레이드 등 제반 기술

적인 사항을 지원하여야 한다.

10. 구매 및 설치범위

가. 내부 업무 구간 성능 개선을 위한 업무용 백본 신규 도입, L3 스위치 교체 및 재배치, 기존 L2스위치 교체, 인터넷 구간 안정성 향상을 위한 인터넷 백본 이중화 설치, 내부 서버팜 및 시 DMZ 서버팜 스위치 추가 설치

나. 업무망 최상단으로 통합 VPN 구성에 따른 업무망 및 인터넷망 분배구간 백본 스위치 신규 도입

다. 내부 서버팜 구간 성능 개선을 위해 기존 내부 서버팜 L3스위치(1G)는 신규 L3스위치(10G)로 교체하고 기존 L3스위치는 VPN 구간 이중화를 위해 재배치 설치

라. 정보통신 장비를 활용한 인터넷 백본 이중화 구성 및 기존 인터넷 백본은 시 DMZ 서버팜 구간 확장을 위해 서버팜 스위치로 재배치 활용

마. 내부 서버팜 구간 확장을 위해 정보통신장비 서버팜스위지 활용(설치 포함)

바. 운영자 및 사용자를 위한 기술교육 등

사. 백본 장비와 다른 장비간의 구성방법은 다음과 같다.

(1) 신규 도입되는 업무/인터넷망 분배구간 백본 스위치 2대를 이중화로 구현하고, 발주처에서 제공하는 L4스위치(1G) 2대, VPN 2대, 예비 L4스위치(1G) 2대를 이중화 재배치하고 최상단에 기존업무용 라우터를 연결하여 암호화구간 구성 및 업무 구간 성능 개선이 이루어져야 한다.

(2) 기존 내부 L3스위치를 교체 하여 내부 사용자에게 업무의 안정적 서비스를 제공하고, 기존 네트워크망 L3 스위치 모듈을 교체하여 구간 성능이 향상 되어야 한다.

(3) 정보통신 장비를 활용한 인터넷 백본스위치 이중화 구성으로 인터넷 구간의 안정적인 서비스를 확보하고, 기존의 인터넷 백본은 DMZ 서버팜으로 재배치하여 서버 추가 시 확장성을 보장하여야 한다.

(4) 내부 서버팜 구간에 정보통신 장비를 활용 서버팜 스위치를 설치하여 서버 추가 시 확장성을 보장하여야 한다.

11 각종 부담 및 책임이행

가. 손해배상

(1) 계약자의 계약 불이행이나 기타 귀책사유로 손해가 발생한 경우에는 계약자는 손해를 배상하여야 한다.

(2) 계약자는 보안정책을 위반하였을 경우 위규처리 기준에 따라 위규자를 행정조치하고 보안 위약금을 발주자에게 납부하여야한다.

나. 위험부담 : 계약자는 계약내용에 따라 사업을 이행함에 있어 자기책임하에 각종 위험으로부터 생명과 신체를 보호하여야 한다. 위험발생이 예견될 경우 즉시 감독자에게 요청해서 조치해야 한다.

다. 책임이행 : 본 계약의 종료 또는 해지 이후에도 계약기간동안 발생한 책

임이행사항에 대해서는 이행될 때까지 유효하며 양 당사자의 승계자 및 양수인에게도 적용된다.

12. 보안대책

가. 일반사항

(1) 계약자는 발주자의 정보보호 정책, 지침 및 매뉴얼을 준수하여야 한다.

(2) 계약자는 발주자의 자산에 접근하기 위해서는 접근 통제 절차를 준수하여야 한다.

(3) 계약자는 사업수행 직원을 발주처의 허락 없이 임의로 교체해서는 안된다.

(4) 계약자는 사업수행에 사용되는 문서·인원·장비 등에 대하여 물리적·관리·기술적 보안대책 및 "누출금지 대상정보"에 대한 보안관리계획을 착수계 제출시 작성·제출하여야 하며, 해당 정보 누출 시 발주자가 지방자치단체를당사자로하는 계약에 관한 법률에 따라 계약자를 부정당업체로 등록한다.

나. 계약자의 직원에 대한 보안관리

(1) 사업수행 직원에 대해서 각 개인의 친필 서명이 들어간 보안서약서 제출 및 대표자 명의의 비밀유지계약서를 작성 제출 한다.

(2) 계약자는 본 사업에 참여하는 인원에 대하여 보안교육에 참여할 수 있도록 조치하여야 한다.

다. 내부 자료에 대한 보안관리

(1) 사업수행을 위해 제공하는 내부 자료는 자료 인계인수대장을 작성하여 인수·인계 시 직접 서명한다.

(2) 제공된 내부 자료에 대해 복사 및 외부반출을 할 수 없으며, 과업완료 후 발주자에게 에게 반환한다.

라. 장비에 대한 보안관리

(1) PC(노트북 포함)는 반출·반입시마다 최신 백신프로그램 설치와 악성코드 감염 여부를 확인하여야 한다.

(2) 과업수행을 위해 반입된 PC는 업무 종료 시까지 반출을 할 수 없다. 다만, 불가피한 경우 발주자의 승인 후 반출할 수 있다.

(3) USB 등의 보조기억매체는 사용할 수 없다.

(4) 과업 종료 시 PC 및 사용된 보조기억매체는 복구가 불가능하도록 완전삭제하고 발주자의 승인 후 반출한다.

(5) 정보보호시스템의 고장수리 또는 기타 사유로 인해 저장매체를 교환·반출시 발주자의 처리절차를 준수하여야 하며 세부사항은 발주자와 협의 후 시행하여야 한다.

마. 내·외부망 접근에 대한 보안관리

(1) 사용자계정(ID)은 하나의 그룹으로 등록하고 사용자계정별로 정보시스템에 접근권한을 부여토록 한다.

(2) 사용자계정별로 부여된 권한은 불필요 시 곧바로 권한을 해지하거나 계정을 폐기토록 한다.

(3) 발주자 감독자 입회하에 사용자별로 부여한 계정에 접속하여 저장된 자료와 작업이력을 확인할 수 있다.

(4) PC(노트북 포함)는 인터넷 연결을 금지한다. 다만, 불가피한 경우는 필요한 보안조치를 실시하고 감독자 확인 후 사용한다.

바. 자료의 보안관리

(1) 사업수행 시 생산되는 모든 자료는 발주자가 지정한 장소, PC에 저장한다.

(2) 사업수행으로 생산되는 모든 기록은 발주자가 전량 회수하고 인가하지 않은 자에게 제공·대여·열람을 금지한다.

(3) 사업수행으로 생산되는 모든 기록의 소유권은 발주자에게 있다.

(4) 사업 수행 중 계약자에 의한 보안사고 발생 시 민·형사상의 모든 법적 책임은 계약자에게 있다.

(5) 보안사고 발생 시 또는 인지 시에는 즉시 발주자에게 통보하여야 한다.

사. 본 사업 중에 취득한 자료·지식(누출금지 대상정보)에 대해 사업수행 중은 물론 사업완료 후에도 비밀을 준수할 수 있도록 사업 참여인력 전원은 보안서약서를 착수계 제출시 일괄 제출하여야 한다.

아. 사업수행 중 과업참여자를 교체할 경우에는 인계인수를 철저히 하여 자료의 외부유출을 사전에 방지하여야 한다.

자. 계약자는 사업수행과 관련하여 해당 보안관련 규정 및 외주 용역사업 보안특약 을 충실히 이행하여야한다.

차. 계약자는 관련된 모든 자료와 수행과정에서 생성된 자료를 사업이 완료되는 즉시 "발주기관"에 제출하여야 한다.

13. 안전관리

가. 안전과 관련하여 사전협의 또는 승인 없이 발생된 문제는 "계약업체"가 책임을 져야 한다.

나. 안전에 관한 법률 및 규정에 의하여 작업을 시행하기 이전에 작업자에게 안전 교육을 실시하여야 하며, "계약자"는 안전사고 예방에 최선을 다하여야 한다.

다. 작업자는 작업을 실시하기 이전에 관련기관과 협조하여 안전에 대한 대책을 수립하여야 하며 관련기관에서 요구하는 대책을 수립하여야 한다.

라. 장비 교체·설치와 관련하여 발생하는 현장요원의 안전사고 등 제반 사고 및 피해에 대해서는 "계약자"가 책임을 지고 보상한다.

마. 시공 중 시설물 파손시 "발주기관"에 신속히 보고한 후 "발주기관"의 지시대로 "계약자"가 책임을 지고 원상 복구하여야 한다.

14. 물품 검수

가. 제품규격의 확인은 세부사양서의 내역에 따르며, 규격 확인이 어렵거나 미흡한 경우 "계약자"는 관련 증빙서류를 제출 또는 기타 확인과정을 통하여 입증하여야 한다.

나. 검수결과 하자 발생시 이의 개선에 필요한 모든 작업은 "계약업체"의 부담으로 시행 조치하여야 한다.

다. "계약자"는 검수 요청 전 "발주기관"의 담당자 입회하에 "발주기관"의 담당자가 지정하는 방법에 의해 시스템의 정상작동 여부를 입증하고, 그 결과 문제가 없을 경우 검수를 요청하여야 하며, 문제점, 시스템 보완요구 등에 대해서는 즉시 조치하여야 한다.

15. 개통 및 확인

가. 계약자는 설치 완료시 각 장비의 기능에 대한 확인절차를 거쳐야한다.

나. 납품업체는 감독관의 입회하에 확인절차를 실시하여야 하며 그 과정에서 장비의 시운전 검사 항목을 작성하여 계약자는 사전에 감독관에게 제출하여 승인을 받고 시운전을 하고 시운전 결과목록표를 제출하여야한다.

다. 확인과정 중에 발견된 오동작 및 미비점에 대해서 즉시 수리 및 교체 또는 보완하여야 하며, 감독관의 입회하에 재확인을 받아야한다.

16. 유지보수

가. 안정적인 네트워크 운영 및 관리를 위하여 중급기술자 1명 이상을 납품 후 발주처 운영자에게 운영자교육을 실시하여야 한다.

나. 납품장비의 무상유지보수기간 중 제품의 결함 및 하자가 발생할 경우 "계약자"는 무상으로 수리하거나 동일 신품으로 교체하여야 한다.

다. "계약자"는 무상하자보수기간 중 월1회 이상 시스템에 대한 정기점검을 실시하여야 한다.

라. 장애발생시 수리정비는 통보 후 2시간 이내에 착수, 착수 후 4시간 이내에 장애처리를 완료하고, 장애원인 규명과 예방조치를 하며, 주요부품에 대해서는 예비 장비를 확보하여 치명적인 장애에 대비하여야 한다.

마. 장애로 인하여 부품을 교체할 경우 순정품으로 교체하여야 하며, 유지보수의 모든 세부내역은 "발주기관"에게 사전 통보하고, 관리자의 감독하에 이루어져야 하며, 장애처리에 대한 결과 보고서를 제출하여야 한다.

바. 무상유지보수기간 중 시스템에 동일 장애가 3회 이상 발생하는 경우, "발주기관"의 요구에 따라 동급 이상의 신규 시스템으로 교환 조치하여야 하며, 장애로 인하여 장시간 "발주기관"의 시스템 가동 운영서비스가 어렵다고 판단될 경우에는 "계약자"는 해당 장비를 동급 이상의 시스템 기종으로 대체 설치하여 "발주기관"의 운영서비스에 지장이 없도록 한다.

사. 무상하자보수 기간 내 "발주기관"의 부득이한 사정으로 납품 설치된 장비의 대상 장비를 변경하거나 관련 장비의 이전시, 이에 필요한 제반경비(기술, 인력 등)를 무상 지원하여야 하며, 업무처리에 공백이 없도록 신속히 처리하여야 한다.

17. 기술 및 교육 지원

가. "계약자"는 최소한 다음과 같은 사항에 대하여 기술지원을 하여야 한다.

(1) 장애발생 시 신속한 복구 및 기술 지원

(2) 납품제품 관련 신기술정보 및 자료 지원

나. "계약자"는 납품 설치된 장비의 운영이 가능하도록 운영자에게 교재 및 교육을 무상으로 지원하여야 하며, 무상유지보수기간 내 "발주기관"의 운영자 및 관리자 변동 시 1회 이상 무상 교육을 실시하여야 한다.

18. 기타 사항

가. 권리의무의 양도 : 계약자는 발주처의 사전 승인 없이 본 과업내용에 따른 권리 의무를 타인에게 양도하거나 과업내용의 이행을 제3자에게 하청할 수 없다.

나. 분쟁의 해결 : 본 계약서에 명시되지 아니한 사항은 별도의 관계규정이 있으면 그 규정에 의하고 규정에 없는 경우 서로 협의한다.

(1) "계약자"는 "발주기관"이 지정하는 장소에 장비를 납품, 설치하여야 하며, 이를 수행하는데 필요한 일체의 제반비용(운반비, 설치비, 소모품비 등)을 부담하여야 한다.

(2) 제품의 운반·설치 시 "계약업체"의 귀책사유로 제품에 하자가 발생하였을 경우 "계약업체"는 신품으로 교체 설치하여야 한다.

(3) "계약자"는 장비납품 설치 시 "발주기관"의 업무에 지장을 주지 않는 범위 내 에서 설치하여야 한다.

(4) "계약자"는 장비 납품 시 계약일 기준 최신기종(버전)을 납품해야 한다.

(5) "계약자"는 납품기한 내에 제품을 납품 및 설치를 완료하여 정상가동되도록 조치하여야 한다.

(6) "계약자"는 기존 보안장비 및 네트워크장비 등의 활용에 있어 이상이 없어야 하며, 독립 구축 및 환경변화에 따른 기존장비의 재설정 및 셋업 작업은 "계약업체의 책임"으로 한다.

19. 교육 및 운영지원

가. 계약자는 사전설치계획 수립 및 단계별 진행상황을 철저히 확인하고, 검증하여 우리기관의 특성으로 인한 설치작업 지연 및 장애가 발생하지 않도록 조치하여야 하며, 이에 대한 모든 책임은 계약자가 진다.

나. 계약자는 설치공사시방서 명기되지 않은 사항일지라도 장비설치에 필요한 사항은 감독관의 지시에 따라 보완하여야 하며, 이에 따르는 제반 경비는 계약자가 부담한다.

다. 납품 및 설치완료 후 발주처 운영자에게 납품장비 및 프로그램 운영에 필요한 교육을 실시하여야 한다.

라. 교육에 소요되는 모든 경비는 계약자가 부담하고, 교육일정은 상호 협의하여 결정한다.

20. 검 수

가. 계약자 자체 시험이 완료되면 감독관에게 검수 항목서를 작성하여 제출하고 확인을 받은 후에 검수를 한다.

나. 계약자는 설치 완료 후 감독관의 납품확인을 받고 납품완료계를 제출한다.

21. 납품 완료시 제출서류

1) 납품내역서 및 물품명세서 1부
2) 장비운영 매뉴얼 각 2부
3) 유지보수 연락처 및 제품별 비상연락망 1부
4) 대표자 보안확약서 1부

5) 비밀유지 서약서 1부
6) 사진첩(장비설치 전・중・후) 2부.
7) 유지보수 및 교육지원 계획서 각 1부.

22. 하자보증 및 기술지원 사항

가. 하자보수 및 기본 유지보수 기간은 검수일로부터 1년으로 한다.

나. 유지보수 기간은 납품단가에 포함된 설치・구축・안정화에 필요한 기술지원 서비스 기간을 의미 한다.

다. 하자보수 기간 중 납품장비의 결함 등으로 인한 가동 중단 횟수가 월 3회 이상 발생할 경우, 납품업체는 장비 일체를 신규 장비로 교체 한다.

라. 계약자는 24시간 비상연락체계를 유지하여 장애복구에 책임을 지며, 발주자가 요구하는 장애복구에 즉시 응하여야 하며, 장애(고장) 통보를 받은 시간으로부터 4시간 이내에 도착 복구하여 정상 가동토록 하여야 한다.

마. 장애가 발생하여 고장수리 보장시간 내에 정상가동 시키지 못했을 경우 계약자는 발주자에게 3일 이내에 문서로 그 원인을 통보하여야 한다. 단, 정확한 원인규명에 많은 시일을 요할 경우 그 사유를 위의 기일 내에 문서로 통보하여야 한다.

바. 하자보수 기간 중 시스템의 결함을 수리하기 위한 오류수정, 부품 교환・수리・제조, 시험 등에 소요되는 제반경비는 제조사의 부담으로 하며, 계약자는 원활하게 운영될 수 있도록 최대한 협조를 하여야 한다.

사. 기본 유지보수 기간 중 월 1회 이상 정기점검을 실시하고, 예방점검이 필요하여 발주자가 요구할 경우, 구축장비 등의 Patch, 보안취약점 점검 등을 실시하여야 한다.

아. 기본 유지보수 기간 중 발주자가 요구할 경우, 분기에 1회 이상 트래픽 운영 및 분석보고서를 제출하여야 한다.

자. 기본 유지보수기간 중 발주자의 사정에 의한 시스템의 증설, 이설 및 교체 등의 사항에 대한 지원요구에 무상으로 협조하여야 한다.

23. 납품제품 교체조건

가. 제품 설치 후 3개월 이내에 3회 이상 동종의 장애 발생시 신품으로 교체하여야 한다.

나. 제품 설치 후 운영 중 같은 문제의 빈번한 장애로 인하여 시스템 운영이 불가능할 때 신품으로 교체하여야 한다.

Ⅱ. 물품 내역서

품명	규격	수량	비고
백본스위치		2식	
L3스위치	10G	2식	

Ⅲ. 정보통신장비 규격서

1. 백본스위치

□ 성능
- o Switching Fabric 720Gbps 이상 제공
- o 패킷 포워딩 428Mpps 이상(Full wire speed, Non-blocking 성능 지원)
- o 최대 14 slots 이상 Chassis Type
- o 메인메모리 : 2GB 이상, 플래시 메모리 : 128MB 이상 제공
- o Wire-speed의 L2 & L3 IP routing 제공

□ 인터페이스
- o Management Port(RJ-45) : 서비스 포트 외 별도 포트 제공
- o Console Port(RJ-45) : 서비스 포트 외 별도 포트 제공
- o OS Upgrade 시 USB 및 외장 메모리 사용할 수 있는 별도 포트 제공
- o 1000Base-X 최대288 ports 이상 지원
- o 10/100/1000Base-Tx 최대 288 ports 이상 지원
- o 10GBase-X 최대 24 ports 이상 (2포트 단위 증설 가능해야 함) 지원
- o 포트 최적 활용위하여 Processor 및 스위치 패브릭은 단일 모듈에서 제공
- o 확장성을 고려하여 10/100/1000Base-Tx 및 1000Base-X12포트 단위 증설 가능 지원

□ 안정성
- o Active 관리 모듈 장애 시 Standby 모듈로 서비스 지원
- o OS 와 Config 파일의 이중화 및 장애 시 자동 백업 기능 제공
- o Processor 및 스위치 패브릭, 전원 이중화 지원

□ 기능
- o IP Multicast switching : IGMP snooping(IGMP v2), PIM-SM/SSM 제공
- o Routing 제공 : Static, RIPv2, OSPFv3, BGPv4
- o 하드웨어 기반의 Layer3 Routing 및 Routing Entry 512K 이상
- o IEEE 802.1Q VLAN Trunking 제공
- o 대역폭 확장, 링크이중화 확보위해 포트 그룹 제공(8포트/그룹 및 최대 256그룹 이상)
- o Netflow 지원(Flow 데이터 생성/진송 기능)
- o IEEE 802.1d/w/s STP, RSTP, MSTP 제공
- o VRRPv3 Layer-3 redundant protocol 제공
- o BFD(Bi-Directional Forwarding Detection) 제공
- o IEEE 802.3ad 표준 Link Aggregation 제공
- o 하드웨어기반의 ACL 제공
- o SNMP, Syslog, RMON, RADIUS, TACACS+ 제공
- o IP 사용자별 입/출력 접근 제어 또는 허용 기능(ACL 접근자 통제기능) 제공
- o 효율적인 전력 관리를 위하여 장비에서 지원하는 전체 인터페이스 모듈에 대하여 인터페이스 모듈 Full 실장 후 최대 소비전력 1,400W 이하 제공

2. L3 10G 스위치

□ 성능
- o Switching Fabric : 1,280Gbps 이상
- o 패킷 포워딩 : 952Mpps 이상
- o 메인 메모리 : 2GB 이상
- o 플래시 메모리 : 1GB 이상

□ 인터페이스
- o Management Port(RJ-45) : 서비스 포트 외 별도 포트 제공
- o Console Port(RJ-45) : 서비스 포트 외 별도 포트 제공
- o 1000Base-X(SFP) 48포트 이상 또는 10GBase-X(SFP+) 48포트 이상
- o 40G Base-R(QSFP+) 4포트 이상
- o 19인치 표준 Rack에 장착 가능한 구조
- o Rack 공간 활용성을 위하여 1RU 이하의 사이즈
- o 전원 이중화 및 Hot-swap 가능 구조
- o 팬 모듈화 및 Hot-swap 가능 구조

□ 기능
- o 4K 이상 Active VLAN Entry 지원
- o 4K 이상 ARP Table Entry 지원
- o 32K 이상 MAC Address 지원
- o 128K 이상 IPv4 Routing Entry 지원
- o IEEE 802.1P QoS 및 Rate limiting 지원
- o 멀티캐스트(IGMP, IGMP snooping, PIM-SM, PIM-SSM) 지원
- o IEEE 802.3ad Link Aggregation 지원
- o DHCP server & relay 지원
- o 라우팅 프로토콜(Static, RIP, OSPF, BGP), VRRP 지원
  - 8개 이상의 Routing ECMP(Equal Cost Multiple Path) 지원
- o IEEE 802.1D STP, IEEE 802.1W RSTP, IEEE 802.1S MSTP, RPVST+ 지원
- o 하드웨어 기반의 IPv4 및 IPv6 동시지원
- o 하드웨어기반의 ACL 지원
- o N:1의 포트 미러링 지원
- o SNMP v1/v2, Syslog, RMON, RADIUS, TACACS+ 지원
- o 포트별, 클래스별 Egress 트래픽에 대한 Shaping 지원
- o 포워딩 경로 신속한 장애 감지 위한 BFD(Bidirectional Forwardign Detetion) 지원

[별첨1]

외주 사업 보안특약

□ 외주 사업 보안특약

[별표1] 보안 위약금 부과 기준

[별표2] 사업자 보안위규 처리기준

[별표3] 누출금지 대상정보

□ 외주 사업 보안특약

① 사업자는 00광역시 「네트워장비(백본, L4 스위치)구매」 사업의 보안정책을 위반하였을 경우 [별표1]의 위규처리 기준에 따라 위규자 및 관리자를 행정조치 한다.

② 사업자는 사업 수행에 사용되는 문서, 인원, 장비 등에 대하여 물리적, 관리적, 기술적 보안대책 및 [별표2]의 '누출금지 대상정보'에 대한 보안관리 계획을 사업제안서에 기재하여야 하며, 해당 정보 누출 시 행정자치부는 국가계약법 시행령 제76조에 따라 사업자를 부정당업체로 등록한다.

③ 사업 수행과정에서 취득한 자료와 정보에 관하여 사업수행 중은 물론 사업 완료 후에도 이를 외부에 유출해서는 안 되며, 사업종료 시 정보보안담당자의 입회하에 완전 폐기 또는 반납해야 한다.

④ 사업자는 사업 최종 산출물에 대해 정보보안전문가 또는 전문보안 점검도구를 활용하여 보안 취약점을 점검, 도출된 취약점에 대한 개선을 완료하고 그 결과를 제출해야 한다.

[별표 1] 보안 위약금 부과 기준

구분	위규 수준			
	A급	B급	C급	D급
위규	심각 1건	중대 1건	보통 2건 이상	경미 3건 이상
위약금 비중	부정당업자 등록	계약금액의 5%	계약금액의 3%	계약금액의 1%

[별표 2] 사업자 보안위규 처리기준

구 분	위규사항	처리기준
심 각	1. 비밀 및 대외비 급 정보 유출 및 유출시도 가. 정보시스템에 대한 구조, 데이터베이스 등의 정보 유출 나. 개인정보 · 신상정보 목록 유출 다. 비공개 정보 유출 2. 정보시스템에 대한 불법적 행위 가. 관련 시스템에 대한 해킹 및 해킹시도 나. 시스템 구축 결과물에 대한 외부 유출 다. 시스템 내 인위적인 악성코드 유포	○ 사업 참여 제한 ○ 위규 · 용역책임자 교체 ○ 재발 방지를 위한 조치계획 제출 ○ 위규자 대상 특별 보안교육 실시
중 대	1. 비공개 정보 관리 소홀 가. 비공개 정보를 책상 위 등에 방치 나. 비공개 정보를 휴지통 · 폐지함 등에 유기 또는 이면지 활용 다. 개인정보·신상정보 목록을 책상 위 등에 방치 라. 기타 비공개 정보에 대한 관리소홀 2. 사무실 · 보호구역 보안관리 허술 가. 통제구역 출입문을 개방한 채 퇴근 등 나. 인가되지 않은 작업자의 내부 시스템 접근 다. 통제구역 내 장비 · 시설 등 무단 사진촬영 3. 정보 보호대책 부실 가. 업무망 인터넷망 혼용사용, 보안 USB 사용규정 위반 나. 웹하드 · P2P 등 인터넷 자료공유사이트를 활용하여 용역사업 관련자료 수발신 다. 개발 · 유지보수 시 무단 원격작업 사용 라. 저장된 비공개 정보 패스워드 미부여 마. 인터넷망 연결 PC 하드디스크에 비공개 정보를 저장 바. 외부용 PC를 업무망에 무단 연결 사용 사. 보안관련 프로그램 강제 삭제 아. 사용자 계정관리 미흡 및 오남용(시스템 불법접근 시도 등)	○ 위규 · 직속감독자 교체 ○ 재발 방지를 위한 조치계획 제출 ○ 위규자 대상 특별 보안교육 실시
보 통	1. 기관 제공 중요정책 · 민감 자료 관리 소홀 가. 주요 현안 · 보고자료를 책상위 등에 방치 나. 정책 · 현안자료를 휴지통 · 폐지함 등에 유기 또는 이면지 활용 2. 사무실 보안관리 부실 가. 캐비넷 · 서류함 · 책상 등을 개방한 채 퇴근 나. 출입키를 책상위 등에 방치 3. 보호구역 관리 소홀 가. 통제 · 제한구역 출입문을 개방한 채 근무 나. 보호구역내 비인가자 출입허용 등 통제 미실시 4. 정보 보호대책 부실 가. 휴대용저장매체를 서랍 · 책상 위 등에 방치한 채 퇴근 나. 네이트온 등 비인가 메신저 무단 사용 다. PC를 켜 놓거나 보조기억 매체(CD, USB 등)를 꽂아 놓고 퇴근 라. 부팅 · 화면보호 패스워드 미부여 또는 "1111" 등 단순숫자 부여 마. PC 비밀번호를 모니터옆 등 외부에 노출 바. 비인가 보조기억매체 무단 사용	○ 위규자 교체 ○ 위규자 · 직속감독자 사유서/경위서 청구 ○ 위규자 대상 특별 보안교육 실시

구 분	위규사항	처리기준
경 미	1. 업무 관련서류 관리 소홀 가. 진행중인 업무자료를 책상 등에 방치, 퇴근 나. 복사기 · 인쇄기 위에 서류 방치 2. 근무자 근무상태 불량 가. 각종 보안장비 운용 미숙 나. 경보 · 보안장치 작동 불량 3. 정보 보호대책 부실 가. PC내 보안성이 검증되지 않은 프로그램 사용 나. 보안관련 소프트웨어의 주기적 점검 위반	ㅇ위규자 서면 · 구두경고 등 문책 ㅇ위규자 사유서 /경위서 징구

[별표3] 누출금지 대상정보

① 기관 소유 정보시스템의 내 · 외부 IP주소 현황
② 세부 정보시스템 구성현황 및 정보통신망 구성도
③ 사용자계정 · 비밀번호 등 정보시스템 접근권한 정보
④ 정보통신망 취약점 분석 · 평가 결과물
⑤ 용역사업 결과물 및 프로그램 소스코드
⑥ 국가용 보안시스템 및 정보보호시스템 도입 현황
⑦ 방화벽 · IPS 등 정보보호제품 및 라우터 · 스위치 등 네트워 장비 설정 정보
⑧ '공공기관의 정보공개에 관한 법률' 제9조1항에 따라 비공개 대상정보로 분류된 기관의 내부문서
⑨ '개인정보보호법' 제2조제1호의 개인정보
⑩ '보안업무규정' 제4조의 비밀, 同 시행규칙 제7조3항의 대외비
⑪ 그 밖에 각급기관의 장이 공개가 불가하다고 판단한 자료 등

제 8 장

정보통신장비 유지보수 과업이행요청서 분석기술영업

8-1 정보통신장비 유지보수 과업이행요청서 분석실습

1. 유지보수 과업이행요청서 분석

다음의 정보통신장비 유지보수 과업이행요청 발주사례 내용을 참조하여 입찰에 참가하기 위하여 준비할 업무는 어떤 것이 있는지 분석한다.

( )년 정보통신장비 유지보수용역 과 업 이 행 요 청 서
년. 월.

[목 차]

(　　　)년 정보통신장비 유지보수용역 과업이행 요청서

---

1. 건명 : (　　　)년　정보통신장비 유지보수용역

2. 목적 : 본 과업은 (　　　) 정보통신장비를 안정적으로 운영할 수 있도록 유지보수 계약을 체결함에 있어 계약자에 요구하는 장비관리 및 기술지원 등의 제반사항을 명시하는데 목적이 있다.

3. 유지보수 주요내용

가. 모든 유지보수 대상 시스템(장비)에 대한 정기(매월) 및 수시 점검
나. 장애발생시 대체장비 제공 및 신속한 복구 조치
다. 통신장비(H/W, S/W) 운영·관리를 위한 교육 및 기술지원
라. 효율적인 시스템 유지·관리를 위한 기술자 1인 상주근무
마. 기타 시스템 운영유지 및 관리에 필요한 사항 등

4. 입찰 자격 : 본 입찰에 참여하는 유지보수업자는 각 호의 자격요건을 모두 충족하여야 한다.

가. 지방자치단체를 당사자로 하는 계약에 관한 법률 시행령 제13조 및 같은 법 시행규칙 제14조에 따른 자격을 갖추고, 입찰공고일 전일까지 주된 영업소의 소재지가 (　　　　)에 소재하고 있는 업체
나. 소프트웨어산업 진흥법 제24조에 의한 소프트웨어사업자신고(컴퓨터관련 서비스사업)및 정보통신공사업법 제14조에 의한 정보통신공사업등록을 필한 업체
다. 중소기업제품 구매촉진 및 판로지원에 관한 법률 제2조에 규정된 중소기업자로서 동법 제9조 및 동법 시행규칙 제5조 규정에 의한 직접생산증명서[제품명 : 전산업무(소프트웨어 개발 포함) 분야의 세부품명 1개 이상 소지]와 소기업·소상공인 확인서를 소지한 업체(개찰일 전일까지 발급된 것으로서 유효기간 내에 있어야 함)
라. 주요 (　　)정보통신장비의 기술력 확보가 반드시 필요한 품목에 대해 기

술지원 확약서를 제출하여야 한다.

• 물품공급 및 기술지원 협약 대상 장비 및 제출 서류

제 품 명	증 빙 서 류	비 고
( )프로그램( )회사 재품	제조사 또는 제조사가 인정한 공급사의 기술지원 확약서	
( )프로그램( )회사 재품		
서 버(HP)		
방화벽( )회사 재품		
백본장비( )회사 재품		

※ 상기 제품에 대하여는 제조사 또는 공급사와 "물품공급 및 기술지원 협약"이 되어있음.

5. 과업의 내용

가. 유지보수대상

- 관제시스템(메인서버, ( )서버, 영상표출시스템, 모니터링PC, 통합관제 및 ( )소프트웨어 등)
- 네트워크 및 보안장비(백본스위치, L3스위치, 암호화장비, IPS장비, 방화벽 등)
- 출입통제시스템, 주차관제시스템,

※ 상세 유지보수 대상 내역은 [붙임 1]과 같다.

나. 유지보수기간

- 착수일로부터 년. 월. 일 ~ 년. 월. 일까지
- 다음연도 계약 시까지 연장 가능하며, 이때 유지보수료는 전년도 요율을 적용한다. 또한 특정 품목에 대해 유지보수기간의 증가 또는 감소 등의 변동사항이 있을 경우 이때 유지보수료는 본 계약의 요율을 적용한다.
- 유지보수는 연중무휴 24시간체계로 한다.

다. 유지보수료

- 유지보수료는 유지보수에 투입된 부품비용, 수선비, 인건비 등 용역계약 수행에 따른 유지보수업체의 일체 경비를 말한다.
- 보수료 산정기간은 매월 초일에서 말일까지로 하며, 유지보수업체는 월별 단위로 청구에 필요한 서류를 갖추어 청구해야 한다.
- 1개월 미만의 기간에 대한 해당 월의 유지보수료는 1개월 30일 기준하여 일할 계산한다.
- 건당 10회선 이하의 정보통신회선의 신·증설, 변경 및 철거 시 유지보수업자는 무상으로 설치하여야 한다.

라. 유지보수 참여 인력 : 유지보수업체는 시스템을 최상의 가동 상태로 유지시키기 위하여 자격요건에 맞는 중급정보통신기술자 1인을 관제센터 내 상주시켜야 한다.

- 관리 책임자 : 관리 책임자는 업무구분/권한, 책임부여 및 장애처리 프로세스확립에 대한 권한과 책임을 가진 자로 선정한다.
- 유지보수요원 : 상주 1명
  중급정보통신기술자 이상 또는 동등 이상의 자격을 소지하고 계약자의 회사에 재직중인자로 ( )통신실에 상주시 하여야 한다.
- 유지보수요원은 일일 및 월 점검일지를 보고하고 발주자 지시에 따라 통신장비 점검과 장애처리 기술지원을 한다.

- 유지보수요원은 발주자의 별도 요구가 없는 한 계약기간 중 교체 없이 근무함을 원칙으로 한다.
- 계약상대자가 유지보수요원을 교체하거나 추가하여야 할 경우에는 투입 10일 전까지 아래 서류를 제출하여 발주자의 승인을 받아야 한다.
- 보안서약서, 신원진술서, 기본증명서, 재직증명서, 기술자격증
- 유지보수요원은 작업일지 등 필요한 대장을 작성하여 발주자의 확인을 받아야 하며, 월 청구서 제출 시 관제 시스템 및 정보통신장비 유지보수 결과보고서를 제출한다.
- 유지보수요원의 이유 있는 결근에 대하여서는 전일까지 발주자에게 보고하고, 동등 이상의 자격을 갖춘 대체인력을 투입하여 근무하도록 한다.
- 유지보수요원은 시스템 운영 중 발생될 수 있는 위험요소를 사전에 파악하고 대응할 수 있도록 충분한 기술과 경험을 가진 자라야 하며 발주자가 부적당하다고 판단되는 인력에 대해서는 교체요구를 지시할 수 있으며, 계약자는 특별한 사유가 없는 한 요구일로부터 10일 이내에 교체한다.

마. 유지보수방법

- 유지보수요원의 근무시간은 09:00부터 18:00시까지 근무시간을 기준으로 한다. 단, 발주자의 요청으로 연장근무 필요시 유지보수인력은 근무하여야 한다.
- 유지보수 상시점검시간은 발주처의 통신실의 정상근무시간으로 하되, 업무에 지장을 주지 않는 범위 내에서 월 1회의 정기점검(필요시 상호 협의가능)을 실시하여야 한다. 추가로 발주자가 장비 점검을 요청할 경우 이에 응하여야 하며, 주요 점검사항은 다음과 같다.
  - 전원 점검, H/W 및 S/W, DB 상태 등
  - 정기점검, 수시점검, 장애조치 등을 위하여 시스템을 점검할 경우에 시스템의 자동백업 상태에 대하여 점검하여야 하며, 그 결과를 제출하여야 한다.
- 시스템 장애발생 시 확인시점부터 1시간이내에 복구를 완료하여야 한다. 다만 유지보수가 대민 서비스에 지장이 있을 때에는 대민 서비스 이용이 적은 시간대로 연기하며, 그 시간은 고장발생 기간에 산입하지 않는다. 단, 업무상황 등을 고려하여 발주처와 협의하여 장애처리를 유보할 수 있으며, 이때 유보시간은 장애처리 지연시간에서 제외한다. (주말 및 휴일 복구 시간 : 4시간이내)
- 장애조치 완료 후 장애발생 H/W 및 S/W에서 24시간 이내에 같은 장애가 재 발생 하였을 경우에는 최초 장애 통보시간부터 계속된 장애로 간주하며, 월 3회 이상 같은 종류의 장애가 발생하는 경우 해당 장애의 원인규명을 철저히 하고 이에 따른 대책을 수립하여야 한다.
- 장애를 통보한 시간으로부터 발주처와 협의하지 아니한 상태에서 규정된 시간이내에 시스템의 정상가동을 수행하지 못한 경우에, 당월 유지보수료에서 지연배상금을 공제한 잔액을 지급한다. 지연배상금 적용은「지방자치단체를 당사자로 하는 계약에 관한 법률 시행령」규정에 따른다. 다만, 다음 각 호의 불가항력에 의한 경우에는 적용하지 아니한다.
  - 천재지변에 의한 경우
  - 국가비상사태의 경우
  - 유지보수업체에 책임이 없는 사유인 것임을 발주처가 인정한 때

- 부품의 교환·설치 시에는 원활한 성능 유지를 위하여 기존의 제품과 동일한 제품을 사용하거나 그 이상의 성능을 가지고 호환이 가능한 제품으로 하여야 한다.
- 유지보수에 소요되는 대체부품 일체는 무상으로 하며, 제거된 부품은 유지보수업체의 소유로 한다.
- 유지보수업체는 유지보수에 필요한 제반부품을 항상 확보하여 유지보수가 원활히 수행되도록 하여야 하며, 장시간 장애발생시 통신서비스가 중단되지 않도록 대체장비를 제공하여야 한다.
- 유지보수업체는 H/W, S/W의 버전 업그레이드 정보 및 기타 관련정보를 발주처에 제공하여야 하고 시스템의 효율적인 운영을 위한 기술자문에 응하여야 한다.
- 해킹방지를 위하여 각종 보안이 유지될 수 있도록 적극 협조하여야 한다.
- 설치장소 및 운영시스템의 변경 등이 발생할 경우 유지보수업체는 쌍방의 협의에 따라 무상으로 변경 작업에 응해야 한다.
- 계약상대자는 사전에 서면 동의 없이 본 계약에 따른 권리, 의무를 타인에게 양도할 수 없다.
- 효율적인 유지보수를 위하여 유지보수업체는 발주처에 감독자의 지시에 성실히 따라야 한다.
- 계약상대자 상주 요원의 근무상태 불량(무단결근 등), 유지보수능력 부족 등의 사유로 발주처의 감독관이 교체를 요구할 경우에 유지보수업체는 특별한 사유가 없는 한 동등 이상의 기술력을 갖춘 자로 선정 교체하여야 한다.

6. 유지보수의 인계인수

가. 유지보수 과업이 종료되고 차기업체가 선정되었을 경우 5일(평일기준)간 운영전반에 대한 인수·인계를 실시하여야 한다

나. [별표 3]의 인수인계 완료확인서를 작성 후 제출하여야 한다.

7. 보안 책임

가. 계약상대자는 발주처가 요구하는 보안사항을 충실히 이행하여야 하며, 계약기기동안 유지보수에 참여할 요원 및 대표자에 대한 보안서약서【붙임 2, 3】를 발주처에 제출해야 한다.

나. 본 계약과 관련하여 사업 수행과정에서 취득한 자료와 정보, 누출금지 대상 정보【붙임 4】에 관해서는 사업수행의 전후를 막론하고 발주처의 승인 없이 외부에 유출 또는 누설하여서는 안 되며, 이를 위반시 향후 법적책임이 있음을 포함한 대표자 명의의 보안확약서【붙임5】를 작성하여 사업 완료시 제출하여야 한다.

다. 계약상대자는 계약 시 사업수행 계약서와 별도로 비밀유지계약서【붙임 6】를 체결하여야 하며, 본 과업의 참여인원 및 대표자는 보안준수 사항을 반드시 이행하여야 한다.

8. 책임의 제한 : 다음 각 호의 사유로 발생한 시스템의 장애에 대하여는 계약상대자가 유지 보수책임을 지지 않으나, 발주자가 수리를 요청한 경우 계약상대자는 기술적지원을 하여야 하며, 이때 장애를 복구하기 위하여 투입된 부품비용 또는 수리비는 발주처 에서 실비로 부담한다.

가. 발주처의 중대한 과실이나 고의에 의한 고장

나. 화재, 천재지변 등 불가항력적인 사유로 발생한 장애

9. 계약의 변경 및 계약 불이행

가. 시스템의 증설 및 교체 등 유지보수 대상 시스템 변경이 있을 경우 발주처와 계약상대자 쌍방 간에 협의하여 결정한다.

나. 계약상대자가 계약을 이행하지 않거나 고의 또는 과실로 유지보수 목적을 달성하지 못하였을 경우는 본 계약을 일방적으로 해지할 수 있다. 이 경우 이미 발생한 발주처의 손해에 대하여 유지보수업체의 책임이 면제되는 것은 아니다.

10. 변경사항의 통 : 계약상대자는 용역계약체결 이후 주소, 대표자, 용역참여인력 등 계약 이행이나 유지보수료 청구와 관련된 주요사항을 변경하였을 경우 이를 지체 없이 서면으로 발주처 에 통보하여야 하며 통보 불이행으로 발생한 손해는 유지보수업체의 책임으로 한다.

11. 관리자 교육 : 계약상대자는 발주처의 요청이 있을 시 상시적으로 기술습득을 위한 교육지원을 하여야 하며, 계약 후 발주처 감독관과의 협의에 따라 전문교육기관이 시행하는 장비관리 전문교육을 지원하여야 한다.

12. 제출 서류

가. 계약상대자는 안정적인 기술지원과 관리를 위하여 착수시 다음의 서류를 제출하여야 한다.(2부 제출)

- 착수계
- 사업수행계획서(아래사항 반드시 포함하여 작성)
  - 본 과업 수행에 관한 유지보수 사업범위
  - 유지보수 점검항목 및 점검내용 등을 명시한 계획서
  - 사업 책임자 선임계
  - 유지보수를 위한 기술지원 총괄담당자 및 각 시스템별 참여 유지보수 요원의 명단이 포함된 조직도(비상연락처 포함)
  - 유지보수비의 월 산출내역서
  - 본 사업수행에 대한 물리적, 관리적, 기술적 보안대책 등이 포함된 보안관리 계획
- 유지보수 참여인력 전원의 신원조사를 위한 신원진술서 각 1부(자필로 기재사항 기입), 기본증명서 1부
- 유지보수 참여 인력 및 업체대표자의 보안 서약서【붙임 2, 3】
  유지보수 요원의 재직증명서, 경력증명서, 자격증 사본
- 비밀유지계약서【붙임 6】
- 제조사 등으로부터 발급 받은 기술지원확약서
- 기타 발주처가 요구하는 서류

가. 완료계 제출시 아래의 설류를 포함하여 제출하여야 한다.(2부)

- 완료검사원
- 보안확약서
- 유지보수 성과 산출물(시스템 자원현황 기록관리표, 장애발생 통계표, 월별, 분기별 점검 요약서 등)
- 기타 발주처가 요구하는 서류 등

13. 기타 사항

가. 본 과업 하도급의 경우 「소프트웨어산업 진흥법」 제20조의3 및 「소프트웨

어사업의 하도급 승인 및 관리 지침」(미래창조과학부고시 제2015-114호)의 규정에 의하여 반드시 하도급계약 전에 발주기관으로부터 사전승인을 받아야 함

나. 본 과업 수행을 위해 필요한 작업 장소는 발주처에서 제공을 한다.

다. 본 과업에 명기되어 있지 않는 사항이라도 관계법령의 규정 등에 의하여 필요하다고 인정하는 중요사항은 발주처와 협의 하여 결정하고, 본 과업 내용서의 해석에 이의가 있을 경우발주처의 해석에 따른다.

다. 계약만료일전에 발주처의 서면통지와 계약자의 동의로 변경 계약(유지보수 대상 변경) 및 연장 계약을 할 수 있으며 계약자는 이를 적극 수용해야 한다.

【붙임 1】 관제시스템 유지보수 대상물품 내역

NO	품 명	단위	수량	비고
1	( )관제메인 서버	EA	2	
2	( )서버	EA	4	
3	모니터링 PC 및 모니터	EA	10	
4	IPS설비	EA	30	
5	침입방지시스템	EA	2	
6	전원분배기	EA	4	
7	관제 소프트웨어	COPY	4	
8	( )서버 소프트웨어	COPY	4	
9	통합 클라이언트 소프트웨어	COPY	6	
10	암호화장비 VPN	EA	6	
11	백본스위치	EA	2	
12	L3 스위치	EA	6	
13	L2 스위치	EA	16	
14	방화벽	EA	4	
15	컨트롤시스템	EA	2	
16	운영소프트웨어	EA	2	
17	통합 클라이언트 소프트웨어	COPY	10	
18	IP Wall CONTROLER	SET	4	
19	NMS 시스템(성능관리,설정관리,장애관리등)	식	1	
20	개인영상정보보호시스템(반출영상관리포함)	식	1	
21	영상회의시스템	식	1	
22	영상회의 관리시스템	SET	1	
23	영상컨트롤러시스템	SET	1	

【붙임 2】 보안서약서(참여인력용)

보 안 서 약 서

본인은 년 월 일부로 ( )정보통신장비 유지보수용역과 관련한 업무를 수행함에 있어 다음 사항을 준수할 것을 엄숙히 서약합니다.

1. 본인은 ( )정보통신장비 유지보수용역과 관련된 소관업무가 국가기밀 사항임을 인정하고 제반 보안관계규정 및 지침을 성실히 준수한다.

2. 본인은 이 기밀을 누설함이 국가이익을 침해할 수도 있음을 인식하고 재직 중은 물론 퇴직 후에도 알게 된 모든 기밀사항을 일체 타인에게 누설하지 아니한다.

3. 본인은 기밀을 누설한 때에는 아래의 관계법규에 따라 엄중한 처벌을 받을 것을 서약한다.

가. 전자정부법 제35조(금지행위) 및 제76조(벌칙)

년 월 일

서 약 자 소 속 :
직 위 :
성 명 : (서명)
생 년 월 일 :

서약집행자 소 속 :
(담당공무원) 직 위 :
성 명 : (서명)

【붙임 3】 보안서약서(대표자용)

보 안 서 약 서

본인은 년 월 일부로 ( )정보통신장비 유지보수용역관련 용역사업(업무)을 수행함에 있어 다음 사항을 준수할 것을 엄숙히 서약합니다.

1. 본인은 ( )정보통신장비 유지보수용역 관련 업무 중 알게 될 일체의 내용이 직무상 기밀 사항임을 인정한다.

2. 본인은 이 기밀을 누설함이 국가안전보장 및 국가이익에 위해가 될 수 있음을 인식하여 업무수행 중 지득한 제반 기밀사항을 일체 누설하거나 공개하지 아니한다.

3. 본인이 이 기밀을 누설하거나 관계 규정을 위반한 때에는 관련 법령 및 계약에 따라 어떠한 처벌 및 불이익도 감수한다.

4. 본인은 하도급 업체를 통한 사업 수행 시 하도급업체로 인해 발생하는 위반사항에 대하여 모든 책임을 부담한다.

년 월 일

서 약 자 업 체 명 :
(업 체 대 표) 직 위 :
성 명 : (서명)
생 년 월 일 :

서약집행자 소 속 :
(담당공무원) 직 위 :
성 명 : (서명)

【붙임 4】 정보누출금지 대상

누출금지 대상 정보

1. 기관 소유 정보시스템의 내·외부 IP주소 현황
2. 세부 정보시스템 구성현황 및 정보통신망 구성도
3. 사용자계정·비밀번호 등 정보시스템 접근권한 정보
4. 정보통신망 취약점 분석·평가 결과물
5. 정보화 용역사업 결과물 및 관련 프로그램 소스코드
6. 국가용 보안시스템 및 정보보호시스템 도입 현황
7. 침입차단시스템·방지시스템(IPS) 등 정보보호제품 및 라우터·스위치 등 네트워크 장비 설정 정보
8. 「공공기관의 정보공개에 관한 법률」 제9조제1항에 따라 비공개 대상 정보로 분류된 기관의 내부문서
9. 「개인정보보호법」 제2조제1호의 개인정보
10. 「보안업무규정」 제4조의 비밀 및 동 시행규칙 제7조제3항의 대외비
11. 그 밖에 발주처에서 공개가 불가하다고 판단한 자료

【붙임 5】 보안확약서(대표명의)

보 안 서 약 서

본인은 귀 기관과 계약한 (______)정보통신장비 유지보수용역 사업의 수행을 완료함에 있어, 다음 각 호의 보안사항에 대한 준수 책임이 있음을 서약하며 이에 확약서를 제출합니다.

1. 본 업체(단체)는 업체(단체) 및 사업 참여자가 사업수행 중 지득한 모든 자료를 반납 및 파기하였으며, 지득한 정보에 대한 유출을 절대 금지하겠습니다.
2. 본 업체(단체)는 하도급업체에 대해 상기 항과 동일한 보안사항 준수 책임을 확인하고 보안확약서 징구하였으며, 하도급업체가 위의 보안 사항을 위반할 경우에 주 사업자로서 이에 동일한 법적책임을 지겠습니다.
3. 본 업체(단체)는 상기 보안사항을 위반할 경우에 귀 기관의 사업에 참여 제한 또는 기타 관련 법규에 따른 책임과 손해배상을 감수 하겠습니다.

년 월 일

서약업체(단체) 대표

소 속 :

직 급 :

성 명 : (서명)

발주 기관장 귀하

【붙임 6】 비밀유지계약서

비밀유지 계약서

발주자와 계약상대자는 (   )정보통신장비 유지보수용역 사업을 수행함에 있어 다음과 같이 비밀유지 계약을 체결한다.

제1조 (계약의 목적)

○ 본 계약은 계약상대자는 발주자와 계약한 용역사업과 관련하여 취득한 비밀정보를 보호하기 위함을 목적으로 한다.

제2조 (비밀의 내용)

○ 본 계약상 비밀정보란 업체가 업무진행 과정에서 취득한 누출금지 대상정보(이하 "비밀정보"라 한다)를 말하며 비밀정보는 다음과 같다.

1. 기관 소유 정보시스템의 내·외부 IP주소 현황
2. 세부 정보시스템 구성현황 및 정보통신망 구성도
3. 사용자계정·비밀번호 등 정보시스템 접근권한 정보
4. 정보통신망 취약점 분석·평가 결과물
5. 정보화 용역사업 결과물 및 관련 프로그램 소스코드
6. 국가용 보안시스템 및 정보보호시스템 도입 현황
7. 침입차단시스템·방지시스템(IPS) 등 정보보호제품 및 라우터·스위치 등 네트워크 장비 설정 정보
8. 「공공기관의 정보공개에 관한 법률」 제9조제1항에 따라 비공개 대상 정보로 분류된 기관의 내부문서
9. 「개인정보보호법」 제2조제1호의 개인정보
10. 「보안업무규정」 제4조의 비밀 및 동 시행규칙 제7조제3항의 대외비
11. 그 밖에 발주기관장이 공개가 불가하다고 판단한 자료

제3조 (정보의 사용 용도 제한)

○ 계약상대자는 발주기관장으로부터 제공받은 비밀정보를 관련 계약서에 명시된 본래의 목적에만 사용하여야 하며, 계약의 수행을 위하여 제3자에게 제공할 경우, 별도의 비밀유지 계약을 체결하여야 한다.

제4조 (계약기간)

○ 본 계약은 착수일로부터   년   월   일까지 그 효력을 가지며, 이 사업과 관련하여 취득한 모든 비밀정보는 사업이 끝난 후에도 절대로 누설하여서는 아니되며 이로 인한 민·형사상 피해는 전적으로 업체가 부담한다.

제5조 (정보취급자)

○ 계약상대자는 발주처로부터 제공받은 비밀정보를 자사 조직 내 목적상 부합하는 최소한의 직원들에 한하여 이용하도록 조치하여야 하며 직원 각자에게 비밀유지의무를 주지시켜야 한다. 또한 비밀정보를 취급하는 자사의 관계직원들에 대하여 비밀정보 취급자 현황과 신원진술서 및 보안서약서를 대구광역시청에 제출하고 승인을 받아야 한다.

제6조 (자료의 반환)

○ 계약상대자는 사업의 완료 후나 발주처의 요청이 있으면 언제든지 대발주처의 비밀정보가 기재되어있거나 이를 포함하고 있는 제반 자료, 장비, 서류, 샘플, 기타 유체물을 즉시 반환하거나, 발주처의 선택에 따라 이를 폐기하고 그 폐기를 증명하는 서류와 보안확약서를 제출하여야 한다.

제7조 (권리의무의 양도)

○ 본 계약의 권리와 의무는 발주처의 사전 서면동의 없이는 제3자에게 양도될 수 없다.

제8조 (권리의 부존재 등)

○ 본 계약상 제공되는 비밀정보에 관한 모든 권리는 발주처에 속하고 어떠한 경우에도 본 계약상 제공된 비밀정보에 관하여 업체에게 권리나 사용권을 부여하는 것으로 해석되지 않는다.

제9조 (내부규정의 준수)

○ 계약상대자는 본 계약상의 목적을 위하여 발주처의 시설을 방문하거나 이를 이용할 경우, 발주자의 제반 규정을 준수하여야 한다.

제10조 (계약의 분리가능성)

○ 본 계약 중 어느 규정이 타 규정이나 지침, 법률 등에 의하여 불법, 무효 또는 집행 불가능하다고 선언될 경우, 상호 협의에 의해 수정 규정을 작성하여 적용하고 본 계약의 나머지 규정의 유효성에 영향을 미치지 아니한다.

제11조 (계약의 수정)

○ 본 계약의 수정이나 변경은 양 당사자의 정당한 대표자가 서명한 서면합의로만 이루어 질 수 있다.

제12조 (손해배상 등)

① 계약상대자는 발주처의 보안정책을 위반하였을 경우 **[별표 1]**의 위반처리 기준에 따라 위반자 및 관리자를 행정조치하고 **[별표 2]**의 보안 위약금을 대구광역시청에 납부한다.

② 계약상대자는 사업 수행에 사용되는 문서, 인원, 장비 등에 대하여 물리적, 관리적, 기술적 보안대책 및 제2조(비밀의 내용)에 대한 보안관리계획을 사업 제안서에 기재하여야 하며, 해당 정보 누출 시 발주자는 지방단치단체를 당사자로 하는 계약에 관한 법률 시행령 제92조(부정당업자의 입찰 참가자격 제한)에 따라 사업자를 부정당업체로 등록한다.

③ 보안 위약금은 다른 요인에 의해 상쇄, 삭감 되지 않으며 타 항목과 별도로 부과되며 사업 종료 시 지출금액 조정을 통해 위약금을 정산한다.

제13조 (지적재산권)

○ 본 계약에 따라 계약상대자에 의해 제공되는 서비스 혹은 그 결과가 타인의 특허권, 실용신안권, 의장권, 상표권, 저작권 등의 지적소유권의 침해임을 이유로 타인으로부터 발주처에 이의제기, 소송, 기타 권리 침해주장이 제기된 경우(이하 "소송" 등이라 한다) 업체는 즉시 발주처에 이를 서면으로 통지하고, 업체는 소송 등을 수행하고 이와 관련한 비용을 부담하며, 발주처에 손해가 발생하지 않도록 하여야 한다. 소송 등과 관련하여 발주처에 손해를 입은 경우 업체는 이를 배상하여야 한다.

제14조 (분쟁의 해결)

○ 본 계약에 관한 소송은 발주처의 소재지를 관할하는 법원으로 한다.

본 계약의 체결 사실 및 계약내용을 증명하기 위하여 본 계약서를 2통 작성하여 계약 당사자가 각각 서명 또는 날인한 후 각1통씩 보관한다.

년 월 일

"계약자" : 발주자 (인) **"계약상대자"** : (인)

주소 : 주소 :

【붙임 7】 유지보수 점검표

<table>
<tr><td colspan="8">년 월 일 □ 일일점검</td></tr>
<tr><td colspan="2">점검일시</td><td colspan="6">년 월 일 (: ~ :)</td></tr>
<tr><td colspan="8">점 검 내 역</td></tr>
<tr><td>장비명</td><td>수량</td><td>점검내용</td><td>점검결과</td><td>점검자</td><td>확인자</td><td>조치사항</td><td>비고</td></tr>
<tr><td></td><td></td><td></td><td></td><td></td><td></td><td></td><td></td></tr>
<tr><td></td><td></td><td></td><td></td><td></td><td></td><td></td><td></td></tr>
<tr><td></td><td></td><td></td><td></td><td></td><td></td><td></td><td></td></tr>
<tr><td></td><td></td><td></td><td></td><td></td><td></td><td></td><td></td></tr>
<tr><td colspan="8">점 검 사 항</td></tr>
<tr><td colspan="4">· 전기적 연결상태 : □ 양호, □ 불량
· 장비별 운영상태 : □ 양호, □ 불량
· 전체시스템 이상유무 : □ 양호, □ 불량</td><td colspan="4">· 부품결합, 기능상태 : □ 양호, □ 불량
· S/W 이상 유무 : □ 양호, □ 불량
· 각 시스템 기능상태 : □ 양호, □ 불량</td></tr>
<tr><td colspan="8">· 기타 기기결함 등의 사항 :</td></tr>
<tr><td colspan="8">· 기타의견</td></tr>
<tr><td>점검자</td><td colspan="7">업체명 :
직 책 :
성 명 :</td></tr>
</table>

※ 위 서식은 감독관과 협의 후 변경 가능함.

【붙임 8】 유지보수 일일점검표

NO	품 명	단위	수량	점검 내용	점검결과
1	( )관제메인 서버	EA	2		
2	( )서버	EA	4		
3	모니터링 PC 및 모니터	EA	10		
4	IPS설비	EA	30		
5	침입방지시스템	EA	2		
6	전원분배기	EA	4		
7	관제 소프트웨어	COPY	4		
8	( )서버 소프트웨어	COPY	4		
9	통합 클라이언트 소프트웨어	COPY	6		
10	암호화장비 VPN	EA	6		
11	백본스위치	EA	2		
12	L3 스위치	EA	6		
13	L2 스위치	EA	16		
14	방화벽	EA	4		
15	컨트롤시스템	EA	2		
16	운영소프트웨어	EA	2		
17	통합 클라이언트 소프트웨어	COPY	10		
18	IP Wall CONTROLER	SET	4		
19	NMS 시스템(성능관리,설정관리, 장애관리등)	식	1		
20	개인영상정보보호시스템 (반출영상관리포함)	식	1		
21	영상회의시스템	식	1		
22	영상회의 관리시스템	SET	1		
23	영상컨트롤러시스템	SET	1		

※ 위 서식은 감독관과 협의 후 변경 가능함.

【붙임 9】 장애처리일지

용 역 명		처리 일자	년 월 일
장애처리자	업체명 : 직위 : 성명 : (인)		
감 독 관	소 속 : 직급 : 성명 : (인)		

장애발생일자	2016. . ( ), :
장애 신고자	소속 : 직급 : 성명 :
장애내용 및 처 리 내 역	□ 장애내용 ○ ○ ○ □ 처리내용 ○ ○ ○
반출장비내역	○ ○ ○
기 타 사 항	

※ 위 서식은 감독관과 협의 후 변경 가능함.

【붙임 10】(　　)월 점검 및 유지보수 보고서

○ 점검 및 유지보수기간 : 2016.　.　.　~　.　.

구분	대상 장비	정애처리 완료	부품교체	미완료 및 미조치	비 고
관제시스템					
정보통신장비					

※ 위 서식은 감독관과 협의 후 변경 가능함.

주1) 정비완료 : 고장수리요구 또는 정기점검시 조치사항 기록
주2) 부품교체 : 고장수리요구 또는 정기점검시 부품교체내역 기록
주3) 미완료 : 고장접수후 정비도중 이월된 상태/미조치 : 고장접수후 정비 미시행 상태
주4) 일일점검일지를 참고로 월 점검 및 유지보수 보고서를 작성할 것
주5) 유지보수내역서 및 유지보수 현장사진 등 첨부할 것

【붙임 11】 장애처리 사진 대지

<table>
<tr><td>점검일</td><td>년 월 일</td><td>장 소</td><td></td><td>업체명</td><td></td></tr>
<tr><td>점검결과
(특이사항)</td><td colspan="5"></td></tr>
<tr><td colspan="6">현장사진</td></tr>
</table>

<table>
<tr><td>점검일</td><td>년 월 일</td><td>장 소</td><td></td><td>업체명</td><td></td></tr>
<tr><td>점검결과
(특이사항)</td><td colspan="5"></td></tr>
<tr><td colspan="6">현장사진</td></tr>
</table>

※ 위 서식은 감독관과 협의 후 변경 가능함.

[별표 1] 사업자 보안위반 처리 기준

구분	위 반 사 항	처 리 기 준
심각	1. 비밀 및 대외비급 정보 유출 및 유출시도 가. 정보시스템에 대한 구조, 데이터베이스 등 정보 나. 개인정보 · 신상정보 목록 다. 비공개 항공사진 · 공간정보 등 비공개 정보 2. 정보시스템에 대한 불법적 행위 가. 관련 시스템에 대한 해킹 및 해킹시도 나. 시스템 구축 결과물에 대한 외부 유출 다. 시스템 내 인위적인 악성코드 유포	○사업참여 제한 ○위반자 및 직속 감독자 등 중징계 및 교체 ○재발 방지를 위한 조치계획 제출 ○위반자 대상 특별 보안교육 실시
중대	1. 비공개 정보 관리 소홀 가. 비공개 정보를 책상 위 등에 방치 나. 비공개 정보를 휴지통 · 폐지함 등에 유기, 이면지 활용 다. 개인정보 · 신상정보 목록을 책상 위 등에 방치 라. 기타 비공개 정보에 대한 관리소홀 2. 사무실 · 보호구역 보안관리 허술 가. 통제구역 출입문을 개방한 채 퇴근 등 나. 인가되지 않은 작업자의 내부 시스템 접근 다. 통제구역 내 장비 · 시설 등 무단 사진촬영 3. 전산정보 보호대책 부실 가. 업무망 인터넷망 혼용사용, 보안 USB 사용규정 위반 나. 웹하드 · P2P 등 인터넷 자료공유사이트를 활용하여 용역사업 관련 자료 수발신 다. 개발 · 유지보수 시 원격작업 사용 라. 저장된 비공개 정보 패스워드 미부여 마. 인터넷망 연결 PC 하드디스크에 비공개 정보를 저장 바. 외부용 PC를 업무망에 무단 연결 사용 사. 보안관련 프로그램 강제 삭제 아. 사용자 계정관리 미흡, 오남용 (시스템 불법접근 시도 등)	○위반자 및 직속 감독자 등 중징계 ○재발 방지를 위한 조치계획 제출 ○위반자 대상 특별보안교육 실시
보통	1. 기관 제공 중요정책 · 민감 자료 관리 소홀 가. 주요 현안 · 보고자료를 책상 위 등에 방치 나. 정책 · 현안자료를 휴지통 · 폐지함 등에 유기 또는 이면지 활용 2. 사무실 보안관리 부실 가. 캐비넷 · 서류함 · 책상 등을 개방한 채 퇴근 나. 출입키를 책상 위 등에 방치 3. 보호구역 관리 소홀 가. 통제 · 제한구역 출입문을 개방한 채 근무	○위반자 및 직속 감독자 등 경징계 ○위반자 및 직속 감독자 경위서 징구 ○위반자 대상 특별 보안교육 실시

구분	위 반 사 항	처 리 기 준
	나. 보호구역내 비인가자 출입허용 등 통제 미실시 4. 전산정보 보호대책 부실 가. 휴대용저장매체를 서랍·책상 위 등에 방치한 채 퇴근 나. 네이트온 등 비인가 메신저 무단 사용 다. PC를 켜 놓거나 보조기억 매체(CD, USB 등)를 꽂아 놓고 퇴근 라. 부팅·화면보호 패스워드 미부여 또는 "1111" 등 단순숫자 부여 마. PC 비밀번호를 모니터 옆 등 외부에 노출 바. 비인가 보조기억매체 무단 사용	
경미	1. 업무 관련서류 관리 소홀 가. 진행중인 업무자료를 책상 등에 방치, 퇴근 나. 복사기·인쇄기 위에 서류 방치 2. 근무자 근무상태 불량 가. 각종 보안장비 운용 미숙 나. 경보·보안장치 작동 불량 3. 전산정보 보호대책 부실 가. PC내 보안성이 검증되지 않은 프로그램 사용 나. 보안관련 소프트웨어의 주기적 점검 위반	○위반자 서면·구두 경고 등 문책 ○위반자 경위서 징구

[별표 2] 보안 위약금 부과 기준

구 분	위 반 수 준			
	A급	B급	C급	D급
위 반	심각 1건	중대 1건	보통 2건 이상	경미 3건 이상
위약금 비 중	부정당업자 등록	총 사업비의 5%	총 사업비의 2.5%	총 사업비의 0.25%

연습문제

1. 정보통신장비운영 유지보수용역 제안입찰 수행순서를 설명하시오.

2. 정보통신장비 운영담당자의 확인업무를 설명하시오.

3. 정보통신장비 유지보수의 문제점에 대하여 설명하시오.

4. 정보통신장비 유지보수의 종류를 설명하시오.

5. 관리적 측면의 유지보수 비용의 분석을 설명하시오.

6. 기술적 측면의 유지보수 비용의 분석을 설명하시오.

7. 네트워크장비와 보안장비의 보안대책 방법를 설명하시오.

8. CC인증 제품명 및 세부버전 확인방법을 설명하시오.

9. 네트워크장비 도입과 운용시 보안기능 확인업무를 설명하시오.

10. 사업추진 방법에 대한 자료수집방법을 설명하시오.

11. 추전 제품에 대한 설명을 어떻게 하여야 하는지 제시하시오.

12. 타당성 용역발주를 하는데 그 순서를 설명하시오.

13. 새로운 정보통신장비를 개발 용역을 할 경우 업무처리순서를 설명하시오.

14. 정보통신장비 신사업 제안서작성 방법을 설명하시오.

15. 정보통신장비의 규격서를 설명하는 내용을 제시하시오.

16. 운영담당자에게 정보통신장비 설명에 포함될 내용을 설명하시오.

17. 사업 수주를 위한 기업 수행능력 향상 업무내용에 대하여 설명하시오.

18. 정보통신장비를 구입하기 위한 분석업무를 설명하시오.

19. 입찰 요구사항 분석업무를 설명하시오.

20. 신사업 수주 전략업무를 설명하시오.

참고자료

- 채해수(2015) [정보통신설비설계 공사실무] 상학당 출판사
- 채해수(2015) [정보통신감리실무] 상학당 출판사
- 채해수(2015) [방송통신설비기술기준이해] 상학당 출판사
- 지방자치단체 예산편성 운용에 관한 규칙[행정자치부령 제5호]
- 국가 회계기준에 관한 규칙[기획재정부령 제444호]
- 지방자치단체 회계기준에 관한 규칙[행정자치부령 제3호]
- 지방자치단체 기술용역계약일반조건[행정자치부예규 제197호]
- 지방자치단체 예산편성 운용에 관한 규칙[행정자치부령 제5호]
- 국가를 당사자로 하는 계약에 관한 법률 [법률 제12860호]
- 지방자치단체를 당사자로 하는 계약에 관한 법률[대통령령 제26321호]
- 지방자치단체 재무회계규칙 [행정자치부훈령 제1호]
- 지능형건축물 인증기준 [국토해양부고시 제2012-512호]
- 지능형건축물의 인증에 관한 규칙 [국토교통부령 제169호]
- 정보통신공사 표준 품셈 [한국정보통신산업연구원]
- 지방자치단체 입찰 및 계약 집행기준[행정자치부예규 제40호]
- 정보통신공사업법시행령[대통령령 제27229호]
- 정보통신공사업법 시행에 관한 규정[미래창조과학부고시 제2016-61호]
- 공공기관 IT네트워크장비 구축 운영지침서

≣ 저자약력 ≣

■ **채 해 수**

1. 대구광역시 방송통신기술직 공무원
2. 아주대학교 대학원졸업, 전자정부 전공(석사)
3. 정보통신 특급기술자, 정보통신 특급감리원
4. 영진전문대학 전자정보계열 외래교수(2001~2005)
5. 숭실사이버대학교 정보보안학과 외래교수(2011~2013)
6. 고려사이버대학교 전기전자공학과 외래교수(2013~현재)
7. 행정자치부 선정 한국신지식인(정보통신 인터넷방송분야, 2002)
8. 행정안전부 선정 지방행정의 달인(정보통신분야 제1호, 2011)
9. 한국정보통신산업연구원 공사비산정위원(2013~현재)
10. 방송통신설비 기술기준(구내통신설비기술기준) 개정 검토위원(2008~현재)
11. 구내통신구축계획 NCS(직무능력표준) 교재 집필
12. 정보통신표준품셈 개정위원(현재)
13. 정보통신산업현장 교수(고용노동부장관 위촉)(현재)
14. ICT폴리텍대학 산학협력단 외래교수(2009년~현재)
   (행정자치부 방송통신기술직공무원 위탁교육과정 교수)
15. 저자 홈페이지(www.telschool.com 텔스쿨)

〈저서〉

1. 정보통신감리실무(상학당)
2. 정보통신설비설계 공사실무(상학당)
3. 정보통신설비설계 해설(상학당)
4. 정보통신설비 기술기준(상학당)
5. 유비쿼터스 무선통신시스템 기술기준(상학당)

정보통신장비구축 운영실무

2016년 11월 30일 1판 1쇄 발행

저 자 채 해 수
발행인 남 승 우

발행처 도서출판 상尙 학學 당堂

서울시 동작구 사당로9가길 6(사당동)
TEL : 02) 595-1692~4
FAX : 02) 595-1394
E-mail : namdoo6@unitel.co.kr
신고 : 2-155호 (1968. 11. 29)

정가 35,000원

ISBN 978-89-6587-157-6 93560

〈디자인〉 편집 남혜영 / 표지 토틀컴